Die

wichtigsten Lehren

aus der

Astronomie und Meteorologie

von

Dr. J. Götz,

Professor der Mathematik am Gymnasium zu Deßau und Mitgliede mehrerer gelehrten Gesellschaften.

Mit drei Figurentafeln.

Berlin,

bei G. Reimer.

1842.

Lehrbuch

der

Physik

von

Dr. J. Götz,

Professor der Mathematik am Gymnasium zu Deßau und Mitgliede
mehrerer gelehrten Gesellschaften.

Dritter Band.

Mit drei Figurentafeln.

Berlin,
bei G. Reimer.

1842.

Druck von G. Froebel in Rudolstadt.

Seiner Hochwohlgeboren

dem Herzogl. Anhalt = Deßauischen wirklichen Geheimen Rathe und Regierungs = Präsidenten

Herrn

Dr. v. Morgenstern,

Commandeur des Anhaltischen Gesammt=Haus=Ordens Albrechts des Bären, Ritter des Königl. Preußischen rothen Adler=Ordens zweiter Klasse und des Kaiserl. Oesterreichischen Leopold = Ordens u. s. w.

ganz ergebenst zugeeignet

von

dem Verfasser.

Hochwohlgeborner Herr,

Hochzuverehrender Herr Regierungs-Präsident!

Wenn ich Ew. Hochwohlgeboren diesen Theil meines Lehrbuches der Physik zuzueignen mir erlaube, so könnte ich anführen, daß ich mich dazu angetrieben fühlte durch die vielfachsten Beweise eines gütigen und freundlichen Wohlwollens und einer unverkennbaren Theilnahme an Allem, was meine Geschicke und meine Wirksamkeit an dem hiesigen Gymnasium angeht. Ich kann aber ganz absehen von der eigenen Person und darf nur hinweisen auf das, was Ew. Hochwohlgeboren wie überhaupt für die Pflege und Förderung des Wahren, Rechten und Schönen, so insbesondere für die der Wissenschaft in der jetzigen Gestalt und dem heutigen Leben entsprechende Neugestaltung des gesammten Schulwesens gethan haben. Hier ist es, wo Sie es zu Ihren Pflichten zählen, jeden Plan und Vorschlag, jede neue Ansicht, die vom starr Mechanischen zur Erweckung des wahrhaft Geistigen und Lebendigen hinzuführen verspricht, selbstständig zu erkennen und durchzuprüfen. Die Ergebnisse einer solchen Thätigkeit liegen vor Aller Augen. Ich würde etwas Eitles beginnen, dieselben im Einzelnen nachweisen zu wollen, kann mich aber davon überzeugt halten, daß ich Allen, die ich als Amtsgenossen im Anhalt-Deßauischen Lande habe, meinen Mund leihe, wenn ich aus der Tiefe meines Herzens den heißen Wunsch ausspreche, es möge Ew. Hochwohlgeboren von einer gütigen Vorsehung gewährt sein, noch eine recht lange Reihe von Jahren zum Heil und Segen auch aller der Anstalten thätig zu sein, in denen nach Ihrem ausdrücklichen Verlangen nicht nur der Geist geweckt und entwickelt, sondern auch das Herz veredelt und die wahre Frömmigkeit begründet werden soll.

Mit der innigsten Verehrung verharre ich, als

Ew. Hochwohlgeboren

ganz ergebenster

J. Götz.

Vorrede.

Dieser dritte Band enthält die wichtigsten Lehren von dem Weltgebäude und den irdischen Erscheinungen im Großen. Wie sehr ich auch, um die Bogenzahl der letzten Abtheilung meines Werkes so viel als möglich zu beschränken, Manches, statt es ausführlicher darzulegen, nur anzudeuten mich genöthigt sah, so glaube ich doch mir zugleich das Zeugniß geben zu können, daß ich bei Jedem, was zur Besprechung vorlag, nicht nur die erforderliche Gründlichkeit, sondern auch die von der Schule gebotene Klarheit und Deutlichkeit zu bewahren mich nach Kräften bemüht habe. Wie weit mir dies gelungen sei, mag von allen denjenigen entschieden werden, welche die Schwierigkeiten, die bei der Bearbeitung eines physikalischen Lehrbuches entstehen, aus eigener Erfahrung kennen.

Deßau den 25. September 1841.

Der Verfasser.

Inhalts-Verzeichniß.

Erstes Kapitel.
Von dem Weltgebäude.

Zweites Kapitel.

Von den irdischen Erscheinungen im Großen.

Druckfehler.

Seite	39	Zeile	2 v. u.	statt Kund lies Knud.
"	180		8 v. o.	statt 500 lies 5000.
	237		6 v. o.	statt 7,67 lies 6,67.
	302		5 v. o.	statt Guy lies Gay.

Erstes Kapitel.

Von dem Weltgebäude.

Erste Abtheilung.

Von den ersten astronomischen Erfahrungen.

---

§. 1.

Die Erdfläche erscheint uns an jedem Orte, welcher eine weite Aussicht verstattet, wie eine kreisförmige Ebene, in deren Mittelpunkte wir stehen und deren Umfang unsere Gesichtsgrenze ist. Ueber derselben befindet sich der unbegrenzte Raum, welcher **der Himmel** heißt und uns ungefähr wie **ein halbkugelförmiges Gewölbe** erscheint.

Anmerkung. Aus §. 803 geht hervor, daß auf der Erdoberfläche nur ein Kreis, dessen Halbmesser ohngefähr 17500 Fuß beträgt, übersehen werden kann.

§. 2.

Man bemerkt am Himmel viele glänzende Körper, welche **Weltkörper**, **Totalkörper** oder **Himmelskörper** heißen und von denen sich zwei durch ihre beträchtliche Größe vor den übrigen auszeichnen. Sie heißen die **Sonne** (S)*; der **Mond** (M)**; und ihr scheinbarer Durchmesser beträgt ohngefähr einen halben Grad. Die unzähligen übrigen weit kleiner scheinenden Himmelskörper sind nur sichtbar, wenn der

---

* Man bemerke, daß in diesem Kapitel die Sonne ein für allemal durch den deutschen Buchstaben S bezeichnet wird.

** In gegenwärtigem Kapitel wird der Mond durch den deutschen Buchstaben M ausgedrückt.

Glanz der S es nicht hindert; und werden allgesammt die Sterne genannt.

§. 3.

Alle Himmelskörper haben eine scheinbare gemeinschaftliche oder gemeine Bewegung, indem sie nach einerlei Richtung in größern oder kleinern Kreisbogen fortzugehen scheinen. So kommen z. B. in einer Gegend der Gesichtsgrenze Sterne über der Erdfläche herauf, oder gehen daselbst auf, und senken sich an der entgegengesetzten wieder nieder, oder gehen daselbst unter, nachdem sie ihren Bogenlauf am Himmel vollendet haben. Der Auf- und Untergang der S. verursacht Tag und Nacht; und ihre Bewegung wird dieserhalb die tägliche genannt.

§. 4.

Da die Entfernungen der Weltkörper aus dem bloßen Anblicke nicht geschätzt werden können, so scheinen sie an der innern hohlen Fläche des Himmelsgewölbes in gleichen Entfernungen von unserm Auge abzustehen.

Da ferner, bei der täglichen Bewegung, immer Sterne zum Vorschein kommen, welche vorher nicht über der Gesichtsgränze waren und an der andern Seite wieder untergehen, so stellt man sich den Himmel als eine ganze hohle Kugel vor, welche die Erde (E)* von allen Seiten umgiebt, an deren innerer Fläche die S, der M und die Sterne, in deren Mittelpunkte unser Auge sich befinden, und von welcher nur die eine Hälfte gesehen werden kann.

Anmerkung. Man bemerke, daß das über uns ausgespannte Himmelsgewölbe keine vollkommene, sondern eine eingedrückte Halbkugel ist.

---

* In diesem Kapitel wird die Erde ein für allemal durch den deutschen Buchstaben E ausgedrückt.

§. 5.

Die Himmelskörper legen bei ihrer täglichen Bewegung parallele Kreise zurück.

Auch gehen in einer Gegend des Himmels gewisse Sterne gar nicht unter, sondern vollenden ihren ganzen Kreislauf über der Gesichtsgrenze. Die Kreise, welche diese Sterne beschreiben, werden immer kleiner; und man bemerkt endlich einen Stern, welcher sich *fast* gar nicht zu bewegen scheint und **der Polarstern** (P) genannt zu werden pflegt.

Anmerkung. P wird auf folgende Weise gefunden. Man bemerkt am Himmel 7 Sterne, welche beiläufig die in Fig. 1 angedeutete Lage besitzen und, nebst vielen kleinern, **der große Bär** genannt zu werden pflegen. Denkt man sich aber b und a durch eine gerade Linie verbunden und diese so weit verlängert, bis sie auf einen bedeutend hellen Stern P trifft, so ist letzterer der Polarstern. Da die hier angedeuteten 7 Sterne (nebst den kleinern) in einem Kreise um P sich bewegen, so können sie nicht zu jeder Zeit die hier angedeutete Stellung besitzen.

§. 6.

Aus vor. §. ergiebt sich: **daß in der Gegend des P ein Pol der scheinbaren Himmelskugel** (K) **existirt.** Denkt man sich aber eine gerade Linie von P durch unser Auge bis an die entgegengesetzte Seite der K unter unserer Gesichtsgrenze gezogen, so geht die Axe und der andere Pol von K hervor.

§. 7.

Außer der gemeinschaftlichen täglichen Bewegung nimmt man eine scheinbare eigene an manchen Himmelskörpern wahr.

So scheint z. B. M von einem Sterne zum andern der täglichen Bewegung entgegenzurücken, und nach etwa 27 Tagen wieder bei demselben Sterne zu stehen, wo er sich anfangs befand; so daß er während dieses Zeitraumes einen ganzen Kreis am Himmel zu durchlaufen scheint. Während seines Umlaufes erscheint er uns manchmal als eine helle Kreisscheibe, welche bald an ihrem rechten Rande immer mehr verdunkelt zu werden scheint, so daß sie allmählig kleiner wird, bald wie eine halbkreisförmige Ebene, dann wie eine Sichel sich zeigt, und hierauf gänzlich verschwindet. Bald nachher erscheint M wieder wie eine Sichel, die aber eine verkehrte Lage hat, d. h. ihre Convexität auf der rechten Seite besitzt u. s. w. — Diese Veränderungen heißen die Lichtabwechselungen oder die Lichtgestalten des M, oder auch die Mondesphasen. Verschwindet M ganz, so ist es Neumond; ist aber nachher seine halbe Scheibe erleuchtet, so ist M im ersten Viertel. Die ganze beleuchtete Scheibe des M wird Vollmond, und die nach dem letztern entstehende beleuchtete halbe Kreisscheibe das letzte Viertel genannt.

Anmerkung. Man bemerke, daß an dem mit dem bloßen Auge beleuchteten M mehrere Flecken sich zeigen, von denen späterhin ausführlich die Rede sein wird.

§. 8.

S zeigt ebenfalls eine eigene Bewegung, welche der täglichen entgegengesetzt ist, indem immer neue Sterne kurz vor ihr aufgehen und bald nach ihr untergehen.

Nach einer Zeit von etwa 365 Tagen oder einem Jahre gehen dieselben Sterne kurz vor S auf und bald nach ihr unter, wie anfangs, so daß S während dieses Zeitraums einen ganzen Kreis am Himmel zu durchlaufen scheint.

Anmerkung. Man bemerke, der größern Vollständigkeit wegen, daß S in Bezug auf die Sterne, sich täglich beinah um 4 Minuten verspätet, daß die Sterne nach einem Monate etwa um 2 Stunden früher in Rücksicht auf eine bestimmte Stellung der S aufgehen, und daß also nach 12 Monaten oder 365 Tagen die Sterne in Bezug auf S dieselbe Lage wie vor 365 Tagen besitzen.

§. 9.

S geht nicht immer an einerlei Stelle auf und unter, sondern legt bald größere und bald kleinere Bogen über E zurück. Auch bleibt sie bei der täglichen Bewegung nicht in einerlei Parallelkreisen, sondern scheint an der Himmelskugel in Schraubengängen fortzugehen.

Hieraus folgt aber: daß die Richtung, in welcher S nach ihrer eigenen scheinbaren Bewegung fortrückt, mit den Kreisen, welche die Weltkörper bei ihrer täglichen Bewegung beschreiben, nicht parallel sein kann.

§. 10.

Außer S und M existiren noch andere Sterne, bei denen man eigene Bewegungen bemerkt, die aber schon schwerer zu beobachten und verwickelter sind. So scheinen z. B. diese Himmelskörper bald schneller und bald langsamer fortzugehen, bald gänzlich still zu stehen und sogar rückwärts sich zu bewegen u. s. w. Diese Sterne werden Wandelsterne, Irrsterne oder Planeten genannt.

§. 11.

Man kennt 11 Planeten, welche Merkur, Venus, Erde, Mars, Vesta, Juno, Ceres, Pallas, Jupiter, Saturn und Uranus heißen.

Der Merkur ist schwer zu beobachten, weil er sich immer nahe bei S aufhält.

Die Venus entfernt sich schon weiter von S, besitzt ein schönes glänzendes Licht (L)*, womit sie zu gewissen Zeiten entweder vor Aufgang der S als Morgenstern, oder nach Untergang derselben als Abendstern erscheint.

Der Mars ist durch sein röthliches L leicht erkennbar.

Der Jupiter ist ebenfalls ausgezeichnet hell, und wird von 4 kleinen Monden, Nebenplaneten, Trabanten oder Satelliten begleitet, die in immer veränderten Stellungen neben ihm stehen und schon durch mäßige Fernröhre sichtbar sind.

Der Saturn ist weit blässer und kleiner als der Jupiter; auch hat man bei ihm durch Fernröhre 7 Monde und um dessen Körper einen ihn frei umgebenden Ring entdeckt.

---

* Das Licht wird ein für allemal durch den deutschen Buchstaben L ausgedrückt.

Vesta, Juno, Ceres, Pallas sind wegen ihrer sehr geringen Größe und der Uranus wegen seiner großen Entfernung sehr schwer zu beobachten. Auch ist der letztere von 6 Trabanten* umgeben, u. s. w.

Anmerkung. Man bemerke vorläufig, daß M ebenfalls als Trabant unserer E sich zeigt, daß ein Planet nie in der Nordgegend des Himmels erscheint, und daß man überdies mit bloßem Auge nicht leicht mehr als 2 Planeten erblickt.

§. 12.

S, M und die 11 Planeten werden, der Kürze wegen, und in Rücksicht ihrer Stellungen auf folgende Weise bezeichnet:

Sonne,	Merkur,	Venus,	Erde,	Mond,	Mars,	Juno,	Ceres,
☉	☿	♀	♁	☾	♂	⚵	⚳

Pallas,	Vesta,	Jupiter,	Saturn,	Uranus.
⚴	⚶	♃	♄	⛢

§. 13.

Man erblickt am Himmel zuweilen Sterne, welche mehr oder weniger von einem Lichtnebel eingehüllt sind, der sich in der der S entgegengesetzten Gegend in einen Schweif von manchmal bedeutender Länge ausbreitet. Sie heißen Kometen, haben eine eigene Bewegung und verschwinden, nachdem sie einige Zeit sichtbar gewesen sind. Die scheinbare Geschwindigkeit der Kometen ist zuweilen äußerst beträchtlich; und bei vielen läßt sich durch Fernröhre der Kern, d. h. der innere undurchsichtige Theil von dem Lichtnebel unterscheiden. In den neuern Zeiten wurden jedoch bei mehreren Kometen keine Kerne bemerkt.

§. 14

Alle übrigen Sterne behalten einerlei Lage gegeneinander

* Man bemerke, daß Herschel außer den 6 Trabanten des Uranus noch 2 oder 3 wahrzunehmen glaubte, aber die Existenz der letztern nicht außer Zweifel zu setzen wagte.

und werden die Fixsterne genannt. Die Anzahl derer, welche sich mit bloßen Augen unterscheiden lassen, beträgt schon mehrere Tausend. Doch wird man eine weit größere Menge in allen Tiefen des Himmels durch gute Fernröhre gewahr. Der unter dem Namen der Milchstraße bekannte Streifen*, welcher das Himmelsgewölbe beinah in der Lage eines größten Kreises umgiebt, ist nichts anderes als eine unzählige Menge von Fixsternen. So sah z. B. Herschel während 41 Minuten (nach seiner Schätzung) nicht weniger als 258000 Sterne in der Milchstraße durch das Feld seines Fernrohres ziehen.

In verschiedenen Gegenden des Himmels bemerkt man endlich lichte Oerter in Gestalt von kleinen glänzenden Nebeln, welche die Nebelflecken heißen und sich durch Fernröhre entweder als Sammlungen sehr kleiner Sterne oder als einzelne in Nebel oder einen Lichtschimmer gehüllte Sterne, oder als bloße Licht- oder neblige Flecke darstellen.

§. 15.

Die Fixsterne werden nach ihrer Lichtstärke hauptsächlich in 7 Klassen getheilt, von denen die glänzendsten die Sterne erster Größe, die nächsten die der zweiten Größe u. s. w. genannt zu werden pflegen. Zu den Sternen erster Größe wird der Sirius und zu denjenigen der zweiten der Polarstern nebst 6 aus den 7 Sternen des großen Bären gezählt u. s. w. Außer diesen, noch mit bloßen Augen wahrnehmbaren Sternen giebt es (wie in vor. §. bemerkt worden ist) noch Millionen andere, welche sich nur durch Fernröhre zeigen, und aus diesem Grunde die teleskopischen Sterne genannt zu werden pflegen. —

§. 16.

Die Fixsterne unterscheiden sich dadurch von den Planeten,

---

* Man bemerke, daß die Breite der Milchstraße sich von 2 bis 17 Graden erstreckt, und daß einzelne große Theile derselben sich durch ihren verschiedenen Glanz, durch Oeffnungen und Spalten und selbst durch isolirt auslaufende Aeste vor den andern auszeichnen.

daß erstere ein lebhaftes funkelndes oder flimmerndes L und letztere einen zum Theil hellen, aber doch sanften Schein besitzen.* Das L der Fixsterne scheint mehr dem der S und das der Planeten mehr dem des M ähnlich zu sein.

Auch erscheinen die Planeten, durch die Fernröhre vergrößert und von einem meßbaren Durchmesser, während sich die Fixsterne selbst durch bessere Fernröhre nur wie glänzende Punkte, oder von unmeßbar kleinem Durchmesser darstellen.**

§. 17.

Man wird zuweilen Sonnenbedeckungen und Mondsverfinsterungen gewahr, wovon die erstern nur zur Zeit des Neumondes und die letztern nicht anders als zur Zeit des Vollmondes sich ereignen. Bei den Sonnenfinsternissen scheint eine schwarze Scheibe der täglichen Bewegung entgegen in S zu rücken; bei den Mondfinsternissen scheint dagegen eine schwarze Scheibe nach der Richtung der täglichen Bewegung in M zu kommen.

Man bemerkt ferner eine Bedeckung an S, wenn der Merkur oder die Venus zwischen uns und S vorübergehen; und nennt eine solche Erscheinung den Durchgang des Merkurs oder der Venus vor S. Auch werden die

---

* Das Funkeln der Fixsterne hängt von der Beschaffenheit unserer Atmosphäre ab, indem die darin vorhandenen Dünste die Lichtstrahlen durch augenblicklich veränderte Brechungen von ihrem Wege auf verschiedene Weise ableiten, so daß sie uns, ihrer außerordentlich geringen Durchmesser wegen, in einer beständigen Erschütterung, gleichsam als wenn sie beweglich wären, erscheinen. Die Planeten funkeln nicht, wie die Fixsterne, weil ihre Durchmesser schon zu merklich sind, als daß die Bewegung der Dünste des Luftkreises ihre Lichtstrahlen durch die augenblicklich veränderten Brechungen in eine so lebhafte Erschütterung bringen könnte, und überdies das von der S entlehnte L der Planeten ungleich schwächer als das eigene der Fixsterne ist. Das starke Funkeln der letztern zeigt sich übrigens nur mit bloßen Augen, und wird, durch gute Fernröhre betrachtet, fast unmerklich gefunden, indem letztere den größten Theil der falschen Lichtstrahlen absondern und die Sterne deutlicher darstellen.

** Man bemerke, daß durch die besten Frauenhofer'schen Fernröhre die Fixsterne erster Größe schon mit deutlich merkbarem Durchmesser und in der Gestalt von völlig abgerundeten planetarischen Scheiben sich zeigen.

Bedeckungen der Fixsterne durch M die Sternbedeckungen genannt.

Anmerkung. Das in diesem und in mehreren frühern §§. Gesagte wird in spätern Abtheilungen dieses Kapitels ausführlicher behandelt.

§. 18.

Die Wissenschaft von dem Weltgebäude, d. h. *von der Größe, Entfernung und Bewegung der Himmelskörper heißt Astronomie.*

Sie wird in die *sphärische* und *theorische* eingetheilt. *Die erstere* betrachtet das Weltgebäude, wie es in die Sinne fällt; *die zweite* lehrt aber *dasjenige*, was durch Schlüsse des Verstandes von der wahren Einrichtung desselben erforscht werden kann. Eine Abtheilung der letztern ist *die physische Astronomie*, welche die die Bewegungen der Weltkörper bewirkenden Kräfte untersucht.

§. 19.

Die Werkzeuge des Astronomen sind hauptsächlich *Winkelmesser, Uhren und Fernröhre.*

Die astronomischen Winkelmesser sind in der Hauptsache nicht von den andern verschieden. Sie müssen eine große Genauigkeit besitzen, und sind gewöhnlich mit Dioptern oder einem Fernrohre versehene Sextanten und Quadranten, worauf noch Minuten und Sekunden unterschieden werden können.

Gute Uhren sind dringend nöthig, weil die Beobachtungen ohne genaue Zeitbestimmung zu keinem sichern Resultate führen können.

Um die Beschaffenheit der Oberfläche eines Weltkörpers zu erforschen, wird ein Fernrohr mit bedeutender Vergrößerung, oder einem kleinen Gesichtsfelde gebraucht. Um einen größern Theil des Himmels zu übersehen, wendet man dagegen ein weniger vergrößerndes Fernrohr mit weitem Gesichtsfelde an. Ein solches Instrument wird *ein Kometensucher* genannt.

Die Fernröhre, mit denen man S betrachtet, sind mit verdunkelnden Gläsern versehen; und die Gebäude, welche

Winkelmesser, Uhren, Fernröhre u. s. w. enthalten und noch mancherlei Einrichtungen besitzen, werden Sternwarten oder Observatorien genannt. Bei einer Sternwarte muß die Aussicht frei, das Gebäude fest und keinen Erschütterungen ausgesetzt sein, damit die Apparate einen festen Stand haben und ihn eine beliebige Zeit hindurch zu behalten vermögen.

Anmerkung. Man bemerke vorläufig, daß der Astronom hauptsächlich drei Täuschungen, nämlich die Parallaxe, die Brechung und die Abirrung des L zu berichtigen hat, und daß er, mit Hülfe der erstern, die Entfernungen beobachteter Weltkörper berechnet.

Zweite Abtheilung.

Von der Orts- und Zeitbestimmung.

---

§. 20.

Die von dem Orte eines Beobachters senkrecht bis an das scheinbare Himmelsgewölbe gezogene gerade Linie heißt die Scheitellinie; und der Punkt, welchen sie am Himmelsgewölbe trifft, der Scheitelpunkt oder das Zenith (Z). Auch wird der von der unterwärts verlängerten Scheitellinie am Himmel gebildete Punkt der Fußpunkt oder das Nadir (N), und der durch das Auge, als den Mittelpunkt der scheinbaren Himmelskugel (K) gelegte größte Kreis, dessen Pole Z und N sind, der Horizont (H) genannt.

Anmerkung. Man bemerke 1) daß für ein in der* ebenen Erdfläche befindliches Auge diese Ebene selbst als H sich zeigt; 2) daß H die scheinbare K in die obere und untere Halbkugel theilt; 3) daß erstere für den Beobachter die sichtbare und letztere die unsichtbare ist; und 4) daß in jener Z und in dieser N sich befindet.

---

* Dem Scheine nach.

§. 21.

Die Kreise, welche mit H parallel laufen, und deren Axe die Axe des H, nämlich die Scheitellinie ist, nennt man Almucantharat oder Höhenkreise.

Die größern Kreise, welche durch Z und N gehen, also auf H senkrecht stehen, und deren Pole in dem Umfange des H sich befinden, heißen Scheitel- oder Vertikalkreise.

Der Bogen des Scheitelkreises von H bis zu einem Sterne oder zu einem Punkte des Himmels (d. h. der Winkel am Auge, dessen Maß dieser Bogen ist) wird die Höhe des Sternes oder des Punktes; und der Abstand vom Scheitel die Ergänzung der Höhe zu 90° genannt.

§. 22.

Die Gegend des H, wo S und andere Himmelskörper aufgehen, nennt man die Morgenseite, während die andere, wo sie untergehen, die Abendseite heißt.

§. 23.

Die gerade Linie, um welche sich die ganze K bei der täglichen Bewegung zu drehen scheint, nennt man die Weltaxe; und die beiden Enden der letztern, oder die an der scheinbaren K entstandenen zwei Punkte, die Pole. Der in unsern Gegenden über H liegende Pol wird der Nordpol und der unter H sich befindende der Südpol genannt.

§. 24.

Der durch Z, N und die beiden Pole gehende Scheitelkreis heißt der Meridian oder Mittagskreis (M). Seine Ebene wird die Mittagsfläche, und der Durchschnitt des M mit H die Mittagslinie genannt.

§. 25.

Der zwischen dem Pole und H liegende Bogen des M (oder der diesem Bogen entsprechende spitze Winkel) heißt die Polhöhe; und die Höhe eines in M stehenden Sternes (S) die Mittagshöhe. Geht ein Weltkörper durch M, so sagt man, er culminire, und nennt seinen Stand in M die Culmination. Da aber bei der täglichen Umdrehung jeder S zweimal durch M gehen muß, so finden auch 2 Culminationen, nämlich eine obere und eine untere statt.

Anmerkung. Man bemerke, daß ein für uns nie untergehender S beide und ein untergehender nur die obere Culmination über H besitzt.

§. 26.

Der Scheitel- oder Vertikalkreis, welcher auf M senkrecht steht, d. h. durch die Pole des letztern geht, wird der erste genannt. Die im Umfange des H von M und dem ersten Scheitelkreise gebildeten 4 Punkte heißen die 4 Weltgegenden oder die Cardinalpunkte. Man nennt aber denjenigen Punkt, wo der erste Scheitelkreis den H an der Morgenseite schneidet, Osten oder Morgen, und den gerade entgegengesetzten Westen oder Abend.

Eben so wird der von M und H gebildete Durchschnittspunkt, nach welchem man hinsieht, wenn Osten zur Rechten und Westen zur Linken liegt, Norden oder Mitternacht, und der gerade entgegengesetzte Süden oder Mittag genannt.

§. 27.

Aus vorigem §. geht hervor: daß eine Weltgegend von der andern um 90° in H absteht, und daß die Mittagslinie die gerade Verbindungslinie des Nord- und Südpunktes ist.

§. 28.

Da die in §. 26. erwähnten 4 Weltgegenden oder Cardinalpunkte Norden, Süden, Osten, Westen zur genauen Bestimmung eines Gegenstandes oder einer Erscheinung in Rücksicht auf H nicht ausreichen, so hat man die zwischen diesen Punkten liegenden Bogen des H, durch fortgesetzte Halbirungen, noch weiter eingetheilt und dadurch 28 neue Punkte erhalten.

Sie heißen:

1) Nordost, Nordwest, Südost, Südwest;
2) Nord Nordost, Ost Nordost, Nord Nordwest, West Nordwest, Süd Südost, Ost Südost, Süd Südwest, West Südwest;
3) N ¼ NO, NO ¼ N; O ¼ NO, NO ¼ O; N ¼ NW, NW ¼ N; W ¼ NW, NW ¼ W; S ¼ SO, SO ¼ S; O ¼ SO, SO ¼ O; S ¼ SW, SW ¼ S; W ¼ SW, SW ¼ W;

und sind nebst den 4 Cardinalpunkten (in Fig. 2) dargestellt.

Anmerkung. Da die Schiffer die Richtung des Windes nach der Gegend des II bestimmen, aus welcher er weht, so haben sie die in diesem §. erwähnte Eintheilung auf ihren Kompassen unter dem Namen der Windrose verzeichnet, und darauf öfters die Bogen noch einmal halbirt, d. h. 64 Punkte in II bestimmt.

Anmerkung 2. Der Bergkompaß ist in 24 Stunden eingetheilt, und wird zur Bestimmung der Richtung der Gänge und Stollen unter der Erdoberfläche gebraucht, u. s. w.

Anmerkung 3. Man bemerke vorläufig, daß II unter den Polen nicht wie anderwärts eingetheilt werden kann, weil hier kein Auf- und Untergang der Gestirne stattfindet, also kein Osten und Westen existirt, auch Zenith und Weltpol zusammen fallen, und also jeder Scheitelkreis als Meridjan sich zeigt.

§. 29.

Der Winkel, welchen der Vertikalkreis eines Sternes mit dem Mittagskreise macht, heißt das Azimuth desselben. Sein Maß ist der in II liegende Bogen von Süden bis dahin, wo der Vertikalkreis den H durchschneidet. Das Azimuth ist also entweder östlich oder westlich, und wird bis 180° von Süden nach Norden im Umfange des II gezählt.

§. 30.

Die Kreise, welche die Himmelskörper bei ihrer täglichen Bewegung beschreiben, heißen Tageskreise, ihre über II beschriebenen Bogen Tagebogen, und ihre unter II zurückgelegten Nachtbogen.

Der durch den Mittelpunkt der scheinbaren Himmelskugel

gehende größte Tageskreis wird **der Aequator** (A)*, und der Winkel, welchen letzterer mit H macht (und dessen Maß der zwischen ihnen liegende Bogen des Meridianes ist), **die Aequatorhöhe** genannt.

Anmerkung. Aus gegenw. §. geht hervor, daß A die scheinbare Himmelskugel in die nördliche und südliche theilt.

§. 31.

Die größten Kreise, welche durch beide Weltpole gehen und also senkrecht auf A stehen, heißen **die Deklinations-, Abweichungs- oder Stundenkreise.** Der zwischen einem Sterne (S) und A liegende Bogen des Deklinationskreises nennt man **die Deklination** oder **die Abweichung des S.** Sie ist entweder nördlich oder südlich und wird bis 90° von A bis zu den Polen gezählt.

Anmerkung. Aus gegenw. §. ergiebt sich, daß der Abstand vom Pole als Ergänzung der Deklination zu 90° sich zeigt.

§. 32.

Der Winkel, welchen der Deklinationskreis eines Sternes mit dem Meridiane (M) macht (und dessen Maß der zwischen beiden liegende Bogen des A ist), wird **der Abstand von M** oder **der Stundenwinkel** genannt. Die Zeit, welche während einer Umdrehung der Himmelskugel verfließt, heißt **ein Sterntag.** Er wird in 24 Stunden, jede Stunde in 60 Minuten, jede Minute in 60 Sekunden und jede Sekunde in 60 Tertien getheilt.

§. 33.

M steht auf H und auf A senkrecht.

Beweis. Da die Weltaxe und Scheitellinie in der Ebene des M sich befinden, die erstere aber auf A und die letztere auf H senkrecht steht, so muß auch M sowohl auf A als auf H senkrecht sein.

* Weil S (wie späterhin erhellt), wenn sie diesen Kreis am Himmel beschreibt, allen Bewohnern der E Tag und Nacht gleich macht.

§. 34.

Aus vorigem §. geht hervor:

1) A und H gehen durch die Pole des M, d. h. durch Osten und Westen, wo sich ihre Umkreise schneiden.
2) Da A und H größte Kreise sind, so halbiren sie einander, und ihr Durchschnitt ist die gerade Linie von Osten nach Westen (oder einerlei mit dem Durchschnitte des ersten Vertikalkreises und des H), und macht mit der Mittagslinie rechte Winkel.

§. 35.

Die Pol- und Aequatorshöhe ergänzen einander zu 90°.

Beweis. Da beide mit dem Bogen des M vom Pole bis A den halben M, d. h. 180° ausmachen, und der zwischen dem Pole und A liegende Bogen des M 90° beträgt, so sind Pol- und Aequatorshöhe ebenfalls 90°.

§. 36.

Aus vorigem §. geht hervor:

1) Die Tiefe der andern Hälfte des A unter H ist der Aequatorshöhe gleich und macht mit der Polhöhe ebenfalls 90°.
2) Die Aequatorshöhe ist gleich dem Abstande des Poles vom Zenith.

§. 37.

Die Tagebogen und Nachtbogen werden durch die Mittagsfläche halbirt.

Beweis. Bezeichnen (in Fig. 3) S und T zwei Stellen in dem Tageskreise VMW, welche gleiche Höhen und also auch gleiche Abstände vom Zenithe (Z) besitzen, so ist SZ = TZ. Nun ist aber auch PS = PT, PZ = PZ, also in den beiden Dreiecken PZS und PZT alles gleich; und dieserhalb Winkel ZPS = Winkel ZPT. Nun ist aber auch MS = MT, und also M die Mitte des Bogens SMT. Da aber das so eben Gefundene für jede zwei Punkte gilt, welche gleiche Höhe besitzen, so findet es auch statt, wenn diese Höhen gleich Null sind, d. h. wenn

S und T im Horizonte HR, d. h. in V und W sich befinden; und es ergiebt sich hieraus: daß M die Mitte des Tagebogens ist. Auch geht auf die eben angegebene Weise hervor: daß N als die Mitte des Nachtbogens sich zeigt.

§. 38.

Bei gleichen Stundenwinkeln vor und nach der Culmination sind die Höhen, und bei gleichen Höhen die Stundenwinkel gleich, und folglich die Bogen des AD, nämlich $AB = AE$. Auch ist in HR Bogen $FH = GH$, wegen der Gleichheit der Dreiecke HZF und HZG.

§. 39.

In der obern Culmination hat ein Stern seine größte und in der untern seine kleinste Höhe oder größte Tiefe, je nachdem er ein aufgehender oder ein untergehender ist.

Beweis. Ist 1) (in Fig. 3) M ein oben culminirender und S ein anderer in demselben Tageskreise befindlicher Punkt, so ist im Dreiecke SZP,

$$SZ + PZ > SP.$$

Nun ist $SP = MP = MZ + PZ$;

also $SZ + PZ > MZ + PZ$,

oder $SZ > MZ$;

und deshalb der Abstand des oben culminirenden Punktes M vom Zenithe (Z) kleiner, d. h. seine Höhe größer als die jedes andern Punktes S, welcher in demselben Tageskreise liegt.

Ist 2) N ein unten culminirender Punkt, so folgt:

$$ZP + PS \quad ZS,$$

$$PS = NP;$$

also auch $ZN > ZS$;

und dieserhalb der Abstand des unten culminirenden Punktes N von Z größer, d. h. seine Höhe kleiner, als die jedes andern in demselben Tageskreise befindlichen Punktes S. Und wenn es (wie in gegenwärtiger Figur) ein untergehender Punkt ist, so folgt, daß er in der untern Culmination seine größte Tiefe (oder negative Höhe) besitzt.

§. 40.

Man soll die Lage der Mittagsfläche M durch correspondirende Höhen* ermitteln.

Auflösung. Man merke sich die Gegend, wo S (oder ein Stern) am höchsten steht, messe ihre wachsenden und abnehmenden Höhen so lange, bis man zwei ermittelt, welche einander gleich sind, wie SF und SG (Fig. 3). Nun bilden aber die Ebenen der beiden Vertikalkreise ZF und ZG den Winkel FCG, dessen Maß der Bogen FHG ist, welcher gemessen werden kann. Wird aber nun der letztere halbirt, so hat man den Punkt H und also die Lage der M ermittelt. (Vergl. §. 37.)

§. 41.

Man soll die Lage der M durch den Schatten ermitteln.

Auflösung. Man beschreibe (in Fig. 4) auf einer genau horizontalen Fläche einen Kreis, richte in seinem Mittelpunkte c einen Stift senkrecht auf, und bemerke des Vormittags den Punkt o und des Nachmittags den Punkt p, welchen das Ende des Schattens in der Peripherie angiebt. Halbirt man aber nun op, so ergiebt sich die Mittagslinie cn, und hierdurch die Lage der M.

Anmerkung. Das im gegenwärtigen §. angegebene Verfahren beruht darauf, daß S in den beiden gleichweit entfernten Zeiten gleich hoch steht und also auch gleich lange Schatten wirft. Die Genauigkeit wird jedoch durch die Halbschatten vermindert, und der dadurch entstehende Fehler einigermaßen verbessert, wenn man mehrere concentrische Kreise zieht, das Berührungsende des Schattens Vor- und Nachmittags auf jedem dieser Kreise bemerkt, die gefundenen Bogen halbirt und zusieht, ob die hierdurch entstandenen einzelnen Mittagslinien einander decken. Ist dies nicht der Fall (was gewöhnlich geschieht, da kleine Abweichungen hierbei unvermeidlich sind), so wird die eine Linie zur Verbesserung der andern gebraucht, und eine mittlere Linie zwischen den gefundenen als die richtige Mittagslinie betrachtet.

§. 42.

Im vorigen §. wurde vorausgesetzt, daß S bei glei-

* d. h. durch gleiche Höhen vor und nach der Culmination.

chen Höhen auch gleiche Abstände von M besitze. Dies ist aber nicht ganz richtig, weil S mit eigener Bewegung fortrückt und nicht in dem nämlichen Parallelkreise verbleibt. Um also eine möglichst genaue M durch den Schatten zu erhalten, muß die Operation an den Solstitialtagen* oder wenigstens um die Zeit der Solstitien (am besten des Sommersolstitiums) geschehen, weil an und nahe bei diesen Tagen die Höhe der S durch die eigene Bewegung wenig oder gar nicht afficiret wird, indem ein kleiner Bogen der Ekliptik bei den Solstitialpunkten so gut wie parallel mit dem Aequator sich zeigt. Werden aber die Operationen zu andern Zeiten vorgenommen, so ist eine kleine Correktion dabei nöthig.

§. 43.

Ist die Lage der M bekannt, so kann man, um den Durchgang eines Himmelskörpers durch dieselbe zu beobachten, in M entweder 2 senkrechte Fäden anbringen, welche ein Filargnomon bilden**, oder ein Fernrohr dergestalt stellen, daß es sich in ihr auf und nieder bewegen läßt. Ein solches Fernrohr wird aber ein Mittagsfernrohr, Culminatorium oder Passageninstrument genannt.*** Auch kann man

* Von denen späterhin die Rede sein wird.

** Man bemerke, daß in Nr. XIV und XV des zweiten Anhangs hiervon ausführlicher die Rede sein wird; und daß man unter Gnomon einen Winkelmesser, Sonnenzeiger und auch ein astronomisches Instrument zur Messung der Höhen der Gestirne u. s. w. versteht.

*** Das Mittags-Fernrohr ist in Fig. 5 dargestellt. Es bezeichnet nämlich darin AB ein doppelt conisches messingenes Rohr, dessen Ocular bei A, dessen Objektiv bei B sich befindet, und wovon das erste unterwärts gegen Norden und das letztere oberwärts gegen Süden gerichtet ist. Es ist vermittelst eines in der Mitte befindlichen cubischen Stückes mit einer horizontalen auf beiden Seiten conisch geformten Axe verbunden, welche bei C und D auf Unterlagen ruht und durch die Gegengewichte N und G äquilibriret wird, damit sie desto weniger Reibung an den Zapfen erleide. Bei der Drehung muß die Gesichtsaxe des AB genau in M verbleiben und also die Drehungsaxe CD genau horizontal und rechtwinklich auf AB sich befinden. Im Brennpunkte des Oculars sind 3 oder auch 5 Fäden von feinem Silberdrahte oder vom Gewebe der Kreuzspinne senkrecht ausgespannt, um genau den Moment der Berührung des Sonnenrandes oder des Sternes daran zu beobachten. Damit AB in der einmal genau bestimmten

einen großen sogenannten Mauerquadranten* in M unverrückt befestigen, u. s. w.

Aus der bekannten Lage der M kann man ferner das Azimuth eines Sternes (S) (Fig. 3), d. h. den Bogen HF des Horizontes messen, und es ist hierdurch und durch die Höhe FS, der Ort des S für den Augenblick der Beobachtung bekannt.

§. 44.

Man soll die Pol= und Aequatorshöhe für den Ort der Beobachtung ermitteln.**

Auflösung. Man beobachte die Höhen eines nicht untergehenden Sternes in seiner obern und untern Culmination (Fig. 3), ziehe die kleinste Höhe LR von der größten KR ab, halbire den hierdurch erhaltenen scheinbaren Durchmesser KL des Tagekreises, welchen er beschreibt, und addire diese Hälfte, nämlich PL, zur kleinsten Höhe.

Die hierdurch entstandene Summe ist aber die verlangte Polhöhe PR; und subtrahirt man nun letztere von 90°, so ergiebt sich die Aequatorshöhe AH (nach §. 35).

§. 45.

Da $\frac{KR - LR}{2} + LR = \frac{KR + LR}{2}$ ist, so ergiebt

---

Lage unverrückt verbleibe, sind die Unterlagen der horizontalen Axe zwei aus einem Stücke gehauene massive steinerne Pfeiler, die nicht auf dem Fußboden des Zimmers, sondern unmittelbar auf dem Grunde des Hauses aufgerichtet sind. An der innern Seite des einen Pfeilers ist ein Quadrant bei E angebracht, an welchem sich ein Zeiger verschiebt, der mit AB sogleich sich bewegt. Man kann aber hierdurch AB so stellen, daß ein bestimmter Stern, dessen Declination man schon weiß, durch das Feld des AB ohngefähr mitten hindurch gehen muß, u. s. w.

* Man bemerke, daß der Mauerquadrant einen Halbmesser von etwa 6 — 8 Fußen besitzt, an einer senkrechten massiven Mauer in M unbeweglich befestigt ist, und daß man bei solchen (und auch bei beweglichen) Quadranten, außer der gewöhnlichen Eintheilung in 90°, auch noch eine in 96 Theile anbringt, damit die eine die andere controlirt.

** Da der Polarstern immer noch über anderthalb Grade vom Pole absteht, so wird die Polhöhe nicht unmittelbar gemessen, sondern nur durch Berechnung gefunden.

sich die Polhöhe auch noch dadurch, **daß man die größte und kleinste Höhe eines nicht untergehenden Sternes addirt und ihre Summe durch 2 dividirt.**

Anmerkung 1. Die so eben angegebene Bestimmung der Polhöhe ist in der Ausführung sehr schwierig, weil nicht leicht der Augenblick angegeben werden kann, in welchem ein Stern seine größte und kleinste Höhe erreicht; und durch die Strahlenbrechung die Größe des Winkels etwas ungewiß wird. In Nr. XIX des zweiten Anhangs wird die gewöhnliche Bestimmung der Polhöhe an einem Beispiele versinnlicht.

Anmerkung 2. Ist die Polardistanz eines Sternes kleiner als unsere Polhöhe, so geht letzterer für uns nicht unter.

§. 46.

Man soll die Deklination eines Sternes ermitteln.

Auflösung. Man beobachte seine Mittagshöhe und suche den Unterschied zwischen dieser und der Aequatorshöhe. Ist in unsern Gegenden die Mittagshöhe größer als die Aequatorshöhe, so hat der Stern nördliche und im Gegenfalle südliche Deklination.

So ist z. B. (in Fig. 3) die Deklination des $M = HM - HA$ und die des $X = HA - HX$.

Anmerkung. Wenn (in Fig. 3) bei der Bestimmung der Deklination ein Stern K nicht in demselben Höhenquadranten mit dem Aequator culminirt, so mißt man entweder seine Höhe KR, nimmt deren Ergänzung HK zu 180°, und subtrahirt von HK die Aequatorshöhe HA, oder zieht die Polhöhe von der Mittagshöhe, oder diese von jener ab, und subtrahirt den hierdurch entstandenen Abstand des Sternes vom Pole von 90°.

§. 47.

Aus vorigem §. geht hervor: **daß aus der Deklination (D) der ☉ oder eines Sternes die Aequatorshöhe und Polhöhe gefunden werden können.**

Denn mißt man z. B. die Höhe der ☉ oder eines Sternes im Augenblicke der Culmination durch einen Sextanten (oder Quadranten), und zieht die nördliche D von der gefundenen Mittagshöhe ab, oder addirt die südliche dazu, so ergiebt sich die Aequatorshöhe, welche, von 90° abgezogen, die Polhöhe erzeugt. Da aber die D der S (oder eines Sternes) für jeden Augenblick schon bekannnt ist und aus Tafeln und Sternverzeichnissen abgelesen werden kann, so wird D am häufigsten und bequemsten auf die so eben angegebene Weise bestimmt. (Vergl. Nr. XXI des zweiten Anhangs).

§. 48.

Man soll das Azimuth und die Höhe eines Sternes aus Polhöhe, Abweichung und Stundenwinkel ermitteln.

Auflösung. Im sphärischen Dreiecke ZPS (Fig. 3) ist bekannt:

PZ als die Ergänzung der Polhöhe zu 90°,
PS als die Ergänzung der Deklination zu 90° und
P als der eingeschlossene Stundenwinkel;

und man soll daraus ermitteln:

I) den Winkel Z als die Ergänzung des Azimuths zu 90°, und

II) die Seite ZS als die Ergänzung der Höhe zu 90°.

Nun ergiebt sich aber (nach einem Satze der sphärischen Trigonometrie):

$$1 \quad \text{Cos}\ P = \text{Tg}\ PS \quad \text{Tg}\ PY;$$

$$\text{also} \quad \text{Tg}\ PY = \text{Tg}\ PS \quad \text{Cos}\ P;$$

$$\text{ferner} \quad \text{Sin}\ ZY : \text{Sin}\ PY = \text{Tg}\ P : \text{Tg}\ Z,$$

$$\text{oder I)} \quad \text{Tg}\ Z = \frac{\text{Sin}\ PY \,.\, \text{Tg}\ P}{\text{Sin}\ ZY};$$

$$\text{und} \quad \text{Cos}\ PY \quad \text{Cos}\ ZY = \text{Cos}\ PS \quad \text{Cos}\ ZS$$

$$\text{oder II)} \quad \text{Cos}\ ZS = \frac{\text{Cos}\ ZY \,.\, \text{Cos}\ PS}{\text{Cos}\ PY}$$

Anmerkung 1. Ist die Polhöhe des Beobachtungsortes = 51° 32'; die Deklination des Fixsternes Aldebaran = 15° 58', und sein Stundenwinkel östlich (etwa am Ende des Decembers Abends gegen 9 Uhr) = 30°, so erhält man:

$$PZ = 90° - 51° 32' = 38° 28'$$

$$PS = 90° - 15° 58' = 74° 2'$$

$$P = 30°;$$

und deshalb: $\left\{ \begin{array}{l} \text{Log Tg } 74^\circ\ 2' = 10{,}5434580 - 10 \\ \text{Log Cos } 30^\circ\ = \ 9{,}9375306 - 10 \end{array} \right\}$,

oder Log Tg PY $= 10{,}4809886 - 10$

oder PY $= 71^\circ\ 43'$

Da aber nun ZY = PY — PZ = 33° 15′ ist, so folgt aus Nr. 1:

$$\begin{aligned} \text{Log Sin } 71^\circ\ 43' &= \ 9{,}9775026 - 10 \\ \text{Log Tg } 30^\circ &= \ 9{,}7614394 - 10 \\ \hline & \ 19{,}7389420 - 20 \\ \text{Log Sin } 33^\circ\ 15' &= \ 9{,}7390129 - 10 \\ \hline \text{also Log Tg Z} &= \ 9{,}9999291 - 10 \end{aligned}$$

und hieraus: 1) Z = 135°*;

und also das Azimuth HCF = 45°.

Nun ist ferner nach Nr. II:

$$\begin{aligned} \text{Log Cos } 33^\circ\ 15' &= 9{,}9223549 - 10 \\ \text{Log Cos } 74^\circ\ 2' &= 9{,}4394560 - 10 \\ \hline & 19{,}3618109 - 20 \\ \text{Log Cos } 71^\circ\ 43' &= 9{,}4965370 - 10 \\ \hline \text{also Log Cos ZS} &= 9{,}8652739 - 10 \end{aligned}$$

oder 2) ZS = 42° 50′

und hieraus die Höhe SF = 47° 10′

Anmerkung 2. Man wird leicht einsehen, daß zur Verkürzung der Rechnung in gegenwärtigem Beispiele die Sekunden nicht berücksichtigt worden sind.

§. 49.

Man soll das Azimuth eines Sternes aus der Polhöhe, Abweichung und Höhe desselben ermitteln.

Auflösung. Im Dreiecke ZPS (Fig. 3) sind alle drei Seiten gegeben, und man erhält hieraus $\text{Sin}\ \frac{1}{2}\text{P} = \sqrt{\frac{\text{Sin}(\frac{s}{2} - b) . \text{Sin}(\frac{s}{2} - c)}{\text{Sin b . Sin c}}}$,

* Weil PY > PZ ist, also der senkrechte Bogen SY außerhalb des Dreiecks fallen und deshalb Z ein stumpfer Winkel des Dreiecks ZPS sein muß.

wenn SZ = a, PZ = b, PS = c und a + b + c = s bezeichnet.

Anmerkung. Ist SZ = a = 42° 50′, PZ = b = 38° 28′, PS = c = 74° 2′, so folgt:

$$s = 155° 20', \quad \frac{s}{2} = 77° 40', \quad \frac{s}{2} - b = 39° 12', \quad \frac{s}{2} - c = 3° 38',$$

und also:

$$\begin{aligned} \text{Log Sin } 39° 12' &= 9{,}8007372 - 10 \\ \text{Log Sin } 3° 38' &= 8{,}8018915 - 10 \\ \hline & 18{,}6026287 - 20 \end{aligned}$$

Ferner:

$$\begin{aligned} \text{Log Sin } 38° 28' &= 9{,}7938317 - 10 \\ \text{Log Sin } 74° 2' &= 9{,}9829140 - 10 \\ \hline & 19{,}7767457 - 20; \end{aligned}$$

und deshalb $\text{Log Sin } \frac{1}{2} P = \frac{0{,}8258830 - 2}{2}$,

oder $\text{Log Sin } \frac{1}{2} P = 9{,}4129415 - 10$,

oder $\frac{1}{2} P = 15°$.

Der Stundenwinkel P ist demnach 30°; auch wird der Winkel Z auf eine ähnliche Weise ermittelt.

§. 50.

Man soll die Bogen der Tageskreise in Sternzeit verwandeln.

Auflösung. Ist der in Rede stehende Bogen = m°, so ergiebt sich:

360° m° = 24 Stunden : gesuchten Sternzeit.

Bezeichnet man aber nun die Stunden, Minuten und Sekunden beziehlich durch ^{h}, ′, ″, so folgt aus dem in diesem §. Gesagten:

Bogen	360°	180°	90°	60°	30°	15°	1°	15′	1′
Zeit	24^h	12^h	6^h	4^h	2^h	1^h	4′	1′	4″

und es ergiebt sich hieraus, daß die Zahlen der Zeiten, mit 15 multiplicirt, die Zahlen der Bogen erzeugen.

§. 51.

In gegenwärtiger Abtheilung wurde vorausgesetzt, daß das L in gerader Linie von einem Sterne (S) in unser Auge gelangt.

Da aber der Lichtstrahl in der Luft eine Brechung (B) erleidet, so folgt aus den Gesetzen der Refraction:

daß man S gewöhnlich höher als ohne B erblickt, und daß also sein Abstand vom Scheitelpunkte durch letztere vermindert (oder seine scheinbare Höhe vergrößert) worden ist.

Je näher aber nun S am Zenithe steht, desto unbeträchtlicher ist B; auch ist dieselbe am Zenithe selber gleich Null. Bei der eben erwähnten B bleibt jedoch der Strahl in der durch Auge, Zenith und S gelegten Ebene, oder in der Ebene des durch S gehenden Vertikalkreises; und es folgt hieraus: daß S durch B nicht aus seinem Scheitelkreise gerückt, und also sein Azimuth nicht verändert werden kann.

§. 52.

Man soll die Refraction (R) für jede gegebene wahre Höhe SF (Fig. 3) ermitteln.

Auflösung. Man suche 1) einen Stern, welcher bei seiner Culmination nahe an Z steht, und messe seine Mittagshöhe MH, welche mit der wahren übereinstimmt, weil R bei Z unmerklich ist.

Nun berechne man 2) die Deklination MA des Sternes; ermittele 3) aus der Deklination, der bekannten Polhöhe und der gegebenen Höhe SF den Stundenwinkel SPZ; verwandle 4) den Bogen AB, als das Maß des Stundenwinkels, in Sternzeit, und beobachte 5) in dem Augenblicke, wenn seit der Culmination so viel Zeit verflossen ist, als nach 4) berechnet war, die scheinbare Höhe des Sternes. Diese ist aber nun größer als die wahre Höhe SF, wofür die Rechnung gestellt war; und der sich ergebende Unterschied ist die verlangte R.

§. 53.

Wenn man eine beliebige Zeit vor und nach der Culmination annimmt, daraus die wahre Höhe berechnet, welche ein Stern um diese Zeit haben muß, und diese Höhe mit der beobachteten vergleicht, so ergiebt sich ebenfalls die verlangte R.

§. 54.

Man hat (nach §. 52—53) Tafeln für die Strahlenbrechung (sogenannte Refractionstafeln) entworfen; bei genauen Berechnungen den Barometer- und Thermometerstand dabei berücksichtigt; und für einen Barometerstand von 27¾ Pariser Zoll und einen Thermometerstand von 8° R folgende kleine Refractionstafel erhalten:

Scheinbare Höhe.	Refraction.	Scheinbare Höhe.	Refraction.
0°	0° 33′ 0″	10°	0° 5′ 15″
1°	0° 24′ 29″	20°	0° 2′ 35″
2°	0° 18′ 35″	30°	0° 1′ 38″
3°	0 14′ 36″	40°	0° 1′ 8″
4°	0 11′ 51″	50°	0° 0′ 48″
5°	0 9′ 54″	60°	0° 0′ 33″
6°	0 8′ 28″	70°	0° 0′ 21″
7°	0 7′ 20″	80°	0° 0′ 10″
8°	0 6′ 29″	90°	0° 0′ 0″
9°	0° 5′ 48″		

§. 55.

Aus vorigen §§. folgt: daß die Berechnung der R die Polhöhe (H) als bekannt voraussetzt, und daß zur richtigen Ermittlung der H die R wiederum bekannt sein muß.

Dies ist jedoch nicht widersinnig, wenn man bedenkt, daß in der Astronomie oft anfangs unrichtige Voraussetzungen statt finden müssen, um der Wahrheit allmählig näher zu kommen. Denn ist z. B. (in Fig. 6) der wahre Ort des Pols = P, so erscheint er, wegen der R, höher etwa in 𝔓. Bei der ersten Berechnung der R* nimmt man also den P irriger Weise in 𝔓 an, und es ist deshalb der berechnete Stundenwinkel S𝔓Z größer als der wahre SPZ. Bestimmt man also nach S𝔓Z die Zeit, wo man den Stern beobachten will, so ist sie zu groß, indem man den Stern zu lange vor oder nach der Culmination erblickt. Man wird also seine scheinbare Höhe kleiner als bei der richtig angenommenen H, und deshalb den Unterschied

* Vergl. §. 52.

zwischen der scheinbaren und der gegebenen wahren Höhe, d. h. die R, etwas zu klein ermitteln. Oder, wenn man (nach §. 53) einen gewissen Stundenwinkel SPZ annimmt, so betrachtet man einen falschen Winkel von der genannten Größe, dessen Scheitel in den falschen Ort des Pols gesetzt wird, d. h. den Winkel sPZ. Man berechnet also den Abstand vom Zenith, nämlich Zs kleiner als bei demselben Stundenwinkel für den wahren Pol, wo derselbe = ZS ist.

Hieraus folgt aber: daß die berechnete Höhe für den angenommenen Stundenwinkel etwas zu groß, und also der Unterschied zwischen ihr und der scheinbaren, nämlich die R, zu klein sein muß. Wenn man aber jetzt nach der so berechneten R die H verbessert, so wird man dieselbe zwar kleiner als die scheinbare, aber noch etwas größer als die wahre, d. h. den so berechneten Ort des Poles zwischen P und P finden. Die für diese H auf's Neue berechnete R wird aber weniger von der wahren abweichen; und die für die letztere R berechnete H der wahren H wiederum näher kommen, u. s. w.

§. 56.

Da die bisherigen Bestimmungen des Ortes und der Zeit blos aus der gemeinschaftlichen täglichen Bewegung hergeleitet worden sind, und aus ihnen noch nicht die Lage jedes Punktes am Himmel auf eine allgemein brauchbare Art bestimmbar ist (weil Höhe und Azimuth sich mit jedem Augenblicke und jedem Standorte verändern und die Deklination allein nur den Parallelkreis bestimmt), so folgt: daß zu einer genauen Bestimmung noch die eigene Bewegung der S (auf die in den folgenden §§. angegebene Weise) zu Hülfe genommen werden muß.

§. 57.

Die Deklination der S ist ein halbes Jahr nördlich und ein halbes Jahr südlich. Zweimal im Jahre, nämlich im Frühlinge und Herbste, ist sie Null; und S steht alsdann im Aequator (A), und geht genau im Osten auf und im Westen unter.

§. 58.

Der Mittelpunkt der S scheint mit eigener Bewegung in einem Kreise fortzurücken, welcher den A in zweien Punkten durchschneidet. Merkt man sich aber den Punkt des A, wo S das eine mal stand, als sie im wahren Westen unterging, so findet man, daß sie nach einem halben Jahre, wenn sie wiederum im Westpunkte untergeht, sich in einem Punkte des A befindet, der von jenem um 180° im A absteht.

Hieraus folgt aber:

1) daß die beiden zuerst erwähnten Durchschnittspunkte sich genau gegenüber stehen, oder daß die sie verbindende gerade Linie ein Durchmesser des A ist; und
2) daß der Kreis, worin der Mittelpunkt der S mit eigener Bewegung fortzurücken scheint, den A halbirt, und also als größter Kreis sich zeigt.

Letzterer wird aber die Ekliptik* (e) oder die Sonnenbahn genannt.

§. 59.

Die beiden Durchschnittspunkte der e und des A nennt man die Aequinoctialpunkte.

Derjenige Aequinoctialpunkt, von welchem S in die nördliche Halbkugel rückt, heißt für unsere Gegenden der Frühlingspunkt; und derjenige, von welchem sie in die südliche Halbkugel geht, der Herbstpunkt. Die beiden Zeitpunkte, wo S in den Aequinoctialpunkten steht, werden die Aequinoctien oder Nachtgleichen genannt.

Anmerkung. Man bemerke, daß S den 21. März im Frühlings- und den 23. September im Herbstpunkte steht.

§. 60.

Die beiden Punkte der e, welche von den Aequinoctial-

---

* Da die Sonnen- und Mondfinsternisse nur dann erfolgen, wenn M in oder bei der Sonnenbahn am Himmel steht, so hat man der letztern den Namen Verfinsterungskreis oder Ekliptik beigelegt.

punkten um 90° abstehen, oder in denen ☉ ihre größte Deklination besitzt, heißen die **Solstitialpunkte**. Für unsere Gegenden wird der Solstitialpunkt, wo ☉ die größte nördliche Deklination besitzt, der **Sommerpunkt**, und der, wo sie die größte südliche Deklination hat, der **Winterpunkt** genannt.

Anmerkung. Man bemerke, daß ☉ den 21. Juni im Sommerpunkte und den 21. December im Winterpunkte steht.

§. 61.

Der Winkel, unter welchem A und e gegen einander geneigt sind und der (wie späterhin erhellt) ohngefähr 23° 28′* beträgt, heißt **die Schiefe der Ekliptik**. Die beiden durch die Weltpole und durch die Aequinoctial- und Solstitialpunkte gehenden größten Kreise heißen **die Coluren**; und zwar wird der durch die Weltpole und Aequinoctialpunkte gehende **der Aequinoctialcolur** oder **der Colur der Nachtgleichen**, und der die Weltpole und Solstitialpunkte enthaltende **der Solstitialcolur** genannt.

§. 62.

Die kleinern Kreise, welche die Pole der e bei der täglichen Bewegung um die Weltpole beschreiben, heißen **die Polarkreise**, und diejenigen, welche die Solstitialpunkte bei der täglichen Bewegung durchlaufen (oder die Tageskreise der ☉ bei ihrer größten Declination) **die Wendekreise**.

Es giebt einen nördlichen und einen südlichen Polarkreis, so wie einen nördlichen und einen südlichen Wendekreis. Der erstere Wendekreis wird **der Wendekreis des Krebses** (Tropicus cancri), und der letztere **der Wendekreis des Steinbocks** (Tropicus capricorni)** genannt.

In Fig. 7 ist AD der Aequator, EF die Ekliptik, PWQ der Aequinoctial- und PAQD der Solstitialcolur. Auch stellen

---

* Genauer 23° 27′ 41,4″.

** Die so eben gebrauchten Benennungen entsprechen den Zeichen der e, in welchen jene Punkte sich befinden.

KL und MN die Polarkreise und HE und FG die Wendekreise dar. Letztere stehen aber um 23° 28′ von AD, und die Polarkreise um den nämlichen Winkel von den Weltpolen (oder um 66° 32′ von AD) ab. Auch sind, dem bereits Gesagten zufolge, sowohl die Polar- als auch die Wendekreise dem AD parallel.

Anmerkung. Aus gegenwärtigem §. geht hervor: daß die Wendekreise diejenige Zone am Himmel einschließen, innerhalb welcher der scheinbare Lauf der ☉ geschieht.

§. 63.

Die Punkte, worin e und der Horizont (H) sich durchschneiden, nennt man die Punkte des Aufgangs und des Untergangs, und den Winkel, um welchen e gegen H geneigt ist, den Winkel des Aufgangs. Auch wird derjenige Punkt der e, welcher von den Durchschnittspunkten der e und des H um 90° entfernt ist, der Neunzigste oder Nonagesimus genannt.

Anmerkung 1. Man bemerke a) daß die eine Hälfte der e beständig über dem Gesichtskreise steht; b) daß letzterer bei einer Umdrehung immer in andere Lagen kommt (weil die Umdrehung um die Weltaxe, und nicht um die der e geschieht); daß also c) die Punkte des Aufgangs und Untergangs, so wie der Winkel des Aufgangs sich verändern.

Anmerkung 2. Das eben Gesagte wird durch einen Globus (oder eine Ringkugel), welcher die hauptsächlichsten Kreise in ihrer Lage gegen einander darstellt, verdeutlicht.

§. 64.

Die e wird in 12 gleiche Theile (jeden zu 30°) eingetheilt, welche man mit dem Namen der 12 himmlischen Zeichen belegt. Sie werden vom Frühlingspunkte, als Anfangspunkte, der täglichen Bewegung entgegen (also von Westen nach Osten) herum gezählt, und in dieser Beziehung folgendermaßen benannt und bezeichnet:

Widder,	Stier,	Zwillinge,	Krebs,	Löwe,	Jungfrau,	Wage,
♈	♉	♊	♋	♌	♍	♎

Scorpion,	Schütze,	Steinbock,	Wassermann,	Fische.
♏	♐	♑	♒	♓

§. 65.

Man bemerke 1) daß die im vorigen §. erwähnten 6 ersten Zeichen (welche den nördlichen Theil der e ausmachen) die nördlichen, und die 6 andern die südlichen heißen; 2) daß der Frühlingspunkt im Zeichen des Widders, der Sommerpunkt in dem des Krebses, der Herbstpunkt im Zeichen der Wage und der Winterpunkt in dem des Steinbocks sich befindet; und 3) daß die Punkte des Krebses und Steinbocks die Sonnenwendepunkte oder die Sonnenwenden heißen, weil S bis zum Krebse sich vom Aequator nördlich entfernt, alsdann wieder zu ihm zurückkehrt, von der Wage bis zum Steinbock sich südlich von demselben entfernt, und von da an wieder zu ihm zurückkehrt. Auch merke man sich 4) daß Steinbock, Wassermann, Fische, Widder, Stier und Zwillinge die aufsteigenden-; 5) Krebs, Löwe, Jungfrau, Wage, Skorpion, Schütze die niedersteigenden-; 6) Widder, Stier, Zwillinge die Frühlings-; 7) Krebs, Löwe, Jungfrau die Sommer-; 8) Wage, Skorpion, Schütze die Herbst-; 9) Steinbock, Wassermann, Fische die Winterzeichen genannt zu werden pflegen; 10) daß die Namen der Zeichen von den Sternbildern herrühren, welche im Alterthume (vor etwa 2000 Jahren) die Stellen dieser Abtheilungen eingenommen hatten; 11) daß diese Benennungen mit den jetzt dort liegenden Sternbildern nicht mehr übereinstimmen, weil sich die Lage derselben (aus später anzuführenden Gründen) um einen solchen 12ten Theil geändert hat, und daß also 12) der Frühlingspunkt ehemals der erste Punkt im Zeichen des Widders war, während er jetzt im Sternbilde der Fische sich befindet.

§. 66.

Die Astronomen unterscheiden die Zeichen durch Zahlen und bezeichnen einen Punkt der e durch die Anzahl der Zeichen, Grade, Minuten und Sekunden, die zwischen ihm und dem Frühlingspunkte liegen. So heißt z. B. 0^3 24° der 24te Grad im Zeichen des Widders (♈); und 7^3 15° $30'$ $42'' =$

7. 30° + 15° 30′ 42″ = 225° 30′ 42″ vom Widderpunkte, oder 15° 30′ 42″ im Zeichen des Skorpions (♏), u. s. w.

§. 67.

Bezeichnet (in Fig. 8) AD den Durchmesser des Aequators, EF den der Ekliptik (e), PQ die Weltaxe, XW die auf EF senkrechte Linie, und α die Schiefe der e, so ist $\alpha = \beta$; und es folgt hieraus: daß der Pol X der e eben so weit vom Weltpole P wie der Solstitialpunkt F vom Aequator absteht, und daß auch für den andern Pol der e, WQ = AE sein muß. (Vergl. §. 62).

§. 68.

Derjenige Streifen, welcher in einer Breite von etwa 20° so um die Himmelskugel geht, daß die e in seiner Mitte sich befindet, oder daß seine Grenzen in einer Weite von 10° auf jeder Seite parallel mit e laufen, wird der Thierkreis (Zodiacus) genannt. Er erhielt seinen Namen von den 12 Sternbildern oder Himmelszeichen, wovon in §. 64 gesprochen worden ist.

§. 69.

Man bemerke,

1) daß, außer S, auch M und die 6 Planeten Merkur, Venus, Mars, Jupiter, Saturn und Uranus ihren Lauf im Thierkreise (K) vollenden;
2) daß diese Planeten in ihren Fortwanderungen niemals über 9° nord- oder südwärts von e abweichen;
3) daß ihre Bahnen die e in 2 einander entgegengesetzten Punkten unter verschiedenen Winkeln so durchschneiden, daß die eine Hälfte nördlich und die andere südlich von e sich befindet;
4) daß aber die 4 kleinern Planeten, Vesta, Juno, Ceres, Pallas in ihrem Laufe den K überschreiten, indem sich ihre Bahnen gegen e unter größern Winkeln als die der vorerwähnten 6 Planeten neigen; und
5) daß nur 4 Sterne erster Größe im K sich befinden.

§. 70.

Derjenige Bogen des Aequators (A), welcher zwischen dem Frühlingspunkte (♈) und dem Deklinationskreise nach der Ordnung der Zeichen (d. h. der Richtung der täglichen Bewegung entgegen, oder von Westen nach Osten) gerechnet, sich befindet, wird die Rectascension oder die gerade Aufsteigung genannt.

Kann man aber den Punkt ♈ des A genau angeben, so ergiebt sich die Rectascension eines Sternes, welche, nebst der Declination, seinen Ort an der scheinbaren Himmelskugel in Bezug auf A bestimmt.

§. 71.

Die durch die Pole der e gehenden größten Kreise heißen die Breitenkreise; auch wird der zwischen einem Sterne und der e liegende Bogen eines Breitenkreises die Breite des Sternes genannt.

Anmerkung. Man bemerke, daß die Breitenkreise eben so auf e wie die Declinationskreise auf A sich beziehen, und daß die beständig in e stehende ☉ niemals eine Breite besitzt.

§. 72.

Der zwischen dem Frühlingspunkte und dem Breitenkreise eines Sternes (S) liegende Bogen der e heißt die Länge des S. Steht letzterer in e, so ist der zwischen dem Frühlingspunkte und S liegende Bogen, seine Länge; und eben so ist der zwischen dem Frühlingspunkte und dem Mittelpunkte der ☉ liegende Bogen, ihre Länge, u. s. w.

Anmerkung. Aus dem bereits Gesagten geht hervor: a) daß Länge und Breite den Ort des S in Bezug auf e, wie Rectascension und Declination in Rücksicht auf A, und Azimuth und Höhe in Beziehung auf den Horizont bestimmen; und b) daß zu der ersten Bestimmung die Auffindung eines bestimmten Punktes in A und e (nämlich des Frühlingspunktes nöthig ist, während zu den letztern Bestimmungen die Ermittlung der Mittagsfläche und des Südpunktes erforderlich war.

§. 73.

Die Schiefe der e durch Beobachtung zu ermitteln.

Auflösung. Man beobachte um die Zeit des Sommersolstitiums (wo S ihre größte nördliche Declination (D) besitzt) einige Tage nacheinander die wachsenden und abnehmenden Mittagshöhen der S, und ziehe von der größten Höhe die Aequatorshöhe ab. Es ergiebt sich aber alsdann die größte D, d. h. die Schiefe der e als Differenz. Hat man z. B. die größte Mittagshöhe am 21. Juni $= 61^\circ\, 38'\, 48''$ bestimmt, so subtrahirt man hiervon die Aequatorshöhe für unsern Ort $= 38^\circ\, 10'\, 48''$; und erhält hierdurch die Schiefe der e $= 23^\circ\, 28'$.

Anmerkung. Um die Schiefe der e vollkommen richtig zu erhalten, müßte S genau im Mittelpunkte ihre größte D besitzen. Obgleich dies aber nur selten sich ereignet, so ist doch der Fehler, der dabei begangen werden kann, nicht beträchtlich, weil S um die Zeit der Solstitien sich nur langsam verändert.

§. 74.

Aus der Vergleichung älterer und neuerer Beobachtungen geht hervor, daß die Schiefe der e sich vermindert und daß diese Verminderung in 100 Jahren ohngefähr 44 Sekunden, und also in 1 Jahre 0,44 Sekunden beträgt.

§. 75.

Aus der Schiefe der e und der Deklination der S die Länge und Rectascension der letztern für einen gegebenen Zeitpunkt zu ermitteln.

Auflösung. Man suche (in Fig. 7) aus der zur gegebenen Zeit beobachteten Mittagshöhe die Deklination BS der S. Nun sind aber im sphärischen Dreiecke SWB die Schiefe der e, oder der Winkel W, und der rechte Winkel B bekannt; und es ergiebt sich hieraus für die Länge WS:

$$1)\quad \left\{ \begin{array}{l} \text{Sin W} \quad 1 = \text{Sin BS} \quad \text{Sin WS} \\ \text{oder Sin WS} = \dfrac{\text{Sin BS}}{\text{Sin W}}, \\ \text{oder Sin der S Länge} = \dfrac{\text{Sin decl.}}{\text{Sin obliq.}} \end{array} \right\}$$

Ebenso findet man für die Rectascension WB:

$$2)\left\{\begin{array}{l} \text{Tg W} \quad \text{Tg BS} = 1 : \text{Sin WB} \\ \text{oder Sin WB} = \dfrac{\text{Tg BS}}{\text{Tg W}} \\ \text{oder Sin rectasc.} = \dfrac{\text{Tg decl.}}{\text{Tg obliq.}} \end{array}\right\}$$

Anmerkung 1. Hat man am 1. Mai aus der beobachteten Mittagshöhe die Declination (D) der S nördlich vom Aequator = 15° 10′ 0″ ermittelt, und ist die Schiefe der e = 23° 28′, so ergiebt sich:

$$\begin{array}{lcl} \text{Log Tg } 15^\circ\ 10'\ 0'' & = & 19{,}4330804 - 20 \\ \text{Log Tg } 23^\circ\ 28' & = & 9{,}6376106 - 10 \\ \hline \text{also Log Sin rectasc.} & = & 9{,}7953698 - 10, \\ \text{oder Rectasc.} & = & 38^\circ\ 37'\ 42''\ * \end{array}$$

Anmerkung 2. Aus gegenwärtigem §. geht auch die Lage der Aequinoctialpunkte hervor.

§. 76.

Aus der Schiefe der e und der Länge der S ihre Declination und Rectascension zu bestimmen.

Auflösung. Man erhält in Fig. 7:

$$1)\left\{\begin{array}{l} 1 \quad \text{Sin W} = \text{Sin WS} \quad \text{Sin BS} \\ \text{oder Sin BS} = \text{Sin WS} \ . \ \text{Sin W} \end{array}\right\}$$

* Obgleich dieselbe D zu zwei verschiedenen Rectascensionen gehört, so kann man dennoch für die Rectasc. (R) kein unrichtiges Facit, und zwar aus folgendem Grunde erhalten. Am 11. August ergiebt sich z. B. die nämliche D wie am 1. Mai; und es ist deshalb R am erstern Tage 141° 22′ 18″, weil dieselbe am letztern 38° 37′ 42″ beträgt. Auf dieselbe Weise verfährt man auch bei südl'ch.r D. Denn hätte man z. B. am 3. Novımber 15° 10′ südliche D beobachtet, so würde daraus R vom nächsten Aequinoctialpunkte, nämlich von der Wage ab gezählt, 38° 37′ 42″ gefunden. Da aber R von dem ersten Aequinoctialpunkte, nämlich vom Widderpunkte, ab gezählt wird, so ergiebt sich die wahre R = 218° 37′ 42″. Und hat man endlich dieselbe südliche D von 15° 10′ den 8. Februar beobachtet, so würden die gefundenen 38° 37′ 42″ dın Bogen vom nächsten Aequinoctio, nämlich vom Widderpunkte an, aber rückwärts gezählt bedeuten; und man müßte, um die eigentliche R, nämlich 321° 22′ 18″ zu erhalten, diesen Bogen von 360° abziehen.

$$\text{und 2)} \left\{ \begin{array}{l} 1 \quad \text{Cos W} = \text{Tg WS} \quad \text{Tg WB} \\ \text{oder Tg WB} = \text{Cos W} \quad \text{Tg WS} \end{array} \right\}$$

Anmerkung. Steht S im 20ten Grade des Zeichen des Stieres (oder in 1^3 20′), so ist WS = 50°, und also

$$\begin{array}{rl} \text{Log Sin } 50^\circ = & 9{,}8842540 - 10, \\ \text{Log Sin } 23^\circ\ 28' = & 9{,}6001181 - 10, \\ \hline \text{Log Sin BS} = & 9{,}4843721 - 10 \end{array}$$

oder 1) Die Dekl. BS = 17° 45′ 43″.

Nun ist ferner:

$$\begin{array}{rl} \text{Log Cos } 23^\circ\ 28' = & 9{,}9625076 - 10, \\ \text{Log Tg } 50^\circ = & 10{,}0761865 - 10; \\ \hline \text{und deshalb Log Tg WB} = & 10{,}0386941 - 10, \end{array}$$

oder 2) Rectascension WB = 47° 32′ 56″.

§. 77.

Ist im vorigen §. WS = 1°, so ergiebt sich BS beinahe = 24 Minuten, und es folgt hieraus: daß um die Zeit der Nachtgleichen die Dekl. der S um beinahe 24 Minuten sich ändert, wenn S einen Grad fortrückt, (wozu sie ohngefähr 1 Tag nöthig hat).

Ist WS = 89°, so folgt BS = 23° 27′ 44″; und ist WS = 90°, so ergiebt sich BS = 23° 28′. Hieraus folgt aber: daß um die Zeit der Solstitien die Aenderung der Dekl. nur 16 Sekunden beträgt, wenn S um 1 Grad in ihrer Bahn fortrückt.

§. 78.

Die Rectascension (R) eines Sternes (S) zu ermitteln.

Auflösung. Beobachtet man die Culmination des S und die nächstvorhergehende oder folgende Culmination der S, und verwandelt die zwischen beiden Augenblicken verflossene Sternzeit in Bogen des Aequators, so ergiebt sich der Unterschied der R, des S und der S. Da aber die R der S (nach §. 76) schon ermittelt worden ist, so braucht man nur die gefundene Differenz dazu zu addiren oder davon zu subtrahiren, um die R des S zu erhalten.

Anmerkung Man bemerke, daß nach §. 46 die D, nach gegenw. §. die R, und nach beiden der Ort des S in Bezug auf den Aequator bestimmt werden kann.

§. 79.

Die Länge und Breite eines Sternes aus seiner Rectascension und Declination zu ermitteln.

Auflösung. Befindet sich (in Fig. 7) der Fixstern in X, so ist seine Rectasc. WC, also auch deren Ergänzung zu 90°, d. h. der Bogen CA oder der Winkel CPA, und folglich auch dessen Ergänzung zu 180°, oder der Winkel P im Dreiecke LPX (wo L der Pol der e ist) bekannt. Da aber auch die Decl. CX des Sternes, und also auch ihre Ergänzung zu 90° oder PX gegeben ist, und PL der schon bekannten Schiefe der e entspricht, so kann man im sphärischen Dreiecke LPX den Winkel L, hieraus dessen Maß VE, und dadurch seine Ergänzung zu 90°, d. h. die Länge WV und die Seite LX, und daraus ihre Ergänzung zu 90°, d. h. die Breite VX ermitteln.

Denkt man sich aber nun aus X einen senkrechten Bogen auf LP gezogen, und den Punkt, wo derselbe eintrifft, durch Y bezeichnet, so ergiebt sich:

$$1 : \text{Cos } P = \text{Tg } PX \quad \text{Tg } PY,$$

oder $\text{Tg } PY = \text{Cos } P \,.\, \text{Tg } PX,$

hierauf $\text{Sin } LY : \text{Sin } PY = \text{Tg } P : \text{Tg } L,$

oder 1) $\text{Tg } L = \dfrac{\text{Sin } PY \,.\, \text{Tg } P}{\text{Sin } LY}$ (weil aus PY auch LY sich ergiebt).

und $\text{Cos } PY \quad \text{Cos } LY = \text{Cos } PX : \text{Cos } LX,$

oder 2) $\text{Cos } LX = \dfrac{\text{Cos } LY \,.\, \text{Cos } PX}{\text{Cos } PY}$

Anmerkung. Ist die Rectascension eines Sternes = 26° 53′, seine Declination = 41° 2′ nördlich, so ist CA = 90° — 26° 53′ = 63° 7′, als der Nebenwinkel des stumpfen Winkels P im Dreiecke LPX, und also letzterer = 116° 53′.

Nun ist:

I.

$$PX = 90^0 - 42^0\ 2' = 48^0\ 58',\ PL = 23^0\ 28';$$

und also: $\text{Log Tg } PY = 9{,}\ 7156335 - 10,$

oder $PY = 27^0\ 27'$ *

Da aber P ein stumpfer Winkel ist, und also der senkrechte Bogen außerhalb des Dreiecks LPX fällt, so ist LY = LP + PY = 23° 28′ + 27° 27′ = 50° 55′; und man erhält:

---

* Wenn man die Sekunden unberücksichtigt läßt.

$$\text{Log Tg L} = 10{,}0687100$$
$$\text{oder L} = 49^{0}\ 31',$$

und hieraus die Länge $WV = 90^{0} - 49^{0}\ 31' = 41^{0}\ 29'$ $= 1^{3}\ 11^{0}\ 29' =$ ♉ $11^{0}\ 29'$.

Ebenso ist:

II.

$$\text{Log Cos LX} = 9{,}6687581 - 10,$$
$$\text{oder LX} = 62^{0}\ 12';$$

und also die Breite $VX = 90^{0} - 62^{0}\ 12' = 27^{0}\ 48'$.

§. 80.

Da nach vorigen §§. die Rectascension (R) und die Deklination (D), so wie die Länge (L) und die Breite (B) eines jeden Fixsternes bestimmt werden kann, so wurden Verzeichnisse der Fixsterne angefertigt, worin ihre Oerter in Bezug auf A und vornämlich auf e angegeben sind. Die Alten beobachteten L und B unmittelbar, die Neuern aber sicherer R und D, und leiteten L und B durch Berechnung daraus her.

§. 81.

Das älteste Fixsternverzeichniß rührt von Hipparch aus Alexandrien (ohngefähr 150 Jahre v. Chr.) her. Es wurde vom Ptolomäus * vermehrt, für das J. 137 n. Chr. eingerichtet, und enthält in 48 Sternbildern 1022 Sterne. Albatani verbesserte es für das Jahr 880; und Ulug Beigh, ein tartarischer Fürst, ließ 1437 ein Sternverzeichniß aus eigenen Beobachtungen anfertigen, welches 1017 Sterne enthielt.

Tycho de Brahe ** verfertigte ein neues genaues Verzeichniß, nach Rectascension und Declination (während die Frühern nach Länge und Breite sich richteten) auf das Jahr 1600, welches Kepler (1627) und Riccioli (1700) vermehrten und verbesserten. Der Landgraf von Hessen-Cassel, Wilhelm IV., machte zu gleicher Zeit mit Tycho de Brahe ein

* Ptolomäus, geboren zu Pelusium in Aegypten, ums J. 70 nach Chr., lebte zu Alexandrien unter der Regierung des Hadrian und Antonin, und soll 80 alt geworden sein.

** geb. 1546 zu Kund-Strup in Schonen, gest. 1601 den 4. Oct. zu Prag.

Verzeichniß von 400 Sternen. Halley* vermehrte für 1677 die bisherigen mit 350 südlichen Firsternen, die in unsern Gegenden nicht über den Horizont kommen. Hevel** stellte die ältern Verzeichnisse 1660 und 1700 zusammen. Flamstead*** verfertigte 1712 das vollständigste Verzeichniß von 3000 Sternen, das 1725 in vervollkommneter Gestalt erschien; de la Caille† beobachtete 1751 — 1752 südliche Gestirne am Vorgebirge der guten Hoffnung; auch wurden neuere Firsternverzeichnisse von Maskelyne††, Wollaston, Bode†††, v. Zach[1] und Andern zu Stande gebracht.

§. 82.

Man bemerke,

1) daß die Sternverzeichnisse, Karten u. s. w. nicht für alle Zeiten gültig bleiben;
2) daß die Sternbilder die Figuren von Menschen, Thieren u. s. w. enthielten (welche sich größtentheils auf die Mythologie der Alten bezogen);
3) daß die Neuern sie beibehielten und mit neuen vermehrten; und
4) daß viele Sterne besondere und größtentheils arabische Namen bekamen.

Anmerkung. Die ersten Astronomen, von denen uns glaubwürdige Geschichten berichten, waren die Chaldäer, welche die weiten fruchtbaren Ebenen von Sinear in der Gegend von Babylon um den Euphrat und Tigris bewohnten und schon 800 Jahr v. Chr. astronomische Beobachtungen anstellten. Auch waren die Babylonier damals als geschickte Beobachter des Himmels berühmt. Daß aber schon vor dieser Zeit die Astronomie in China, Indien, Aegypten und Aethiopien bekannt gewesen und eigentlich in diesen

* ausgesprochen Häl'li; geb. 1656 zu London, gest. 1742.

** geb. 1611 zu Danzig; gest. 1687.

*** ausgesprochen Flämm'stihd, geb. den 19. August 1646 zu Derby in Derbyshire; gest. 1720.

† geb. d. 15. März 1713 zu Rumigny; gest. den 21. März 1762.

†† ausgesprochen Mäß'kilein, geb. 1732 in London; gest. 1811.

††† geb. den 19. Januar 1747 zu Hamburg; gest. den 23. Nov. 1826.

[1] geb. 1754 zu Preßburg; gest. 1832 zu Paris.

Ländern ihren Ursprung genommen, wurde ebenfalls von einigen Gelehrten behauptet. In spätern Zeiten haben vornehmlich die Phönizier, Griechen und Araber die Beobachtungen des Himmels weiter fortgesetzt, und mehrere Sternbilder, nach verschiedenen vorgefallenen Begebenheiten ihres Zeitalters am Himmel erdichtet. Die Chaldäer sind nach de Pluchés Meinung die Erfinder des Thierkreises, während Dupuis die alten Aegypter dafür hält.

§. 83.

Die Alten zählten 21 **nördliche**, 15 **südliche** und 12 **im Thierkreise stehende Sternbilder.**

Zu den nördlichen Sternbildern gehören: 1) der große Bär; 2) der kleine Bär; 3) der nördliche Drache; 4) der Cepheus; 5) die Cassiopeja; 6) die Andromeda; 7) der Perseus mit dem Haupte der Medusa; 8) der Pegasus oder das Musenpferd; 9) das kleine Pferd; 10) der nördliche Triangel; 11) der Fuhrmann; 12) Bootes oder der Bärenhüter; 13) die nördliche Krone; 14) der Schlangenträger (Ophiuchus); 15) die Schlange; 16) der Herkules; 17) der fliegende Adler; 18) der Pfeil; 19) der Geyer mit der Leyer; 20) der Schwan; und 21) der Delphin oder das Meerschwein.

Zu den südlichen Sternbildern rechnet man: 1) den Orion; 2) den Wallfisch oder das Meer-Monstrum; 3) den Eridanus; 4) den Hasen; 5) den kleinen Hund; 6) den großen Hund; 7) die Hydra oder große Wasserschlange; 8) den Becher; 9) den Raben; 10) den Centaur; 11) den Wolf; 12) den Altar; 13) den südlichen Fisch; 14) das Schiff Argo; und 15) die südliche Krone.

Zu den im Thierkreise befindlichen Sternbildern gehören: 1) der Widder; 2) der Stier; 3) die Zwillinge; 4) der Krebs; 5) der Löwe; 6) die Jungfrau; 7) die Wage; 8) der Scorpion; 9) der Schütze; 10) der Steinbock; 11) der Wassermann; und 12) die Fische.

§. 84.

Außer den im vorigen §. genannten Sternbildern wurden von den Astronomen noch viele andere angegeben. So befindet sich z. B. unter dem Adler der Antinous, und beim Löwen die Haarlocken oder das Haupthaar der Berenice. Eben so stehen um den Südpol: der Indianer, der Kranich, der Phönix, die Biene, der südliche Triangel, der Paradiesvogel, der Pfau, die amerikanische Gans, die Wasserschlange, der Schwerdfisch, der fliegende Fisch, das Chamäleon. Auch befinden sich am mittägigen Himmel: das Kreuz und die Taube Noä u. s. w.

§. 85.

Zu den Sternen, welche eigene Namen haben, gehören unter andern: Alcor, Alioth, Benetnasch, Dubhe und Mizar im großen Bären; Schedir in der Cassiopeja; Alamak und Mirach in der Andromeda; Algenib und Algol im Perseus; Markab, Scheat und Algenib im Pegasus; Capella oder Alhajoth* im Fuhrmann; Arcturus im Bootes; Gemma in der nördlichen Krone; Atair im Adler; Wega oder Lyra in der Leyer; Deneb und Albireo im Schwan; Beteigeuze, Bellatrix, Jakobstab und Riegel im Orion; Menkar, Mira und Deneb-Kaitos im Wallfisch; Acharnar im Eridanusfluß; Procyon im kleinen Hunde; Sirius im großen Hunde; Alphard in der Wasserschlange; Fomahand im südlichen Fisch; Canopus im Schiff Argo; Mesarthim im Widder; das Siebengestirn oder die Plejaden, der Aldebaran und die Hyaden im Stier; Castor und Pollux in den Zwillingen; Praesepe, d. h. eine Gruppe sehr kleiner und nahe zusammenstehender Sterne im Krebse; Regulus im Löwen; Spica oder die Kornähre in der Jungfrau; Antares im Skorpion; und Scheat im Wassermann u. s. w.

Anmerkung 1. Unter den Sternen erster Größe sind Sirius und Canopus die hellsten und scheinbar größten; auch sind außer Canopus und Achanar alle Sterne der ersten Größe bei uns sichtbar.

Anmerkung 2. Ein ziemlich vollständiges Verzeichniß der Sternbilder und einzelnen Sternbenennungen ist in Bode's Anleitung zur Kenntniß des gestirnten Himmels enthalten.

---

* Die Sterne erster Größe sind in diesem §. mit gesperrter Schrift gedruckt.

§. 86.

Die Kenntniß der Sternbilder heißt Astrognosie. Sie wird entweder durch mündliche Unterweisungen oder durch Himmelskarten, Sternkegel, Hohlkugeln, Globen und Planisphären oder Sternscheiben erlangt.

Anmerkung 1. Die Himmelskarten stellen entweder den halben Himmel, oder einen Theil desselben, oder nur einzelne Sternbilder dar. Die vollständigsten Himmelskarten bis zum Jahre 1782 rühren von Flamstead her, welche 1729 auf 28 Folioblättern zu London erschienen. Dieser brittische Atlas wurde 1776 von Fortin zu Paris auf den dritten Theil der Größe reducirt, auf's Neue gestochen herausgegeben, und enthält 30 Karten in Länglich-Quart. 1782 gab Bode zu Berlin diese Sammlung mit vielen Verbesserungen und Erweiterungen auf 34 Kupfertafeln heraus, wovon 1805 die 2te Auflage mit manchen Verbesserungen und mit einer Vermehrung von einigen Tausend Sternen erschien.*

Die Sternkegel stellen die innere Kugelfläche des gestirnten Himmels an der innern Fläche zweier stumpfen Kegel vor, welche nach dem Aequator in den nördlichen und südlichen abgetheilt werden. Die bekannten Zimmermannschen Sternkegel kamen 1692 zuerst in Hamburg heraus, wovon 1770 eine neue Auflage erschien. Funk in Leipzig hat 1770 ebenfalls 2 Sternkegel herausgegeben und 1777 noch zwei Sternkegel in größerm Formate geliefert.

Die Hohlkugeln sind zwei nach dem Aequator getheilte Halbkugeln, an deren innern Flächen die Sternbilder verzeichnet stehen. Johann Bayer zu Hamburg hat 1718 solche Halbkugeln construirt.

Die gewöhnlichen Himmelskugeln oder Globen bilden den Himmel im Kleinen ab, und stellen auf der äußern Fläche die Sterne in ihrer gehörigen verhältnißmäßigen Entfernung

---

* Da in den Himmelskarten die Hauptsterne gewöhnlich mit griechischen Buchstaben bezeichnet sind, so wird das griechische Alphabet, mit der Aussprache der Buchstaben auf folgende Weise hingestellt:

α, alpha	η, eta, ita	ν, ni	τ, tau
β, beta	ϑ, theta, thita	ξ, xi	υ, ypsilon
γ, gamma	ι, iota	o, omikron	φ, phi
δ, delta	$\varkappa$, kappa	π, pi	χ, chi
ε, epsilon	λ, lamda	ϱ, rho	ψ, psi
ζ, zeta, zita	μ, mi	σ, sigma	ω, omega

von einander dar. Der Zuschauer wird bei dieser Vorstellung außerhalb der Himmelskugel gedacht, so daß alles, was auf dem Globus auf der rechten Seite steht, am Himmel auf der linken Seite sich befindet, und umgekehrt. In Nürnberg wurden sehr viele Globen verfertigt; auch kommen schon seit mehreren Jahren recht gute Globen mit den neuesten Entdeckungen in Leipzig und Weimar heraus.

Das im Jahre 1808 von Vieth aus Deßau herausgegebene* Planisphär ist eine auf die Ebene des Aequators entworfene stereographische Polarprojection der nördlichen und südlichen Halbkugel des Himmels. Es ist auf Pappe gezogen, zum Umdrehen eingerichtet, giebt sehr gut die Stellung der Gestirne für eine jede Zeit gegen den Horizont an, und wird zur Lösung der Aufgaben über Aufgang, Culmination und Untergang der Himmelskörper mit Nutzen gebraucht.

Anmerkung 2. Der jedesmalige Stand und das Verhältniß der Sterne gegen einander (auch die Vereinigung mehrerer Sterne zu einem Sternbilde) heißt Constellation.

Anmerkung 3. Das in §. 81—86 Vorkommende ist in Bode's Anleitung zur Kenntniß des gestirnten Himmels ausführlich abgehandelt.

§. 87.

Die Länge der Fixsterne bleibt nicht immer dieselbe, sondern nimmt jährlich zu. Dies Wachsthum der Länge beträgt in einem Jahre ohngefähr 50,5 Sekunden. Die Breite dieser Sterne bleibt dagegen so gut wie ungeändert, indem sie stets parallel mit der Ekliptik fortgehen.

§. 88.

Die im vorigen §. angegebene Erscheinung läßt sich entweder dadurch erklären, daß alle Fixsterne nach der Ordnung der Zeichen, d. h. von Westen nach Osten, vom Frühlingspunkte wegrücken, während dieser unbeweglich bleibt; oder daß die Fixsterne sich nicht bewegen und der Frühlingspunkt gegen die Ordnung der Zeichen, d. h. von Osten gegen Westen zurückgeht.

* und bei Barth in Leipzig erschienene.

Diese letztere Erklärung ist aber viel einfacher als die erstere, und man nimmt dieserhalb an: **daß die scheinbare eigene Bewegung der Fixsterne von einer Verrückung der Durchschnittspunkte des Aequators und der Ekliptik entsteht.** Diese Erscheinung wird aber **das Rückwärtsgehen der Nachtgleichen** genannt.

Anmerkung. Durch das Rückwärtsgehen der Nachtgleichen müssen auch Rectascension und Declination sich verändern.

§. 89.

Der Zeitpunkt wo der Mittelpunkt der S in der obern Culmination sich befindet, heißt **der wahre Mittag**, und die Zeit von einem wahren Mittage zum andern **der wahre Sonnentag.** Da aber S der täglichen Bewegung entgegen rückt, so geht ein Unterschied des wahren Sonnentags und Sterntags hervor. Denn culminirt in diesem Augenblicke die S, so wird sie nach Verlauf einer Umdrehung des Himmels, oder eines Sterntages, noch nicht wieder im Meridiane sich befinden. Sie kommt also morgen später in den Meridian als ein Stern, womit sie heute zugleich culminirt, und es folgt hieraus: **daß der Sonnentag länger als der Sterntag sein muß.**

§. 90.

Da S täglich, vermöge ihrer eigenen Bewegung, nach der Ordnung der Zeichen fortrückt, so wächst ihre Rectascension (R); und da ferner der Unterschied, um welchen R täglich wächst, nicht immer gleich ist, **so sind auch die wahren Sonnentage nicht einander gleich.** Würde also der wahre Sonnentag in Stunden u. s. w. eingetheilt, so müßten dieselben an einem Tage länger und an einem andern kürzer gemacht werden, welches viel Unbequemlichkeit und Verwirrung hervorbrächte. Weil man sich aber mit den Zeitbestimmungen nach S richten muß, und die wahre Zeit unbrauchbar ist, so folgt: **daß die mittlere Sonnenzeit genommen werden muß.**

§. 91.

Wenn die R der S sich täglich um gleich viel veränderte, so würde die Zeit von einem Mittage zum andern **ein mittlerer Sonnentag** genannt. Denkt man sich aber nun eine zweite Sonne (σ), welche mit gleichförmiger Bewegung im A fortgeht, während S mit ungleichförmiger Bewegung in der Ekliptik (e) sich bewegt, und daß beide den ganzen Umlauf in gleichen Zeiten vollenden, so wäre der von S täglich beschriebene Bogen des A **die tägliche mittlere Aenderung der R**; der Moment, wo sie in den Meridian (M) eines Ortes käme, **der mittlere Mittag**; die Zeit von einem mittlern Mittage zum andern, **der mittlere Sonnentag**; und die hiernach gezählte Zeit **die mittlere Sonnenzeit**.

S wird aber in eigener Bewegung der σ bald voreilen, bald hinter ihr zurückbleiben; also in täglicher Bewegung ihr in jenem Falle folgen und in diesem vorangehen, d. h. im erstern Falle später und im letztern früher als σ im M eintreffen. Dieser Unterschied des wahren und mittlern Mittags, **oder die Gleichung der Zeit**, rührt aber daher:

1) **daß S wirklich mit ungleichförmiger Geschwindigkeit (nämlich schneller in der Erdnähe und langsamer in der Erdferne) sich bewegt**; und

2) **daß σ im A und S in e fortgeht, welche gegen** A unter einem Winkel von 23° 28′ sich neigt.

Wenn also auch S gleichförmig in e fortginge, so würde doch ihre R im A sich ungleichförmig verändern, weil die durchlaufenen Bogen der e in der Gegend der Aequinoctialpunkte unter einem größern Winkel gegen A geneigt sind, als in der Gegend der Solstitialpunkte, wo sie mit A beinah parallel laufen. Die beiden in 1) und 2) erwähnten Ursachen können aber bald einstimmig und bald entgegengesetzt wirken, so daß sich ihre Wirkungen entweder vermehren, vermindern oder aufheben. Im letztern Falle, welcher 4mal jährlich eintritt, erscheint S mit σ zugleich im M.

§. 92.

Aus dem bereits Gesagten lassen sich aber nun die Tafeln der Zeitgleichung berechnen, worin für jeden Tag entweder der Unterschied angegeben ist, welcher für den Augenblick, da man den wahren Mittag beobachtet hat, zu 12 Uhr gezählt oder davon abgezogen werden muß, um die mittlere Zeit zu haben; oder noch bequemer, worin die mittlere Zeit für den Augenblick des wahren Mittags unmittelbar angegeben ist.

§. 93.

Wenn σ in dem Augenblicke vom Punkte der Frühlingsnachtgleiche (F) ausginge, wo S sich ebenfalls darin befände, so wäre die Zeitgleichung in F gleich Null. Dies findet man aber nicht in den Tafeln, weil man σ in dem Augenblicke von F ausgehen läßt, nicht wo S sich darin befindet, d. h. wo ihre wahre Länge Null ist, sondern in dem Momente, wo S daselbst sein würde, wenn sie sich, von der Erdferne an in e gleichförmig fortbewegt hätte, d. h. wo ihre mittlere Länge = Null ist.

Anmerkung. Man bemerke,

1) daß der größte Unterschied zwischen wahrer und mittlerer Zeit* 16 Minuten 10 Sekunden (mittlere) Zeit beträgt;
2) daß dies im Anfange des Novembers statt findet;
3) daß nächstdem dieser Unterschied im Februar am größten sich zeigt; und
4) daß die mittlern und wahren Mittage den 15. April, 15. Juni, 31. August und 24. December** zusammen fallen.

§. 94.

Um die Größe des Sonnenjahres (J) zu ermitteln, bemerke man 2 Zeitpunkte, wo S gleiche nördliche oder südliche Declination (D) besitzt, und berechne alsdann die Größe der Zwischenzeit.

---

* Der aus den beiden in §. 91 erwähnten Ursachen entstehen kann, wenn sie einstimmig wirken.

** Wo nämlich die beiden in §. 91 vorkommenden Ursachen sich aufheben.

Anmerkung. Man bemerke, daß D durch die Mittagshöhe gefunden wird, und daß die Declinationen einander gleich sind, wenn die Mittagshöhen gleiche Größen besitzen; und umgekehrt.

§. 95.

Da der Zeitpunkt im folgenden Jahre, wo S wieder dieselbe D, wie etwa heute am Mittage, besitzt, vielleicht nicht gerade am Mittage fallen kann, so muß man an 2 auf einander folgenden Mittagen des folgenden Jahres die Mittagshöhen nehmen, wovon die eine größer, die andere kleiner als bei der ersten Beobachtung sich zeigt; und alsdann den Zeitpunkt der gleichen D, und also auch die Größe des J, auf folgende Weise ermitteln.

Ist die Mittagshöhe der S:

Bei der ersten Beobachtung	50° 8′ 10″
Bei der zweiten Beobachtung	50° 5′ 6″
Bei der dritten Beobachtung	50° 17′ 45″

so ist der Unterschied der 1ten und 2ten = 3′ 4″
" " 2ten und 3ten = 12′ 39″

Da aber nun zwischen der 1ten und 3ten Beobachtung ein ganzer Sonnentag verflossen ist, so ergiebt sich:

12′ 39″ : 3′ 4″ = 1 : x (wo x, als Bruch des wahren Sonnentages, die Zeit ist, welche zwischen der 2ten Beobachtung und dem Zeitpunkte verfließt, wo S dieselbe D wie bei der 1sten Beobachtung besitzt.)

und hieraus $x = \frac{184}{759} = 0{,}242424.....$

Nun sind aber zwischen der 1sten und 2ten Beobachtung 365 wahre Sonnentage verflossen; und es ist demgemäß die Größe des J = 365,242424.... wahre Sonnentage = 365 T 5 St 49′.

Anmerkung. Man bemerke, daß die Größe des J, nach neueren Bestimmungen 31556921 Sek. = 365 T 5 St 48′ 51″,5 = 365,24225944.... Tage beträgt.

§. 96.

Um die mittlere Aenderung der Rectascension (R) der S

zu ermitteln, schließt man auf folgende Weise: Wie sich die Anzahl der Tage in einem Sonnenjahre zu einem Tage verhält, so verhält sich 360° zur mittlern Aenderung der AR und erhält demgemäß für die tägliche mittlere Aenderung der AR in Graden = $\frac{360}{365,242}$ = 0,98592... = 59′ 9,312″.

§. 97.

Um Sternzeit und mittlere Sonnenzeit mit einander zu vergleichen, verfahre man folgendermaßen: Da während eines Sterntags alle 360° des Ä und während eines mittlern Sonnentags 360° 59′ 9″ durch den Meridian gehen, so verwandelt man (nach §. 50) den Bogen von 59′ 9″ in Sternzeit, und erhält demgemäß 3′ 56,62″ Sternzeit.

Nun ist aber:

Sternzeit		Mittlere Sonnenzeit.
24^h 3′ 56,62″....	=	24^h
24^h	=	23^h 56′ 4″ u. s. w.

§. 98.

Aus vorigem §. geht hervor: daß ein mittlerer Sonnentag 3′ 56,62″ größer als ein Sterntag, und daß also ein mittlerer Sonnentag 24 Stunden 3 Minuten 56,62 Sekunden Sternzeit, und ein Sterntag 23 Stunden 56 Minuten 4 Sekunden mittlere Sonnenzeit beträgt.

Auch kann man einen Bogen des Ä in mittlere Sonnenzeit und umgekehrt verwandeln, indem z. B. ein Fixstern, um einen Bogen von 1 Grade zu durchlaufen, 4′ Sternzeit oder 3′ 59″ 21‴ mittlere Sonnenzeit; und eine gleichförmig im Ä fortgehende Sonne, um 1° in ihrer täglichen Bewegung zurückzulegen, 4′ mittlere Sonnenzeit oder 4′ 0″ 34‴ Sternzeit gebraucht, und die wahre S solch einen Grad in 4′ wahrer Sonnenzeit durchläuft.

§. 99.

Für eine gegebene Polhöhe den halben Tagebogen eines Sternes zu finden, dessen Deklination man schon kennt.

Auflösung. Bezeichnet (in Fig. 3) VM den gesuchten halben Tagebogen des Sternes S, so hat derselbe gleich viel Grade mit dem Bogen IA des Aequators, welcher das Maß des Winkels API oder des ZPV ist; und es wird im Dreiecke ZPV der Winkel P gesucht. Da aber die eine Seite ZV dieses Dreiecks ein Quadrant ist, so verlängere man die andere Seite ZP bis R, so daß ZR ebenfalls als Quadrant erscheint; und berechne alsdann im rechtwinkligen Dreiecke PVR, worin außer dem rechten Winkel R die Cathete PR und die Hypotenuse PV gegeben sind, den Winkel VPR oder P auf folgende Weise:

$$1 : \text{Tg RP} = \text{Cotg PV} : \text{Cos P},$$
oder $$1 : \text{Tg RP} = \text{Tg IV} : \text{Cos P},$$
oder $$\text{Cos P} = \text{Tg RP} \,.\, \text{Tg IV}$$
oder $$\text{Cos P} = \text{Tg alt pol} \,.\, \text{Tg decl.}$$

Anmerkung. Ist die Polhöhe PR $= 51^\circ\ 49'\ 12''$, und die Deklination IV $= 23^\circ\ 28'$, so ergiebt sich nach vor. §.:

$$\begin{array}{rl} \text{Log Tg } 51^\circ\ 49'\ 12'' = & 10{,}1043801 - 10 \\ \text{Log Tg } 23^\circ\ 28' = & 9{,}6376106 - 10 \\ \hline \text{also Log Cos P} = & 9{,}7419907 - 10 \\ \text{oder VPR} = & 56^\circ\ 30'\ 26'' \end{array}$$

und deßhalb der halbe Tagebogen VD $= 123^\circ\ 29'\ 34''$.

§. 100.

Für eine gegebene Polhöhe (H) und Deklination (D) der ☉ die Länge des Tages und der Nacht zu ermitteln.

Auflösung. Man berechne nach vorigem §. den halben Tagebogen der ☉, verwandle denselben in wahre Sonnenzeit, nehme die hierdurch sich ergebende halbe Tageslänge doppelt, und ziehe die nun entstandene ganze Tageslänge von 24 Stunden ab.

§. 101.

Da ☉ den in §. 99 berechneten halben Tagebogen $123^\circ\ 29'\ 34''$ für die hiesige H beschreibt, wenn sie ihre größte nördliche D besitzt, so verwandelt man denselben auf folgende Weise in wahre Sonnenzeit:

$$360^\circ : 123^\circ\ 29'\ 34'' = 24^h : x^h,$$

und erhält demgemäß:

$$x = 8^h\ 13'\ 58''\ 16''';$$

also die ganze Tageslänge $= 16^h\ 27'\ 56''\ 32'''$;
und die Länge der Nacht $= 7^h\ 32'\ 3''\ 28'''$.

§. 102.

Für eine größere H wird bei derselben D von 23° 28′ der halbe Tagebogen größer. Denn ergänzt z. B. H die D = 23° 28′ zu 90°, so ergiebt sich:

$$\text{Log Tg } 66^\circ\ 32' = 10{,}3623894 - 10,$$
$$\text{Log Tg } 23^\circ\ 28' = \ \ 9{,}6376106 - 10;$$
$$\text{also Log Cos VPR} = 10{,}0000000 - 10,$$
$$\text{oder VPR} = 0;$$

deshalb der halbe Tagebogen = 180°, der ganze Tagebogen = 360°, und die Länge des Tages = 24 Stunden wahre Sonnenzeit. Hieraus folgt aber: **daß S für H = 66° 32′, an dem Tage, wo ihre D 66° 28′ beträgt, gar nicht untergeht.**

Anmerkung. Man bemerke, daß das bisher Gesagte die ersten Erfahrungen und nothwendigsten Sätze zur Bestimmung des Ortes und der Zeit enthält, und daß dabei das Weltgebäude, so wie es in unsere Sinne fällt, angenommen worden ist.

Dritte Abtheilung.

Von der Anordnung der Körper unseres Systems.

§. 103.

Die Gestalt der E ist kugelförmig.*

Erster Beweis. Die Erdfläche erscheint uns, bei freier Aussicht, überall wie eine kreisförmige Ebene. Nun hat aber blos

---

* Die Geographie oder Erdbeschreibung (G) hat die Kenntniß der E zu ihrem Gegenstande, und wird in die mathematische, physische und politische eingetheilt.

Die mathematische G ist die Wissenschaft von den räumlichen Beziehungen der E zu den übrigen Weltkörpern, von der Gestalt, Bewegung und Größe derselben, so wie von der auf ihr herrschenden

die Kugel die Eigenschaft, daß jeder ihrer Abschnitte von einem Kreise begrenzt ist; und es folgt hieraus: daß E ebenfalls eine Kugel oder wenigstens ein kugelförmiger Körper sein muß.

Zweiter Beweis. Wenn man an einem Orte in die Höhe steigt, so erweitert sich der Horizont (H) nach allen Seiten, je höher man kömmt, und bleibt dabei immer kreisförmig. Dies findet aber ebenfalls blos bei einer Kugel statt.

Dritter Beweis. Betrachtet man einen sehr weit entfernten Gegenstand, z. B. einen Berg (B) u. s. w., so sieht man nur seinen obern Theil. Kömmt man dem B aber näher, so scheint er sich gleichsam aus dem Grunde zu heben; und entfernt man sich von demselben, so scheint er sich in den Boden einzusenken. Auf der hohen See ist dies am augenscheinlichsten, indem man bei abfahrenden Schiffen (Fig. 9) noch die obern Theile der Masten und Segel sieht, während die untern Körper der Schiffe schon verschwunden sind. Hieraus folgt aber, daß die Oberfläche der E nicht eben, sondern convex gekrümmt ist.

Vierter Beweis. Wenn man von Süden nach Norden oder umgekehrt reist, so findet man, daß die Richtung der Tagekreise nicht mehr dieselbe bleibt; d. h. daß der Winkel, welchen die Ebene des Tagekreises eines Sternes mit unserm H macht, sich verändert, so wie wir unsern Standpunkt verändern. Hieraus folgt aber, das die Fläche der E von Norden nach Süden convex gekrümmt sein muß.*

Zeitbestimmung. Sie ist also ein Theil der Astronomie, und lehrt auch die Entwerfung beliebiger Strecken der Erdoberfläche auf einer Ebene, u. s. w.

Die physische G beschäftigt sich mit der natürlichen Beschaffenheit der E., und den daraus folgenden Erscheinungen auf der Oberfläche und in der Atmosphäre derselben.

Die politische G hat die Eintheilung der Erdoberfläche in Staaten und deren Einrichtungen und Erzeugnisse zu ihrem Gegenstande.

Die mathematische und physische Geographie werden die allgemeine G genannt.

* Mit der eben erwähnten Erscheinung hängt noch folgende zusammen. Reiset man in unsern Gegenden nach Norden, so erhebt sich der nördliche Polarstern immer höher über H; und man findet, daß die bei uns untergehenden Sterne weiter nach Norden hin nicht untergehen. Auch ergiebt sich, daß die bei uns noch im Süden über H kommenden Sterne für die nördlichern Gegenden gar nicht mehr aufgehen; und eben so existirt, nach den Erfahrungen der Seefahrer, auf E eine

Fünfter Beweis. Wenn zwei Beobachter, von denen der eine einige Meilen östlicher als der andere wohnt, an einem verabredeten Tage den Aufgang der S nach richtigen und zuvor übereinstimmend gestellten Uhren beobachten, so findet sich, daß dem ersten Beobachter S eher als dem andern aufgeht. Hieraus folgt aber, daß der Auf- und Untergang der S und der Gestirne für die nicht unter einerlei Meridian liegenden Oerter zu verschiedenen Zeiten erfolgen*. Wäre die Erdfläche aber eben, so müßten alle Oerter den Auf- und Untergang der S u. s. w. gleichzeitig sehen; und es ergiebt sich hieraus, daß E auch von Westen nach Osten convex gekrümmt sein muß.

Gegend, wo die Polhöhe = Null ist, oder wo der Nord- und Südpol im H sich befinden. Reist man von dieser Gegend weiter nach Süden hin, so verschwindet der Nordpol unter H (wie bei uns der Südpol), während sich der Südpol über denselben erhebt. Wäre die Oberfläche der E aber eben, so müßte der Südpol, wenn er für irgend einen Ort unter H liegt, für alle Oerter unter demselben sich befinden; und eben so müßten Sterne, welche an einem Orte aufgehen, an allen Oertern aufgehen u. s. w.

* Aus dieser Erfahrung ergiebt sich aber, daß die nach Osten segelnden Seefahrer unvermerkt an der Länge eines jeden Tages etwas verlieren, an der gesammten Anzahl der Tage aber etwas gewinnen, und daß bei den nach Westen segelnden das Umgekehrte stattfindet. Denn reist z. B. Jemand den 1. Januar 1839 von hier ab, und legt jeden Tag 1° unseres Parallelkreises in der Richtung von Westen nach Osten zurück, so macht er in 15 Tagen 15°; und es geht ihm dieserhalb die S schon nach 15 Tagen um eine Stunde früher als uns auf, d. h. er hat am 16 Januar schon Mittag, während wir erst 11 Uhr des Vormittags zählen, u. s. w. Reist umgekehrt Jemand in dem Parallelkreise abcd (Fig. 10) um Mittag von a aus westwärts, und macht in jeder Stunde einen Weg von 15 Graden, so würde er in den Punkt 11 gelangen, wenn es daselbst Mittag wäre, eben so in den Punkt 10 zur dortigen Mittagszeit kommen u. s. w. Er würde also in 24 Stunden nach a zurückkommen, und hätte in dieser Zeit keinen Wechsel von Tag und Nacht, sondern immer Mittag gehabt. Nimmt man nun an, er wäre den 1sten eines Monats von a abgereist, so müßte es ihm vorkommen, als ob er an demselben Tage zurückgekommen wäre; wenigstens hätte er unterwegs keinen Grund gehabt, warum er einen zweiten Tag zu rechnen anfangen sollte; in a aber hätte man unterdessen einen Wechsel von Tag und Nacht gehabt, und also auch den 2ten des Monats angefangen. Hätte sich der Reisende unterwegs an einem Orte etwas aufgehalten, so wäre auf jeden Tag seines Aufenthaltes auch ein Tag in a zu rechnen, und es würde sich demgemäß bei seiner Ankunft in a immer ein Unterschied von einem Tage in der Rechnung der Bewohner in a und in der seinigen zeigen, d. h. er würde in der Zeit seiner Reise um E den Wechsel von Tag und Nacht einmal weniger erfahren haben, als dieser in a stattfand. Würde statt des Aufenthaltes die Reise immer langsamer gehen, so müßte am Ende immer der nämliche Unterschied entstehen.

Sechster Beweis. Die Umschiffungen der E beweisen ebenfalls ihre kugelförmige Gestalt. Die merkwürdigsten Reisen um E wurden aber gemacht;

a) von dem Portugiesen Hernando Magalhaens (Ferdinand Magellan) auf spanischen Schiffen von 1519—1522;
b) vom Engländer Francis Drake* von 1577—1580;
c) vom Engländer William Dampier** von 1689—1691;
d) " Eduard Cooke*** von 1708—1711;
e) Georg Anson† von 1740—1744;
f) " " John Byron†† von 1764—1766;
g) von den Engländern Wallis und Carteret††† 1766—1769.
h) vom Franzosen de Bougainville von 1766—1769;
i) vom Engländer James Cook[1] zu drei verschiedenen Malen: α. von 1768 — 1771, β. von 1772 — 1775, γ. von 1776 — 1780;
k) von La Perouse von 1785—1788:
l) von J. von Krusenstern von 1803—1806;
m) von O. v. Kotzebue von 1815—1818;
n) von Camille de Roquefeuil 1816—1819;
o) vom Kapitän Harmsen auf einem preußischen Schiffe von 1822—1824;
p) vom Kapitän David Leslie aus Neuyork auf einem amerikanischen Schiffe von 1822—1825; u. s. w.

Siebenter Beweis. Will eine Person (P) einen mehrere Grade von ihrem Zenithe (Z) entfernten Stern in dasselbe bringen, so hat sie nur einen verhältnißmäßig kleinen Weg auf E zu machen nöthig. Denn befindet sich (in Fig. 11) P in r, der Stern s im Z; und ist ein anderer Stern t um den Winkel srt von s entfernt, so bedarf P nur des Weges rq, um t in ihrem Z zu sehen. Wäre E aber eben, so müßte P von r bis u gehen, um t in ihrem Z zu haben.

Achter Beweis. Da die Mondfinsternisse nur dann erfolgen, wenn E zwischen S und M sich befindet, so läßt sich vermuthen, daß sie vom Schatten der E herrühren. Da aber dieser

* ausgesprochen Drehk.
** ausgespr. Dämm'pier.
*** ausgespr. Kuhk.
† ausgespr. Änn's'n.
†† ausgespr. Beir'n.
††† ausgespr. Ual'lis und Kar'teret.
[1] ausgespr. Kuk.

Schatten, in allen Lagen der E zwischen S und M, immer rund auf M erscheint, so folgt, daß E ebenfalls ein runder Körper sein muß.

Neunter Beweis. Da alle uns deutlich erscheinende Weltkörper eine kugelförmige Gestalt besitzen, und E ebenfalls ein solcher Körper ist, so folgt, daß auch bei ihm eine kugelförmige Gestalt — der Analogie gemäß — mit höchster Wahrscheinlichkeit vermuthet werden darf.

Anmerkung 1. In der 6ten Abtheilung wird gelehrt, daß die Gestalt der E von der wahren Kugel abweicht, indem erstere an den Polen etwas eingedrückt sich zeigt.

Anmerkung 2. Die Berge beeinträchtigen nicht die kugelförmige Gestalt der E, weil diese Unebenheiten, mit dem Halbmesser der E verglichen, unbedeutend sind, und der wahre Sinn des in diesem §. ausgesprochenen Satzes darin besteht, daß die Oberfläche des Meeres eine kugelförmige Krümmung besitzt.

§. 104.

Da (nach vor. §.) E eine Kugel oder wenigstens ein kugelförmiger Körper ist, so kehren die an entgegengesetzten Seiten, z. B. die an G und E (Fig. 12) aufrecht stehenden Bewohner ihre Füße gegen einander, und werden aus diesem Grunde die Gegenfüßler oder die Antipoden genannt.

§. 105.

Der in G vorhandene Bewohner (Fig. 12) übersieht von dem Himmelsgewölbe nur denjenigen Theil, welcher über der Ebene hr* sich befindet. Diese Ebene, welche in §. 20 blos Horizont hieß, wird jetzt der scheinbare, und die damit parallele und durch den Mittelpunkt C gehende Ebene HR der wahre Horizont genannt.

§. 106.

Der Halbmesser der E ist in Bezug auf die Entfernung der Fixsterne ganz unbeträchtlich.

---

* die seinen Standpunkt auf E berührt.

Beweis. Befindet sich ein Fixstern (F) im Aequator, so steht er für jeden Ort der Beobachtung genau die Hälfte der Umdrehungszeit der Himmelskugel (K), d. h. 12 Stunden Sternzeit über, und 12 Stunden unter dem scheinbaren Horizonte. Ist aber* unser Standpunkt G (Fig. 12) der Mittelpunkt der K, so daß hr diese in 2 Hälften theilt, so legt F, für unsern Standpunkt, den Halbkreis hzr in 12 Stunden, und den andern rnh in den übrigen 12 Stunden zurück. Dies könnte aber alsdann nicht für jeden andern Ort, z. B. für B erfolgen, indem F, über dessen scheinbarem Horizonte OL nicht einen Halbkreis, sondern einen kleinern Bogen beschreiben, und also kürzere Zeit über als unter dem Horizonte sein müßte, wenn der Halbmesser CB der E eine merkliche Größe gegen den des Fixsterngewölbes hätte.

Nimmt man aber an, daß der Mittelpunkt der K mit dem der E, nämlich mit C zusammenfällt, so beschreibt F den Bogen hZr, also keinen völligen Halbkreis über dem scheinbaren Horizonte von G. Da er aber dessenungeachtet nicht weniger als 12 Stunden über hr verbleibt, so muß CG gegen CH unmerklich sein.

§. 107.

Aus vorigem §. ergiebt sich:

1) Wenn F für den in G befindlichen Beobachter in r untergeht, so geht er in demselben Augenblicke für seinen in E vorhandenen Antipoden in q auf; und umgekehrt, wenn F für E in p untergeht, so geht er, ohne merkliche Zwischenzeit, für G in h auf, u. s. w.
2) Der scheinbare und wahre Horizont sind als eine einzige Ebene in Bezug auf den Fixsternhimmel anzusehen. Auch sind die von verschiedenen Orten der E nach F gedachten geraden Linien so gut wie parallel.
3) Wenn man die Fixsterne von beliebigen auf E befindlichen Orten betrachtet, so behalten sie dieselben Lagen gegen einander. Hieraus folgt aber, daß die Entfernungen der auf E vorhandenen Oerter gegen die Abstände der Fixsterne von E ganz unbeträchtlich sein müssen.

* wie es dem ersten Anblicke nach scheint.

4) Da S* fast die ganze Hälfte ihres Tagekreises über dem Horizonte beschreibt, so muß ihre Entfernung von E, in Bezug auf den Halbmesser der letztern, eine bedeutende Größe besitzen; und da dieser Unterschied beim M schon merklicher ist, so folgt, daß er uns beträchtlich näher als S stehen muß.

5) S besitzt eine bedeutende Größe, weil sie uns ungeachtet ihrer großen Entfernung noch unter einem Gesichtswinkel von etwa einem halben Grade erscheint.

6) M ist weit kleiner als S, weil er uns bedeutend näher als S steht und doch (beinahe) unter dem nämlichen Gesichtswinkel erscheint

§. 108.

Würde E von S betrachtet, so müßte sie ohne Zweifel sehr klein erscheinen. Dies erregt aber schon die Vermuthung, daß E ein ähnlicher Weltkörper, wie z. B. M oder ein Planet sein könne, und daß sie uns nur deshalb so unabsehbar groß erscheine, weil der Standpunkt, aus welchem wir sie gewöhnlich betrachten, auf E selber befindlich ist.

§. 109.

E dreht sich um ihre Axe.

Erster Beweis. Die abgeplattete Gestalt der E** beweist ihre Axendrehung ganz deutlich.

Zweiter Beweis. Die Erfahrung lehrt, daß schwere von hohen Thürmen herabfallende Körper nicht völlig senkrecht, sondern etwas östlich von der Falllinie eintreffen.***

* Wenn sie nämlich im Aequator sich befindet.

** Von der in der 6ten Abtheilung dieses Kapitels die Rede sein wird.

*** Benzenberg stellte im Jahre 1802 mehrere Fallversuche im Michaelsthurm in Hamburg an. Er ließ 30 Kugeln herabfallen, welche bei einer Fallhöhe von 235 Fuß im Mittel 4 Linien nach Osten abwichen. Allein sie wichen zugleich 1¼ Linie nach Süden ab, welches wahrscheinlich von einem kleinen Luftzuge im Thurme herkam. 1804 wie-

Dritter Beweis. Die Axendrehung der E ist eine viel einfachere und wahrscheinlichere Voraussetzung als die, daß eine zahllose Menge von Weltkörpern, welche in ungeheuern Entfernungen von E sich befinden und die letztere an Größe übertreffen können, sich gleichzeitig um E drehen sollten.

Vierter Beweis. Die scheinbare Bewegung der S, bei der Voraussetzung einer Umdrehung der E, wird viel einfacher u. s. w.

Anmerkung. Wird 1) Jemand im Kreise herum gedreht so scheinen die umliegenden Gegenstände nach entgegengesetzter Richtung sich zu bewegen.

Befindet man sich 2) in einem Schiffe auf offener See, und wird dasselbe schnell gewendet, so scheinen entfernte Schiffe oder die Gegenstände eines entfernten Ufers gleichsam davonzufliegen, indem man sich sebst in Ruhe glaubt. Dies geschieht aber in der Wirklichkeit bei unserer E, indem die Erscheinung ganz dieselbe ist, wenn die Himmelskörper nicht um E sich bewegen, sondern die letztere täglich um ihre Axe sich dreht.

§. 110.

Aus vor. §. geht hervor, daß die auf die tägliche Umdrehung der Himmelskugel (K) sich beziehenden Punkte und Kreise eigentlich der E zugehören.

So sind z. B. (in Fig. 13) p und q die Pole der E;

---

derholte Benzenberg in einem Kohlenschachte zu Schlebusch in der Grafschaft Mark bei einer Fallhöhe von 260 Fuß die Versuche und fand, daß die Kugeln um 5 Linien nach Osten fielen, und daß dies gerade so viel betrug, wie die Lehre von der Drehung der E für die Polhöhe von 51° angiebt.

In Bezug auf diese Fallversuche merke man aber:

1) daß ein hängender Körper (K) nicht ganz ohne Schwierigkeit so abgelöst werden kann, daß er nicht zugleich einen Ruck nach irgend einer Seite bekomme;
2) daß K ganz frei von allen pendelartigen Schwingungen sein muß;
3) daß die Bewegung der äußern Luft einem hohen Thurme Schwingungen mittheilt, die bei schwacher Bewegung der Luft für den Beobachter unmerklich sind, und doch auf den fallenden K von von Einfluß sein können;
4) daß die durch das Fahren auf den Straßen erzeugte Erschütterung oder Dröhnung den in Thürmen angestellten Versuchen nachtheilig ist; und
5) daß K, während des Falles, durch andere Hindernisse (z. B. in den Schachten durch fallende Wassertröpfchen u. s. w.) gestört werden kann.

pq die Axe; ad der Aequator; ei und gf die Wendekreise; kl und mn die Polarkreise u. s. w. Auch sind die gleichnamigen Kreise an K durch die gleichlautenden großen Buchstaben ausgedrückt. Die auf E gezogenen und durch p und q gehenden größten Kreise heißen die Meridiane; sie stimmen mit den an K befindlichen Deklinationskreisen überein.

Die geographische Breite eines auf E befindlichen Ortes (O) ist der zwischen dem letztern und dem Aequator liegende Bogen seines Meridians.

Sie wird, vom Aequator ab, nördlich und südlich bis 90° gezählt. Liegt O nördlich vom Aequator, so hat er nördliche, und im umgekehrten Falle südliche Breite.

Die geographische Länge des O ist aber der Bogen des Aequators von einem willkürlich angenommenen ersten Meridiane, bis an den Meridian des O. Sie wird vom ersten Meridiane ab östlich bis 360° (oder auch östlich und westlich bis 180°) gezählt.

Die auf E mit dem Aequator parallel laufenden Kreise werden die Parallelkreise genannt.

Anmerkung 1. Die Wendekreise der E sind um 23° 28′ vom Aequator, und die Polarkreise um dieselbe Größe von den Polen entfernt.

Anmerkung 2. In der Bestimmung des ersten Meridianes finden mancherlei Abweichungen statt. So haben z. B. die Engländer den Meridian von Greenwich * und die Franzosen den von Paris als ersten angenommen. Ein altes Herkommen bestimmte dazu den Meridian der Insel Ferro, oder des Picks von Teneriffa. Jetzt wird aber gewöhnlich der erste Meridian 20 Grad westlich von dem Pariser** gesetzt, indem derselbe ohngefähr mit dem von Ferro übereinstimmt.

Anmerkung 3. Ist die Länge eines Ortes gegen den ersten Meridian ohne den Beisatz östlich oder westlich angegeben, so ist immer östliche Länge gemeint.

Anmerkung 4. Die Benennungen Länge und Breite sind aus der alten Geographie in die neuere übergegangen, indem

* ausgesprochen Grih'nitsch.
** oder von der Pariser Sternwarte.

der den Alten bekannte Theil der E eine größere Ausdehnung in der Richtung von Osten nach Westen, als in der von Norden nach Süden besaß.

§. 111.

Die Oberfläche der E wird durch den Aequator, die Wendekreise und Polarkreise in 5 Zonen abgetheilt, von welchen die mittlere, oder die von den beiden Wendekreisen eingeschlossene, **die heiße Zone** (Zona torrida); die, welche zu beiden Seiten der heißen liegen, **die gemäßigten Zonen** (Z. temperatae); und endlich die, welche innerhalb der Polarkreise sich befinden, **die kalten Zonen** (Z. frigidae) heißen.

Anmerkung 1. Die kalten Zonen sind eigentlich keine Zonen, sondern Kugel-Mützen. Auch werden die Wendekreise durch die Beiwörter nördlich und südlich unterschieden.

Anmerkung 2. Man bemerke vorläufig, daß die Eintheilung der Erdfläche in Zonen eine wesentliche Verschiedenheit dieser Theile in Absicht ihrer Lage gegen S bezeichnet. Denn wie die Wendekreise am Himmel die Fläche einschließen, innerhalb welcher S sich bewegt, so begrenzen die irdischen Wendekreise denjenigen Erdstrich, über dessen verschiedene Punkte die S allein senkrecht zu stehen kommt. Die gemäßigten Zonen begreifen den Theil der Erdfläche, in welchem, bei jeder Umdrehung der E, Tag und Nacht mit einander wechseln, ohne daß S das Zenith irgend eines Punktes desselben erreicht; und die kalten Zonen erhalten die Strahlen der S in noch schieferer Richtung, oder die S bleibt von Zenithe aller Punkte derselben noch weiter entfernt, und es wechseln nicht bei jeder Umdrehung der E Tag und Nacht mit einander ab.

§. 112.

Diejenigen Erdbewohner, welche auf dem nämlichen Parallelkreise 180° von einander wohnen, werden **Nebenbewohner** (perioeci); und die, welche unter demselben Meridiane in gleichen Graden nördlicher oder südlicher Breite wohnen, **Gegenwohner** (antioeci) genannt.

§. 113.

Ein großer Theil der an der Himmelskugel (K) stattfindenden Erscheinungen ist von der Lage des Horizontes (H) gegen K oder von der Lage der Weltpole und des Aequators (A) gegen H abhängig.

Denn denkt man sich 1) einen Erdbewohner unter einem der beiden Erdpole, so liegt der korrespondirende Pol der K in seinem Zenith, und der zu K gehörige A im H; auch fallen die Parallelkreise mit den Höhenkreisen zusammen, und die Gestirne scheinen, bei der scheinbaren Umdrehung der K, lauter Parallelkreise mit H zu beschreiben, die näher nach dem Zenithe oder dem Pole hin immer kleiner werden. Hier findet kein Auf- und Untergang der Gestirne statt*; und den Bewohnern des Nordpols der E kommen nur die Gestirne der nördlichen Halbkugel der K zu Gesichte. Diese Ansicht der K wird die parallele Himmelskugel (sphaera parallela) genannt.

Befindet sich 2) Jemand an irgend einer Stelle (s) des irdischen A, so geht der zu K gehörige A durch sein Zenith, und steht daher senkrecht auf H. Auch stehen alle Parallelkreise auf H senkrecht; und da letzterer den K halbirt, so fällt die eine Hälfte eines jeden dieser Kreise über und die andere unter H, während die Weltpole im H selber sich befinden.

Bei der scheinbaren Umdrehung der K in dieser Lage steigen die Gestirne auf der einen Seite senkrecht über H herauf und auf der andern senkrecht unter denselben herab; auch fällt die eine Hälfte ihres Laufes über und die andere unter H; und es werden alle an der ganzen K befindlichen Sterne, während einer Umdrehung der K, in s sichtbar. Diese Erscheinung der K wird die senkrechte Himmelskugel (sphaera recta) genannt. Steht Jemand 3) zwischen dem A und dem Nordpole der E, so scheinen alle Gestirne, bei der scheinbaren Umdrehung der K, sich in Kreisen zu bewegen, welche gegen H dieselbe Richtung wie A besitzen, d. h. in schiefer Richtung über H herauf und unter denselben herabsteigen.

* d. h. es giebt gar keine Weltgegend.

In diesem Falle durchlaufen nur die im A der K befindlichen Gestirne die eine Hälfte ihrer Bahn über und die andere unter H; während die in der nördlichen Halbkugel der K stehenden Sterne mehr als die Hälfte ihres Kreises über H beschreiben, und die um weniger als die Polhöhe vom Nordpole abstehenden Sterne ihren ganzen Lauf über H machen, indem sie weder auf- noch untergehen. Das Umgekehrte gilt von den Gestirnen der südlichen Halbkugel der K, indem sie weniger als die Hälfte ihres Kreises über H beschreiben, und diejenigen, welche um weniger, als die Polhöhe vom Südpole abstehen, sich nicht über H erheben, sondern ihren Lauf unter demselben vollenden. Die eben erwähnte Erscheinung der K wird aber **die schiefe Himmelskugel** (sphaera obliqua) genannt.

Anmerkung 1. Befindet sich der Beobachter in der südlichen Halbkugel der E, so ergiebt sich das Umgekehrte von demjenigen, was in Nr. 3 von dem in der nördlichen Halbkugel Vorhandenen gesagt worden ist.

Anmerkung 2. Die Beschaffenheit der schiefen K ändert sich, wenn die Breite des Ortes, in welchen man den Zuschauer versetzt, sich verändert. Ein Unterschied in der Länge zweier Oerter von gleicher Breite ändert jedoch nichts in der Art, wie uns K daselbst erscheint, indem in allen Punkten desselben Parallelkreises, während einer scheinbaren Umdrehung der K, dieselben Gestirne in der nämlichen Lage gegen H sich zeigen.

§. 114.

Die Polhöhe und geographische Breite sind* einander gleich.

Beweis. Es ist (in Fig. 13): $\left\{\begin{matrix} HCp + pCz = 90^0 \\ pCz + zCa = 90^0 \end{matrix}\right\}$;

und also $HCp + pCz = pCz + zCa$,

oder $HCp = zCa$.

Anmerkung. Man wird leicht einsehen, daß Polhöhe und geographische Breite nur den Graden nach einander gleich sind, sonst aber ganz verschiedene Dinge bezeichnen.

* bei der kugelförmigen E.

Anmerkung 2. Die Polhöhe eines auf E befindlichen Ortes ist dem Winkel gleich, unter welchem die Erdaxe gegen den wahren Horizont des Ortes sich neigt.

§. 115.

E bewegt sich um S.

Erster Beweis. Die im §. 795 des 2ten Bandes erwähnte Abirrung des Lichtes ist nur aus der Annahme, daß E um S sich dreht, zu erklären.

Zweiter Beweis. Die in §. 10 angedeuteten scheinbaren unregelmäßigen Bewegungen der Planeten um S beweisen die Bewegung der E um dieselbe. Denn bezeichnet in Fig. 14 abcde die Bahn der E, fghik die eines entfernten Planeten P, mn einen Theil der scheinbaren hohlen Himmelskugel; und tritt P in der nämlichen Zeit während E durch die Punkte a, b, c, d, e geht, durch die Punkte f, g, h, i, k, so wird P, von E aus, nach den Richtungen asp, bgp, chq, dir, ekt u. s. w. gesehen, demnach in den Punkten p, p, q, r, t erscheinen, und also bald zu ruhen, bald rückwärts und bald mit größerer oder kleinerer Geschwindigkeit vorwärts zu gehen scheinen, u. s. w.

Anmerkung 1. Wird ein Beobachter in einer kreisförmigen Bahn herumgeführt, so kann es ihm vorkommen, als ob er selbst ruhe und ein im Mitttlpunkte vorhandenes Objekt im Kreise herumginge. Denn geht z. B. (in Fig. 15) die E in dem Kreise YWX um S, und steht E in Y, so sieht der Beobachter die S in der Richtung YS; und kommt E nach V, so nimmt er S in der Richtung VS wahr. Weil er sich aber seiner Bewegung nicht hinlänglich bewußt ist, so glaubt er noch in Y zu sein, und die S mit der in SV parallelen Richtung Yv zu sehen. Aus diesem Grunde scheint ihm S im Kreise Svwx zu gehen, während er selbst wirklich im Kreise YVWX sich bewegt.

Anmerkung 2. Aus gegenwärtigem §. und aus §. 109 geht hervor, daß E eine doppelte Bewegung, nämlich eine fortlaufende und eine wälzende besitzt.

§. 116.

Der Merkur und die Venus zeigen, wie M, abwechselnde Lichtgestalten, sind also oft nur zum Theil erleuchtet, und ihre erleuchtete Seite ist beständig der S zugekehrt.

Hieraus folgt aber: daß M und diese Planeten dunkle Kugeln sind, welche, wie E, von S erleuchtet und nur durch reflectirtes Sonnenlicht sichtbar werden.

§. 117.

Der Merkur entfernt sich nie über 28°, und die Venus nicht über 48° von S; und es sind deshalb diese Planeten nur einige Zeit vor Aufgang und nach Untergang der S zu sehen. Obgleich aber diese Weltkörper, wenn sie nahe bei S stehen, nicht gesehen werden können, so bemerkt man doch, wenn man ihre eigenen Bewegungen, Lichtabwechselungen und scheinbaren Durchmesser beobachtet, daß sie bald zwischen S und E, oder in unterer Conjunction, und bald jenseits der S, d. h. in oberer Conjunction sich befinden. Auch hat man sie einigemal wie kleine dunkle Scheiben vor S vorbeigehen sehen.

Hieraus folgt aber:

1) daß Merkur und Venus um S gehen;
2) daß ihre Bahnen zwischen S und E durchgehen, weil sie sonst nicht in untere Conjunction kommen könnten; und
3) daß Merkur und Venus die untern Planeten heißen.

§. 118.

Da Mars, Jupiter, Saturn und Uranus nie in untere Conjunction sondern in obere Conjunction *, und in Opposition ** kommen; und da ferner Mars den Jupiter und dieser den Saturn schon bedeckte, so folgt:

1) daß diese obern Planeten ebenfalls um S gehen;
2) daß ihre Bahnen die der E einschließen ***; und
3) daß Mars näher als der Jupiter, und dieser näher als der Saturn an S sich befindet.

Anmerkung. Man bemerke, a) daß die Planeten in der obern Conjunction schnell vorwärts nach der Ordnung der Zeichen

* wo sie (nach vor. §.) jenseits der S so stehen, daß sie mit ihr einerlei Länge besitzen.

** wo sie der S entgegengesetzt oder so stehen, daß die Länge der S und des Planeten um 180° unterschieden sind.

*** weil sie sonst nicht in Opposition kommen könnten.

rücken; b) daß diese Bewegungen dem Anscheine nach erst langsamer und alsdann Null werden; c) daß die Planeten in der Opposition oder untern Conjunction rückwärts gegen die Ordnung der Zeichen gehen; und d) daß dieser sonderbar scheinende Lauf schon in §. 115 erklärt worden ist.

§. 119.

M kommt mit S in Conjunction, und zwar nur in die untere, so daß er zwischen S und E steht, oder mit S einerlei Länge besitzt. Er kehrt hierauf der E seine dunkle Seite zu (Neumond*); entfernt sich hierauf nach Osten zu von S, steht nach etwa 7 Tagen um 90° von ihr entfernt in der Quadratur, und man sieht alsdann die der S zugekehrte westliche Hälfte erleuchtet (das erste Viertel). Nun kommt M nach etwa 7 Tagen in Opposition, und man sieht ihn alsdann ganz erleuchtet (Vollmond). Nach abermals 7 Tagen kommt er wieder mit S in Quadratur; und man bemerkt die der S zugekehrte Hälfte erleuchtet (das letzte Viertel). Nach 7 Tagen kommt M wieder in Conjunction und die eben erwähnten Veränderungen fangen auf's Neue wieder an.

Anmerkung. Aus gegenw. §. folgt, daß M um E sich bewegt (d. h. ein Trabant derselben ist), und daß seine Bahn die S nicht einschließt, weil er sonst in obere Conjunction kommen müßte. Auch ist M ein kugelförmiger Körper und keine dunkle Scheibe, weil er sonst nicht in einer sichelförmigen Gestalt erscheinen, sondern sich von der vollen Kreisform nach und nach durch immer engere Figuren ziehen, und endlich als eine gerade Linie dem Auge verschwinden würde.

§. 120.

Die Kometen** erscheinen öfters unerwartet, nähern sich der S, gehen um dieselbe herum, und verschwinden wieder, so daß ihre Bahn auch mit den besten Fernröhren nicht weiter verfolgt werden kann. Man schließt mit Recht aus dem

---

* Vergl. §. 7.
** Vergl. §. 13.

Laufe derselben, so weit wir ihn zu beobachten vermögen, daß sie bleibende Weltkörper sind, welche in bestimmten Bahnen um S sich bewegen.

Anmerkung. In gegenwärtiger Abtheilung sind die Grundzüge derjenigen Weltordnung enthalten, welche die Copernicanische* heißt, in der folgenden Abtheilung ausführlicher enthalten und durch Keplers und Newtons Bemühungen erst vollkommen ausgebildet und begründet worden ist.

Vierte Abtheilung.

Von der Copernicanischen Weltordnung, oder von dem Copernicanischen Weltsysteme; und von den drei Keplerschen Gesetzen.

---

§. 121.

Die vorzüglichsten Sätze des Copernicanischen Systems sind:

1) S ist ein kugelförmiger Körper, welcher eine bedeutende Größe und sein eigenes L besitzt, in der Mitte des Raumes, in welchem die Planeten ihre Wege beschreiben, steht und** nach der Ordnung der Zeichen um ihre Axe sich dreht.

2) Die Planeten bewegen sich in verschiedenen Entfernungen um S***, sind dunkle, undurchsichtige, von S be-

---

* Nicolaus Copernicus, geb. 1473 den 19. Februar zu Thorn an der Weichsel, gest. 1543 den 11. Juni, bewies in seinem Werke de revolutionibus orbium coelestium die wahre Anordnung unseres Planetensystems.

** aus ihrer Mitte gesehen.

*** Man bemerke, daß die Bewegungen der Planeten wahre Centralbewegungen sind, und daß die allgemeine Schwere als Centripetalkraft sich zeigt. Die Ursache der Tangentialkraft ist unbekannt, und man weiß

leuchtete und unserer E ähnliche Körper von verschiedenen Größen*; und stehen in folgender Ordnung von S ab:

Merkur**, Venus, Erde, Mars, Vesta, Ceres, Pallas, Juno***, Jupiter, Saturn und Uranus.

3) Die Bahnen dieser Planeten, die der Pallas ausgenommen, liegen beinahe in derselben Ebene; und sämmtliche Planeten bewegen sich in derselben Richtung, d. h. nach der Ordnung der Himmelszeichen †. Unsere E vollendet ihre Bahn um S in einem Jahre; und die übrigen Planeten legen ihre Bahnen in größern oder kleinern Zeiten zurück.

4) E und die übrigen Planeten sind nicht allein in fortschreitender Bewegung um S begriffen, sondern jeder wälzt sich in einer bestimmten Zeit um seine Axe. †† Die Umdrehungs- oder Rotationszeit der E, in der Richtung von Westen nach Osten, beträgt 24 Stunden oder einen Tag.

5) Der Aequator der E macht mit der Erdbahn (oder Ekliptik) einen Winkel von 23° 28′; und es ist deshalb die Erdaxe unter einem Winkel von 66° 32′ gegen die Erdbahn (oder Ekliptik) geneigt. ††† Auch kann man die

---

nur, daß dieselbe in jedem Augenblicke sich auf's Neue erzeugt, weil dem Beharrungsgesetze gemäß jeder Körper die Neigung, in einer geraden Linie fortzugehen, besitzt.

* jedoch alle viel kleiner als S.

** welcher der S am nächsten liegt.

*** welche letztere vier fast dieselbe mittlere Entfernung von S besitzen und in Vergleich zu den anderen Planeten als sehr kleine Körper sich zeigen.

† In Bezug auf uns von Westen gegen Osten.

†† Die Axendrehung der Planeten wurde durch Beobachtungen der auf ihren Oberflächen vorhandenen Flecken entdeckt.

††† Denn bezeichnet (in Fig. 16) EF die Ebene der Erdbahn, PQ die Erdaxe, PCF den Neigungswinkel der letztern gegen EF. und steht PC senkrecht auf AD, so ist

$$\angle PCF + \angle FCD = 90°,$$
oder $$\angle PCF + 23° 28' = 90°;$$
und deshalb $\angle PCF = 66° 23'$.

Richtung der Erdaxe in allen Stellen der Erdbahn als parallel ansehen*; und die Axen der übrigen Planeten machen größere oder kleinere schiefe Winkel gegen ihre Bahnen.

6) Die Nebenplaneten oder Trabanten sind dunkle den Planeten ähnliche Körper, welche kleiner als die Planeten sind, und um diese und mit letztern um S sich bewegen.

7) M ist ein Nebenplanet der E, und seine Ebene macht mit der Erdbahn einen kleinen Winkel. Er wendet der E immer dieselbe Seite zu, weil er während eines Umlaufs um E einmal um seine Axe sich dreht.

8) Der Ring des Saturns ist ein dunkler undurchsichtiger Körper, welcher um diesen Planeten sich dreht. Er besteht aus zwei (nach den neusten Entdeckungen aus drei) Ringen, und besitzt viele Unebenheiten, Hervorragungen, Vertiefungen u. s. w.

9) Die Bahnen der Kometen sind nicht auf den Thierkreis und dessen Nähe beschränkt, sondern haben die verschiedensten Lagen.

10) Die Fixsterne sind Körper, welche der S ähnlich und außerordentlich weit von E entfernt sind, u. s. w.

Anmerkung 1. In Fig. 17 ist Einiges aus der Copernicanischen Weltordnung, und in Fig. 18 der Lauf der E um S dargestellt.

Anmerkung 2. In den Meinungen des Martianus Capella**, des Apollonius von Perga*** und des Philolaus† liegt das System zerstreut, welches mit Recht das Copernicanische heißt, weil Copernicus diese Bestandtheile zu einem so herrlichen Ganzen

* weil die Entfernung des Himmels, im Vergleich mit dem Durchmesser der Erdbahn, als unendlich groß betrachtet werden kann.

** welcher, nach der Behauptung Einiger 490 J. v. Chr., nach Andern in der Mitte des 3ten Jahrhunderts gelebt haben, aus Afrika gebürtig und Proconsul gewesen sein soll.

*** lebte um 240 v. Chr. und studirte die Mathematik zu Alexandrien unter den Schülern des Euklides.

† war der Schüler des Archytas, welcher letztere in der 1ten Hälfte des 3ten Jahrhunderts v. Chr. lebte.

verband. Die alten Aegypter behaupteten nämlich den Umlauf der beiden Planeten Merkur und Venus um S; und diese Meinung, welche nachher von Martianus Capella, einem Astronomen des 5ten Jahrhunderts nach Chr., wieder vorgetragen wurde, liefert gleichsam den ersten Bestandtheil des Copernicanischen Systems.

Für die andern Planeten nahm Copernicus das System des Apollonius von Perga (um 240 v. Chr.) an, welcher sie um S gehen läßt. Da aber beide Systeme die S um E laufen lassen und sie zum Mittelpunkte des Universums machen, so huldigte Copernicus der Meinung des Philolaus (eines Schülers des Pythagoras), daß S ruhe, und E sie umlaufe; setzte also S in den Mittelpunkt, und nahm an, daß um dieselbe Merkur, Venus, Erde, Mars, Jupiter und Saturn in der eben angegebenen Ordnung sich bewegen.

§. 122.

Kepler hat folgende 3 Gesetze aufgestellt;

I) **Die Planeten bewegen sich in Ellipsen, in deren einem Brennpunkte die S sich befindet.***

II) **Der Radius vector legt in gleichen Zeiten gleiche Flächenräume zurück, oder die vom Radius vector beschriebenen Flächen verhalten sich wie die Zeiten.**

III) **Die Quadrate der (tropischen) Umlaufszeiten verschiedener Planeten verhalten sich wie die Cubikzahlen der mittlern Entfernungen von S.****

Anmerkung 1. Es existirt ein gewisses Verhältniß, ob der in einer Centralbewegung begriffene Körper einen Kreis, eine Ellipse, Parabel oder Hyperbel*** beschreibt, wenn

* Kepler wurde durch den Lauf des Mars, den er hauptsächlich aus Tycho de Brahe's Beobachtungen kennen lernte, auf den Gedanken gebracht, die Bahn als Ellipse anzusehen. Vor dieser Zeit glaubte man nämlich, die Weltkörper müßten in den vollkommensten Figuren, nämlich in Kreisen, sich bewegen.

** Kepler verglich Umlaufszeiten und Entfernungen, und entdeckte dies merkwürdige Verhältniß 1618 den 8. März, glaubte zwar nachher, sich geirrt zu haben, fand es aber einige Tage später, den 15. März, bestätigt.

*** In Bezug auf die Ellipse und Parabel lese man §. 87 Note (***) und §. 179 Note (**); und in Rücksicht auf die Hyperbel bemerke man Folgendes.

nämlich die Attraction des Mittelpunktes sich umgekehrt wie das Quadrat der Entfernung verhält. Ist z. B. die Entfernung der E von S = a, der Raum durch welchen E von hier aus in einer Sekunde gegen S fallen würde, wenn deren Anziehungskraft allein thätig wäre, = e, und die Geschwindigkeit, mit der sie von hier aus seitwärts in ihrer Bahn fortzugehen beginnt, = c, so entsteht
ein Kreis, wenn $c^2 = ae$,
eine Ellipse, wenn $c^2 < 4ae$,
eine Parabel, wenn $c^2 = 4ae$,
u. eine Hyperbel, wenn $c^2 > 4ae$ ist.

Würde aber ein Planet nicht in der Ellipse, sondern in der Parabel oder Hyperbel sich bewegen, so käme er nur ein einziges Mal zur Quelle des L und der Wärme, und ginge dann immerwäh-

---

Denkt man sich (in Fig. 19) jeden Punkt M oder m einer Curve AM oder Bm dadurch gegeben, daß, während FH eine gegebene Linie 2ε, und $2i$ ebenfalls eine gegebene Linie AB ist,

$$1)\quad HM - FM = 2i$$
$$\text{oder}\quad Fm - Hm = 2i \text{ ist,}$$

so ergiebt sich das analytisch ausgedrückte Gesetz einer Curve, welche die **Hyperbel** heißt. Setzt man $AP = x$, $PM = y$, $\angle MFP = v$, $MF = r$, so erhält man (weil $AF = \varepsilon - i$ ist) die Polargleichung:

$$2)\quad r = \frac{\varepsilon^2 - i^2}{i - \varepsilon \operatorname{Cos} v},$$

und die Scheitelgleichung:

$$3)\quad y^2 = \frac{\varepsilon^2 - i^2}{i^2}(2ix + x^2),$$

$$\text{oder}\quad y^2 = \frac{o^2}{i^2}(2ix + x^2),$$

wenn man $\varepsilon^2 - i^2 = o^2$ setzt.

Und nimmt man $AC = i$, $CP = x$, also $x = x_1 - i$, so ergiebt sich die Mittelpunktsgleichung der Hyperbel:

$$4)\quad y^2 = \frac{o^2}{i^2}(x_1^2 - i^2),$$

indem A und B die Scheitel heißen, während C der Mittelpunkt und i die halbe Axe der Hyperbel genannt zu werden pflegen.

Der Kreis, die Ellipse, Parabel und Hyperbel werden aber auch an einem Kegel u. zwar auf folgende Weise versinnlicht. Schneidet man (in Fig. 20) den Kegel mno so, daß pq ∥ no ist, so entsteht **ein Kreis**. Schneidet man aber 2) mno so, daß der Durchschnitt pr mit dem Dreiecke mno die Schenkel mn und mo des Winkels m trifft, so nennt man den Schnitt **eine Ellipse**. Läuft ps ∥ mo, so heißt der Schnitt **eine Parabel**; und schneidet pt den enen Schenkel und die Verlängerung des andern jenseits des Scheitels m, so wird der Schnitt **eine Hyperbel** genannt.

rend davon fort, weil die Parabeln und Hyperbeln unendlich große Schenkel besitzen, und nicht in sich selbst zurückkehren.

Anmerkung 2. In Bezug auf Nr. 3 bemerke man Folgendes:

Ist z. B. für	E	und den Jupiter
die Umlaufszeit in Erdentagen	365,242	4332,380,
die mittlere Entfernung .	1	5,2
so findet man die Quadrate der Umlaufszeiten .	133400,708	18769516,464,
die Cubikzahlen der mittlern Entfernungen . .	1	140,608,

welche beide Verhältnisse beinahe gleich sind. Auch findet sich das Gesetz bei den Trabanten des Jupiters, des Saturns und bei den Kometen bestätigt.

§. 123.

Die Bahnen der Planeten sind keine vollkommenen Ellipsen, wegen der Störungen oder Perturbationen, welche ein Weltkörper in dem Laufe eines andern bewirkt. So werden z. B. die Planeten von der S, und die Monde von den Hauptplaneten angezogen. Auch wirkt S auf die Monde; und eben so wirken die Planeten u. s. w. wechselsweise auf einander ein.

§. 124.

Das Rückwärtsgehen (oder die Präcession der Nachtgleichen) wird aus der am Aequator (A) erhöhten Gestalt der E und der Anziehungskraft der S erklärt. Wäre nämlich E eine Kugel, so läge ihr Schwerpunkt im Mittelpunkte und die Anziehung der S wäre auf jeden Punkt der Kugelfläche gleich groß. Auf die Punkte der am A erhöhten E wirkt S aber stärker ein und sucht daher den A der E in die Ebene der Erdbahn oder der Ekliptik (e) zu bringen. Da aber A wegen der Umdrehung der E um ihre Axe, nicht wirklich in e kommen kann, so bewirkt die Anziehung, daß die Ebene des A auf e um den gemeinschaftlichen Mittelpunkt der E herumgeschoben wird, u. s. w.

Die Schiefe der e erleidet auch eine periodische Veränderung, welche die Nutation heißt, aus dem Schwanken der E durch die Einwirkung des M entsteht und sich bis auf 19,3 Sekunden im Durchmesser erstreckt.

Anmerkung. Man bemerke, 1) daß M Schwankungen erfährt, welche Librationen* heißen; 2) daß (nach Bouvard) die größte Libration des M 0° 32' 24" um den Mittelpunkt des M beträgt; und 3) daß dieser Winkel, von E aus gesehen, nur 9 Sekunden ausmacht.

§. 125.

Die im §. 122 erwähnten 3 Kepler'schen Gesetze bilden die Grundlage der neuern höhern Astronomie. Sie wurden von Newton zu der Gewißheit von Lehrsätzen erhoben, indem derselbe zeigte, daß sie eine nothwendige Folge von der gegenseitigen Anziehung der Weltkörper seien.

Anmerkung. Schon längst wurde die Schwere, welche Weltkörper an Weltkörper bindet, vermuthet und behauptet, indem schon Anaxagoras** aussprach, daß die Himmelskörper gegen E fallen würden, wenn ihre Kreisbewegung es nicht verhinderte, u. s. w. Diese Idee wurde jedoch erst in den neuern Zeiten ausgebildet und auf die Bewegung der Himmelskörper angewandt, indem Copernikus, Kepler und Newton das Dasein der Schwerkraft erkannten, und die runde Gestalt der Himmelskörper und ihre immer wiederkehrenden Bewegungen in bestimmten Bahnen davon ableiteten. Copernicus und Kepler thaten dies nur im Allgemeinen, Newton aber vollständiger und bestimmter, indem er 1) das Gesetz entdeckte, daß die Schwerkraft wie umgekehrt das Quadrat der Entfernung sich verhalte; 2) zeigte, daß dies Gesetz stattfinden müsse, wenn sich die Körper in solchen Bahnen, wie die Planeten und Trabanten, bewegten; und 3) ermittelte, daß, wenn ein Körper durch eine nach diesem Gesetze wirkende Kraft gezogen würde, seine Bahn ein Kegelschnitt sein müsse.

---

* Die Schwankung, welche die Meridiane betrifft, wird die Libration der Länge; die, welche die Pole verschiebt, Libration der Breite, und die Lage des M, wo er aus der östlichen in die westliche, sowie aus der südlichen in die nördliche oder umgekehrt übergeht, die mittlere Libration genannt.

** geb. 500 J. v. Chr. zu Klazomenä in Jonien; gest. 428 J. v. Chr. in Lampsakus.

§. 126.

Steht (Fig. 21) S in O, so ist ein Planet in der Sonnennähe (perihelium), wenn er in A, in der Sonnenferne (aphelium), wenn er in P, und in der mittlern Entfernung, sobald er in M oder N sich befindet. Die Punkte A und P werden die Apsiden, und die große Axe AP die Apsidenlinie genannt.

§. 127.

Außer der Copernicanischen Weltordnung existiren noch mehrere Vorstellungsarten von dem Weltgebäude, unter denen das Ptolomäische und Tychonische Weltsystem besonders merkwürdig sind.

Nach dem Ptolomäischen Systeme ruht E in der Mitte der Schöpfung, und es bewegen sich alle Himmelskörper mit verschiedenen Geschwindigkeiten und in verschiedenen Abständen um sie her. M befindet sich zunächst an E, und es folgen hierauf Merkur, Venus, Sonne, Mars, Jupiter, Saturn und die Fixsterne.

Das Tychonische System stellt die unbewegliche E in die Mitte der Schöpfung; läßt um E zuerst M, dann in einer viel größern Entfernung S, und endlich die Fixsterne täglich ihren ganzen Lauf in kreisförmigen Bahnen zurücklegen, und um S gleichzeitig Merkur, Venus, Mars, Jupiter und Saturn Kreise beschreiben, und diese vier Himmelskörper der S auf ihrer Reise um E folgen, u. s. w. Auch sind die Bahnen der 3 letztgenannten Planeten so groß, daß sie die E noch einschließen.

Anmerkung 1. In Fig. 22 ist das Ptolomäische und in Fig. 23 das Tychonische System dargestellt.

Anmerkung 2. Tycho de Brahe erdachte sein System, weil das Copernicanische damals viele Feinde hatte, und das Ptolomäische nicht alle Erscheinungen erklärte. Es ist zwar sinnreich, aber wunderlich, will die Unbeweglichkeit der E um jeden Preis erhalten, kann aber mit der neuern Gravitationstheorie nicht bestehen.

Anmerkung 3. Schon die Philosophen des Alterthums behaupteten, daß die tägliche Bewegung der Himmelskörper nur Schein der Sinne sei, und von der Drehung der E um ihre Axe herrühre. Die eigene scheinbare Bewegung der S blieb dabei noch unangefochten, indem S (nach den Begriffen dieser Philosophen) immer noch in einem Jahre um die ohne Fortbewegung ruhende, aber um ihre Axe sich drehende E herumging. Die Pythagoräer gingen noch weiter, und behaupteten auch die Fortbewegung der E. Aristoteles** fand dieselbe aber ungereimt, und ihm sind die Griechen und Nichtgriechen gefolgt.

§. 128.

Aus dem in dieser Abtheilung Gesagten geht hervor:

1) daß nur das Copernicanische System alle Erscheinungen vollständig, ungezwungen und ohne fremde Hülfs-Hypothesen erklärt;
2) daß die darauf beruhenden Rechnungen und Vorhersagungen mit den Erfolgen vollkommen übereinstimmen; und
3) daß jede neue Entdeckung dem Systeme sich anschmiegt, und als eine neue Bestätigung desselben erscheint.

Für die Unbeweglichkeit der E spricht überdies nur der sinnliche Schein, dessen Trüglichkeit so oft schon erwiesen worden ist. Auch ist es ganz unwahrscheinlich, daß alle Weltkörper in 24 Stunden ihre Bahn um E beschreiben, indem die Geschwindigkeiten der Fixsterne über alle Maßen groß sein müßten; eben so ist es nach den Gesetzen der Schwere unmöglich, daß die so viel mal größere S sich um die so viel mal kleinere E bewegt; und endlich ist die Abplattung der E (und andere mit ihr in Verbindung stehende Erscheinungen) eine nothwendige Folge der Bewegung der E, indem jede nur

* Vermuthlich war dies schon die Meinung des Pythagoras, (geb. zwischen 584 bis 586 v. Chr.; gest. um 500 v. Chr.) der nur vielleicht Bedenken trug, sie öffentlich zu lehren, und sie deshalb, wie man glaubt, seinen Schülern nur im Vertrauen mittheilte.

** geb. 384 v. Chr.; gest. 322 v. Chr.

einigermaßen weiche Kugel durch Axendrehung dieselbe Gestalt erhält.

Anmerkung. Man hat gegen die Axendrehung der E einige Einwendungen gemacht, und z. B. gesagt: a) daß bei der Axendrehung der E ein von der Spitze eines Thurmes fallender Stein nicht am Fuße desselben anlangen könnte; und b) daß, wenn ein Vogel sich eine Minute lang schwebend über derselben Stelle der E und an dem nämlichen Orte erhielte, er nach einer Minute sich an einer Stelle befände, welche von dem Orte mehrere Meilen entfernt sein müßte, u. s. w. Die erste dieser Einwendungen ist aber schon in §. 109 widerlegt; und die zweite fällt in Nichts zusammen, wenn man bedenkt, daß die Atmosphäre, worin der Vogel sich fliegend erhält, ebenfalls mit E fortgeht.

Fünfte Abtheilung.

Von den Erklärungen einiger Erscheinungen nach dem Copernicanischen Weltsysteme.

---

§. 129.

Aus der Axendrehung der E, welche nach der Ordnung der Zeichen, d. h. von Westen nach Osten geschieht, erklärt sich die scheinbare Drehung des Himmels nach entgegengesetzter Richtung, und die Erscheinung des Tages und der Nacht.

Eine nothwendige Folge der fortschreitenden Bewegung der E um S, welche ebenfalls nach der Ordnung der Zeichen geschieht, ist die scheinbare jährliche Bewegung der S, oder die Veränderung ihrer Lage in Bezug auf die Fixsterne. Denn steht (Fig. 24) S in e, bezeichnet abcda die Bahn der E um S, $\alpha\beta\gamma\delta\alpha$ einen Kreis der Himmelskugel, und befindet sich E beziehlich in a, b, c, d, so sieht der Erdbewohner die S beziehlich in α, β, γ, δ. Während also E den Kreis abcda wirklich beschreibt, scheint S den $\alpha\beta\gamma\delta\alpha$

zurückzulegen und E selber zu ruhen, weil abcda in Bezug auf die unermeßliche Größe der Himmelskugel als bloser Punkt betrachtet werden kann.

Anmerkung. Steht S um 12 Uhr Mittags mit einem Fixsterne (F) zugleich im Meridiane (M), und dreht sich E in 24 Stunden Sonnenzeit wirklich um ihre Axe, so wird F, nach Verlauf dieser Zeit, seinen scheinbaren Umlauf vollendet haben und abermals im M erscheinen. S wird dagegen, wegen der mittlerweile in ihrer Bahn von Osten nach Westen fortgerückten E, noch nicht im M sein, sondern etwa einen Grad weiter nach Osten stehen. Da aber dieser Grad in Zeit 4 Minuten beträgt, so muß E sich noch einen Grad oder 4 Minuten in Zeit weiter gegen Osten herumwälzen, ehe S wieder im M erscheint und also der Sonnentag wirklich verflossen ist. F scheint also während 24 Stunden um 4 Minuten in Zeit von S ab gegen Westen gerückt zu sein; und dies ist die Ursache, daß die Fixsterne täglich um 4 Minuten früher in M kommen oder gleichsam der S voreilen, und daß also ein Sonnentag eine größere Länge als ein Sterntag besitzt.

§. 130.

Man wird leicht einsehen:

1) daß zu einer gewissen Zeit die Sterne um die Mitte der Nacht am südlichen Himmel (H) glänzen, welche alsdann der S gegenüberstehen;
2) daß diejenigen, welche ost- oder westwärts von S liegen, sich des Abends an der West- oder des Morgens an der Ostseite des H darstellen;
3) daß die, welche dorthin stehen, wo S uns erscheint, bei Tage am H sind und uns unsichtbar bleiben; und
4) daß nach 6 Monaten die Sterne, welche um die Mitte der Nacht am H standen, bei Tage daselbst stehen und uns unsichtbar sind; und daß diejenigen, welche bei Tage schienen und also nicht zu sehen waren, des Nachts sich zeigen, u. s. w.

§. 131.

Aus vorigem §. geht hervor:

1) Die in den Winternächten scheinenden Sterne stehen im Sommer bei Tage am H.

II) Die in den Sommernächten glänzenden befinden sich im Winter bei Tage am H.

III) Die Sterne, welche im Frühlinge des Abends am westlichen H funkeln, stehen im Herbste des Morgens am östlichen H.

IV) Die im Herbste des Abends im Westen scheinenden Sterne sind im Frühlinge vor Sonnenaufgang am Morgenhimmel vorhanden.

§. 132.

Die verschiedene Dauer des Tages und der Nacht und der davon abhängige ungleiche Grad der Erwärmung in den verschiedenen Jahreszeiten ist eine Folge der fortschreitenden Bewegung der E um S und ihrer Axenneigung gegen ihre Bahn (B).

Stände I) die Axe X der E senkrecht auf B, so würde S den Aequator (A) und alle von demselben zu beiden Seiten gleichweit entfernte Parallelkreise gleichförmig beleuchten und erwärmen; auch wären Tag und Nacht auf der ganzen E und zu allen Zeiten des Jahres einander gleich; und es fänden keine Jahreszeiten statt, weil der Bewohner des A die Sonne alle Mittage in seinem Zenith und der Polbewohner* in seinem Horizonte (H) haben müßte.

Läge II) X in der Ebene der B und stände E so, daß das nördliche Ende der X gegen S sich kehrte, so befände sich S, von E aus gesehen, in dem Nordpole am Himmel, und machte bei ihrer täglichen Drehung einen ganz kleinen Kreis um diesen Pol. Auch hätte der Polbewohner die S gerade in seinem Zenith, wo sie eine Zeit lang unbeweglich zu stehen schiene, und der Aequatorbewohner in seinem H, nämlich gerade im Norden, wo sie erst einen ganz kleinen, und dann nach und nach größere Kreise beschriebe, von denen immer die eine Hälfte über und die andere unter H fallen müßte. A hätte hier, wie in jeder Lage, Tag und Nacht immer

* wenn es einen solchen geben könnte.

gleich*; auch würden die Tagekreise der S immer größer, bis E so läge, daß A gegen S gekehrt wäre, wo nun Tag und Nacht auf der ganzen E gleich würden. Nun ginge aber S für den Polbewohner am H herum, und für den Aequatorbewohner durch's Zenith, u. s. w.

III) Da die X der E gegen B unter einem spitzen Winkel geneigt ist, so wird zu einer Zeit die nördliche, zu einer andern die südliche Halbkugel der E von den Sonnenstrahlen mehr senkrecht getroffen, und zu einer dritten Zeit jede der beiden Halbkugeln den Sonnenstrahlen auf gleiche Weise ausgesetzt. Im erstern Falle hat aber die nördliche Hälfte Sommer und die südliche Winter; im zweiten geschieht das Gegentheil; und im dritten hat die eine Halbkugel Frühling und die andere Herbst. Alle Bewohner derselben Halbkugel haben immer dieselbe Jahreszeit; während die Bewohner der entgegengesetzten Hälften auch entgegengesetzte Jahreszeiten besitzen

§. 133.

Steht (in Fig. 25) S in V; sind A, B, C, D die 4 Stellungen der E in ihrer Bahn, welche aber so gedacht werden muß, daß B nicht unter, sondern** vor S, und D nicht über S, sondern hinter derselben sich befindet; bezeichnet man ferner die Axe durch pq, den Aequator durch ad, die Wendekreise durch ei und gf, die Polarkreise durch kl und mn und befindet sich I) E in oder nahe an A, so ist von der nördlichen Halbkugel der größere Theil kcd erleuchtet, der kleinere kca aber unbeleuchtet***, und von der südlichen Halbkugel der größere Theil unbeleuchtet und der kleinere erleuchtet. Hieraus folgt aber: daß in dieser Lage die nördliche Halbkugel längere Tage und kürzere Nächte, und also Sommer, und die südliche kleinere Tage

* Weil er und die Schattengrenze größte Kreise sind, die sich in zwei entgegengesetzten Punkten schneiden und gegenseitig halbiren.

** in Bezug auf die Beobachtung der Zeichnung.

*** mag die E sich beliebig lange um pq drehen.

und größere Nächte, d. h. Winter, haben wird. Auch ergiebt sich, daß unter dem Aequator die Tage und Nächte von gleicher Größe sind.

Steht II) E in C, und behält pq dieselbe Lage bei, so ergiebt sich das Gegentheil von I.

Ist III) E in D*, so wird sie, wie in gegenwärtiger Figur, beleuchtet erscheinen, wo der beleuchtete Theil der E ganz gesehen wird, der ganze unbeleuchtete dagegen auf der von dem Beschauer der Zeichnung abgekehrten Seite sich zeigt. Man sieht, daß hier von der nördlichen Halbkugel pad so viel als von der südlichen qad beleuchtet ist, und daß** die Tage und Nächte auf der ganzen E von gleicher Größe sind.

Steht IV) E in B***, so ist uns (als den Beschauern der Zeichnung) ihr ganzer unbeleuchteter Theil zugekehrt, u. s. w. Wenn also E zu ihrer Bewegung von A nach B 3 Monate, zu der von B nach C ebenfalls 3 Monate u. s. w. braucht, so wird die nördliche Halbkugel der E in A Sommer, in B Herbst, in C Winter und in D Frühling besitzen.

Anmerkung 1. Man bemerke:

a) daß in der nördlichen Halbkugel der Frühling und in der südlichen der Herbst beginnt, wenn S in das Zeichen des Widders kommt;
b) daß in der nördlichen Halbkugel der Sommer und in der südlichen der Winter anfängt, wenn S in das Zeichen des Krebses tritt;
c) daß in der nördlichen Halbkugel der Herbst, und in der südlichen der Frühling anfängt, wenn S in das Zeichen der Wage kommt; und
d) daß in der nördlichen Halbkugel der Winter und in der südlichen der Sommer beginnt, wenn S in das Zeichen des Steinbocks tritt. (Vergl. §. 65).

Anmerkung 2. In Fig. 26 ist E für den Fall dargestellt, daß ihre Axe senkrecht auf der Erbahn steht. Es existiren hier nur zwei verschiedene Stellungen der E, indem es gleichgültig

* d. h. hinter S.

** freilich nur für einen einzigen Tag.

*** d. h. vor S.

ist, ob E in A oder C, oder vor oder hinter S sich befindet. Der Aequator erhält zur Mittagszeit immer senkrechte Strahlen; und für jeden über oder unter demselben liegenden Punkt werden die Strahlen desto schiefer sein, je näher er an seinem Pole sich befindet.

Anmerkung 3. Man bemerke, daß S stets etwas mehr als die Hälfte der E auf einmal erleuchtet.* Da dies aber auf jeder Seite nur ohngefähr 16 Minuten ausmacht, so kommt es nicht weiter in Betracht. Auch findet sich die jedesmal erleuchtete Halbkugel, wenn man durch den Mittelpunkt der E eine Ebene legt, auf welcher die von S nach demselben gezogene gerade Linie senkrecht steht.

Anmerkung 4. Es ist nicht in aller Schärfe begründet, wenn man behauptet, daß an allen Orten von gleicher Polhöhe, aber verschiedener Länge, die Tage dieselbe Größe besitzen, weil die Abweichung der S und hierdurch ihr Tagebogen sich beständig verändert. Auch ergiebt sich hieraus, daß an einem Orte nördlicher Breite das Verhältniß der Tage und Nächte, das ganze Jahr hindurch gerechnet, nicht eben so, als an einem Orte von gleicher südlicher Breite sich zeigt.

§. 134.

Aus dem bereits Gesagten geht hervor:

1) daß die Länge der Tage in der nördlichen Halbkugel zu- und in der südlichen abnimmt, wenn die nördliche Abweichung der S sich vergrößert;
2) daß in der nördlichen Halbkugel die längsten und in der südlichen die kürzesten Tage stattfinden, wenn S im Sommerpunkte sich befindet; und
3) daß das Entgegengesetzte geschieht, wenn die südliche Deklination der S sich vergrößert. Da ferner der Aequator des Himmels der wahre Horizont unter den Polen ist, so muß
4) S, sobald sie nördlich vom Aequator abweicht, über den Horizont des Nordpols, und wenn sie südlich von ihm abweicht, über den des Südpols kommen; und
5) das ganze Jahr unter den Polen aus einem einzigen langen Tage und einer einzigen langen Nacht bestehen.

---

* weil S beträchtlich größer als E sich zeigt.

§. 135.

In Bezug auf die Beschaffenheit oder den Charakter der Jahreszeiten existirt eine bedeutende Ungleichheit in den verschiedenen Gegenden der E. So herrscht z. B. innerhalb der Wendekreise das ganze Jahr hindurch eine ziemlich gleichförmige Witterung; man kennt daselbst keinen eigentlichen Winter, sondern es herrscht fast ein beständiger Sommer, dessen Heiterkeit und Annehmlichkeit nur auf kurze Zeit durch anhaltenden Regen unterbrochen wird.

In den kalten Zonen folgt dagegen auf einen langen und sehr strengen Winter ein kurzer Sommer, und von Frühling und Herbst ist keine Spur. Am meisten sind aber die Jahreszeiten in den gemäßigten Zonen verschieden; und hier herrscht überdies eine große Verschiedenheit, je nachdem man den Wendekreisen oder den Polarkreisen näher kommt.

Anmerkung 1. Man bemerke, daß nicht blos alle Jahreszeiten, sondern auch alle Tageszeiten zugleich auf E existiren, indem a) die Oerter, welche unter demselben Meridiane (M) in der der S zugekehrten Hälfte der E liegen, zu gleicher Zeit Mittag haben, wenn S in den correspondirenden Meridian am Himmel tritt; b) diejenigen Orte, welche auf der entgegengesetzten Seite desselben M, in der von S abgekehrten Hälfte sich befinden, zu derselben Zeit Mitternacht haben; c) ostwärts von M Gegenden existiren, in welche alsdann die Nachmittagsstunden; und d) westwärts von M Gegenden vorkommen, in welche die Vormittagsstunden fallen.

Anmerkung 2. Die Gegenfüßler haben entgegengesetzte Jahres- und Tageszeiten; die Nebenbewohner gleiche Jahres-, aber entgegengesetzte Tageszeiten; und die Gegenwohner entgegengesetzte Jahres-, aber gleiche Tageszeiten.

§. 136.

Aus der Neigung der Erdaxe und der fortschreitenden Bewegung der E um S lassen sich die Erdzonen erklären, indem die Sonnenstrahlen, um die Mittagszeit des ganzen Jahres, in den heißen Zonen am senkrechtesten, in den gemäßigten schiefer, und in den kalten am schiefsten auffallen.* E wird ferner durch Parallelkreise in die sogenannten Klimata, d. h. in die Zonen eingetheilt, welche nach der Länge des längsten Tages im Jahre bestimmt werden. Jede Halbkugel enthält aber, vom Aequator (A) bis zum Polarkreise, 24 Zonen, an deren Grenzen ** der längste Tag immer um eine halbe Stunde wächst; und vom Polarkreise bis zum Pole noch 6 Zonen, an deren Grenzen der Unterschied einen Monat beträgt. Sie nehmen in jeder Halbkugel vom A nach dem Polarkreise an Breite ab, von diesem aber nach dem Pole hin wieder zu; auch sind die Klimata der einen Halbkugel denen der andern der Reihe nach gleich, und ihre Grenzen in folgender Tabelle dargestellt:

Klima.	Ausdehnung von	bis	Breite.	Dauer des längsten Tages.	
I	0° 0′	8° 34′	8° 34′	12 St.	30 Min.
II	8° 34′	16° 44′	8° 10′	13	—
III	16° 44′	24° 12′	7° 28′	13	30
IV	24° 12′	30° 48′	6° 36′	14	—
V	30° 48′	36° 31′	5° 43′	14	30
VI	36° 31′	41° 24′	4° 53′	15	—
VII	41° 24′	45° 32′	4° 8′	15	30
VIII	45° 32′	49° 2′	3° 30′	16	—
IX	49° 2′	52° 0′	2° 58′	16	30
X	52° 0′	54° 31′	2° 31′	17	—
XI	54° 31′	56° 38′	2° 7′	17	30
XII	56° 38′	58° 27′	1° 49′	18	—
XIII	58° 27′	60° 0′	1° 33′	18	30
XIV	60° 0′	61° 19′	1° 19′	19	—
XV	61° 19′	62° 26′	1° 7′	19	30
XVI	62° 26′	63° 23′	0° 57′	20	—
XVII	63° 23′	64° 11′	0° 48′	20	30
XVIII	64° 11′	64° 50′	0° 39′	21	—
XIX	64° 50′	65° 22′	0° 32′	21	30
XX	65° 22′	65° 48′	0° 26′	22	—

* Wollte man das Verhältniß der Erwärmung verschiedener Theile der E genauer bestimmen, so müßte man noch die Länge der Tage, den Weg der Strahlen durch die Atmosphäre, die Höhe der Länder, ihre Lage gegen benachbarte Gebirge, Meere, Flüsse u. s. w. in Betrachtung ziehen.

** Vom A nach den Polen zu gerechnet.

Klima.	Ausdehnung von	bis	Breite.	Dauer des längsten Tages.
XXI	65° 48′	66° 8′	0° 20′	22 St. 30 Min.
XXII	66° 8′	66° 21′	0° 13′	23 —
XXIII	66° 21′	66° 29′	0° 8′	23 30
XXIV	66° 29′	66° 32′	0° 3′	24 —
XXV	66° 32′	67° 23′	0° 51′	1 Monat
XXVI	67° 23′	69° 50′	2° 27′	2
XXVII	69° 50′	73° 39′	3° 49′	3
XXVIII	73° 39′	78° 31′	4° 52′	4
XXIX	78° 31′	84° 5′	5° 34′	5
XXX	84° 5′	90° 0′	5° 55′	6

Anmerkung. Die Eintheilung in Klimata wurde von den alten Geographen eingeführt, um aus der Dauer des längsten Tages an einem Orte die Breite desselben ohngefähr zu bestimmen. Es finden jedoch mancherlei Verschiedenheiten, theils in Ansehung der Zahl, und theils in Ansehung der Grenzen derselben statt.

§. 137.

Wenn S im Zenith eines Ortes steht, so fällt der Schatten eines lothrecht aufgerichteten Gegenstandes in seine Grundfläche, so daß letzterer keinen Schatten zur Seite wirft. Da aber nur die innerhalb der Wendekreise befindlichen Gegenstände in diesen Fall kommen können, so nennt man die Bewohner der heißen Zone in dieser Beziehung unschattige Erdbewohner (ascii). Sie heißen auch in einer andern Rücksicht zweischattig (amphiscii), weil ihr Schatten zu Mittag im Laufe des Jahres nach entgegengesetzten Seiten fällt. Eben so nennt man die Bewohner der gemäßigten Zonen einschattige (heteroscii), weil ihr Schatten zu Mittag beständig nach derselben Seite fällt; und die Bewohner der kalten Zonen umschattige (periscii), weil ihr Schatten zu gewissen Zeiten nach allen Seiten des Horizonts herumgeht.

Anmerkung. Die Erdbewohner, welche gerade unter den Wendekreisen leben, sind zur Zeit ihres längsten Tages unschattig, die übrige Zeit des Jahres aber einschattig.

§. 138.

Die Dämmerung (D)* ist eine matte Erhellung des Luftkreises durch Brechung und Zurückwerfung der Sonnenstrahlen, welche die unter dem Horizonte (H) befindliche S in den obern Luftkreis versendet. Sie dauert so lange fort, bis S 18° tief unter H sich befindet; und D heißt alsdann die astronomische, weil die bürgerliche D** schon 6° unter H verschwindet. Derjenige Kreis, welcher 18° tief unter H liegt und parallel mit letzterm läuft, wird der Dämmerungskreis genannt.

§. 139.

Die Dauer der D ist nach der Verschiedenheit der Jahreszeiten und des Ortes auf E gleichfalls verschieden. So beträgt z. B. in den unter dem Aequator (A) gelegenen Ländern, zur Zeit der Nachtgleichen, die astronomische D 1 St. 12 Min., und die bürgerliche D nur 24 Minuten. Je weiter aber sich S vom A entfernt, desto länger währt D; und so kommt es, daß in den Tropenländern nach Sonnenuntergang so schnell die Dunkelheit eintritt. Unter den Polen dagegen findet D fast 2 Monate nach dem Verschwinden der S und eben so vor ihrem Wiedererscheinen statt; und an denjenigen Orten, welche die S nicht tiefer als 18° unter H bekommen, dauert die astronomische Dämmerung die ganze Nacht.

Anmerkung 1. Da für Deßau der tiefste Stand der S unter H am 21. Juni 66° 32′ — 51° 49′ = 14° 43′ beträgt, so folgt, daß hier vor und nach dem 21. Juni eine Zeit lang eine die ganze Nacht anhaltende astronomische D existirt.

Anmerkung 2. Die astronomische D dauert in unsern Gegenden im Anfange des Jahres 2¼ Stunden, gegen den 1. März und 11. October noch nicht völlig 2 Stunden, und im Sommer von der Mitte des Mai's an 3½ bis 4 Stunden.

Anmerkung 3. Die Höhe des Luftkreises wird durch die D einigermaßen, und zwar auf folgende Weise geschätzt.

---

* d. h. die Morgen- und Abenddämmerung.

** nämlich die D, wo man ohne Kerzenlicht die gewöhnlichen Geschäfte im Zimmer nicht mehr verrichten kann.

Bezeichnet (in Fig. 27) gaf eine Halbkugel der E, der über ihr befindliche Halbkreis die Grenze des Luftkreises, bk den Horizont des Ortes a, xck den Winkel von 18°*, um welchen die in x befindliche S unter H steht, wenn D anfängt oder aufhört, und ca den von S zuletzt zurückgeworfenen Strahl, so ist ∠ xca = 162°, dessen Hälfte ∠ acn = 81°, ∠ cna = 9°, also** nc = $870\frac{9}{10}$ Meilen, wenn der Halbmesser nh der E $859\frac{1}{2}$ Meilen beträgt. Nun ist aber die Höhe ch der Atmosphäre 11,4 Meilen, wofür man gewöhnlich nur 10 Meilen setzt.

Anmerkung 4. Bei heiterer Luft zeigt sich kurz nach dem Untergange oder vor dem Aufgange der S eine Erscheinung, welche die Gegendämmerung heißt. Ist nämlich S kaum untergegangen, so steigt am östlichen Himmel ein flacher blau- und purpurfarbener Abschnitt, über welchem ein blaßröthlicher Bogen steht, empor; und zuweilen wird zwischen dem Abschnitte und dem Bogen ein weißer und gelblicher Rand mit matten Farben erkannt. Senkt sich aber S unter H, so steigt die Gegendämmerung im Osten weiter herauf, bis der Abschnitt grau wird und in den Schatten der Nacht übergeht. Diese Gegendämmerung, welche vor dem Aufgange der S bei heiterer Luft unter ganz ähnlichen Erscheinungen sich zeigt, entsteht wie der Regenbogen, nur daß bei derselben die Brechung und Zurückwerfung der Lichtstrahlen von der unter dem H stehenden S über uns in der Luft geschieht.

§. 140.

Da E in einer Ellipse sich bewegt, so folgt:

1) daß sie (etwa 8 Tage) länger in der Sonnenferne als in der Sonnennähe sich aufhält;
2) daß unser Sommer, der zur Zeit der Sonnenferne eintrifft, (um etwa 8 Tage) länger als unser Winter sein muß; und
3) daß der scheinbare Durchmesser der S*** in ver-

---

* welcher aber der Deutlichkeit wegen bedeutend größer gezeichnet worden ist.

** einem trigonometrischen Satze zufolge.

*** Man bemerke nochmals, daß der scheinbare Durchmesser der S oder eines andern Weltkörpers durch ein Mikrometer gemessen wird, und daß man mehrere Arten von Mikrometern, nämlich Schrauben-, Faden- und Kreismikrometer besitzt. Stellt man aber das Mikrometer so, daß der Weltkörper von den beiden parallelen Fäden desselben berührt wird, und drückt vermittelst der Schrauben, welche zur Messung des

schiedenen Zeiten ebenfalls von verschiedener Größe sich zeigt.*

Da ferner die Geschwindigkeit des in einer Ellipse fortgehenden Körpers nicht immer dieselbe bleibt, so folgt:

4) daß die wahren Sonnentage nicht alle gleich, sondern in der Sonnennähe etwas länger als in der Sonnenferne sind. Auch ergiebt sich

5) daß wegen dieser ungleichen Geschwindigkeit der E in ihrer fortschreitenden Bewegung, und zugleich wegen der ungleichen Krümmung der Ellipse an verschiedenen Stellen die scheinbare rückgängige Bewegung der S für jeden Tag nicht gleich viel beträgt.

Anmerkung. Da die Umdrehung der E um ihre Axe mit gleichförmiger Bewegung geschieht, so sind alle Sterntage einander gleich. Auch ist hier die Bewegung der E ohne Einfluß, weil der Durchmesser der Erdbahn gegen die Entfernung der Fixsterne von uns als verschwindend erscheint. Da ferner der Unterschied zwischen einem wahren Sonnen- und Sterntag nicht allein von der Größe des Bogens, um welchen sich S (scheinbar) jeden Tag fortbewegt, sondern auch von der Lage dieses Bogens gegen den Aequator abhängt, also die wahren Sonnentage stets ungleich sein müssen, so wurden die mittlern Sonnentage eingeführt. (Vgl. §. 90—93.)

§. 141.

Da M nach der Ordnung der Zeichen um E sich bewegt,

Abstandes beider Fäden dienen, zuerst den Durchmesser in ganzen Umgängen der Schrauben und in Theilen derselben aus, so erhält man den Durchmesser desselben in Minuten und Sekunden, wenn man nämlich den durch eine andere Beobachtung schon bestimmten Werth eines Schraubenganges kennt. Um aber diesen Werth ohne Schwierigkeit zu ermitteln, messe man mit sehr großer Genauigkeit den Durchmesser eines recht kenntlichen Gegenstandes, z. B. eines Thurmknopfes u. s. w., bestimme zugleich seine Entfernung vom Fernrohre ganz genau, berechne aus diesen Abmessungen die scheinbare Größe dieses Gegenstandes, messe ihn im Fernrohre nach Schraubengängen und Theilen von Schraubengängen ab, und bestimme hierdurch, wie viele Minuten und Sekunden der Werth eines Schraubenganges beträgt.

* Da die Entfernungen sich umgekehrt wie die scheinbaren Durchmesser verhalten, so hat sich ergeben, daß wir der S in unserm Winter ohngefähr um 810 Erdhalbmesser oder um etwa 696000 Meilen näher als in unserm Sommer stehen.

so muß er mit jedem Tage später kommen, oder östlicher als die Sterne erscheinen, unter denen er den Tag zuvor erschienen war. Auch lassen sich aus der Bewegung des M um E die Lichtgestalten oder Phasen Neumond, erstes Viertel, Vollmond und letztes Viertel erklären.

Tritt nämlich 1) M auf seiner Bahn zwischen S und E, so wird der ganze unbeleuchtete Theil desselben dem Erdbewohner zugekehrt, so daß letzterer von M gar nichts sieht (Neumond).

Kommt 2) M auf die entgegengesetzte Seite seiner Bahn so hinter E, daß diese in der Gegend zwischen ihm und der S sich befindet, so wird der ganze beleuchtete Theil des M dem Zuschauer auf E zugekehrt (Vollmond).

In der Zeit zwischen dem Neu- und Vollmonde kann 3) nur ein größerer oder kleinerer Theil der beleuchteten Hälfte von E aus gesehen werden (erstes und letztes Viertel).

Anmerkung 1. Steht (in Fig. 28) E in W, S in V, und stellt abcd die Mondesbahn dar, so wird M in abcd immer so beleuchtet, daß seine beleuchtete Hälfte der S zugekehrt ist. Aus diesem Grunde wird der auf E befindliche Zuseher, wenn M in a steht, von der beleuchteten Hälfte Nichts gewahr. Ist M in b, so erscheint ihm die Hälfte der beleuchteten Halbkugel; ist er in c, so sieht er die ganze beleuchtete Hälfte; und befindet er sich in d, so erscheint ihm wieder die Hälfte der beleuchteten Halbkugel, weshalb ihm M in diesen verschiedenen Lagen unter den Gestalten α, β, γ und δ erscheint.

Anmerkung 2. Das Sprichwort: **Luna mendax** beruht darauf, daß die convexe Seite der zum Theile beleuchteten scheinbaren Mondscheibe uns links erscheint, also gewissermaßen ein C bildet und zu sagen scheint cresco, während M wirklich abnimmt; und daß umgekehrt die convexe Seite rechts ist, M also eine dem D ähnliche Gestalt annimmt und also zu sagen scheint decresco, während er im wirklichen Wachsen sich befindet.

Anmerkung 3. Man nimmt einige Tage vor und nach dem Neumonde nicht nur den schmalen Silberstreifen, oder die feine hellerleuchtete Sichel, sondern auch den ganzen übrigen Theil der Mondscheibe in einem matten, aschfarbenen Schimmer wahr, in welchem man, selbst mit mittelmäßigen Fernröhren, noch die größern Flecken des M bemerkt; und erklärt diese Erscheinung aus einer Reflexion des starken L, welches die volle beleuchtete E der Nachtseite des M zuschickt.

§. 142.

Die Sonnen- und Mandfinsternisse* erklären sich aus der Bewegung des M um E. Auch ergiebt sich aus der elliptischen Bahn des M**, daß derselbe eine verschiedene scheinbare Größe besitzt. So ist z. B. sein scheinbarer Durchmesser in der Erdnähe 33 Minuten, während er in der Erdferne 31° 20″ beträgt. —

Und endlich folgt, daß M in der Erdnähe eine größere Geschwindigkeit als in der Erdferne besitzt.

§. 143.

Aus der Axendrehung der Planeten erklärt sich die Bewegung der auf ihren Oberflächen beobachteten Flecken; und aus der Bewegung der Nebenplaneten um ihren Hauptplaneten folgt, daß die erstern immer in der Nähe der letztern, und zwar bald mehr und bald weniger von ihnen entfernt erscheinen. Tritt ein Nebenplanet in den Schatten seines Hauptplaneten, so wird er von uns nicht gesehen, bei seinem Austritte aus demselben aber aufs Neue bemerkt.

Sechste Abtheilung.

Von der Größe und Gestalt der Erde.

§. 144.

Man soll die Größe eines Grades der geographischen Breite auf E ermitteln.

---

* von denen in der zehnten Abtheilung eigends die Rede sein wird.

** wenn man nämlich E dabei als ruhend denkt, indem M im Welten-

Auflösung. Man gehe von einem Orte in dessen Meridian so lange fort, bis sich die Polhöhe um 1 Grad geändert hat, und messe die Weite, durch welche man gegangen ist. (Vgl. §. 114.)

Anmerkung. Die Auflösung dieser Aufgabe hat in der Ausführung manche Schwierigkeiten, weil nicht leicht eine Gegend vorkommt, wo man ununterbrochen in einerlei Meridian fortgehen könnte. Doch werden in der praktischen Feldmeßkunst durch schickliche Verbindungen von Dreiecken, solche Aufgaben gelöst.

§. 145.

Die Messungen der Breitengrade haben gelehrt, daß ein Grad in der Nähe des Nordpols größer als unter dem Aequator (A), und daß also E keine vollkommene Kugel, sondern ein unter den Polen abgeplattetes Sphäroid ist.

Anmerkung 1. Die Größe eines Breitengrades wurde ermittelt:

In Lappland

von Maupertuis* und Clairaut** (welche 1736 abreisten) 57422 Toisen, von Suanberg und Ofverboom 57198 Toisen;

in Peru

von Condamine*** und Bouguer (die 1735 abreisten) 56750 Toisen;

in Frankreich

von de Lambre† und Mechain†† 57018 Toisen, u. s. w.

Aus Maupertuis und Condamine's Messung ergiebt sich aber:

a) Durchmesser des A : Axe = 210 : 209 = 1 : 0,995†††;

aus Suanbergs und Condamine's Messung folgt:

b) Durchmesser des A : Axe = 320 : 319 = 1 : 0,996;

---

raume eine Art von Cycloide oder Radlinie, wie ein Nagel am Umfange eines sich fortwälzenden Rades beschreibt, (Vergl. die zu §. 152 gehörige Note (*).

* geb. zu St. Malo 1698; gest. zu Basel 1759.

** geb. zu Paris 1713; gest. 1765.

*** geb. zu Paris 1701; gest. 1774.

† geb. 1749 zu Amiens; gest. 1822.

†† geb. zu Laon 1744; gest. zu Valencia 1804.

††† Man bemerke, daß diese Angabe nur als eine ohngefähre betrachtet werden darf.

aus Suanbergs und de Lambre's Messung geht hervor:

c) Durchmesser des Ä : Axe = 301 : 300 = 1 : 0,996;

aus Condamine's und de Lambre's Messung folgt:

d) Durchmesser des Ä : Axe = 334 : 333 = 1 : 0,997.

Anmerkung 2. Da Nr. b und c beinahe einerlei Abplattung erzeugen, so wird dieselbe den folgenden Rechnungen zum Grunde gelegt.

Anmerkung 3. Anaximander aus Milet*, ein Schüler des Thales soll den Umfang der E schon bestimmt haben.

Eratosthenes aus Kyrene** beobachtete die Sonnenhöhen zu Syene und Alexandrien vermittelst des Gnomons, bestimmte daraus den Abstand beider Oerter auf $\frac{1}{50}$ des ganzen Umkreises der E (also auf 7° 12′), und nahm die Entfernung beider Oerter zu 5000 Stadien und also den Umfang der E zu 250000 Stadien an. Wie er aber den Abstand beider Oerter im Längenmaße gefunden, ist unbekannt; auch ist überdies die Größe des Stadiums noch sehr ungewiß.***

Posodonius† unternahm eine zweite Messung dieser Art, woraus sich der Umfang der E bedeutend kleiner als beim Eratosthenes ergab.

Der Kalif Al-Mamon ließ 827 nach Chr. eine Gradmessung vornehmen, aus der sich die Größe eines Grades 56 — 57 arabische Meilen ergab.

Fernel††, ein französischer Arzt, versuchte 1525 eine Messung, wodurch er blos die Länge des Weges durch die Umlaufe des Wagenrades bestimmte;

---

* lebte um 620 vor Chr.

** geb. 272 v. Chr.; gest. 192 v. Chr.

*** die wichtigsten Stadien waren:

1) Das kleine oder das Stadium des Aristoteles zu 77½ auf die geographische Meile;
2) das Stadium des Kleomedes, zu 55,65 auf die geographische Meile;
3) das pythische oder delphische, zu 51,18 auf die geogr. Meile;
4) das Stadium des Eratosthenes, zu 46,57 auf die geogr. Meile;
5) das Stadium des Herodot oder das nautische, auch persische, zu 44,46 auf die geogr. Meile;
6) das griechisch olympische, zu 40,4 auf die geogr. Meile;
7) das phileterische, zu ohngefähr 35,5 auf die geogr. Meile; und
8) das große Stadium, auch das ägyptische oder alexandrinische, zu 33,39 auf die geogr. Meile.

† geb. zu Apamea in Syrien um 108 v. Chr.; gest. 50 Jahr v. Chr.

†† geb. zu Clermont bei Amiens 1497; gest. zu Paris 1558.

und Riccioli unternahm ebenfalls eine ungenaue Messung.

Der Holländer Snellius* gebrauchte um 1615 zuerst die allein richtige Methode, durch eine Verbindung von Dreiecken den Abstand zweier hinlänglich von einander entfernten Stationen in Längenmaßen, und dann den himmlischen Bogen, oder den Unterschied der Polhöhen dieser beiden äußersten Punkte der Messung, trigonometrisch zu bestimmen.

Piccard** unternahm nach dieser Methode, und mit bessern Instrumenten, im Jahre 1669 eine Gradmessung zwischen Paris und Amiens, und es wurden späterhin die in diesem §. erwähnten Gradmessungen von Maupertuis, Clairaut u. s. w. angestellt. Unter den in der Folge in verschiedenen Ländern unternommenen Gradmessungen ist diejenige die berühmteste und sorgfältigste, welche von Dünnkirchen bis Barcellona ging, ohngefähr $9\frac{2}{3}°$ umfaßte, um 1792 bis 1798 angestellt, und noch um 3 Grade weiter, bis zu den balearischen Inseln (nach Mechain's Tode) im Jahre 1806 und 1807 durch Biot, Arago und Rodriguez fortgesetzt wurde. Diese Gradmessung wurde 1817 mit der in England schon früher unternommenen in Verbindung gebracht, und bis nach Unst, der nördlichsten der schetländischen Inseln fortgesetzt. Aus allen diesen Messungen ergiebt sich aber, daß jede zwei derselben mit einander verbunden, eine verschiedene Abplattung geben, oder die Gestalt der E anders bestimmen, und daß also E entweder kein regelmäßiges elliptisches Spähroid bildet, oder daß bei den Messungen Fehler vorgefallen sind, die diesen Mangel an Uebereinstimmung herbeiführen.

§. 146.

Die geographische Länge eines Ortes zu ermitteln.

Auflösung. Man beobachte an zwei, unter verschiedenen Meridianen liegenden, Oertern Sternbedeckungen, Sonnen- und Mondfinsternisse, Verfinsterungen der Jupiterstrabanten, Distanzen zweier Weltkörper, die nicht Fixsterne sind, oder auch Pulversignale auf hohen Bergen; und verwandle den Unterschied der Zeit in Bogen des Aequators.

Anmerkung 1. Die Verfinsterung eines Jupitertrabanten wurde beobachtet 1726 den 9. August

* geb. zu Leyden 1591; gest. 1626.

** geb. zu Fleche; gest. 1688.

zu Petersburg 14St 51′ 30″,
zu Lissabon 12St 13′ 30″

Unterschied der Zeit 2St 38′ 0″ =
= 158′,

woraus der Unterschied der Länge in Graden $= \frac{158}{4} = 39° 30'$ sich ergab.

Anmerkung 2. Der Längenunterschied zweier Oerter läßt sich aus ihrem Zeitunterschiede auch auf folgende Weise ermitteln.

Man nehme Uhren von einem so genauen Gange, daß, wenn man sie an dem einen Orte nach dortiger Zeit gestellt hat, und mit ihnen nach einem andern Orte reist, sie ununterbrochen die Zeit des ersten Ortes angeben; vergleiche sie alsdann mit einer richtig gehenden Uhr des letztern Ortes, die nach derselben Art von Zeitbestimmung gestellt ist, und ermittle den Zeitunterschied, und hieraus den Längenunterschied beider Oerter.*

Die Anwendung dieses Mittels hat jedoch, wegen der genauen Zeitbestimmungen, ihre praktischen Schwierigkeiten; auch existiren keine so vollkommene Uhren, daß sie nicht durch die mit einem längern oder kürzern Transporte verbundenen Erschütterungen und Veränderungen der Temperatur eine kleine Störung in ihrem Gange erlitten. Es giebt indeß doch ziemlich vollkommene Werkzeuge dieser Art von verschiedener Größe und Einrichtung, die unter dem Namen der Seeuhren**, Längenuhren, Zeithalter und Chronometer

* Weiß man, daß der Chronometer immer 12 Uhr zeigt, wenn es in Dessau (D) wirklich 12 Uhr mittlere Zeit ist; und findet man in Paris (P), daß es dort erst 11 Uhr 20 Minuten 13 Sekunden ist, wenn unser Chronometer 12 Uhr 0 M. 0 Sek. weist, so ergiebt sich, daß P um 39 Minuten 47″ in Zeit, oder um 15 . 39 Minuten + 15 . 47 Sek. in Bogen des Aequators d. h. um 9° 56′ 45″ westlicher als D liegen müsse. Nimmt man aber denjenigen Meridian, welcher 20 Grade westlich von P sich befindet, als den ersten an, so ist die östliche Länge von D = 29° 56′ 45″.

** Philipp der 3te, König von Spanien, setzte im Anfange des 17ten Jahrhunderts (und bald darauf die holländische Regierung) einen Preis auf die Erfindung des Mittels die Länge zur See zu bestimmen. Eben so setzte 1714 das englische Parlament einen Preis von 20,000 Pfund Sterling; und 1716 der Herzog von Orleans, Regent von Frankreich, einen Preis von 100,000 Livres auf dieses Mittel. Doch blieben diese großen Aufmunterungen lange ohne Erfolg, indem erst im Jahre 1736 der englische Künstler Harrison (ausgesprochen Här'ris'n, geb. 1693 zu Foulby in Yorkshire, gest. 1766 zu London) eine See-Uhr (U), welche er time keeper, Zeithalter, nannte, zu Stande brachte. Im November 1761 trat sein Sohn William mit

zu Längenbestimmungen gebraucht werden, aber eine sorgfältige und vorsichtige Behandlung erfordern.

Anmerkung 3. Im Jahre 1803 wurden irdische Signale auf dem Brocken (B) gegeben, wozu vorher gedruckte Dispositionen an die Beobachter verschiedener Orte versendet worden waren; und die nun an den darin angegebenen Abenden, Stunden und Minuten ihre bewaffneten und unbewaffneten Augen nach B hin richteten. Zu den bestimmten Zeiten wurde jedesmal ½ Pfund Schießpulver auf dem Gipfel des B angezündet, wovon das L, selbst bei nicht ganz hellem Wetter, 15 Minuten weit sichtbar war. Man fand aber auf diese Weise:

Signale auf B.	Mittlere Zeit auf Seeberg.	Mittlere Zeit in Deßau.	Unterschied der Zeit.
1	9^h 0′ 1,5″	9^h 6′ 13,4″	0^h 6′ 11,9″
2	10′ 1,6″	16′ 13,8″	12,2″
3	20′ 1,2″	26′ 13,2″	12,0″
4	30′ 1,6″	36′ 13,9″	12,3″
5	40′ 1,7″	46′ 14,0″	12,3″
6	50′ 2,0″	56′ 14,0″	12,0″
7	10^h 0′ 1,8″	10^h 6′ 13,9″	12,1″
		Mittel aus 7 Beobachtungen	0^h 6′ 12,1″

Da aber nun der Unterschied in Zeit zwischen Seeberg und Paris, aus mehreren Bestimmungen, 33 Minuten 35 Sekunden beträgt, so ist der Unterschied zwischen Deßau und Paris 39 Minuten 47,1 Sekunden; und man erhält:

---

einer neuen verbesserten U eine Reise nach Jamaika an, die 81 Tage dauerte, und während welcher die U auf dem Hinwege nur 5 Sekunden und auf dem Rückwege noch nicht volle 2 Minuten in Zeit abwich. Harrison erhielt nun die Hälfte des angesetzten Preises, nämlich 10,000 Pfund Sterl. Da jedoch bei einer 2ten Seefahrt von 6 Wochen, die U eine merkliche Ungleichförmigkeit in ihrem Gange zeigte (indem nach des Astronomen Maskelyne Urtheil die Bestimmung der Länge um 1° ungewiß blieb), so wurde Harrison die zweite Hälfte des Preises verweigert. Einen Theil davon, nämlich 3000 Pf. St., erhielten aber die Erben von Tobias Mayer für seine Mondstafeln ausgezahlt. Uhren, wie die Harrison'schen, haben nachher die beiden französischen Künstler, Berthoud und le Roy, ebenfalls in großer Vollkommenheit geliefert. Auch wurden bald von englischen Künstlern Chronometer in Form von Taschenuhren verfertigt, welche wenig zu wünschen übrig lassen, und die man jetzt auf Land- und Seereisen mit großer Bequemlichkeit zu astronomischen Beobachtungen gebraucht.

	in Zeit.	in Bogen.
Deßau von Seeberg	0^h 6′ 12,1″	1° 33′ 1,5″
Seeberg von Paris	0^h 33′ 35,″	8° 23′ 45″
Deßau von Paris	0^h 39′ 47,1″	9° 56′ 46,5″
Paris von Ferro	1^h 20′ 0″	20° 0′ 0″
Seeberg von Ferro	1^h 53′ 35″	28° 23′ 45″
Deßau von Ferro	1^h 59′ 47,1″	29° 56′ 46,5″

Anmerkung 4. Seitdem die Theorie des Mondlaufes so vervollkommnet ist, daß man sehr genaue Tafeln über denselben anzufertigen vermochte, wurde es möglich, seinen Stand am Himmel für einen Ort der E und für irgend eine Zeit im Voraus zu berechnen, und die Beobachtungen der Abstände des M von S oder von Fixsternen, auch wohl von Planeten, als ein vorzügliches Mittel zu Längenbestimmungen anzuwenden.* Man beobachtet nämlich den Abstand des M von einem andern Gestirne nach der Zeit des Ortes, an welchem man sich befindet; und berechnet darauf, wann er denselben Abstand nach der Zeit eines andern Ortes, gegen welchen man die Länge des erstern bestimmen will, haben müßte. Da jedoch M, von verschiedenen Orten der Erdoberfläche betrachtet, zu derselben Zeit nicht gerade einerlei Abstand von demselben Gestirne besitzt, so muß man die Rechnung so anstellen, als ob er aus dem Mittelpunkt der E betrachtet würde, und auf diesen Punkt den beobachteten Abstand reduciren. Dies Verfahren wird auf Schiffen angewandt, um die Länge derselben auf der See, oder die sogenannte Meereslänge zu finden, indem das Schwanken des Schiffes den Gebrauch feststehender Instrumente verhindert, und Mondsabstände bequem mit Sextanten gemessen werden können.

Anmerkung 5. Die geographische Länge

von Zerbst	beträgt	29° 44′ 40,5″	östlich von Ferro.
Bernburg		29° 15′ 23,5″	
Magdeburg		29° 8′ 45″	
Leipzig		30° 1′ 30″	
Halle		29° 37′ 43″	
Berlin		21° 3′ 30″	
		u. s. w.	

---

* Johann Tobias Mayer (geb. **1723** zu Marbach im Würtembergischen, gest. **1762** zu Göttingen) hat dieses Mittel zuerst angewandt, und sehr vorzügliche Mondstafeln construirt. Auch bekam Professor Bürg vor einigen Jahren den von Frankreich für die besten Mondstafeln ausgesetzten Preis doppelt.

§. 147.

Eine geographische Meile ist $\frac{1}{15}$ von einem Grade des Aequators, oder 15 geographische Meilen gehen auf einen Grad.

§. 148.

Man soll die Größe des Erdhalbmessers ermitteln.

Auflösung. Wäre E eine Kugel*, und der größte Grad am Pole = 57198, und der kleinste am Aequator (A) = 56750 Toisen**, so fände man den Umfang und den Halbmesser der E auf folgende Weise:

Größter Grad	= 57198	Toisen
Kleinster Grad	= 56750	"
Summe	113948	Toisen
Mittlerer Grad	56974	Toisen
	360	
Umfang der E	= 20510640	Toisen
Durchmesser der E ohngefähr	6528744	"
Halbmesser " "	3264372	

Anmerkung 1. Da der Umfang des A = 5400***, der Durchmesser desselben = 1718,874, und der Halbmesser des A = 859,437 geographische Meilen beträgt, so ergiebt sich (bei der Abplattung 1 : 0,996) die halbe Axe = 855,999 geographische Meilen.

Anmerkung 2. Die Größe der Abplattung der E beträgt nach neuern Bestimmungen $\frac{1}{290}$ †, der Halbmesser des A = 3271952 Toisen = 859,44 Meilen, der Halbmesser der Axe = 3260643 Toisen, und der Umfang des A = 20558280 Toisen = 5400 Meilen ziemlich genau. Auch ist ein Meridiangrad, von

* welche lauter gleiche Grade enthielte, und worin also ein jeder als das arithmetische Mittel zwischen dem Größten und Kleinsten sich zeigte.

** Maupertuis Messung ist mit einem bedeutenden Fehler behaftet; und es wird deßhalb Suanberg's Angabe in gegenwärtiger Rechnung angewandt.

*** also 1 geographische Meile ohngefähr 3798 Toisen.

† v. Zach setzte sie $\frac{1}{310}$; v. Lindenau — $\frac{1}{304}$; Lapace = $\frac{1}{306,75}$, usw.

A aus, = 56711,963 Toisen, unter 45° nördlicher Breite = 57007 Toisen und nahe am Pole = 57304,513 Toisen.

Anmerkung 3. Die Zahl $\frac{1}{290}$ ergiebt sich aus der Differenz 3271952 — 3260643 = 11306, weil dieser Ueberschuß sich zum Halbmesser des A, wie 11306 : 3271952 = 1 : 289,4 verhält, und für das letztere Verhältniß der Quotient $\frac{1}{290}$ gesetzt worden ist.

§. 149.

Man soll die Oberfläche (O) und den körperlichen Inhalt (K) der E ermitteln.

Auflösung. Betrachtet man E als eine Kugel, deren Halbmesser r = 857,718 geographische Meilen beträgt*, so ist:

$$O = 4r^2\pi = 9243085$$ geographische Quadratmeilen; und

$$K = \frac{4r^3\pi}{3} = 2642653636$$ geographische Kubikmeilen.**

Anmerkung 1. Betrachtet man E als eine vollkommene Kugel, deren Halbmesser r = 859,5 geographische Meilen beträgt, so ist:

O = 9283215 Quadratmeilen,
K = 2659658553 Kubikmeilen;

und berücksichtigt man ferner die im §. 148 Anmerk. 2 enthaltenen Angaben, und verfährt wie in gegenw. Auflösung, so ergiebt sich:

O = 9250002 Quadratmeilen, und
K = 2645757927 Kubikmeilen.

Anmerkung 2. Betrachtet man E als eine Kugel, und setzt die Schiefe der Ekliptik = 23° 28′, so ergiebt sich durch Berechnung, daß die beiden gemäßigten Zonen zusammen mehr als die Hälfte der Erdfläche ausmachen.

Anmerkung 3. Man bemerke, daß von der Erdfläche etwa der dritte Theil bewohnbar und von ohngefähr 1000 Millionen Menschen bevölkert ist.

---

* indem der Halbmesser des Aequators 859,437, der der Axe 855,999, und das aus beiden genommene arithmetische Mittel 857,718 geographische Meilen ausmacht.

** Die Unterschiede, welche sich bei verschiedenen Schriftstellern in diesen Angaben finden, stammen von der größern oder kleinern Genauigkeit, mit welcher man r bestimmt.

§. 150.

Wäre E tropfbar flüssig und dabei in vollkommener Ruhe, so würde sie vermöge der gegenseitigen Anziehung ihrer Theile, wie ein fortschwebender Wassertropfen eine vollkommene Kugelgestalt annehmen, wenn keine andern Körper durch ihre Einwirkung dieselbe veränderten. Da aber die flüssige E um ihre Axe sich dreht, so erhalten alle ihre Theile das Bestreben, sich von letzterer zu entfernen; und ist die Fliehkraft (F), welche die Theile durch Umschwung erhalten, in Vergleich mit der Größe der anziehenden Kraft bedeutend, so wird die Wirkung der letztern auch merklich dadurch geändert, und eine Veränderung in der Kugelgestalt der E hervorgebracht. Der Grund einer solchen Veränderung liegt hauptsächlich darin, daß in den verschiedenen Theilen des sich umdrehenden Körpers eine ungleich große F, und zwar unter dem Aequator (A) die größte, und unter den Polen die kleinste* existirt, und daß 2) F außerdem, vermöge ihrer Richtung, der Schwerkraft (K) unter A mehr als unter den Parallelkreisen entgegenwirkt.

§. 151.

Da nach vorigem §. die Wirkung der K auf die Körper unter A am stärksten, nach den Polen hin immer weniger, und unter den Polen selbst, wo F = Null ist, gar nicht vermindert wird, so **müssen die Körper in der Nähe des A eine geringere Schwere als in der Nachbarschaft der Pole besitzen.**

Denkt man sich nun E flüssig, oder aus dem Wasser (W) bestehend, so müßte W in der Nähe des A specifisch leichter als näher nach den Polen zu sein; und es könnte deshalb eine Wassersäule unter A einer gleich hohen unter den Polen nicht das Gleichgewicht halten, sondern jene müßte höher als diese sein; oder in andern Worten: **die Oberfläche des W unter A müßte weiter vom Mittelpunkt der E als die des W unter den Polen abstehen, und**

* eigentlich gar keine.

daraus würde eine um die Pole abgeplattete Gestalt der E entstehen. Obgleich aber nun E nicht aus lauter W besteht, so bedeckt letzteres doch einen großen Theil ihrer Oberfläche, und geht von beiden Polen in ununterbrochenem Zusammenhange bis A. Es muß also auch hier dasselbe stattfinden, was bei einer aus lauter W bestehenden E gelten würde, d. h. W muß unter A und in der Nähe desselben eine größere Höhe, als weiter nach den Polen hin besitzen. Hätte es aber mit den trockenen Theilen der Erdoberfläche nicht dieselbe Bewandniß wie mit W, so müßten alle Gegenden um A mit W bedeckt sein, was in der Wirklichkeit nicht stattfindet; und es folgt hieraus:

1) daß der trockene Theil der E bei seiner Entstehung ohngefähr dieselbe Gestalt angenommen oder die nämliche Krümmung wie der wässerige Theil erhalten hat;
2) daß der trockene Theil bei der Entstehung der E, nicht die jetzige Festigkeit gehabt haben konnte, sondern von flüssigerer Beschaffenheit gewesen sein mußte; und
3) daß E, auch bei der jetzigen Beschaffenheit ihrer Bestandtheile, eine um die Pole herum abgeplattete Gestalt haben muß.

§. 152.

Die aus theoretischen Gründen erkannte Verminderung der K wurde durch die Beobachtungen von Richer in Cayenne im Jahre 1671 bestätigt, indem derselbe fand, daß ein Pendel (P) in Cayenne langsamer als ein gleiches in Paris oscillirte*, und daß also am erstern Orte auf P eine geringere K als am letztern sich thätig erwies. Huygens und Newton leiteten die abgeplattete Gestalt der E hieraus ab; und ihre Meinungen wurden durch die Bestimmungen eines Meridiangrades in verschiedenen Breiten der E auf's Vollkommenste bestätigt.

---

* Vergl. Band I, §. 154

Anmerkung. Bei der Kostbarkeit der Gradmessungen und den Schwierigkeiten in der Ausführung hat man P zur Bestimmung der Gestalt der E angewandt, und die Länge des Sekundenpendels mit großer Sorgsamkeit unter verschiedenen Breiten ermittelt*, weil die Größen, um welche die Sekundenpendel in verschiedenen Breiten von A nach den Polen hin wachsen, sich sehr nahe wie die Größen verhalten, um welche die Meridiangrade in diesen Breiten zunehmen.

§. 153.

Die eigentliche Gestalt der E ist noch nicht mit hinreichender Genauigkeit bekannt, weil jeder darüber angestellte neue Versuch ein etwas anderes Resultat erzeugt.

Anmerkung. Man hat die Frage aufgeworfen, ob E überhaupt ein Körper sei, dessen Gestalt sich durch Umdrehung einer regelmäßigen Figur erklären lasse, d. h. ob sie (dem französischen Ausdrucke zufolge) als eine solide de revolution sich zeige. Laplace hält aber E für keine solide de revolution, indem er sogar die nördliche und südliche Halbkugel nicht für gleich und ähnlich ansieht.

§. 154.

Die abgeplattete Gestalt der E ist die Ursache, daß die Richtung der Schwere nur unter A und den Polen durch den Mittelpunkt der E geht; und daß dies auch auf die geographische Breite der Oerter einen Einfluß ausübt.

Auf der sphäroidischen E sind nämlich Polhöhe und geographische Breite nicht völlig einander gleich; man nimmt sie aber für gleichbedeutend an, weil nur die erste durch Beobachtungen gefunden wird, die letztere dagegen durch Rechnung bestimmt werden muß, und diese von der Größe der Abplattung abhängig ist; oder mit andern Worten: **weil man unter geographischer Breite eines Ortes die astronomische und nicht die wahre versteht.**

Anmerkung 1. Man wird leicht einsehen, daß nur in den Polen und unter A wahre Antipoden existiren.

---

* Lese Band I, §. 162.

Anmerkung 2. Das neue in Frankreich eingeführte Maß- und Gewichtssystem ist auf die neueste französische Gradmessung gegründet. So ist z. B. 1 Meter der Länge nach = $\frac{1}{10000000}$ des Quadranten vom Erdmeridian, und enthält 3,078 Par. Fuß, oder 3 Par. Fuß und ohngefähr 11,722 Par. Lin., oder 3,186 Rheinl. Fuß. Die Einheit des in Frankreich gebräuchlichen Längenmaßes heißt Litre; er ist $\frac{1}{1000}$ eines Cubikmeters oder Stere's oder Kilolitre's und enthält 50,412 Pariser Cubikzoll, oder 55,9 Rheinländische Cubikzoll, oder 61,028 Englische Cubikzoll.

Die in Frankreich eingeführte Gewichtseinheit heißt Gramme. Letztere ist das Gewicht, welches ein Cubikcentimeter reinen Wassers bei seiner größten Dichtigkeit besitzt. Er ist = 16,104 Gran Nürnberg. Med. Gewicht, gleich 13,714 Wiener Apothekergranen, gleich 0, 06841 Preuß. Lothen.

Anmerkung 3. Das in voriger Anmerkung angegebene Längenmaß ist unabhängig von Ort und Zeit und so beschaffen, daß, wenn es auch verloren geht, es jeder Zeit und überall wieder aufgefunden werden kann.

Siebente Abtheilung.

Von den künstlichen Erdkugeln und Landkarten.

§. 155.

Die künstlichen Erdkugeln und Landkarten sind wichtige Hülfsmittel beim Studium der Geographie, indem man durch dieselben gleichsam eine Uebersicht der ganzen Erdoberfläche und eine anschauliche Vorstellung von der Gestalt der Länder, ihrer Lage und Größe gegen einander, so wie von der Lage der verschiedenen Oerter erlangt.

§. 156.

Da E kugelförmig ist, so wird ihre Gestalt durch eine künstliche Kugel, oder einen Globus (K)* im Kleinen versinn-

* K ist entweder:

licht, weil die Abplattung, und die durch Gebirge und Thäler hervorgebrachten Ungleichheiten der E gegen das Ganze verschwinden.

Anmerkung. Bei einer K von 1½ Fuß im Durchmesser würde die Abplattung $\frac{1}{310}$ nur einen Unterschied von $\frac{7}{10}$ Linien in dem Durchmesser der Aequators und der Axe ausmachen. Auch würde die Höhe eines Berges von einer Meile auf einer solchen K ohngefähr ⅛ Linie betragen.

§. 157.

Richtet man K so ein, daß sie um einen ihrer Durchmesser gedreht werden kann, so stellt dieser die Erdaxe, seine Endpunkte die Pole, der in gleichem Abstande von den beiden Polen um K gehende größte Kreis den Aequator (A), und diejenigen Kreise, welche mit letzterm parallel laufen und gewöhnlich in Abständen von 10 zu 10 Graden von einander gezogen werden, die Parallelkreise dar. Auch werden, parallel mit A, die Wende- und Polarkreise gezeichnet, von denen die erstern um 23° 28′ vom A und die letztern in gleichem Abstande von den Polen sich befinden; und endlich werden durch die Pole größte Kreise, d. h. Meridiane, gelegt, welche den A in Punkten von 10 zu 10 Graden durchschneiden.

§. 158.

Wenn man auf der nach vorigem §. eingetheilten K die verschiedenen Theile der Erdoberfläche so zeichnet, daß ihre Grenzen genau die Lage gegen den angenommenen A und die Meridiane bekommen, welche sie auf E wirklich besitzen, so erhält man einen Abriß der Länder und Meere, der ihre Lage, Gestalt und verhältnißmäßige Größe darstellt, und worin wiederum kleinere Theile und einzelne Punkte bemerkt werden können.

---

1) eine solide hölzerne Kugel; oder

2) aus einem Gerippe bestehend, welches zuerst mit Pappmasse und alsdann mit Gyps überzogen und kugelförmig abgearbeitet ist; oder

3) ein der Kugel sehr nahe kommender, aus Segmenten von Pappe verfertigter und gehörig zusammengeleimter Körper, u. s. w.

Anmerkung. Der in diesem §. beschriebene Globus wird ein Erdglobus, und der die Sterne auf seiner Oberfläche enthaltende ein Himmelsglobus genannt.

§. 159.

Da die Anfertigung der K, nach vorigem §., äußerst mühsam ist, so construirt man Kugelnetze, auf welchen die verschiedenen Theile der E abgebildeten, nebst den zur mathematischen Eintheilung derselben erforderlichen Linien, abgedruckt sind und die alsdann auf K geklebt werden können.

Anmerkung. Die Verfertigung der Kugelnetze hat ebenfalls ihre Schwierigkeiten, indem es 1) eigentlich unmöglich ist, Figuren in einer Ebene zu zeichnen, die sich auf die Oberfläche der K so legen lassen, daß sie dieselbe genau bedecken*; 2) das Papier beim Abdruck der Kupferplatte angefeuchtet werden muß und sich nachher wieder zusammen zieht, so daß der Abdruck nicht mehr mit der Originalzeichnung oder mit der Figur auf der Kupferplatte übereinstimmt; und 3) in dieser Rücksicht nicht eine Papiersorte der andern gleich ist, und also das Verhältniß in Ansehung des Zusammentrocknens erst durch genaue Versuche ermittelt und hiernach die Zeichnung der Figur eingerichtet werden muß.

§. 160.

Das Gestelle (G) der K wird auf eine dem Gebrauche entsprechende Weise construirt. So muß z. B. 1) K frei darin herumgedreht werden und in jeder Lage ruhen können. Der Rand des G soll 2) die Lage der Ebene des wahren Horizontes (H) gegen E angeben, weshalb der Mittelpunkt desselben mit dem der K zusammenfallen, oder K so aufgestellt sein muß, daß ihre eine Hälfte über und ihre andere unter dem künstlichen H sich befindet. K wird 3) mit einem messingenen in Grade eingetheilten Kreise, der durch die beiden Pole geht, und daher der Meridian- oder Mittagskreis heißt; und 4) am Nordpole mit einem in 12 Stunden eingetheilten Kreise, dem Stundenkreise oder Stunden-

---

* Man hilft sich gewöhnlich dadurch, daß man die Papierstreifen, auf welche das Netz gezeichnet ist, beim Aufkleben auf K anfeuchtet, und dann an gewissen Stellen etwas ausdehnt.

ringe* versehen. Auch wird 5) der Rand des H mit einem immerwährenden Kalender, oder einer Darstellung des Standes der S und der Ekliptik für jeden Tag des Jahres bezeichnet; und 6) jeder der 4 Cardinalpunkte des H und jede der übrigen Weltgegenden auf ihm bemerkt.

Anmerkung 1. Man hat jede Halbkugel auf einem gleichseitigen Kegel darzustellen versucht, einen solchen Kegel ein Koniglobium genannt, und ihn mehr zur Darstellung der Himmels- als der Erdkugel gebraucht.

Anmerkung 2. Vermittelst der künstlichen Erdkugeln werden mehrere mathematisch geographische Aufgaben gelöst.

§. 161.

Die Abbildungen einzelner Theile der Erdfläche auf einer Ebene werden Landkarten genannt. Man unterscheidet geometrische und geographische, von denen die erstern über einen kleinen Theil und die letztern über beträchtlich große Strecken der Erdfläche sich erstrecken. Die Darstellung einzelner Punkte der Kugelfläche auf einer Ebene in verhältnißmäßiger Lage unter einander heißt Projection. Es giebt folgende Arten von Projectionen:

1) orthographische;
2) perspectivische, welche selbst entweder centrale oder stereographische sind; und
3) Projectionen durch Abwicklung, welche als die häufigsten und wichtigsten von allen sich zeigen.

§. 162.

Die orthographische Projection (P) ist die Beziehung aller Punkte einer Kugelfläche (F) auf eine durch sie gelegte Ebene (Grundebene oder Basis genannt), auf welche Perpendikel von allen Punkten der F gefällt werden, deren Fußpunkte mit den auf F befindlichen Punkten correspondiren.

---

* der gewöhnlich einen Durchmesser von einem Paar Zollen besitzt.

Da aber die Grundfläche der Halbkugel nur halb so groß als ihre krumme Oberfläche ist, so können die einzelnen Theile der letztern bei der orthographischen P nicht dieselbe Größe und Lage gegen einander behalten, welche sie auf der Kugel (K) besitzen, sondern müssen in einem gewissen Grade zusammengedrängt werden. Auch wird dies Zusammendrängen desto größer, je näher die Theile nach dem Rande zu liegen; und es folgt hieraus:

1) daß die Gestalt und Größe, welche Länder und Meere nach dieser P erhalten, um so mehr von ihrer wahren Gestalt und verhältnißmäßigen Größe auf K abweichen, je weiter sie sich von der Mitte entfernen; und daß also
2) diese P zur Darstellung der E wenig taugt.

§. 163.

Die perspectivischen Projectionen stellen F so dar, wie sie dem an einer gewissen Stelle gedachten Auge (O) auf einer vor oder hinter F liegenden Ebene erscheinen müßte.

Ist z. B. (in Fig. 29) O im Mittelpunkt C der Halbkugel BXD; berührt die Projectionsebene NV dieselbe in X; und zieht man durch die Punkte g, h, i der BXD die Linien Cq, Cr und Cs, so sind die Punkte q, r, s die Stellen, in welchen g, h, i projicirt werden, oder die Linien Xq, qr, rs die Projectionen der Bogen Xg, gh und hi.

Man sieht aber hieraus:

1) daß die Theile in der Projection desto größer werden, je weiter sie sich von der Mitte entfernen;
2) daß NV in's Unendliche fortgehen müßte, wenn die ganze BXD darauf vorgestellt werden sollte;
3) daß diese Projectionsart nur zur Darstellung sehr kleiner Strecken sich eignet; und
4) daß man sie dieserhalb nicht bei Landkarten, sondern allenfalls zur Darstellung kleiner Theile der Himmelskugel gebraucht.

§. 164.

Eine perspectivische Projection (P) heißt eine stereographische, wenn O im Umfange der Kugelfläche sich befindet.

Ist aber 1) der Aequator (A), die Grundebene und O in einem der Pole, so nennt man P eine Polarprojection.*

Ist 2) O in A, etwa in D (Fig. 29), die zu zeichnende Hemisphäre = XBY, und die Grundebene der Meridian XWY, so heißt P eine Aequatorialprojection.

Ist endlich 3) der Horizont eines Ortes von bekannter Polhöhe die Grundebene, und O z. B. im andern Pole, so wird P eine Horizontalprojection genannt.

Anmerkung. Das Mangelhafte der perspectivischen P besteht darin, daß man keinen geradlinigen Maßstab dabei anbringen kann, nach welchem die Entfernung der auf der Karte befindlichen Oerter, der Wahrheit gemäß, bestimmbar sind.

§. 165.

Die Darstellungen der Erdstrecken, welche sich wie Theile eines ausgebreiteten Kegelmantels dem O darbieten, werden Projectionen durch Abwicklung genannt. Die vorzüglichsten derselben sind die des Franzosen Bonne** und des Engländers Murdoch***; auch werden dieselben am häufigsten zur Zeichnung von Landkarten gebraucht.

Anmerkung. Bonne nimmt an, daß der Kegel die Kugelzone in ihrem mittelsten Kreise berühre. Nach Mürdoch soll aber der Kegel die Kugelzone nicht berühren, sondern 2mal durchschneiden; und die Kegelzone der durch sie vorgestellten Kugelzone an Größe gleich kommen, u. s. w.

---

* Die Parallelkreise stellen sich auf der Grundebene als Kreise, die Meridiane als gerade Linien und unter denselben Winkeln dar, welche die Meridiane auf der Kugelfläche bilden.

** geb. 1727 bei Sedan; gest. 1794.

*** ausgesprochen Mörr'döch.

§. 166.

Die Karten, welche den Weg eines Schiffes (S) auf dem Meere angeben, werden Seekarten genannt. Da aber der Seefahrer den Lauf des S am liebsten so einrichtet, daß er seine Richtung eine gewisse Zeit hindurch nicht zu ändern braucht, so durchschneidet S die verschiedenen Meridiane unter gleichen Winkeln, und beschreibt eigentlich eine krumme Linie, welche die loxodronische Linie heißt. Man muß also die Seekarten so einrichten, daß der loxodronische Weg des S sich leicht und sicher daraus ergiebt; und am besten alle Meridiane als gerade und parallele Linien darstellen, die von den Parallelkreisen — welche sich ebenfalls als gerade Linien projiciren — unter rechten Winkeln durchschnitten werden, weil in diesem Falle der Weg des S durch eine gerade Linie ausgedrückt werden kann. Wenn aber sowohl die Meridiane als auch die Parallelkreise gerade und parallele Linien sind, so müssen die Theile der letztern, welche zwischen ein Paar Linien der erstern fallen, die nämliche Größe besitzen. Da jedoch die Parallelkreise, und also auch die zwischen 2 Meridiane fallende Theile derselben, auf der Kugel desto kleiner werden, je weiter sie vom Aequator (A) abstehen, so vergrößert man, um das richtige Verhältniß zwischen den Graden der Meridiane und der Parallelkreise in den verschiedenen Breiten wieder herzustellen, die Theile der Meridiane die z. B. einen Grad vorstellen, in demselben Verhältnisse, in welchem die der Parallelkreise abnehmen sollten. Hierdurch werden aber die Grade der Meridiane immer größer, je weiter man sich vom A entfernt, obgleich sie auf der Kugel selber gleich groß sind, und auf dem Sphäroid in einem bei weitem kleinern Verhältnisse wachsen.

Anmerkung 1. Die mit wachsenden Breitegraden versehenen Karten werden Mercators Karten genannt, weil Gerhard Mercator, ein Niederländischer Geograph*, im Jahre 1550 zuerst eine solche Karte herausgegeben hat.

---

* geb. zu Ruremont 1512; gest. 1594.

Anmerkung 2 die in diesem §. angegebene Entwerfungsart ist zur Darstellung eines Landes nicht tauglich, weil sie die Gestalt desselben, besonders nach den Polen hin, sehr entstellt, und der Vortheil, den sie dem Schiffer gewährt, hier keine Anwendung findet.

Achte Abtheilung.

Von den Bewegungen der Weltkörper unseres Systems.*

---

§. 167.

Der Winkel, um welchen der Planet (P)**, aus S gesehen, von dem Punkte der Sonnenferne absteht, heißt die wahre oder coäquirte, und der Winkel an S, um welchen P von dem Punkte der Sonnenferne abstehen würde, wenn er sich so bewegte, daß der Radius vector in gleichen Zeiten gleiche Winkel beschriebe, die mittlere Anomalie. Der zwischen der wahren und mittlern Anomalie stattfindende Unterschied wird Prostaphäresis oder Gleichung des Mittelpunkts genannt.

§. 168.

Die Länge des P, aus S gesehen, heißt seine heliocentrische, und aus E betrachtet, seine geocentrische Länge.

Denkt man sich aber (in Fig. 30) aus V, wo P in diesem Augenblicke sich befindet, die gerade Linie VR senkrecht auf die Ekliptik (e) gezogen, so nennt man den Ort R, wo

---

* In gegenwärtiger Abtheilung kommt nur das Nothwendigste von den Planetenbahnen vor.

** Der Planet wird in dieser Abtheilung durch den Buchstaben P ausgedrückt.

sie eintrifft, den reducirten Ort des P. Denkt man sich ferner in der Ebene der e das Dreieck GSR, dessen Winkelspitzen E*, S und der reducirte Ort des P sind, so heißt der an S liegende Winkel GSR** der Commutationswinkel; der an E vorhandene SGR der Elongationswinkel; und der am reducirten Orte des P befindliche GRS die Parallaxe der Erdbahn. Die Weite SR (Fig. 31) wird die curtirte Weite des P von S; und WR die curtirte Weite des P von E*** genannt.

§. 169.

Die Knoten des P sind die beiden Punkte seiner Bahn, wo sie die Ebene der e durchschneidet. Kommt P aus der südlichen in die nördliche Breite, so heißt der von ihm durchlaufene Knoten der aufsteigende (☊), und im entgegengesetzten Falle der ab- oder niedersteigende Knoten (☋).

Die gerade Linie, welche die beiden Knoten mit einander verbindet, wird die Knotenlinie genannt.

Die aus S gesehene Entfernung des P von seinem aufsteigenden Knoten in seiner Bahn heißt das Argument der Breite, weil die heliocentrische Breite des P davon abhängt.

Anmerkung 1. Durch die Lage der Knotenlinie und die Neigung der Bahn des P gegen e wird die Lage der Planetenbahn bestimmt.

Anmerkung 2. Wenn ein Stern, beim Untergange der S, auf- oder untergeht, so heißt dies akronytisch. Dasjenige, was sich auf die Welt bezieht, wird aber kosmisch genannt. So sagt man z. B. ein Stern gehe der Welt auf, wenn er mit S zugleich aufgeht, und gehe der Welt unter, wenn er mit dem Aufgange der S untergeht.

§. 170.

Die Lage der Knotenlinie des P zu ermitteln.

---

* welche sich jetzt in G befindet.
** und nach einigen auch sein Nebenwinkel.
*** welche sich jetzt in W befindet.

Auflösung. 1) Man beobachtet die abnehmende nördliche oder südliche Breite des P, bis sie Null wird; und merkt sich die Zeit, wenn P in seinem Knoten sich befindet.

2) Diese Beobachtung wird zweimal aus verschiedenen Standpunkten angestellt; und das erste mal stehe E in F, das andere mal in W (Fig. 30); und der Knoten des P befinde sich in H.

3) Durch Beobachtung des scheinbaren Durchmessers der S weiß man, wie groß FS und WS in Vergleich mit der als Einheit betrachteten mittlern Entfernung der E von S sind.

4) Durch die Zwischenzeit der Beobachtungen ist ferner der Winkel FSW bekannt.

5) Auch sind die Winkel SFH und SWH durch Beobachtung gegeben.

6) Im Dreiecke FSW sind also 2 Seiten SF und SW nebst dem dazwischen liegenden Winkel bekannt; und man kann hieraus die an F und W liegenden Winkel und die Seite FW ermitteln.

7) Nun sind aber im Dreiecke FHW die Seite FW und die anliegenden Winkel F und W gegeben; und man findet hierdurch FH.

8) im Dreiecke SFH sind also der Winkel F und die anliegenden Seiten FS und FH bekannt; und man erhält hieraus den Winkel FSH.

9) Da man endlich aus der Beobachtung die heliocentrische Länge der E, als sie in F war, oder den Winkel ♈SF kennt, so ist die heliocentrische Länge ♈SH des Knotens und also auch die Lage der Knotenlinie gefunden.

§. 171.

Wenn E in der Knotenlinie des P sich befindet, so verhält sich 1 zum sinus der Elongation, wie die Tangente der Neigung zur Tangente der geocentrischen Breite, oder wie die Cotangente der geocentrischen Breite zur Cotangente der Neigung.

Beweis. Ist (in Fig. 30) die Neigung VZR $= \alpha$, die geocentrische Breite VGR $= \beta$, so folgt:

$$\left\{ \begin{array}{l} RZ : RV = 1 : tg\alpha, \\ RV : RG = tg\beta : 1 \end{array} \right\};$$

und also $RZ : RG = tg\beta : tg\alpha$.

Nun ist aber auch:

$$RZ : RG = \sin RGZ : 1;$$

und deßhalb $\sin RGZ : 1 = tg\beta : tg\alpha$,

oder $1 : \sin RGZ = tg\alpha : tg\beta$.

oder $1 : \sin RGZ = \cotg \beta : \cotg \alpha$.

Da aber E in G in der Knotenlinie sich befindet, so ist RGZ die Elongation.

§. 172.

Man soll den Neigungswinkel der Planetenbahn gegen die Ekliptik (e) ermitteln.

Auflösung. Steht (in Fig. 30) P in V; VR auf der Ebene der e, und RZ auf der Knotenlinie HK senkrecht, so ist RZV oder α der gesuchte Neigungswinkel. Nun ist aber (nach §. 170) die Lage der Knotenlinie und also auch die Zeit bekannt, wenn E in derselben, nämlich in G, sich befindet; und wird jetzt von hier aus der Winkel $RGV = \beta$, die geocentrische Breite des P und der Elongationswinkel RGZ beobachtet, so ergiebt sich aus vorigem §.:

$$1 : \sin RGZ = \cotg \beta : \cotg \alpha.$$

§. 173.

Der sinus des Elongationswinkels verhält sich zum sinus des Commutationswinkels wie die Tangente der geocentrischen Breite zur Tangente der heliocentrischen Breite.

Beweis. Aus den Dreiecken SRV, WRV und SWR (Fig. 31) ergiebt sich:

$$\left.\begin{array}{l} SR : RV = 1 : \mathrm{tg}\, VSR \\ RV : WR = \mathrm{tg}\, VWR : 1 \end{array}\right\},$$

also $SR : WR = \mathrm{tg}\, VWR : \mathrm{tg}\, VSR$;

und auch $SR : WR = \sin SWR : \sin WSR$;

und deshalb $\sin SWR : \sin WSR = \mathrm{tg}\, VWR : \mathrm{tg}\, VSR$,

oder $\sin \mathrm{elong} : \sin \mathrm{commut} = \mathrm{tg\ lat\ geoc} : \mathrm{tg\ lat\ helioc}$.

§. 174.

Die Weite des P von E zu ermitteln (Fig. 31),

Auflösung. Betrachtet man die mittlere Weite der E von S als Einheit (oder als Maßstab), und die Weite der E von S in irgend einem Punkte der Bahn, nämlich WS, in Vergleich mit jener mittlern Entfernung, als bekannt, so ist WS die einzige bekannte Linie oder Basis in dem System von Dreiecken, aus welchem das Verhältniß von WS und WV ermittelt werden muß.

Nun ist aber (nach §. 172) der Neigungswinkel VZR bekannt, die geocentrische Breite VWR durch Beobachtung ermittelt, dabei im Vierecke ZSWR alle Winkel gegeben, auch Z = 90° *, eben so S (aus §. 170) gefunden, der Elongationswinkel W durch Beobachtung gegeben, und R (durch Subtraktion der 3 vorigen Winkel von 360°) ermittelt; und man erhält demgemäß

1) in den Dreiecken VZR und VWR:

$$\left\{ \begin{array}{l} ZR : RV = 1 : tg\ RZV \\ RV : WR = tg\ RWV : 1 \end{array} \right\},$$

oder ZR   WR = tg RWV   tg RZV.

2) In den Dreiecken WZR und WZS ergiebt sich das Verhältniß von WS und WR auf folgende Weise:

Da man in WZR die beiden Seiten ZR und WR im Verhältnisse zu einander und den eingeschlossenen Winkel kennt, so findet man die beiden übrigen Winkel und das Verhältniß von WZ und WR aus der Proportion:

sin R : sin WZR = WZ   WR,

Nun sind aber im Dreiecke WZS die beiden an WZ liegenden Winkel bekannt; und man erhält das Verhältniß von WZ und WS durch die Proportion:

sin S : sin WZS = WZ : WS.

Aus

$$\left\{ \begin{array}{l} \sin R : \sin WZR = WZ : WR \\ \sin WZS : \sin S = WS : WZ \end{array} \right\}$$

ergiebt sich aber:

(sin R . sin WZS) : (sin WZR . sin S) = WS : WR,

oder (sin R . Cos WZR) : (sin S . sin WZR) = WS : WR;

und es ist hierdurch die curtirte Weite WR des P von E, im Verhältnisse zur Weite WS der E von S gefunden.

3) Aus der curtirten Weite des P von E und aus der geocentrischen Breite erhält man nun:

cos VWR : 1 = WR : WV;

und hieraus, und in Verbindung mit der vorhergehenden Proportion, ergiebt sich:

(sin R . cos WZR . cos VWR) : (sin S . sin WZR) = WS : WV.

Aus letzterer Proportion wird aber die wirkliche Weite WV des P von E, im Verhältnisse zur Weite WS der E von S für einen gegebenen Standpunkt W ermittelt.

§. 175.

Die Weite des P von S zu ermitteln (Fig. 31).

---

* Weil ZR senkrecht auf KH steht.

Auflösung. Man sucht das Verhältniß von SV und SW, indem man letztere, wie im vorigen §., als Basis ansieht.

Nun ist aber 1) im Dreiecke SWR das Verhältniß von WS und WR, nebst dem eingeschlossenen Elongationswinkel W (nach vor. §.) bekannt; und es lassen sich hieraus die beiden an SR liegenden Winkel, nämlich der Commutationswinkel WSR und die Parallaxe WRS der Erdbahn, und alsdann auch die curtirte Weite des P von S, d. h. SR, im Verhältnisse zu SW ermitteln.

Nachdem nämlich WSR gefunden ist, erhält man:

$$\sin WSR : \sin W = WR : SR;$$

und hieraus, und in Verbindung mit

$$(\sin R \,.\, \cos WZR) : (\sin S \,.\, \sin WZR) = WS : WR^*,$$

die Proportion:

$$(\sin WSR \,.\, \sin R \,.\, \cos WZR) : (\sin W \,.\, \sin S \,.\, \sin WZR) = WS : WR$$

wodurch die curtirte Weite SR gefunden ist.

2) Nach §. 173 ergiebt sich ferner die heliocentrische Breite aus:

$$\sin W : \sin WSR = \mathrm{tg}\, VWR : \mathrm{tg}\, VSR.$$

3) Im Dreiecke VSR findet man endlich die wirkliche Weite von S durch die Proportion:

$$\cos VSR \quad 1 = SR \,;\, SV.$$

Anmerkung. Aus vorigen §§. geht hervor, daß durch Verbindung von Dreiecken, und durch Anwendung der Geometrie und Trigonometrie, das Verhältniß der Weiten der Planeten von E und S, und sodann auch das Verhältniß der Weiten verschiedener Planeten von S gefunden werden kann. Auch werden nach dem 3ten Kepler'schen Gesetze** aus den Umlaufszeiten der Planeten ihre Abstände von S berechnet.

§. 176.

Theilt man die Entfernung des Saturns von S in 100 gleiche Theile, so stimmen die Abstände des Planeten von S ohngefähr mit folgender Zahlenreihe überein:

Merkur	4 Theile	
Venus	4 + 3	= 7 Theile.
Erde	4 + 6	= 10 „
Mars	4 + 12	= 16

---

* Vergl. Nr. 2 des vor. §.
** Lese §. 122 Nr. 3.

Ceres, Pallas, Juno und Vesta	4 + 24 Theile	=	28 Theile
Jupiter	. 4 + 48 „	=	52 „
Saturn	. 4 + 96	=	100
Uranus	. 4 + 192	=	196

Anmerkung 1. Die eben erwähnte Zahlenreihe wurde in neuerer Zeit vorzüglich von Bode* als merkwürdig aufgeführt; und sie leitete schon vor Entdeckung der Ceres auf die Vermuthung, daß zwischen Mars und Jupiter noch ein P sei oder sich befunden haben müsse, weil sonst ein Glied in der Zahlenreihe fehle. Und wirklich wird diese Lücke durch die 4 kleinern Planeten Ceres, Pallas, Juno, Vesta, die vielleicht ehemals** ein einziger großer Planet waren, ausgefüllt.

Anmerkung 2. Sollen noch mehr Planeten zu unserm Planetensysteme gehören, so würde der auf den Uranus folgende in einer Entfernung von 4 + 384 = 388 Theilen von S sich befinden, und wegen der großen Entfernung von uns und der schwachen Beleuchtung nicht mehr Gegenstand unserer Beobachtung sein.

§. 177.

Der Umlauf (oder die Revolution) des P aus S gesehen, wird in verschiedener Hinsicht betrachtet.

1) Von einem Fixsterne bis wieder dahin (siderischer Umlauf);
2) Von einem Grade der Länge oder vom Aequinoctialpunkte bis wieder dahin (tropischer Umlauf).
3) von der Sonnenferne bis wieder dahin (anomalistischer Umlauf);

Die Zeiten, welche dazu gehören, werden beziehlich siderisches, tropisches und anomalistisches Jahr genannt.

Wegen des Rückwärtsgehens der Nachtgleichen ist das tropische Jahr kleiner als das siderische; während, wegen des Vorwärtsgehens der Apsiden das anomalistische größer als das siderische sich zeigt.

* geb. zu Hamburg den 19. Januar 1747; gest. den 23. Nov. 1826.

** ihrer Kleinheit und beinahe gleichen mittlern Entfernung wegen.

§. 178.

Man soll die Umlaufszeit eines P ermitteln.

Auflösung. 1) Für die obern Planeten beobachte man 2 auf einander folgende Oppositionen des P, und merke die dazwischen verflossene Zeit. Nun verhält sich aber der von seinem Radius vector in dieser Zeit beschriebene Winkel zu 360°, wie die Zeit zwischen den Beobachtungen zur ganzen Umlaufszeit, wenn P sich gleichförmig um S bewegte. Durch mehrere Beobachtungen wird aber erst die Umlaufszeit mit gehöriger Genauigkeit bestimmt.

2) Für die untern Planeten beobachtet man die Conjunction, und zwar besser die untere als die obere und am besten die Durchgänge durch die Sonnenscheibe. Da die letztern sich bei der Venus nur selten ereignen, so nimmt man für diesen P die untere Conjunction, wo sie uns zwar nicht ihre ganze erleuchtete Hälfte zukehrt, aber wegen ihrer Nähe besser als in der obern beobachtbar ist.

Anmerkung 1. Longomontan beobachtete zu Kopenhagen zwei auf einander folgende Oppositionen des Saturns, und fand:

1582 den 21. August 2 Uhr ♓ 7° 26′,
1583 den 3. September 1 Uhr ♓ 19° 50′;

also die Zwischenzeit = 377 Tage 23 Stunden, und den durchlaufenen Bogen = 12° 24′.

Nun ist aber:

12° 24′ : 360° = $377^T\ 23^{St}$ Umlaufszeit; und also die Umlaufszeit = $\frac{8163900}{31}$ Stunden = 263351,6 Stunden = $10972^T\ 23{,}6^{St}$.

Das so eben gefundene Resultat ist indeß noch bedeutend zu groß, indem wiederholte Beobachtungen nur $10749^T\ 7^{St}$ tropische Umlaufszeit liefern.

Anmerkung 2. Die Größe des Sonnenjahres oder die Umlaufszeit der E wurde schon in §. 95 = $365^T\ 5^{St}$ 48′ 51″ ermittelt.

§. 179.

Der Umlauf eines Trabanten, z. B. des M, aus dem Hauptplaneten gesehen, wird in verschiedener Rücksicht betrachtet.

1) Von einem Fixsterne bis wieder dahin (siderischer Umlauf).
2) Von einem Grade der Länge bis wieder dahin (periodischer Umlauf).

3) Von einer Conjunction mit ☉ bis wieder dahin (synodischer Monat).
4) Von der Erdferne bis wieder dahin (anomalistischer Monat); und
5) von dem aufsteigenden Knoten bis wieder dahin (Drachenmonat).

Der siderische Umlauf beträgt aber	27^T	7^St	43′	12″
" periodische " "	27^T	7^St	43′	5″
" synodische Monat "	29^T	12^St	44′	3″
" anomalistische Monat	27^T	13^St	18′	35″
" Drachenmonat	27^T	5^St	6′	57″

Anmerkung. Der synodische Monat ist um ein paar Tage größer als der periodische, weil, während des periodischen Umlaufs, die ☾ selbst in ihrer Bahn fortrückt. Auch ist (wegen des Rückwärtsgehens der Nachtgleichen) der siderische Umlauf um wenige Sekunden größer als der periodische; und der Drachenmonat (wegen der Verrückung der Knoten) um ein paar Stunden kleiner als der periodische.

§. 180.

Die Dauer des synodischen Monats zu ermitteln.

Auflösung. Man beobachte 2 Mondfinsternisse und dividire die Zwischenzeit mit der Zahl derda zwischen fallenden Monate.

§. 181.

Die Knoten der Mondbahn* rücken gegen die Ordnung der Zeichen fort und legen in 18 Jahren 228 Tagen** den ganzen Kreis von 360° zurück***. Der Lauf des ☾ hat überhaupt viele Ungleichheiten. So ist z. B. nicht ein Monat dem andern gleich; auch bewegt sich ☾ in der Nähe seines Hauptplaneten schneller und in der Ferne langsamer in seiner elliptischen Bahn, u. s. w.

* Der aufsteigende Knoten des ☾ heißt der Drachenkopf, und der niedersteigende der Drachenschwanz.

** Jedes Jahr zu 365 Tagen gerechnet.

*** Man bemerke, daß die Erdferne- und Erdnähepunkte der Mondbahn ebenfalls beweglich sind, und ohngefähr in 9 Jahren, nach der Ordnung der Zeichen durch den ganzen Thierkreis rücken.

Anmerkung 1. Man bemerke, daß hier mehrere die Planetenbahnen betreffende Lehrsätze und Aufgaben über Excentricität, die Lage und Verrückung der Apsiden, die Anomalie für E und die übrigen Planeten zu ermitteln, der Kürze wegen übergangen worden sind, und daß zur Bestimmung der Bahn eines Weltkörpers folgende Stücke gehören:

1) die Zeit, wo er sich in seinem Perihel befindet;
2) der Ort dieses Perihels, vom Frühlingsnachtgleichenpunkte an gezählt, oder seine Länge;
3) der Ort des aufsteigenden Knotens;
4) die Neigung der Bahn gegen eine feste Ebene, am gewöhnlichsten gegen die Ekliptik;
5) die Excentricität;
6) die Dauer eines vollen Umlaufs;
7) der mittlere Abstand vom Centralkörper oder die halbe große Axe;

Anmerkung 2. Man hat gefunden, a) daß die durch die Störungen erzeugten Bewegungen der Knoten, Neigungen und Excentricitäten in sehr enge Grenzen eingeschlossen sind und auf die Erhaltung des ganzen Planetensystems nicht nachtheilig einwirken können; und b) daß die Apsiden sich zwar immer in derselben Richtung weiter bewegen, daß aber diese Bewegung auf die Dauer des Systems keinen wesentlichen Einfluß ausübt, indem es in Bezug auf die Bewegung um S gleichgeltend ist, nach welchem Fixsterne die Apsidenlinie sich richtet, um so mehr, da die Planetenbahnen nur so wenig von der Kreisform abweichen und sie alle unter einander durch so große Zwischenräume getrennt sind, daß eine gegenseitige Entfernung der Planeten von einander durch eine veränderte Lage der Apsiden nur unmerklich geändert werden kann.

Anmerkung 3. Die Einrichtung, a) daß die Bewegungen aller Planeten um S und aller Trabanten um ihren Hauptplaneten nach derselben Richtung erfolgen; b) daß die Bahnen dieser Körper beinah kreisförmig sind; c) daß sie nur in sehr wenig von einander verschiedenen Ebenen sich befinden; und d) daß die Umlaufszeiten incommensurabel, oder ihre Verhältnisse irrational sich zeigen, deutet auf eine große Stabilität und sehr lange Dauer unseres Planetensystems. Es existirt wenigstens nichts, woraus sich die Ursache seiner künftigen Auflösung ableiten ließe; und die Erhaltung des Ganzen scheint so lange gesichert, als nicht äußere fremde Einwirkungen dieselbe zu zerstören drohen.

Neunte Abtheilung.

Von den Entfernungen und Größen der Weltkörper unseres Systems.

§. 182.

Wird (in Fig. 32) ein Auge im Mittelpunkte C der E* gedacht, so müßte dasselbe den in L stehenden Himmelskörper (K) nach einer andern Richtung, als ein auf der Oberfläche der E, z. B. in A befindliches Auge sehen. Der Winkel ALC, oder sein Scheitelwinkel, heißt aber** die Parallaxe; und steht K im scheinbaren Horizonte des Beobachters, z. B. in H, so nennt man den Winkel AHC die Horizontalparallaxe, während er für jeden andern Stand, die Höhenparallaxe heißt.

§. 183.

Der sinus der Horizontalparallaxe verhält sich zum sinus der Höhenparallaxe, wie 1 zum sinus der Zenithdistanz, oder wie 1 zum cosinus der Höhe (Fig. 32).

Beweis. Es ist im

$$\triangle\ ALC,\ CL : CA = \sin CAL : \sin CLA,$$

und im $\triangle$ AHC, $CH\ \ CA = 1 : \sin CHA,$

Ist aber nun die Entfernung des Himmelskörpers vom Mittelpunkte der E in L und H einerlei, also $CH = CL$, so folgt·

$$\sin CAL\ \ \sin CLA = 1\ \ \sin CHA$$

oder $\sin CHA : \sin CLA = 1\ \ \sin CAL,$

oder $\sin CHA\ \ \sin CLA = 1 : \sin ZAL,$

weil $\sin CAL = \sin ZAL.$

---

* welche hier als eine Kugel angenommen wird.

** nach Band II, §. 307.

§. 184.

Ist die Horizontalparallaxe bekannt, so ergiebt sich (nach vorigem §.) die Höhenparallaxe für jeden Abstand vom Zenith aus der Gleichung:

$$\sin CLA = \sin ZAL \cdot \sin CHA.$$

Eben so findet man:

sin der Höhenparallaxe = sin der Horizontalparallaxe . cos der Höhe.

§. 185.

Aus vorigem §. geht hervor*, daß die sinus der Höhenparallaxen wie die sinus der Zenithdistanzen, oder wie die cosinus der Höhen sich verhalten; und daß also die Höhenparallaxe größer oder kleiner wird, wenn der Abstand ZAL vom Zenith (Z) größer oder kleiner sich zeigt. In Z selber ist die Parallaxe gleich Null, während sie im Horizonte am größten sich zeigt.

§. 186.

Durch die Parallaxe wird die Höhe eines Weltkörpers, von der Oberfläche der E aus beobachtet, kleiner, als sie aus dem Mittelpunkte der E beobachtet, sein würde. Auch wird die Parallaxe nur bei solchen Weltkörpern, deren Entfernung vom Mittelpunkte der E nicht unendlich groß gegen den Erdhalbmesser ist, bemerkt.

§. 187.

Man soll die Horizontalparallaxe des P ermitteln.

Auflösung. Man wählt (in Fig. 32) auf E zwei Oerter A und B, welche unter einem Meridian sich befinden und deren geographische Breite bekannt und beträchtlich verschieden ist; beobachtet aus A und B, sobald der in L stehende P in den Meridian kommt, den Abstand des P vom Zenith; und erhält hierdurch a) den Winkel ACB als den Unterschied der geographischen Breite, b) die Winkel LAZ und LBH und also auch deren Ne-

---

* weil nämlich CHA eine beständige Größe ist.

benwinkel LAC und LBC, und c) im Vierecke ACBL den Winkel ALB, als die Summe beider Höhenparallaxen. Ist aber nun LAZ $= \alpha$, LBH $= \beta$, ALC $= \pi$, BLC $= \varphi$, AHC $= \varepsilon$, so folgt:

$$1 : \sin \alpha = \sin \varepsilon : \sin \pi$$

oder $1 \quad \sin \alpha = \varepsilon \,.\, \pi$*,

oder 1) $\pi = \varepsilon \,.\, \sin \alpha$;

und $1 : \sin \beta = \sin \varepsilon : \sin \varphi$,

oder $1 : \sin \beta = \varepsilon : \varphi$,

oder 2) $\varphi = \varepsilon \,.\, \sin \beta$,

Aus 1) und 2) ergiebt sich aber:

$$\pi + \varphi = \varepsilon \,.\, (\sin \alpha + \sin \beta),$$

oder $$\varepsilon = \frac{\pi + \varphi}{\sin \alpha + \sin \beta}$$

Anmerkung 1. Liegen A und B auf einerlei Seite von CL, so ergiebt sich:

$$\varepsilon = \frac{\pi - \varphi}{\sin \alpha - \sin \beta}$$

Anmerkung 2. Ist die geographische Breite nicht sicher genug bekannt, so wird ALB auch dadurch gefunden, daß man die Weite des ♂ von einem Fixsterne (F) beobachtet, der mit ihm zugleich in den Meridian kommt. Denn wird F aus A und B auf verschiedenen Seiten des ♂ gesehen, so ist LAF + LBF = ALB; und wird F aus beiden Standpunkten auf einerlei Seite des ♂, z. B. nach Z hin erblickt, so ist LAF — LBF = ALB, u. s. w.

Anmerkung 3. 1751 den 6. October Abends um 10 Uhr 30 Minuten beobachteten Wargentin** in Stockholm und de la Caille am Vorgebirge der guten Hoffnung die Parallaxe des Mars nahe bei seiner Opposition.

Wargentin fand die Weite vom Zenith, nämlich $\alpha = 68^\circ\ 14'$, und den nördlichen Rand des ♂ um 6,6'' südlicher als den Stern λ im Wassermann. De la Caille*** fand die Weite vom Zenith, nämlich $\beta = 25^\circ\ 2'$, und den nördlichen Rand des ♂ um 26,7'' nördlicher als den Stern λ im Wassermann. Nun ist aber

---

* weil ε, π und φ so kleine Winkel sind, daß sie sich wie ihre sinus verhalten.

** geb. 1717 zu Jemtland in Schweden; gest. zu Stockholm.

*** geb. 1713 zu Rumigny; gest. 1762.

$ALB = 6{,}6'' + 26{,}7'' = 33{,}3''$; und deßhalb

$$\varepsilon = \frac{33{,}3''}{\sin 68^0\ 14' + \sin 25^0\ 2'},$$

oder $\varepsilon = 24{,}63''$.

Anmerkung 4. Die Horizontalparallaxe des M wurde 1751 von de la Caille am Vorgebirge der guten Hoffnung und von de la Lande * in Berlin beobachtet, und die mittlere Entfernung des M auf 57,3''** bestimmt. Befindet sich aber M in der Erdnähe (Perigäum), und zugleich in Opposition mit S, so ist sie am größten, nämlich $1^0\ 1'\ 25''$; steht M aber in der Erdferne (Apogäum), und zugleich in Conjunction, so ist sie am kleinsten, nämlich $53'\ 53''$.

§. 188.

Die Horizontalparallaxen verschiedener Planeten, oder auch eines P in verschiedenen Entfernungen, verhalten sich umgekehrt wie die Entfernungen.

Beweis. Ist (in Fig. 32) die Horizontalparallaxe des einen $P = AVC$ und die des andern $= AHC$, so ergiebt sich:

$$\begin{cases} CV : CA = 1 : \sin AVC \\ CA : CH = \sin AHC : 1 \end{cases};$$

und hieraus $CV : CH = \sin AHC : \sin AVC$.

Anmerkung. Hat man die Horizontalparallaxe des P nach vor. §., und die Verhältnisse der Entfernungen nach §. 174 ermittelt, so wird die Parallaxe eines andern P aus jener nach gegenwärtigem §. berechnet.

§. 189.

Man soll die Horizontalparallaxe der S ermitteln.

Auflösung. 1) Wenn 2 Beobachter, von denen der eine einen östlicheren Ort als der andere einnimmt, den Eintritt der Venus beobachten, so wird derselbe für den östlichen Beobachter früher als für den westlichen erfolgen. Dieser Zeitunterschied ist aber bekannt, weil jeder seine Zeit weiß und die Lage der Beobachtungsörter gegeben ist.

2) Da man die Umlaufszeit der Venus kennt, so kann man

---

* geb. 1732 zu Bourg en Bresse; gest. 1807.

** für die mittlere Horizontalparallaxe des M unter dem Aequator wird von Andern 57,1'' gesetzt.

finden, wie groß der kleine Bogen ihrer Bahn ist, den sie zwischen den beiden Momenten zurücklegte, wo sie für den ersten und zweiten Beobachter in ☉ trat.

3) Weil der von diesem kleinen Bogen umspannte Winkel am Sonnenrande derjenige ist, unter welchem die Entfernung der beiden Beobachtungsörter von diesem Punkte des Sonnenrandes aus gesehen wird, so läßt sich finden, unter welchem Winkel der Halbmesser der ♁ aus ☉ gesehen wird, oder, was dasselbe ist, wie groß die Horizontalparallaxe sich zeigt.

Anmerkung 1. Zur Bestimmung der Horizontalparallaxe der ☉ wurde 1751 zuerst die Horizontalparallaxe des Mars in seiner Opposition (wo er der ♁ am nächsten steht) angewandt, und daraus die erstere ohngefähr 10 Sekunden gefunden.

1761 und 1769 wurde sie noch genauer durch Beobachtung der Durchgänge der Venus, wozu Beobachter nach der südlichen Halbkugel geschickt wurden, ohngefähr 8,6 Sekunden ermittelt.

Anmerkung 2. Tycho setzte die Parallaxe der ☉ = 3 Minuten, Kepler = 1 Minute, Hevel = 40 Sekunden, Riccioli = 28 Sekunden, Wendelin = 15 Sekunden, u. s. w.

§. 190.

Die Entfernung eines Weltkörpers vom Mittelpunkte der ♁ zu bestimmen.

Auflösung. Man ermittle zuerst die Horizontalparallaxe ($\mathfrak{H}$); und berechne alsdann aus dieser und dem bekannten Halbmesser $\mathfrak{R}$ der ♁ die gesuchte Entfernung X aus der Proportion:

$$\sin \mathfrak{H} : 1 = \mathfrak{R} \quad X.$$

§. 191.

Aus vorigem §. ergiebt sich:

$$X = \frac{\mathfrak{R}}{\sin \mathfrak{H}}.$$

Nun ist aber für ☾* die $\mathfrak{H} = 57' \, 3''$; und also die Entfernung des ☾ vom Mittelpunkte der ♁, oder X = 51790,8 geographische Meilen, wenn $\mathfrak{R} = 859{,}437$ geographische Meilen beträgt. Da ferner** für ☉ die $\mathfrak{H} = 8{,}6''$ ausmacht, so ist die Entfernung der ☉ vom Mittelpunkte der ♁, oder

$$X = 20612970 \text{ geographische Meilen.}$$

* nach §. 187, Anmerk. 4. ** nach §, 189, Anmerk. 1.

Anmerkung 1. Man bemerke, daß nach neuern Bestimmungen die Entfernung der E vom M ohngefähr 51829, und von S 20666800 geographische Meilen beträgt.

Anmerkung 2. Aus §. 175 und 191 wird die Entfernung der Planeten von S in Erdhalbmessern, Meilen und Toisen bestimmt.

Anmerkung 3. Pythagoras setzte die Entfernung des M von E = 126000 Stadien*, und die der S von E 3 mal größer.

Hipparch bestimmte M 62 bis 71 Erdhalbmesser von E; und

Posidonius fand für die Weite des M von E = 2 Millionen Stadien, u. s. w.

Aristarch von Samos** bestimmte die Entfernung von S aus dem rechtwinkligen Dreiecke zwischen S, E und M im ersten und letzten Viertel; und fand durch diese unsichere Methode die Entfernung der S von E nur 191 mal so groß, als die des M von E.

Wendelin fand sie 229 mal so groß, während sie wirklich ohngefähr 400 mal so groß sich zeigt.

§. 192.

Die größte Parallaxe, welche durch die jährliche Bewegung des scheinbaren Ortes eines Sternes entsteht, heißt die jährliche.***

Bessel† bestimmte von 1837 bis 1838 (aus den zwei entlegensten Orten der Erdbahn) die jährliche Parallaxe des Sternes 61 im Schwan†† = 0,3136 Sekunden; und folgerte hieraus, daß seine Entfernung von S = 657700 Halbmesser der Erdbahn, oder ohngefähr 13154000000000 geographische Meilen beträgt†††, und daß das L[1], um diesen Raum zu durchlaufen, ohngefähr 10½, und eine Kanonenkugel, welche bei scharfer Ladung nach ihrem Austritte aus der Mündung nahe 1500 Pariser Fuß oder 0,066 Meilen zurücklegt, ohngefähr 6½ Millionen Jahre gebraucht.

* also etwas über 3000 Meilen. ** lebte ohngefähr 260 J. v. Chr.
*** Vergl. Band II, §. 809. † geb. den 22. Juli 1784 zu Minden.
†† welcher ein Doppelstern ist.
††† wenn man den Halbmesser der Erdbahn = 20000000 Meilen setzt.
[1] welches in 1 Sekunde ohngefähr 40000 Meilen zurücklegt.

Struve* bestimmte späterhin die jährliche Parallaxe des Sternes Wega in der Leyer = 0,2613 Sekunden; und setzte also seine Entfernung = 771400 Halbmessern der Erdbahn = 15428000000000 geographische Meilen.

Anmerkung. Vor Bessel und Struve hat man zwar bei einigen Fixsternen Parallaxen bemerken wollen, jedoch die Thatsachen noch nicht außer Zweifel zu setzen vermocht.

So fand z. B. Piazzi** im Jahre 1805, aus seinen Beobachtungen in Palermo, beträchtliche, von 2 bis 10 Sekunden gehende, jährliche Parallaxen verschiedener Sterne der ersten Größe, namentlich von Wega, Aldebaran, Sirius und Procyon; wurde aber von der Sicherheit seiner Bestimmungen selber nicht befriedigt. Die Bemühungen und sehr verständig angeordneten Maßregeln von Pons*** engten die Grenzen der jährlichen Parallaxen bis auf einige Zehntel einer Sekunde ein, gaben dadurch einen neuen Beitrag zu ihrer Kenntniß, reichten aber dennoch bis zur wirklichen Bestimmung ihrer Größe nicht aus.

§. 193.

Man soll die Größe eines Weltkörpers ermitteln.

Auflösung. Da die wirklichen Größen der Halbmesser zweier Weltkörper wie die sinus der Winkel, unter dem jeder von dem Mittelpunkte des andern gesehen wird, sich verhalten †, so ist (in Fig. 33):

$$GL = \frac{\sin GCL \,.\, AC}{\sin ALC},$$

$$\text{oder } \tfrac{1}{2}\,\mathfrak{D} = \frac{\sin \frac{1}{2}\,\delta}{\sin \mathfrak{H}} \,.\, \mathfrak{R},$$

wenn man den scheinbaren Halbmesser der ☾, oder die Horizontalparallaxe des einen Weltkörpers, nämlich $ALC = \mathfrak{H}$, den scheinbaren Halbmesser des andern, nämlich GCL durch $\frac{1}{2}\,\delta$, den wirklichen Halbmesser des letztern, nämlich GL durch $\frac{1}{2}\,\mathfrak{D}$, und den wirklichen Radius der ☾, nämlich AC, durch $\mathfrak{R}$ bezeichnet.

Anmerkung. Für M, in der mittlern Weite von ☾, ist

---

* früher in Dorpat, jetzt Professor der Astronomie zu Petersburg.

** geb. zu Ponte 1746; gest. 1826.

*** geb. 1761 zu Peyre im Departement der Hochalpen; gest. 1831.

† indem (in Fig. 33):

$$\left\{\begin{array}{l} AC : CL = \sin ALC : 1 \\ CL : GL = 1 : \sin GCL \end{array}\right\};$$

und also $AC : GL = \sin ACL : \sin GCL$ ist.

$H = 57' 3''$*, $\delta = 31' 9''$, und also $\frac{1}{2}$ D = 0,27301 . R = 234,6 Meilen ohngefähr. Für S, in der mittlern Entfernung, ist $H = 8,6''$**, $\delta = 32' 2''$ und also $\frac{1}{2}$ D = 111,74 . R = 96033,4 Meilen ohngefähr.

Anmerkung 2. Man bemerke, daß nach den neuern Bestimmungen $\frac{1}{2}$ D = 109 . R, und der wahre Durchmesser des M $468\frac{2}{5}$ geographische Meilen beträgt.

Zehnte Abtheilung.

Von den Verfinsterungen.

§. 194.

Wenn zwei dunkle Weltkörper auf einerlei Seite der S sich befinden und mit letzterer in gerader oder beinahe gerader Linie stehen, so bedeckt der nähere dem entferntern die S ganz oder zum Theile, oder der entferntere wird durch den Schatten oder Halbschatten des nähern verfinstert. S wird aber dem Erdbewohner 1) durch M, 2) durch die Venus, und 3) durch den Merkur bedeckt. Geschieht dies durch M, so kann es entweder ganz oder zum Theile stattfinden; und man nennt diese Begebenheit eine Sonnenfinsterniß oder eine Sonnenbedeckung, die entweder total oder partial sein kann. Die Venus und der Merkur können nur einen kleinen Theil der S verdecken; und man nennt diese Begebenheit einen Durchgang der Venus und des Merkurs durch S. Wird S dem M durch E bedeckt, so ereignet sich eine Mondfinsterniß; und eben so entstehen Verfinsterungen der Trabanten der übrigen Planeten, nämlich des Jupiters, Saturns und Uranus.

Anmerkung. Aus gegenwärtigem §. geht hervor, daß eine

* Vergl. §. 187, Anmerk. 4. ** Vergl. §. 189, Anmerk. 1.

Sonnenfinsterniß nur zur Zeit des Neumondes, und eine Mondfinsterniß nur zur Zeit des Vollmondes stattfinden kann.

§. 195.

Das Auge sieht eine totale Sonnenbedeckung, wenn es in den Kernschatten eines dunkeln Weltkörpers, uud eine partiale, wenn es in den Halbschatten desselben kommt. Befindet es sich in der Axe des Schattenkegels, aber jenseits der Spitze des Kernschattens, so sieht es eine ringförmige Sonnenbedeckung, wobei der dunkle Körper mitten vor S, und rings um denselben ein heller Rand erscheint.

§. 196.

Da S eine viel bedeutendere Größe als die Planeten und Trabanten besitzt, so sind die Schatten dieser Körper kegelförmig, und erstrecken sich nur auf eine gewisse Weite hinter jedem planetarischen Körper. So können z. B. die Hauptplaneten nur vom Kernschatten ihrer Trabanten, und die Trabanten nur vom Kernschatten ihrer Hauptplaneten, aber nicht ein Hauptplanet vom Kernschatten eines andern getroffen werden u. s. w.

Anmerkung. Aus gegenw. §. geht hervor, daß nur die Hauptplaneten von ihren Trabanten, und umgekehrt, große Sonnenbedeckungen erfahren.

§. 197.

Man soll den aus dem Mittelpunkte der E gesehenen scheinbaren Halbmesser des Erdschattens in der Gegend, wo M durchgeht, ermitteln.

Auflösung. Befindet sich (in Fig. 34) der Mittelpunkt von S in A, der von E in B; geht M in C durch den Kernschatten der E und ist dessen Halbmesser daselbst = CG, so folgt;

$$\left\{ \begin{array}{l} CBG = HBG - HBC \\ HBG = BEF + BGF \end{array} \right\};$$

und also $CBG = BEF + BGF - HBC$,

oder $CBG = BEF + BGF - ABE$.

§. 198.

Aus vorigem §. ergiebt sich der scheinbare

Halbmesser des Erdschattens, wenn man die Horizontalparallaxen der S und des M addirt, und von ihrer Summe den scheinbaren Halbmesser der S subtrahirt.

Ist z. B. für die mittlere Entfernung:

die Horizontalparallaxe der S = 0° 0′ 8,6″
„ „ des M = 0° 57′ 3″ ;
also die Summe = 0° 57′ 11,6″,
und der scheinbare Halbmesser der S = 0° 16′ 1″ ,
so erhält man den scheinbaren Halbmesser des Erdschattens = 0° 41′ 10,6″;
und also den scheinbaren Durchmesser desselben = 1° 22′ 21,2″.

§. 199.

Da der scheinbare Durchmesser des M, in der mittlern Entfernung, nur 31′ 9″ beträgt, so kann M sich ganz in den Erdschatten einsenken und einige Zeit darin verweilen. Auch wird der Halbmesser des Schattens, in der Gegend, welche M durchwandert, am größten, wenn M in der Erdnähe und E in der Sonnenferne sich befindet.

§. 200.

Wenn die Mondbahn ganz oder beinahe in derselben Ebene mit der Erdbahn (V) sich befände, so würde bei jedem Vollmonde eine Mondfinsterniß sein. Da aber die Mondbahn unter einem Winkel von 5° 8′ 47″ gegen V sich neigt, so können nur dann Mondfinsternisse erfolgen, wenn M zur Zeit des Vollmondes seinem Knoten, d. h. der V, nahe genug ist, um von dem Erdschatten, dessen Axe immer in der Ebene der V sich befindet, getroffen zu werden. Hat er nicht gerade diese Stellung, so geht er zur Zeit der Vollmondes unter oder über dem Erdschatten hinweg.

Anmerkung. Man bemerke, daß die Knoten der Mondbahn nicht fest sind, sondern sich langsam von Ost nach West bewegen, und ihren Lauf in Bezug auf die Nachtgleichen, in 6798,177 Tagen vollenden.

§. 201.

Ist die Parallaxe der S = 9″, so ergiebt sich der größte scheinbare Halbmesser des Erdschattens auf folgende Weise:

Größte Parallaxe des M =	61′ 24″
Parallaxe der S =	9″
Summe =	61′ 33″
Kleinster scheinbarer Halbmesser der S =	15′ 45″
Größter scheinbarer Halbmesser des Schattens =	45′ 48″

Da aber nun der größte Halbmesser des M = 16′ 45″ beträgt, so ist keine Mondfinsterniß möglich, wenn der Mittelpunkt des M mehr als 45′ 48″ + 16′ 45″, oder mehr als 62′ 33″ Breite besitzt, und keine totale Mondfinsterniß denkbar, wenn seine Breite mehr als 45′ 48″ — 16′ 45″, oder mehr als 29′ 3″ ausmacht.

§. 202.

Ist die Parallaxe der S = 9″, so wird der kleinste scheinbare Halbmesser des Erdschattens auf folgende Weise gefunden:

Kleinste Parallaxe des M =	53′ 48″
Parallaxe der S =	9″
Summe	53′ 57″
Größter scheinbarer Halbmesser der S =	16′ 3″
Kleinster scheinbarer Halbmesser des Schattens	37′ 54″

Hieraus und aus dem kleinsten Halbmesser des M = 14′ 43″ ergiebt sich aber, bei welcher Breite des M die Finsternisse erfolgen müssen.

Anmerkung. Da die Länge des Erdschattens ohngefähr 215 Erdhalbmesser beträgt, so kann der nur etwa 60 Erdhalbmesser entfernte M niemals jenseits der Spitze des Schattenkegels vorbeigehen.

§. 203.

Betrachtet man auf E eine Mondfinsterniß, so nehmen die Bewohner des M, welche der Erdschatten trifft, eine

Sonnenbedeckung wahr. Letztere wird aber von den Mondbewohnern niemals ringförmig gesehen, weil M nicht jenseits der Spitze des Schattenkegels der E kommt, oder, was dasselbe ist, weil der scheinbare Durchmesser der E viel größer als derjenige der S sich zeigt.

Anmerkung. Wenn man die Größe des Erdschattens, die Zeit des wahren Vollmondes, die Breite des M zu dieser Zeit, die stündliche Veränderung der Länge und Breite desselben, und seinen scheinbaren Halbmesser* kennt, so wird daraus die Mondfinsterniß berechnet und gezeichnet.

§. 204.

M verschwindet (selbst bei totalen Mondfinsternissen) nicht immer gänzlich, sondern behält meistens ein röthliches schwaches L, welches von dem durch die Erdatmosphäre gebrochenen L herrührt. Auch ist das röthliche L am stärksten, wenn die Finsterniß in der Erdferne sich ereignet, weil alsdann die rothen gebrochenen Strahlen die Mitte des Strahlenkegels erreichen können. Bei großen Finsternissen ist aber M auch schon so gänzlich verschwunden, daß er selbst mit Fernröhren nicht mehr gefunden werden konnte.

Anmerkung 1. Da der Kernschatten der E sich in einen Halbschatten verliert, so ist ersterer nicht scharf begrenzt; und man kann deshalb den Ein- und Austritt des Mondrandes oder der Mondflecken nicht auf's Genaueste beobachten.

Anmerkung 2. Wenn man an mehreren Orten die Zeit bemerkt, welche für ihren Meridian gezählt wird, als die Mondfinsterniß erfolgte, und den Unterschied in Bogen des Aequators verwandelt, so geht daraus, mit ziemlicher Genauigkeit, die geographische Länge dieser Oerter hervor. (Vergl. §. 146.)

§. 205.

Man soll den aus dem Mittelpunkte des M gesehenen scheinbaren Halbmesser des Mondschattens, in der Gegend, wo er die E trifft, ermitteln.

---

* aus astronomischen Tafeln.

Auflösung. Man erhält, wie im §. 198, daß der Mondbewohner die Horizontalparallaxen der S und E addiren und den scheinbaren Halbmesser der S davon subtrahiren muß, um den scheinbaren Radius des Mondschattens zu bekommen.

§. 206.

Die Horizontalparallaxe der S, aus M gesehen, ist der aus S gesehene scheinbare Halbmesser des M. Auch ist die Horizontalparallaxe der E, aus M gesehen, der aus E betrachtete scheinbare Radius des M.

§. 207.

Da S beinahe 400 mal so weit als M von E absteht, so ergiebt sich (in Fig. 34):

FG : FE = 1 : 400, wenn S in A, E in B und M in C sich befindet.

Nun ist aber:

$$\left.\begin{array}{l} FE : FB = 1 : \mathrm{tg}\ FFB \\ FB : FG = \mathrm{tg}\ FGB : 1 \end{array}\right\};$$

also $FE : FG = \mathrm{tg}\ FGB \quad \mathrm{tg}\ FEB$,

oder* $FE : FG = FGB : FEB$;

und deshalb $FEB = \frac{FG}{FE} . FGB$

Hieraus folgt aber, daß die aus M gesehene Horizontalparallaxe der S fast nur $\frac{1}{400}$ des aus E gesehenen scheinbaren Halbmessers des M, und also ohngefähr $\frac{1}{400} . 15' 34''$ $= 2{,}33''$ beträgt; und daß man dieselbe ohne erheblichen Fehler aus der Rechnung weglassen kann.

§. 208.

Da (in Fig. 34) ABE = BEF + BDF, oder ABE = BDF ist**; und da ferner BDF sich äußerst wenig von dem aus dem Mittelpunkte der E gesehenen scheinbaren Halbmesser der S unterscheidet, indem die Entfernung der Spitze D des

* wegen der Kleinheit der Winkel.

** wenn man nämlich BEF als unbeträchtlich wegläßt.

Mondschattens vom Mittelpunkte der E in Bezug auf die Entfernung der S verschwindet, so kann man annehmen, daß der vom M gesehene scheinbare Halbmesser ABE der S dem von E aus gesehenen scheinbaren Radius der S entspricht.

§. 209.

Aus §. 207 und 208 ergiebt sich der scheinbare Halbmesser des aus dem Mittelpunkte des M gesehenen Mondschattens in der Gegend, wo er die E trifft, wenn man den scheinbaren Halbmesser der S vom scheinbaren Radius des M, beides von E aus gesehen, subtrahirt.

§. 210.

Da der aus M gesehene scheinbare Halbmesser des Halbschattens des M in der Gegend, wo er die E trifft, = CBK

$$\text{dabei} \left\{ \begin{array}{l} CBK = BKF + BIF \\ BIF = LIA = EIA = IEF + BDF \end{array} \right\};$$

$$\text{und also } CBK = BKF + IEF + BDF,$$

$$\text{oder } CBK = BGF + BDF \text{ ist*},$$

so addirt man die aus E gesehenen scheinbaren Halbmesser des M und der S um den aus M gesehenen scheinbaren Halbmesser des Halbschattens des M zu erhalten.

§. 211.

Da die Länge des Mondschattens etwa 215 Mondhalbmesser, und letzterer etwa 0,273 Erdhalbmesser beträgt, so macht die Länge des Mondschattens etwa 58,7 Erdhalbmesser aus. Da aber M bald mehr und bald weniger von E absteht, so kann E zuweilen vom Kernschatten des M getroffen werden, zuweilen aber auch jenseits desselben bleiben. In der größten Nähe kann die Spitze des Schattenkegels $3\frac{1}{7}$ Erdhalbmesser über den Mittelpunkt der E hinausfallen; in der mittlern Entfernung erreicht sie die E noch nicht, sondern bleibt

---

* weil BKF ohne Fehler = BGF gesetzt, und IEF = 4,6″ weggelassen werden darf.

um $\frac{3}{8}$ Erdhalbmesser, und in der größten Entfernung um 5 Erdhalbmesser von ihr entfernt.

Anmerkung 1. Die längste Dauer einer partialen Mondfinsterniß kann nicht über 2 Stunden 18 Minuten, und die einer totalen nicht über 4 Stunden 38 Minuten betragen.

Anmerkung 2. Da die scheinbaren Durchmesser der S und des M sich nur wenig von einander unterscheiden, so können, für jeden Ort der E, sowohl die totalen als ringförmigen Finsternisse nur eine kurze Zeit bestehen. Da ferner einige Orte der E eine totale, andere eine partiale und noch andere gar keine Sonnenfinsterniß haben können, so ist die Berechnung der letztern viel verwickelter als die einer Mondfinsterniß. Auch sind die Sonnenfinsternisse für die ganze E häufiger, als die Mondfinsternisse, so daß im Durchschnitte in 18 Jahren 41 Sonnen-, aber nur nahe 29 Mondfinsternisse vorfallen. Für einen bestimmten Ort der E sind umgekehrt die daselbst sichtbaren Sonnenfinsternisse fast 3 mal seltener als die Mondfinsternisse, so daß jeder Ort der E ohngefähr in 2 Jahren eine Sonnenfinsterniß, und erst in nahe 200 Jahren eine totale zu erwarten hat.

Elfte Abtheilung.

Von den Fixsternen.

§. 212.

Die meisten Fixsterne zeigen selbst durch die besten Fernröhre keinen meßbaren Durchmesser, sondern erscheinen wie glänzende Punkte*, und ihre Lage gegen einander bleibt im Allgemeinen dieselbe, wo auch E in ihrer Bahn sich befinde.

Ein culminirender Stern hat im Sommer denselben Abstand vom Zenith wie im Winter; auch bleibt die Polhöhe zu allen Jahreszeiten, für einen und denselben Ort, unverändert.

Hieraus folgt aber, daß die meisten Fixsterne für

* Vergl. §. 16.

uns unermeßlich weit entfernt sind, indem die längste Standlinie, an deren Endpunkte wir uns stellen können, d. h. der Durchmesser der Erdbahn, nur für ein paar Sterne eine sichere, und für einige andere eine noch nicht außer Zweifel gesetzte Parallaxe giebt.*

Anmerkung. Man kann mit großer Wahrscheinlichkeit annehmen, daß unter den zahllosen Fixsternen viele unsere S an Größe übertreffen, so wie vielleicht auch wieder mehrere von S in dieser Hinsicht übertroffen werden.

§. 213.

Die Fixsterne besitzen ihr eigenes L und erscheinen als Körper, welche der S ähnlich, und in zahlloser Menge vorhanden sind. Es ist wahrscheinlich, daß sie, wie S, eine Axendrehung haben, und daß planetenähnliche Körper sie umkreisen. Auch mögen viele Sonnen oder Fixsterne sich um einen großen Centralkörper bewegen, und so Theile eines großen Fixsternsystems sein. Die meisten uns sichtbaren Fixsterne gehören**, sammt der Milchstraße, zu einem solchen Systeme; und vielleicht ist jeder Nebelflecken*** ein großes Fixsternsystem. Diese Fixsternsysteme kann man sich wieder als Theile eines noch größern Ganzen denken; und vielleicht haben alle Systeme eine Beziehung auf irgend einen Punkt, der dann als Centralpunkt des Ganzen sich zeigt. Dieser Punkt braucht kein Centralkörper zu sein; auch ist es nicht nöthig, ihn immer an derselben Stelle im Weltenraume anzunehmen.

§. 214.

Die Farbe der Fixsterne ist sehr verschieden.

---

* Vergl. §. 192. ** Nach der Meinung mehrerer Astronomen.

*** Man lese §. 14; und bemerke, daß der merkwürdigste Nebelfleck am Schwerte des Orion sich zeigt, daß im Gürtel der Andromeda, im Antinous, Herkules, Schützen, Wassermann u. s. w. sich solche Flecken befinden, daß Herschel allein über 3000 Nebelflecke aufgefunden, und daß man an vielen dieser Himmelskörper Bewegungen wahrgenommen hat.

So hat z. B. Sirius ein weißes, und Aldebaran und Beteigeuze ein rothes L. Der Stern 22 σ des großen Hundes ist (nach Herschel) granatroth; auch giebt Lalande mehrere rothe Sterne an; und eben so kommen (nach Herschel) unter den kleinen Sternen bläuliche, grünliche und violette vor.

§. 215.

Man hat in verschiedenen Zeiten eine Aenderung an der Farbe sowohl als an der Größe mancher Fixsterne bemerkt. So war z. B. das L des Sirius früherhin roth, während es jetzt als das blendendste Weiß sich zeigt. Castor, der früher der größte unter den Zwillingen war, erscheint jetzt kleiner als Pollux; α der Wasserschlange wurde von den frühern Beobachtern als ein Stern erster Größe bezeichnet, während er jetzt nur einer der zweiten ist. α im Adler ist gegenwärtig ein Stern erster Größe, wurde aber früher nur zu denen der zweiten gezählt. Die sieben Sterne des großen Bären scheinen insbesondere ihr L beständig zu verändern, so daß bald dieser und bald jener als der größere erscheint.

§. 216.

Einige Fixsterne, welche man ehemals gesehen, finden sich nicht mehr; und andere die früher nicht bekannt waren, erschienen in der Folgezeit, und wurden die neuen Sterne genannt.

Manche Fixsterne nehmen an Größe ab, wenn sie eine Zeit lang sichtbar sind, verschwinden auch wohl ganz, erscheinen wieder, und werden mit dem Namen der veränderlichen Sterne belegt.

Anmerkung 1. Herschel hält die veränderlichen Sterne für Fixsterne, welche auf ihren Oberflächen bedeutend dunkle Flecken besitzen, oder in denen wenigstens große Stellen mit weniger lebhaftem L als die übrigen Theile leuchten. Dreht sich aber nun ein solcher Körper um seine Axe, so können bald die lebhaft leuchtenden und bald die dunkeln Stellen gegen uns gekehrt sein; und er kann uns deshalb das eine mal größer (d. h. leuchtender), und das anderemal kleiner erscheinen.

Bouillard hält die veränderlichen Sterne für Sonnen, deren eine Hälfte erleuchtet und deren andere dunkel ist.

Maupertuis glaubt, die veränderlichen Sterne seien Körper, die durch eine äußerst schnelle Axendrehung eine sehr abgeplattete beinahe linsenförmige Gestalt erhalten hätten, und deren Axen durch irgend einen nahen Weltkörper so verändert worden wären, daß sie bald ihre flachen und bald ihre schmalen Seiten uns zukehrten, u. s. w.

Anmerkung 2. Zu den veränderlichen Sternen gehört vorzüglich Algol in der Medusa. Er ist nämlich ein Stern zweiter Größe, zeigt sich die meiste Zeit als ein solcher, wird aber nach 2 Tagen 20 Stunden auf kurze Zeit viel dunkler. Nach Wurm dauert die Zeit seines schwächsten L, wo er Sternen vierter Größe gleicht, nur 18 Minuten; aber einige Stunden vorher und einige Stunden nachher bemerkt man das Ab- und Zunehmen seines L, so daß er etwa 8½ Stunden dunkler als sonst erscheint. Wurm hat die ganze Periode seines Lichtwechsels zu 2 Tagen 20 Stunden 48′ 58,7″ angegeben.

δ Cepheus verändert sich in 5 Tagen 8 Stunden von der 3ten zur 5ten Größe; η Antinous in 7 Tagen 4 Stunden von der 4ten zur 5ten Größe; und α Herkules in 60 Tagen von der 3ten zur 4ten. Auch hat der sogenannte wunderbare Stern im Wallfische eine Periode von 332 Tagen, und ist zur Zeit seines schönsten L von der 2ten Größe, während er zur Zeit seines schwächsten L selbst durch Fernröhre ganz unsichtbar wird, u. s. w.

Anmerkung 3. Zu den neuen Sternen gehört ein 1572 am 11. November von Tycho in der Cassiopeja entdeckter Stern, welcher den Sirius und Jupiter an Glanz übertraf, sogar am Tage sichtbar war, während der ganzen Zeit seiner Beobachtung seinen Ort am Himmel nicht veränderte, keine Parallaxe zeigte, aber nach einem Jahre allmählig wieder an Glanz abnahm, und 1574 im März gänzlich verschwand, ohne daß man von ihm seitdem eine Spur aufzufinden vermochte.

Auch Kepler entdeckte den 10. October 1664 am Fuße des Schlangenträgers einen neuen glänzenden Stern, der nachher ebenfalls unsichtbar ward;

und Cassini* sah den 20. Juni 1670 am Kopfe des Schwans einen Stern der 3ten Größe, der schon nach 2 Monaten zur 5ten herabsank, bald darauf unsichtbar wurde, in dem darauf folgenden Jahre mit schnell auflodernden Lichtwechsel wieder erschien und nach einem Jahre gänzlich verschwand.

---

* geb. zu Perinaldo bei Nizza 1625; gest. 1712 in Paris.

§. 217.

Die Fixsterne haben eine geringe scheinbare Bewegung, d. h. man sieht sie nicht völlig an demselben Orte, wo man sie von der ruhenden E aus erblicken würde. Da aber nun die E um S in einer Ellipse sich bewegt, so scheinen die Fixsterne jährlich kleine Ellipsen am Himmel zu beschreiben.

§. 218.

Mehrere Fixsterne zeigen eigenthümliche und stetig fortschreitende Bewegungen an der Himmelskugel, welche ihre Stellungen gegen benachbarte Sterne verändern, und die Gruppen, in denen sie erscheinen, umgestalten. Der 61ste Stern des Schwans besitzt die größte von allen eigenen Bewegungen, indem er eine fortschreitende Bewegung von mehr als 5 Sekunden jährlich zeigt, die aus seiner beziehungsweise zu der S stattfindenden Bewegung im Weltenraume entsteht. Ob diese Bewegung dem Sterne, der S, oder beiden zugleich eigenthümlich ist, weiß man nicht; doch ist das Letztere das Wahrscheinlichere. Die Bewegung der S und des ganzen Planetensystems hat indessen keinen Einfluß auf die Erscheinungen, welche die zu diesem Systeme gehörenden Körper zeigen, u. s. w.

Anmerkung 1. Halley schloß auf die eigenthümlichen Bewegungen einiger Fixsterne, indem er die jetzigen Stellungen einiger Sterne erster Größe, z. B. des Arctur und Sirius, mit ältern Bestimmungen verglich; und Maskelyne gab schon von 35 Sternen eigene Bewegungen an.

Anmerkung 2. Nach Bessel's Angaben rückt μ der Cassiopeja um 6′ 10″, und d im Eridanus um 6′ 44″ in 100 Jahren fort.

§. 219.

Zwei oder mehrere Sterne, welche so nahe zusammen stehen, daß das freie Auge (A) nur einen Stern an dieser Stelle zu sehen glaubt, heißen Doppel- oder mehrfache Sterne.

Betrachtet man z. B. das Sternbild der Leyer, so nimmt man nahe links neben dem glänzenden Hauptsterne einen Stern 4ter bis 5ter Größe wahr, welchen ein recht scharfes Auge (A), bei günstigem Himmel, länglicht erblickt. Nimmt man aber ein Taschenfernrohr von 8 bis 10maliger Vergrößerung, so wird man statt des einen Sternes zwei nahe bei einander stehende gewahr; und verstärkt man die Bewaffnung des A, so erscheint jeder dieser Sterne abermals länglicht; und ein großes Fernrohr, von etwa 150maliger Vergrößerung, wird endlich statt der beiden länglichten 4 einzelne paarweise gruppirte Sterne zeigen, welche 2 Doppelsternpaare bilden, u. s. w.

§. 220.

Die ersten Entdeckungen dieser Art rühren von Cassini, Flamstead, Pound und Bradley her. Meyer widmete diesem Gegenstande eine besondere Aufmerksamkeit; und der ältere Herschel beobachtete mit seinem Riesenteleskope die Doppelsterne, und theilte sie in 7 Klassen ein. Zur ersten Klasse rechnete er diejenigen, welche nur in sehr starken Ferngläsern als Doppelsterne zu erkennen sind, und deren gegenseitiger scheinbarer Abstand nicht 4 Bogensekunden überschreitet. Zur zweiten zählt er die Sterne von 4″ bis 8″; zur dritten die von 8″ bis 16″; zur vierten die von 16″ bis 32″ gegenseitigem Abstande, so daß durch fortgesetzte Verdoppelung des äußern Grenzwerthes noch eine fünfte, sechste und siebente Klasse angenommen werden kann; und wo erst in der achten Klasse einige wenige dem blosen Auge als 2 getrennte Sterne erscheinen.

Von 1779 bis 1783 beobachtete Herschel 97 Doppelsterne der ersten, 102 der zweiten, 114 der dritten, 132 der vierten Klasse, und außerdem noch gegen 200 der höhern. Er stellte auch den Unterschied zwischen optischen und physischen Doppelsternen auf, indem er zu den erstern diejenigen zählte, welche nur in Folge ihrer Stellung gegen E Doppelsterne bilden, und zu den letztern die rechnete, welche wirklich neben einander stehen, und deren Verhältniß durch eine veränderte Stellung gegen E im Wesentlichen nicht geändert wird.

§. 221.

Die Zahl der Doppelsterne, wenn man sie nur von 0″ bis 32″ Distanz betrachtet, war durch W. Herschel, seinen Sohn J. Herschel*, durch J. South's** und Bessels Beobachtungen auf nahe an 800 angewachsen, als Struve in Dorpat seine gründlichen Untersuchungen über die Doppelsterne begann. Seine Messungen umfassen 2641 Sternenpaare, wozu in den Anhängen noch 146 kommen. Er theilte die Doppelsterne in 8 Klassen mit folgenden obern Grenzen ihrer scheinbaren Distanz:

1″, 2″, 4″, 8″, 12″, 16″, 24″, 32″,

Unter den 2641 Sternenpaaren sind 1 fünffacher, 3 vierfache und 64 dreifache befindlich. Erweitert man aber die Grenzen für mehr als 2 Sterne noch etwas, so kommen bis zu 80″ Distanz:

2 fünffache,
9 vierfache und
113 dreifache vor.

§. 222.

Man hat gefund'en, daß er nur verhältnißmäßig wenig optische Doppelsterne giebt. Auch üben die physischen Doppelsterne eine gegenseitige Wirkung auf einander aus, welche die etwaigen Wirkungen anderer Körper weit übertrifft. Sie bilden also ein System, und beschreiben unter einander oder um ihren gemeinschaftlichen Schwerpunkt, Bahnen von irgend einer Form, wodurch ihr gegenseitiger Richtungswinkel (Position), und in den meisten Fällen, auch ihre scheinbare Distanz sich verändert. Sie werden endlich, wenn noch eine andere fortrückende Bewegung im Weltenraume stattfindet, diese gemeinschaftlich besitzen, u. s. w.

Anmerkung. Struve zeichnet unter den vielen von ihm genau beobachteten Doppelsternen besonders ξ im großen Bären, und No. 70 im Ophiuchus, deren starke gegenseitige Bewegung

* geb. um 1790 zu Slough bei Windsor.

** South, ausgesprochen Saud.

auch Herschel schon beobachtet, als vorzüglich bemerkenswerth aus. Der Doppelstern ξ im großen Bären besteht aus einem Sterne 4ter bis 5ter, und aus einem Sterne 6ter Größe; ihr Abstand beträgt $2\frac{1}{2}$ bis $2\frac{3}{4}$ Sekunden; und ihre Umlaufszeit wird auf weniger als 60 Jahre angegeben. Der Doppelstern Nr. 70 des Ophiuchus besteht aus einem weißgelblichen Sterne 4ter und einem rothen Sterne 7ter Größe; und der Abstand beider beträgt $5\frac{1}{3}$ Sekunden. Der Stern Castor ist ein Doppelstern; der Abstand der beiden einzelnen Sterne von einander beträgt 5 Sekunden, und die Umlaufszeit 460 Jahre. Auch stellt sich der Stern ζ des Krebses als ein System von 3 Sternen dar, u. s. w.

§. 223.

Die Doppelsterne sind öfters verschieden gefärbt. So ist z. B. in ε des Bootes der größere gelb und der kleinere blau. In γ der Andromeda existirt dieselbe Ungleichheit; und der Stern ζ im Herkules zeigte sich im Juli 1782 als Doppelstern, wobei der größere bläulich und der kleinere aschfarbig erschien.

§. 224.

Unter den hellern Doppelsternen hat man 596 Paare in Bezug auf ihre Farben untersucht; und gefunden:

I) **Sternenpaare mit gleichen Farben.**

Sehr weiß	78	Paare
Weiß	217	=
Weißgelblich	27	=
Gelblich	35	=
Gelb (u. roth)	11	=
Goldgelb	2	
Grün	5	

II) **Sternenpaare mit ähnlichen Farben.**

Gelb und weiß	30	Paare.
Weiß und blau . . .	53	=
Gelb von verschiedenen Graden	13	
Blau	5	

III) Sternenpaare mit gänzlich verschiedenen Farben.

Gelb und blau	52 Paare.
Gelblich und bläulich	52
Grün und blau	16

Zwölfte Abtheilung.

Von der Sonne (☉).

§. 225.

Der Durchmesser der ☉ ist* 187800 geographische Meilen, ihre Masse 337000 mal so groß als die der ♁ und über 800 mal größer als die Massen aller Planeten des ganzen Systems. Ihr körperlicher Inhalt ist 1295029 mal so groß als der der ♁**, und 560 mal so groß als die Inhalte aller Planeten zusammen genommen.

Denkt man sich ☉ als eine hohle Kugel, in deren Mitte die ♁ schwebend sich befindet, so könnte in ☉ der ☾ um ♁ nicht nur in der wirklichen, sondern beinahe in der doppelten Entfernung sich bewegen.

§. 226.

Da (nach neuern Bestimmungen) der Halbmesser der ☉ $= 109$ Halbmesser der ♁; und (nach vorigem §.) die Masse der ☉ $= 337000$ Massen der ♁ beträgt, so ist die auf der Oberfläche der ☉ stattfindende Schwere $= \frac{337000}{1092} = 28$***; und es folgt hieraus, daß auf der Sonnenoberfläche

---

* neuern Bestimmungen zufolge.

** wenn man nämlich den Durchmesser der letztern 1719 geographische Meilen annimmt.

*** ohngefähr.

die freifallenden Körper einen Raum von 15.28 oder 420 Fuß in der ersten Sekunde zurücklegen, wenn sie auf unserer E in derselben Zeit 15 Fuß freifallend beschreiben.

§. 227.

Die Dichtigkeit der S ist sehr gering, indem sie noch etwas kleiner als die unsers Wassers ist; und die Entfernung der S von E macht — den neuesten Bestimmungen gemäß — 20666800 geographische Meilen aus.

§. 228.

Betrachtet man S vermittelst eines Fernrohrs, so bemerkt man an ihrer Oberfläche oft schwarze Flecken, welche bald größer und bald kleiner und meist mit einem grauen Nebel umgeben sind, und langsam vom östlichen Sonnenrande gegen den westlichen, in parallelen Richtungen fortgehen. Manche werden unterdessen größer, manche kleiner, und verschwinden auch wohl ganz; und einige zertheilen sich in mehrere kleinere und verschwinden alsdann ebenfalls.

Anmerkung. Man bemerke, daß manche Flecken eine Dauer von einigen Monaten besaßen.

§. 229.

Die Zeit, welche ein Flecken zu seinem ganzen Umlaufe* gebraucht, beträgt 27 Tage. Doch ist dies nicht die wahre Rotationszeit der S, weil die E, in ihrer jährlichen Bahn, in 27 Tagen ebenfalls nahe 27° in derselben Richtung mit dem Flecken fortgerückt ist, und also letzterer in 27 Tagen nicht blos den ganzen Umfang der S von 360° sondern überdies nach 27° zurückgelegt hat. Die wahre Rotationszeit der S ist aber dieserhalb $= \frac{27 . 360}{387} = 25,12$ Tage usw.

* d. h. von einem Austritte aus dem rechten Sonnenrande bis zu dem nächstfolgenden Austritte aus demselben Rande.

§. 230.

Die Sonnenflecken erscheinen in der Nähe des Sonnenrandes schmäler als in der Mitte; auch bemerkt man mehrere Orte auf ☉, welche lebhafter als die übrige Oberfläche leuchten, und Sonnenfackeln genannt zu werden pflegen.

Anmerkung 1. Der Engländer Harriot* scheint am 8. December 1610 die Sonnenflecken zuerst beobachtet zu haben, obgleich der im 12ten Jahrhunderte lebende Arzt Averroes von Cordova wohl den ersten großen Flecken mit freien Augen erblickte, ihn jedoch irrthümlich für den Merkur ansah.

1610 sah Johann Fabricius einen großen Sonnenflecken, welchen er nachher mit seinem Vater David Fabricius, Prediger zu Ostett in Ostfriesland, gemeinschaftlich, durch ein aus Holland mitgebrachtes Fernrohr betrachtete.

Im März 1611 nahm Scheiner in Ingolstadt, und den 10. April 1612 Galiläi in Rom zuerst die Sonnenflecken wahr.

Anmerkung 2. Die Sonnenflecken erscheinen gewöhnlich in bestimmten Perioden, und es vergehen oft Jahre, in denen man keinen bedeutenden entdeckt.

Anmerkung 3. Die Sonnenflecken sind zuweilen so groß, daß man sie bei neblichem Wetter oder bei Sonnenuntergang (wenn das Auge, ohne geblendet zu werden, ☉ ansehen kann) mit blosem Auge erkennt.

Im April 1779 und im November 1795 sah man solche Flecke, deren Durchmesser das einemal auf 3000 und das anderemal auf 6000 geographische Meilen geschätzt wurden; und Schröter beobachtete im December 1791 einen Fleckenstrich, der gegen 200 Millionen Quadratmeilen Oberfläche besaß, oder einen ohngefähr 21 mal so großen Raum als die ganze Oberfläche der ♁ einnahm.

Im März 1825 sah Pastorff eine Fleckenreihe, deren Inhalt 51 Millionen Quadratmeilen betrug; und den 3. März 1826 bemerkte derselbe Beobachter 42 Flecken in einem 6 Minuten langen Raume. Unter den letztern hatte einer $1\frac{1}{2}$ Minuten im Durchmesser, so daß er 90 Millionen Quadratmeilen auf der Oberfläche der ☉ bedeckte.

§. 231.

Die Bewegung der Sonnenflecken wird aus der Aren-

* ausgespr. Här'riött; geb. zu Oxford 1560; gest. zu London 16..

drehung der S erklärt. Auch bewirkt die sphärische Gestalt der S, daß die Sonnenflecken nahe am Rande länglich, oder vielmehr zusammengedrängt, und in der Mitte erweitert erscheinen. Da ferner S eine Kugel ist, so kann man von ihren Polen, ihrem Aequator u. s. w. sprechen; auch wird die Lage der Sonnenaxe durch die Beobachtung der Bewegung der Sonnenflecken bestimmt.

§. 232

S ist — nach der Meinung vieler Naturforscher — ein mit einer leuchtenden Atmosphäre oder Lichtsphäre umgebener dunkler Körper. Diese leuchtende Atmosphäre, worin das L sich entwickelt, besteht* aus zwei Hauptschichten, von denen die der S nähere eine unserm Luftkreise ähnliche aber dichtere Schichte, und die andere die eigentliche Lichtsphäre, oder Potosphäre** ist. Die Sonnenflecken sind die von solchen Lichtwolken entblößten Gegenden, oder die Oeffnungen der Lichtsphäre, welche zwar manchmal ziemlich lange dauernd, aber niemals unveränderlich, sondern bald ab- und zunehmend sich zeigen. Durch diese Oeffnungen sieht man auf die dunkle Sonnenoberfläche; und befinden sich gerade unter den Oeffnungen der Lichtsphäre atmosphärische Verdichtungen in der nicht leuchtenden Lufthülle, so erscheinen die Flecken grau. Befinden sich aber in diesen Verdichtungen wieder Oeffnungen, so sieht man auf die dunkle S hinunter und die Sonnenflecken erscheinen schwarz mit grauer Einfassung u. s. w. Man hat auch wirklich graue Flecken, schwarze mit grauer Einfassung, und schwarze ohne Einfassung bemerkt.

Anmerkung 1. Die Beantwortung der Frage, ob gewisse Gegenden der S geeigneter als andere sind, uns Sonnenflecken zu zeigen, wurde durch Capocci's Beobachtungen etwas näher geführt. Man wußte nämlich schon früher, daß die Sonnenflecken nur um den Sonnenäquator und nie in der Nähe der Pole erschienen. Capocci fand aber aus vielen Beobachtungen:

* nach Herschel. ** d. h. eine Art leuchtender Wolken.

1) daß man zwischen 0° und 10° nördlicher Breite selten Flecken gesehen hat, und daß die dort erschienenen nur klein sich zeigten;

2) daß die Sonnenflecken in 3° bis 8° südlicher und in 11° bis 15° nördlicher Breite häufiger waren; und

3) daß über 40° Breite hinaus fast nie Sonnenflecken erschienen.

Anmerkung 2. Die ältern Physiker hielten S für einen brennenden Körper, die veränderlichen Sonnenflecken für Dämpfe und Rauchwolken, und die bleibenden für Gegenden, welche zu leuchten aufgehört hätten.

Anmerkung 3. Man hat der Emanationshypothese* entgegengesetzt, daß durch das immerwährende Ausströmen des L die S endlich an Masse verlieren und an Größe abnehmen müßte, was durch die Beobachtungen nicht bestätigt werden soll. Doch hat die Natur ohnstreitig viele Mittel, einen solchen Verlust, wenn er wirklich stattfindet, zu ersetzen. Hierher gehört z. B. das Zurückwerfen des L von den Planeten; die Annäherung der Kometen, von welchen viele blos aus Lichtstoff gewebt zu sein scheinen; das L der unzähligen andern Fixsterne u. s. w., so daß unter den Himmelskörpern nicht sowohl der Gewinn und Verlust des Einzelnen, als vielmehr der gegenseitige Austausch aller betrachtet werden muß.

§. 233.

Da E, durch die Anziehung der S, jährlich eine Ellipse** um letztere beschreibt, so wird auch der durch die Anziehung der E in Bewegung gesetzte Mittelpunkt der S jährlich eine äußerst kleine Ellipse beschreiben, wodurch nicht sowohl eine fortschreitende als eine schwankende Bewegung der S entsteht. Da ferner der Mittelpunkt der S ähnliche Bewegungen durch die Anziehungen der andern Planeten beschreibt, so geht für diese Bewegung der S eine äußerst verwickelte krumme Linie hervor, deren Berechnung aber unnöthig ist, weil die Astronomen nicht die absoluten Bahnen der Planeten im Raume, sondern nur ihre relativen gegen S betrachten; und daher bei

* Vergl. Band II, §. 777.

** welche, wie späterhin erhellt, sich dem Kreise sehr nähert.

der Berechnung jeder Planetenbahn nicht die Sonnenmasse allein, sondern die Summe ihrer Masse und der der Planeten zu Grunde legen, wodurch jene eigene Bewegung der S aus den Rechnungen eliminirt wird.

Dreizehnte Abtheilung.

Von dem Merkur (☿).

§. 234.

☿ entfernt sich nie über 29 Grade von S, und wird also nur in der Nähe der Dämmerung gesehen. Man erkennt ihn an seiner hellweißen Farbe und dem blendenden L, gegen welches selbst das des Jupiters nur bleich und gleichsam dämmernd erscheint, wenn beide Himmelskörper* zugleich im Felde des Fernrohrs sich befinden.

§. 235.

☿ ist im Mittel nahe 8 Millionen Meilen von S entfernt; und da die Excentricität seiner Bahn 1602500 Meilen beträgt, so ist sein Abstand von S sehr verschieden, und zwischen den Grenzen von 6 und 9$\frac{1}{3}$ Millionen Meilen eingeschlossen. Auch kann seine Entfernung von S, nach dem verschiedenen Stande des ☿, 10,4 bis 29$\frac{3}{8}$ Millionen Meilen betragen.

§. 236.

Der Durchmesser des ☿ ist 580 Meilen groß. Er erscheint uns in seiner größten Nähe unter dem Winkel 11″,6, während er in seiner größten Entfernung nur unter dem Winkel 4″,0 sich zeigt.

---

* wie am 4. Juli 1801.

§. 237.

☿ legt seine Bahn in 87,96926 Tagen zurück; geht in einer Sekunde 6,67 Meilen fort; ist 3,61 mal dichter als ♁; dreht sich in 1,003 Tagen um seine Axe; und sein Aequator ist gegen die Ebene seiner Bahn um 20° geneigt.

§. 238.

Schröter beobachtete auf ☿ 58000 Fuß hohe Berge, welche Züge von 40 Meilen Breite und 80 Meilen Länge bildeten, und von denen die meisten* auf der südlichen Hemisphäre sich befanden. Auch bemerkte dieser Beobachter Verdunkelungen einzelner Theile der Oberfläche, die schnell entstanden, Ort und Gestalt veränderten, und oft nach wenigen Stunden wieder verschwanden. Sie erschienen als Wolkenzüge, welche sich oft über eine Strecke von mehreren 100 Meilen verbreiteten, und die Existenz der Atmosphäre des ☿ außer Zweifel setzten.

Anmerkung. Die so oft beobachtete Ungleichheit der sogenannten Hornspitzen, wo bald die eine und bald die andere abgestumpfter erschien, erklärt Schröter aus dem Schatten sehr hoher Gebirge, die gegen das Ende der sichtbaren Erleuchtungsgrenze liegend, ihren Schatten bis an diese Grenze verbreiteten.

§. 239.

Die Lichtgrenze der Phasen des ☿ ist nicht scharf abgeschnitten, indem das L der beleuchteten Seite an dieser Grenze nur durch allmälige Abstufungen abnimmt und sich endlich in den Schatten der Nacht verliert. Wenn ☿ in seiner untern Conjunction zwischen S und E durchgeht und seinem Knoten bis auf 3° 28′ nahe steht, so erscheint er als ein runder schwarzer Flecken auf S. Bei der gegenwärtigen Lage seiner Knoten können diese Durchgänge bei dem aufsteigenden Knoten nur im October und bei dem absteigenden nur im April geschehen.

Anmerkung. Die Durchgänge des ☿ fanden z. B. statt:

* wie beinahe bei allen Planeten.

1832 im April, 1835 im October; und ereignen sich noch: 1845 im April, 1848 im October und 1861 im October.

§. 240.

Die auf ☿ stattfindenden Jahreszeiten sind fast eben so wie bei uns, folgen aber so schnell auf einander, daß jede derselben ohngefähr 22 unserer Tage beträgt. Auch besitzt ☿ eine nur wenig abgeplattete Gestalt.

Vierzehnte Abtheilung.

Von der Venus (♀).

§. 241.

♀ ist an ihrem blendend weißen L, welches sie oft bei Tage sichtbar macht und so stark ist, daß es bei Nacht an den von ihm beschienenen Körpern einen bemerkbaren Schatten wirft, erkennbar. Sie entfernt sich nie über 48° von S; ist also nur vor Sonnenaufgang in der Nähe der Morgendämmerung und nach Sonnenuntergang in oder nach der Abenddämmerung sichtbar; und wird aus diesem Grunde der **Morgen- und Abendstern** genannt.

§. 242.

♀ vollendet ihren siderischen Umlauf um S in 224,7008 Tagen, und legt auf ihrer Bahn in einer Sekunde 4,88 Meilen zurück. Die Excentricität der Bahn ist 99850 Meilen; die mittlere Entfernung der ♀ von S 14570000 Meilen; ihr kleinster Abstand von E $5\frac{1}{8}$, ihr größter $35\frac{3}{20}$ Millionen Meilen; und ihr scheinbarer Durchmesser verändert sich von 9″,6 bis 65″,6. Wegen des geringen Abstandes der ♀ von E werden ihre Lichtveränderungen, welche denen unseres M ähnlich sind, schon mit einem schwachen Fernrohre bemerkt.

§. 243.

Der Durchmesser der ♀ ist 1633 Meilen; ihre Masse der 0,94te Theil der Erdmasse; und ihre Dichtigkeit $\frac{1}{10}$ größer als die der E. Auch verhält sich der Fall schwerer Körper in der ersten Sekunde auf ♀ zu demjenigen auf E wie 1,05 zu 1.

§. 244.

Da die Lichtgrenze der ♀ nie rein abgeschnitten, sondern sehr uneben erscheint, so wechseln auf ihrer Oberfläche Berge, Thäler und Ebenen mit einander ab. Man erkennt dies besonders deutlich an den beiden Enden der sichelförmigen Phasen, die bald zurück und bald voraus stehen, und mehr spitz oder abgerundet erscheinen, je nachdem sie einem hohen Berge oder einem tiefen Thale begegnen. Auch bemerkt man öfters noch in beträchtlicher Entfernung von der Lichtgrenze in der Nachtseite der ♀ isolirte hellleuchtende Punkte, d. h. hohe Berge, deren Gipfel schon von den Strahlen der aufgehenden S getroffen werden, während ihr Fuß noch in dem Schatten sich befindet. Schröter fand unter diesen Bergen mehrere, deren Höhen 4 bis 5 Meilen betrugen; und bemerkte die meisten und höchsten Berge auf der südlichen Hemisphäre, wo sie oft 200 Meilen lange Ketten bildeten, u. s. w.

§. 245.

Aus der regelmäßigen Abwechselung der Phasenspitzen und jener isolirten Lichtpunkte wurde die Rotation der ♀ um ihre Axe = 23 Stunden 21′ 19″ bestimmt. Ihr Aequator ist, nach einigen Beobachtungen, 72° gegen die Ebene der Bahn geneigt, so daß die Schiefe der Ekliptik bei ♀ über 3mal größer als bei E sich zeigt.

§. 246.

♀ besitzt einen viel heiterern Himmel und also auch weniger Wasser als E*; doch ist wegen der auf ♀ stattfindenden

* weil man nur selten schwache und bald vergängliche Spuren von nebelartigen und wolkigen Flecken bemerkt.

Dämmerung und dem stufenweisen Uebergange der beleuchteten Seite in die dunkle, die Existenz einer Atmosphäre außer Zweifel gesetzt. Die Höhe der letztern bis zu der Grenze, wo sie noch L zurückwirft, wird von Schröter auf 39000 Fuß geschätzt.

§. 247.

Die dunkle Seite der ♀ ist gewöhnlich von einem eigenen sanften Lichtschimmer, wie M in den ersten Tagen nach dem Neumonde, beleuchtet. Die Ursache dieser Erscheinung scheint in einem eigenen phosphorescirenden L zu bestehen, welches die Oberfläche der ♀ besitzt. Auch hat man, bei den Durchgängen der ♀ durch S, einen sie umhüllenden Ring bemerkt, welchen man die Atmosphäre der ♀ nennen würde, wenn er sich nicht auf bedeutend größere Entfernungen von ihrer Oberfläche erstreckte, als sich, andern Beobachtungen gemäß, die Atmosphäre der ♀ zu erstrecken scheint, so daß über seine Entstehung noch nichts Gewisses gesagt werden kann.

§. 248.

Aus vorigen §§. geht hervor, daß ♀ nahe dieselbe Größe, Masse, Dichtigkeit, Rotationszeit, und eine ähnliche Atmosphäre wie E besitzt. Ihre Jahreszeiten sind den unsrigen in Bezug auf die Abstufungen ähnlich, folgen aber etwas schneller auf einander. Doch müßte die große Neigung des Aequators der ♀ gegen ihre Bahn eine beträchtliche Verschiedenheit zwischen ♀ und E erzeugen, wenn diese auch nicht schon durch den Mangel an Wasser und an Wolken in der Atmosphäre der ♀, und durch die Abwesenheit eines Mondes hinlänglich begründet wäre.

§. 249.

Erfolgt die untere Conjunction in der Nähe der Knoten, so sieht man ♀ als einen runden schwarzen Flecken auf S von Osten nach Westen vorübergehen. Obgleich die ♀ aber nun alle 19 Monate einmal zwischen S und E durchgeht, so kann sie doch nur dann vor S gesehen werden, wenn ihre Entfernung vom Knoten nicht mehr als 1° 49′ beträgt. Da aber diese Grenze beim ☿ 3° 28′ ausmacht, so folgt, daß die Durchgänge des ☿ viel häufiger als die der ♀ erfolgen.

Anmerkung. Die Durchgänge der ♀ fanden statt: 1631, 1639, 1761, 1769; und ereignen sich wiederum: 1874, 1882, 2004 und 2012.

Funfzehnte Abtheilung.

Von der Erde (♁).

§. 250.

Die Gestalt der ♁ ist die eines abgeplatteten Ellipsoids*; ihr Durchmesser beträgt ohngefähr 1718,8 Meilen, ihr Umfang 5400 Meilen, ihre Oberfläche 9243085 Quadratmeilen, und ihr körperlicher Inhalt 2642653636 Kubikmeilen.** Die halbe große Axe ihrer elliptischen Bahn (B) um ☉ ist 20666800 Meilen; und die Excentricität (X) der B dem 0,016794ten Theile der halben Axe, oder 347080 Meilen gleich.

♁ legt ihre B in der Zeit des siderischen Jahres, oder in 365,2563835 Tagen, oder in 365^{T} 6St 9′ 11″,5***, also in einer Sekunde ohngefähr 4,6 Meilen derselben zurück; und dreht sich außerdem in 23St 56′ 4″,09 mittlere Zeit um ihre kleine Axe†, die gegen die Ebene der Ekliptik unter dem Winkel von 66° 32′ geneigt ist, so daß ihr Aequator mit der Ekliptik einen Winkel von 23° 28′ ausmacht.††

* Vergl. §. 151. ** Lese §. 148 und 149.

*** Man vergl. §. 95 und §. 177; und bemerke, daß das tropische Jahr 20′ 19″,9 kleiner als das siderische ist, und also 365^{T} 5St 48′ 51″,6 beträgt.

† Siehe §. 97. †† Vergl. §. 121, Nr. 5.

Anmerkung 1. Aus gegenwärtigen §. geht hervor, daß B nur etwas von einem Kreise abweicht, und daß sie — verschiedener Störungen wegen — ebenfalls keine vollkommene Ellipse sein kann.

Anmerkung 2. Man bemerke, daß X in unserm Jahrtausende im Abnehmen ist, und daß also die Umläufe des M nicht ganz in dem Maße wie ehemals verzögert werden, sondern daß M der E allmälig etwas näher rückt und seine Umläufe schneller vollendet. Da aber die Abnahme der X endlich eine Grenze erreichen und alsdann B sich wieder mehr vom Kreise entfernen wird, so folgt: a) daß auch M nicht unaufhörlich der E näher kommen, sondern, wenn auch diese geringe Aenderung der Bewegung noch einige Jahrtausende im Zunehmen ist, doch endlich wieder abnehmen muß; und b) daß die Ordnung der jetzt stattfindenden Erscheinungen nie sehr wesentlich verändert werden kann. —

§. 251.

Die mittlere Dichtigkeit (D) der E wurde von Maskelyne und Hutton um 1774 bis 1776 dadurch ermittelt, daß sie die Einwirkung der Bergkette Shehallien* in Pertshire auf ein in ihrer Nähe herabhängendes Loth ermittelten. Sie fanden D anfänglich 4,481, und nachher 4,95.

Playfair ermittelte später auf dieselbe Weise, jedoch mit größerer Genauigkeit, D = 4,713, welche aber in 4,71143 überging, als die genauere Größe der E in Anwendung kam.

D wurde ferner von Carlini** = 4,39; von Cavendish***, durch Michell's Drehwage, = 5,48, und nach gehöriger Revision = 5,32 gefunden.

Laplace berechnete endlich die Dichtigkeit des Erdkerns = 4,761, wenn er die der äußern Rinde = 3 annahm, u.s.w.

Anmerkung 1. Das hohe specifische Gewicht der E beweist, daß ihr Inneres viel schwerer als die sie umgebende erstarrte Rinde sein muß.

---

* gälisch Thichallin.

** indem er die Länge des Sekundenpendels auf dem Mont-Cenis mit der zu Bourdeaux verglich.

*** Cavendish, ausgespr. Käw'wndish, zweiter Sohn des Herzogs von Devonshire; geb. 173; zu London; gest. 1810.

Anmerkung 2. Man bemerke, daß, nach Lamberts* Schlüssen, die E etwa $\frac{1}{7}$ des empfangenen L reflectirt.

Sechzehnte Abtheilung.

Von dem Monde (C).

§. 252.

M ist eine Kugel, welche viele Unebenheiten, aber keine Abplattung zeigt. Er wird am einfachsten wie E eingetheilt, so daß seine Pole, Meridiane und Parallelkreise dieselbe Bedeutung, wie auf E erhalten.

§. 253.

M besitzt einen Durchmesser von $468\frac{3}{5}$ geographischen Meilen, und ist 51829 geographische Meilen von E entfernt.** Sein Durchmesser erscheint uns in der mittlern Entfernung unter einem Winkel von 31′ 3″; kann aber bis 33′ 30″ zunehmen und bis 29′ 22″ sich vermindern. Die Masse des M ist*** der 88ste Theil der Erdmasse; und seine Dichtigkeit $\frac{5}{8}$ von der Dichte der E.

§. 254.

M geht in der Zeit, in welcher E um S sich bewegt, nahe $12\frac{2}{5}$ mal um E, indem er sie in ihrer jährlichen Bahn begleitet. Die Geschwindigkeit, mit welcher M um E läuft, ist nur der 30ste Theil jener, womit E und mit ihr zugleich M jährlich um S sich bewegt. Die Bahn des M ist sehr zusammengesetzt, und mit einer in 12 bis 13 Knoten geschlungenen Schnur vergleichbar, wobei jedoch die Knoten selbst

* Lambert wurde zu Mühlhausen im Sundgau 1728 geboren; und starb 1777 zu Berlin.

** Vergl. §. 190, Anmerk. 1. *** nach Lindenau.

nach Millionen von Jahren nie wieder auf dieselben Punkte der Schnur zurückfallen.

Anmerkung. Man bemerke, daß die Bahn des M ohngefähr 324000 Meilen im Umkreise besitzt, daß er in jeder Stunde ohngefähr 500, und indem er zugleich mit E fortgeht, 17000 Meilen beschreibt.

§. 255.

Betrachtet man M durch ein schwaches Fernrohr, so erscheint seine Oberfläche mit vielen Flecken bedeckt, von denen einige ein helleres L als die übrigen Theile der Fläche besitzen, und andere in ein tieferes Dunkel, wie in einen Schatten gehüllt sind. Man hat diese Flecken anfänglich mit unsern Thälern, Flüssen und Meeren verglichen; späterhin aber, mit Hülfe besserer Fernröhre, mehrere Unähnlichkeiten zwischen der Mond- und Erdoberfläche entdeckt.

Anmerkung 1. Hevel und Riccioli gaben den auf M vorhandenen grauen Flächen, in welchen sich hie und da ein Berg wie eine Insel hervorhebt, den Namen der Meere; auch sind diese Benennungen noch jetzt im Gebrauche, obgleich man die grauen Flächen nicht mehr für Meere hält. Die Berge wurden nach berühmten Mathematikern, Astronomen, Philosophen u. s. w. benannt.

Anmerkung 2. Hevel entwarf zuerst eine zwar sehr mangelhafte und nur nach Schätzungen entworfene aber lange im Gebrauch gebliebene Darstellung des M.

Tobias Mayer in Göttingen war der erste, welcher die Nothwendigkeit umfassender und genauer Messungen auf M erkannte, mit Ernst an die Bearbeitung einer richtigen Mondkarte dachte, aber nach seinem Tode nur einen Theil der angefangenen Zeichnungen hinterließ.

Schröter in Lilienthal lieferte in den beiden Bänden seines Werkes: „Selenotopographische Fragmente" eine große Anzahl von Zeichnungen, welche einzelne Gegenden des M so darstellen, wie sie im Augenblicke der Beobachtung erscheinen.

W. G. Lohrmann in Dresden bestimmte 1821 die Lage der Hauptflecken durch sehr genaue und nach vollkommen strengen Formeln berechnete Messungen, und trug in das so construirte Haupt-Dreiecksnetz die übrigen Punkte gleichfalls nach Messungen ein. Sein Entwurf bestand aus 25 Blättern, welche die ganze Mondscheibe darstellen sollten; doch ist nach den im Jahre 1824 erschienenen 4 ersten Blättern bis jetzt keine Fortsetzung erfolgt.

W. Beer und Mädler begannen endlich 1830 in Berlin, nach dem Plane Lohrmanns, eine Mondkarte, welche 1836 vollendet erschien, während eine General- und Uebersichtskarte von 1 Fuß Durchmesser 1337 herauskam.*

§. 256.

☾ besitzt vorzüglich hohe Berge, unter denen Schröter vorzüglich die Randgebirge auszeichnete, welchen er die Namen Dörfel und Leibnitz gegeben, und von denen die Gipfel des erstern gegen 30000 und die des letztern gegen 24000 Fuß Höhe besitzen sollen. Da aber der höchste Berg der ♁, nämlich der Dhavalagiri im Himalajagebirge, nur 24000 Fuß hoch ist, so folgt, daß die Mondberge, im Verhältniß der Durchmesser beider Weltkörper, ohngefähr 5 mal höher als unsere Erdgebirge sind.

§. 257.

Auf die im vorigen §. erwähnten Gebirge folgen zunächst die eine ganze Bergkette bildenden und ohngefähr in der Mitte der uns zugewandten Seite des ☾ liegenden Gebirge. Ihre Gipfel haben 13000 bis 19000 Fuß Höhe; und da sie gegen die Mitte der uns sichtbaren Mondscheibe liegen, so zeigen sie um die Zeit ihrer Viertel, wenn die Lichtgrenze nahe an ihnen vorbeigeht, theils weit in die Nacht hinaus liegende erleuchtete Spitzen, ehe ☉ an ihrem Fuße aufgeht, und theils sehr lange Schatten, wenn ☉ auch die sie umgebenden Ebenen schon erleuchtet.

Das zu den Messungen angewandte Mikrometer bestand aus 2 feinen im Brennpunkte des Fernrohs senkrecht ausgespannten parallelen Fäden, und einem rechtwinklig darauf stehenden Querfaden. Die Fäden konnten um die Axe des Rohres gedreht und zusammen verschoben werden; auch war der eine noch für sich allein durch eine Schraube beweglich. Die Zahl der Umdrehungen dieser Schraube konnte man an einer beim Ocular befindlichen messingenen Platte, die Bruchtheile aber am Schraubenkopfe selber ablesen, dessen Umfang in 100 gleiche Theile getheilt war, wovon das Augenmaß 1000 machen konnte. Richtete man nun das Fernrohr auf den zu messenden Gegenstand, und drehte die Fäden so lange aus einander, bis sie ihn genau zwischen sich faßten, so konnte man die Ganzen und Theile der Umdrehung ablesen, u. s. w. (Vergl. §. 140, Note ***).

Diese Gebirgskette wurde von Hevel mit dem Namen der Appeninen belegt.

§. 258.

Die übrigen auf ☾ vorhandenen Gebirge sind meist von geringerer Höhe, und stellen sich als Bergrücken oder Bergadern, als Ringgebirge und einzelne Berge dar.

Die größten Bergadern findet man beim Tycho, Kepler und Copernicus*, wo ein großer Bergrücken sich weit über die Oberfläche des ☾ aufthürmt, und von ihm nach allen Seiten Gebirge in die umliegenden Ebenen herabgehen.

Die Ringgebirge haben meist die Gestalt von Kreisen oder von kreisförmigen ausgetrockneten Teichen, und sind rings mit einem erhabenen Walle umgeben, während ihre innere, ebene oft viele Quadratmeilen große Fläche in der Mitte, gewöhnlich einen isolirten kegelförmigen Berg trägt. Zu den merkwürdigsten Ringgebirgen werden Plato und Eudoxus** gezählt.

Anmerkung 1. Die Messung der auf ☾ stattfindenden Höhenunterschiede ist sehr schwierig uud in manchen Fällen unausführbar. Man befolgt hier 3 verschiedene Methoden, wovon die erste blos bei den im Profil gesehenen Bergen des Randes in Anwendung kommt und wenig Genauigkeit gewährt; die zweite darauf beruht, daß das Sonnenlicht die Bergspitze früher erreicht und später als das umliegende Thal verläßt, und also ein solcher Theil als Lichtpunkt in der Nachtseite des ☾ noch gesehen werden kann; und die dritte auf die Messungen der Schatten sich gründet, indem aus der Länge des Schattens und der Höhe der ☉ über dem Horizonte sich auf ☾ eben so wie auf ♁ die Höhe eines Gegenstandes ergiebt.

Anmerkung 2. Die Berge des ☾ werden am besten zur Zeit seiner beiden Viertel beobachtet, indem a) im Vollmonde die ☉ genau über der Mitte der uns sichtbaren Mondesscheibe steht und der nur kurze Schatten nicht deutlich erscheint***; b) die im

* der Tycho besitzt eine Höhe von 16662, Kepler von 9400 und Copernicus von 10584 Fuß.

** die Höhe des Plato beträgt 6810, und die des Eudoxus 13980 Fuß.

*** Beim Vollmonde ist der Schatten der am Rande des ☾ stehenden Berge zwar sehr groß, liegt aber auf der von uns abgewandten Seite des Berges, und ist daher unsichtbar, weil der Berg ihn verdeckt.

Neumonde stattfindenden Schatten in einer zu verkürzten Projection auf dem gegen uns sehr schief liegenden Theile der Mondoberfläche sich zeigen; und c) bei den 2 Vierteln die S, für die Mitte der uns sichtbaren Scheibe, eben auf= oder untergeht, und daher die größten und deutlichsten Bergschatten bewirkt.

§. 259.

Die Ringgebirge des M sind vulkanischen Ursprungs. So ist z. B. der innere Raum, welchen diese Gebirge einschließen, gewöhnlich in seiner Mitte vertieft und kegelförmig ausgehöhlt, wie man dies an den starken und langen Schatten erkennt, welche diese Berge werfen, und die an der innern Seite immer größer und dunkler als an der äußern sich zeigen. Auch sind diese Vertiefungen den Kratern unserer Vulkane sehr ähnlich, übertreffen dieselben aber beträchtlich an Größe, indem z. B. der Krater des Copernicus 7 deutsche Meilen im Durchmesser besitzt, während der des Aetna in Sicilien nur 4000 Fuß im Durchmesser enthält.

§. 260.

Die in der Mitte der Ringgebirge vorhandenen Kegel scheinen mehr durch innere chemische Kräfte aufgeblähten Blasen als wirklichen Bergen zu gleichen. Auch sind die meisten Vulkane nicht völlig isolirt, sondern durch gerade Linien und Streifen mit einander verbunden.

§. 261.

Zu den merkwürdigsten Erscheinungen auf M werden die sogenannten Strahlensysteme gezählt. So sind z. B. 7 größere Gebirge Tycho, Copernicus, Kepler, Byrgius, Anaxagoras, Aristarch und Olbers von radienartig sich ausbreitenden Lichtstreifen umgeben; auch wird diese Erscheinung in mehreren andern Gebirgen bemerkt. Diese Streifen fangen gewöhnlich erst in einiger Entfernung vom Ringgebirge an*; und ziehen von da 30, 50, 100 und mehr Mei-

---

* so daß stets der helle Wall desselben am Fuße zunächst eine dunkle Umgebung besitzt.

len in gerader oder wenig gekrümmter Richtung, und zwar über Ebenen, Bergketten, einzelne Berge, Krater u. s. w. fort.

§. 262.

M **erscheint uns wie ein mit unzähligen Blasen bedeckter trockener Gyps- oder Schwefelguß**; und ist — mehreren Beobachtungen zufolge — von einer äußerst schwachen Atmosphäre umgeben. Es fehlt ihm daher auch an dem Wasser (A), weil z. B. unsere Meere, ohne die Atmosphäre schon lange verdünstet wären.

Auch hat Schröter nicht die kleinste völlig ebene Stelle auf der Oberfläche des M bemerkt, und hieraus auf gänzlichen Wassermangel geschlossen, weil diese Flüssigkeit sich immer in eine Ebene auszubreiten pflegt. Eben so können die zwischen den Vulkanen stattfindenden häufigen Verbindungslinien nicht für Flüsse gelten, weil man an keiner derselben Seitenadern bemerkt, wodurch dem Hauptflusse sein A zugeführt werden könnte, und weil sie oft mit tiefen Abgründen in Verbindung stehen, in welchen man wieder nichts als Unebenheiten und keineswegs etwas unserm A Aehnliches entdeckt.

Anmerkung 1. Da es dem M an Luft und A fehlt, so scheint er ein bloses nacktes, trocknes und unfruchtbares Felsengerippe, d. h. ein Weltkörper zu sein, der sich entweder selbst schon überlebt hat, oder einem neuern Leben entgegen geht.

Anmerkung 2. Der runde Flecken **Plato**, dessen Durchmesser (nach Schröter) 10 deutsche Meilen beträgt, ist schon mit einem Fernrohre von 10maliger Vergrößerung erkennbar, indem er unter einem Winkel von 40 Sekunden erscheint. Mit einer 200maligen Vergrößerung sieht man aber Gegenstände in M, deren Durchmesser eine Meile beträgt; und mit unsern neuesten besten Fernröhren werden noch viel kleinere Objekte auf M bemerkt.

§. 263.

Aus neuern und genauern Beobachtungen geht hervor, daß M **eine schwache Dämmerung besitze**, indem Schröter kurz vor und nach dem Neumonde über die Spitzen der sogenannten Hörner heraus öfters ein mattes Zwielicht entdeckt, **und daraus die Höhe einer Atmosphäre**, die noch stark genug ist, L zu reflectiren, zu 800 Fuß berechnet hat. Auch erscheinen die Berge des M in einem mattern L, wenn sie nahe an der Lichtgrenze liegen, wo ihnen die S eben auf- oder untergeht, weil die Sonnenstrahlen dort einen längern Weg durch die untere dichtere Atmosphäre des Randes machen müssen, während sie dieselbe in einer darauf senkrechten Richtung auf einem viel kürzern Wege durchschneiden. Und endlich hat man schwache Abänderungen auf der Oberfläche des M bemerkt, die unsern Wolken ähnlich zu sein scheinen, und die Gestalt und Farbe der Flecken und Berge oft so änderten, daß die Schatten der letztern auf die der S zugekehrten Seite zu fallen schienen.

§. 264.

M kehrt uns* immer die nämliche Hälfte seiner Kugel zu**; und es folgt hieraus: daß er in derselben Zeit, in welcher er um E geht, zugleich um seine Axe sich dreht, oder daß seine Rotation seiner Revolution gleich ist. ***

Die Axe dieser Rotation steht auf der Ebene der Mondsbahn beinahe senkrecht, so daß der Aequator des M mit seiner Bahn den kleinen Winkel von 6° 36′, und mit der Ekliptik den noch kleinern von 1° 29′ bildet. Da aber der Wechsel der Jahreszeiten von jenem Winkel der Bahn eines Gestirns mit seinem Aequator abhängt, und dieser Winkel bei M fast gänzlich verschwindet, so findet auf der Oberfläche des M kein Wechsel der Jahreszeiten statt und die nahe am Aequator befindlichen Bewohner haben S immer nahe bei ihrem Zenithe,

---

* eine kleine Schwankung abgerechnet.

** Rechnet man alles, was uns von der Oberfläche des M überhaupt zu Gesichte kommen kann, zusammen, so ergeben sich $\frac{3}{7}$ der Gesammtoberfläche als beständig unsichtbar, $\frac{3}{7}$ als beständig sichtbar, und $\frac{1}{7}$ als wechselsweise sichtbar und unsichtbar. Dieses letztere $\frac{1}{7}$ bildet eine Zone von ungleicher Breite, durch deren Mitte derjenige größte Kreis geht, welcher der mittlere Mondrand genannt zu werden pflegt, und der auf den Mondkarten den Rand ausmacht.

*** doch existirt hier der Unterschied, daß seine Umdrehung ganz gleichförmig, seine Umlaufsbewegung aber sehr ungleichförmig geschieht.

so wie die Bewohner der beiden Pole sie immer nahe bei ihrem Horizonte sehen, u. s. w.

Anmerkung. Aus gegenwärtigem §. geht hervor, daß der Tag auf M* so lange als das Jahr desselben dauert; daß jeder Ort des M die S ohngefähr 14¾ unserer Tage** über, und eben so lange unter seinem Horizonte hat, und daß auch M das ganze Jahr hindurch und für alle Orte desselben der Tag immer der Nacht gleich ist. Während also, wegen jenes Mangels der Jahreszeiten die Erwärmung auf den verschiedenen Punkten der Mondoberfläche sehr ungleich zu sein scheint, ist, wegen der immerwährenden Tag- und Nachtgleiche, die Beleuchtung desto gleichförmiger vertheilt.

§. 265.

M bewirkt*** 1) in der Atmosphäre eine Ebbe und Fluth, welche von der des Meeres sich unterscheidet, indem die erstere nur einmal und die letztere 2mal des Tages sich ereignet.

Nicht weniger einflußreich ist 2) die Declination (D) des M, indem die vorhin erwähnte Wirkung bei südlicher D weit größer als bei nördlicher ist; und es zeigt sich auch 3) der Einfluß der Entfernung des M, indem die mittlere Höhe des Barometers wächst oder die Wirkung des M abnimmt, wenn die Parallaxe sich verkleinert.

§. 266.

Der Einfluß des M auf die Witterung ist noch sehr wenig festgestellt; doch kann man, nach den bisherigen Untersuchungen, annehmen, daß er zwar äußerst gering, aber doch nicht gänzlich Null ist, indem bei der Erdferne des M die Witterung im Durchschnitte etwas heiterer und trockener als bei der Erdnähe sich zeigt.**

---

* die Nacht mitgerechnet. ** Vergl. §. 179. *** nach Flaugergues.

** Flaugergues untersuchte den Einfluß des M auf die Witterung, indem er die Zahl der Regentage bei den einzelnen Mondsphasen untersuchte; und fand auf diese Weise: daß die Zahl der Regentage im letzten Viertel am kleinsten war und von hier so lange zunahm, bis sie etwa beim ersten Viertel am größten sich zeigte.

Aus Schüblers, Bouvards und Eisenlohrs Beobachtungen ergab sich, daß die Zahl der Niederschläge etwa zur Zeit des Vollmondes am

Aus Kreyls sorgfältigen und genauen Beobachtungen am Gauß'schen magnetischen Apparate hat sich vor Kurzem der Einfluß des M auf die Bewegungen der Magnetnadel offenbart, und gezeigt:

1) daß der Nordpol der letztern ein Bestreben äußere, sich von der Seite des Meridians, wo M steht, wegzuwenden;
2) daß die Schwingungen eine längere Zeit erfordern, wenn M in der Erdferne steht, als wenn er in der Erdnähe sich befindet;
3) daß also M ein der magnetischen Kraft unterworfener Körper sei; und
4) daß auf seiner der E zugewandten Seite derjenige Magnetismus herrscht, welcher die magnetische Kraft der E verstärkt und den Südpol unserer Nadeln anzieht.

Doch ist dieser Einfluß so ungemein schwach, daß die Ablenkung der Nadel im Durchschnitte nur 7 Sekunden beträgt*, und die Verstärkung der Kraft in der Erdnähe noch nicht den 1000sten Theil der ganzen Kraft ausmacht.

Die erwärmende Kraft der Mondesstrahlen ist bis jetzt noch nicht entdeckt; doch ist die chemische Kraft derselben nicht gänzlich Null, indem Arago und Daguerre durch Einwirkung des Mondscheines auf Chlorsilber einen bleibenden weißen Fleck von der Form des M erzeugten, u. s. w.

§. 267.

Da M** uns mehr L zusendet, als es nach der Analogie anderer leuchtender Körper der Fall sein kann, so muß man annehmen: daß die Sonnenstrahlen eine eigene Phosphorescenz des M hervorrufen.

---

größten und zur Zeit des letzten Viertels am kleinsten war. — Auch fand man aus den übereinstimmenden Untersuchungen von Schübler und Bouvard, daß die südwestlichen Winde zur Zeit des Vollmondes ihr Maximum und zur Zeit des letzten Viertels ihr Minimum besaßen.

* während die durch Nordlichter veranlaßte 600 bis 800 mal stärker sein kann.

** nach Leslie.

Weil aber * die weißen Körper ⅞ des empfangenen L zurückwerfen, so ist es möglich, daß M ¼ des erhaltenen L zurückstrahlt, wenn er auch nicht aus lauter Körpern von vollkommener Weiße besteht. Hierbei wird aber die Phosphorescenz des M nicht verworfen, sondern es entsteht die zweifache Vermuthung:

1) daß M mehr weiße Körper, und vielleicht von reinerm Weiß als unsere E enthalte; und

2) daß ein phosphorisches L mit dem reflectirenden sich verbinde.

§. 268.

Betrachtet man den sichelförmigen M, wenn der Rest seiner Scheibe durch schwache Beleuchtung vom aschfarbigen L wahrnehmbar ist, so scheint die Sichel einer merklich größern Scheibe als der Rest des M anzugehören. Dieses scheinbare Uebergreifen des Randes eines leuchtenden oder beleuchteten Gegenstandes über den ihn umgebenden dunklen Raum führt zu einer entgegengesetzten Täuschung für einen dunkeln Gegenstand auf hellem Grunde, indem die Dimensionen desselben verkleinert erscheinen. Die Erscheinung, vermöge deren ein leuchtendes oder beleuchtetes von einem dunkeln Raume umgebenes Objekt mehr oder weniger vergrößert erscheint, heißt Irradiation; und die Erklärung ihrer Ursache besteht in der Annahme, daß der von einem solchen Objecte auf dem Grunde des Auges erzeugte Eindruck sich von dem direkt vom L getroffenen Punkte nach allen Seiten auf der Netzhaut ein wenig ausbreitet, so daß die Gesammtempfindung einem Bilde entspricht, welches etwas größer als das wirkliche sich zeigt.

---

* nach Lamberts Versuchen.

Siebzehnte Abtheilung.

Von dem Mars (♂).

§. 269.

♂ ist an seiner röthlichen Farbe, welche der eines mattglühenden Eisens gleicht, leicht kenntlich. Seine mittlere Entfernung von ☉ beträgt 30692500 Meilen, die aber bis 27834000 Meilen abnehmen und bis 3355100 wachsen kann, indem die Excentricität seiner Bahn (B) 2858500 Meilen ausmacht. ♂ legt B in 686^{T} 23^{St} 31′ und also in einer Sekunde 3,36 Meilen zurück.

§. 270.

Die Ebene der B ist unter einem Winkel von 1° 51′ gegen die Ekliptik geneigt, und schneidet sie in den Punkten der Länge von 48° und 228°. Die Veränderung der Neigung dieser Ebene, welche durch die Störung der andern Planeten entsteht, beträgt in 600 Jahren eine Sekunde; die Knoten dieser Ebene mit der Ekliptik gehen aber jährlich um 23″,3 zurück, während die große Axe der B in dieser Ebene jährlich um 15″,8 vorwärts rückt.

§. 271.

♂ ist der an E zunächst liegende obere Planet. Seine Entfernung von E ist sehr veränderlich und zwischen den Grenzen von 7½ und 54 Millionen Meilen enthalten, so daß sein von E gesehener scheinbarer Durchmesser zwischen 3″,4 und 27″,2 sich ändert. Der wahre Durchmesser des ♂ beträgt 963 Meilen; seine Masse ist sehr schwer mit Genauigkeit zu bestimmen, da sie nur aus den meist sehr kleinen Störungen, welche ♂ von den andern Planeten erleidet, ermittelt werden kann. Sie beträgt* den 2546300ten Theil der Sonnen- oder den 0,1324ten Theil der Erdmasse. Auch ist Dichtigkeit des ♂ nahe 3mal größer als die der S, oder 0,74mal so groß als die der E.

§. 272.

Man sieht durch gute Fernröhre auf der Oberfläche des ♂ mehrere Flecken, von denen einige constant und andere veränderlich sind.

Die erstern scheinen der Oberfläche des ♂ anzugehören und zeigen, daß ♂ in 24^{St} 39′ 22″ von Westen nach Osten um seine Axe sich dreht. Letztere ist um 28° 24′ gegen die Axe seiner jährlichen Bahn geneigt; auch hat man eine Abplattung des ♂ an seinen beiden Polen bemerkt.**

Die veränderlichen Flecken erscheinen und verschwinden oft in wenigen Stunden, verändern ihre Gestalt, Größe und Farbe, und sind wahrscheinlich wolkenähnliche Gegenstände, welche in der Atmosphäre des ♂ entstehen. Letztere scheint viel dichter als unsere Erdatmosphäre zu sein; auch wurden auf ♂ Spuren von Gebirgen entdeckt.

Anmerkung. Die auffallendsten unter den beweglichen Flecken sind 2 blendend weiße von kreisförmiger Gestalt, welche die beiden Pole des ♂ umgeben. Da sie wechselsweise und zwar jeder zu der Zeit am hellsten und größten erscheinen, wenn sein Pol in der Schattenseite des ♂ sich befindet oder Winter hat, so sind sie ohne Zweifel Schnee- oder Eisflecken, welche die Polargegenden der Marsfläche, so wie die unserer E bedecken. Auch besitzen die Jahreszeiten des ♂ eine größere Verschiedenheit als die der E, u. s. w.

---

* nach neuern Bestimmungen.

** die Herschel sehr unwahrscheinlich auf den 16ten Theil seines Durchmessers angiebt.

Achtzehnte Abtheilung.

Von der Ceres (⚳), Pallas (⚴), Juno (⚵) und Vesta (⚶).

§. 273.

Die ⚳ wurde den 1. Jan. 1801 von Piazzi in Palermo;
die ⚴ den 28. März 1802 von Olbers in Bremen*;
die ⚵ den 1. September 1804 von Harding in Lilienthal**; und
die ⚶ den 29. März 1807 von Olbers entdeckt.

Die mittlern Entfernungen dieser Planeten von ☉, und ihre siderischen Umlaufszeiten sind:

⚶	2,363	Halbmesser der Erdbahn;	1327,6 Tage;
⚵	2,670	" "	1593,8
⚳	2,767		1681,4
⚴	2,768		1682,5

§. 274.

Die im vorigen §. erwähnten 4 Planeten sind von den übrigen in mehrfachen Beziehungen unterschieden. So entfernt sich z. B. die ⚵ 13, und die ⚴ mehr als 34 Grade von der Ekliptik. Auch sind ihre beinahe gleich großen elliptischen Bahnen sehr excentrisch, so daß die ⚳ zwischen 51 und 60, die ⚶ zwischen 43 und 52, die ⚴ zwischen 42 und 69, und die ⚵ zwischen 40 und 67 Millionen Meilen von ☉ absteht. Der kleinste dieser Planeten ist die ⚶, deren Durchmesser (nach Schröter) nur 58 geographische Meilen beträgt.

---

* geb. 1758 zu Arbergen im Herzogth. Bremen; gest. d. 2. März 1840.
** geb. den 29. September 1765 zu Lauenburg; gest. den 31. August 1834 zu Göttingen.

Anmerkung. Die ⚶ erscheint uns als ein Stern 7ter Größe, die ⚴ noch kleiner, und die ⚵ als ein Stern 8ter Größe.

§. 275.

Die 4 Planeten ⚳, ⚴, ⚵ und ⚶ haben sehr bedeutende Atmosphären.

So scheinen z. B. die ⚳ und ⚴ oft in einen dichten Nebel nach Art der Kometen eingehüllt, der zuweilen ihren eigentlichen Kern ganz unsichtbar macht, während sie wieder ein andermal scharf begrenzt und im reinsten L strahlen. Auch ist die Farbe der ⚳ bald röthlich, bald ganz weiß, und bald wieder bläulich, u. s. w.

§. 276.

Die Veränderungen der Gestalten der vier kleinern Planeten macht die Bestimmung ihrer eigentlichen Größen sehr ungewiß. Man hat selbst durch die stärksten Fernröhre noch keinen constanten Flecken an diesen Himmelskörpern bemerkt; auch scheinen die beinahe gleich großen Axen ihrer Bahnen auf einen gemeinschaftlichen Ursprung dieser Körper zu deuten.

Anmerkung. Man bemerke, daß die 4 kleinern Planeten von Herschel, die Asteroiden genannt worden sind, und daß sie Trümmer eines etwa durch die Entwickelung innerer Gase geborstenen größern Planeten sein können.

Neunzehnte Abtheilung.

Vom Jupiter (♃) und seinen 4 Trabanten.

§. 277.

♃ ist 109 Millionen Meilen von S entfernt, und legt seine Bahn (B) in 4332,59 Tagen, oder in 11,86 Jahren*; und also in 1 Sekunde 1,74 Meilen zurück.

* jedes Jahr zu 365¼ Tagen gerechnet.

♃ ist gegen die Ebene der Ekliptik unter einem Winkel von 1° 19′ geneigt; und da die Excentricität derselben 0,048 ihrer großen Axe beträgt, so kann die Entfernung des ♃ von S bis 103 und 114 Millionen Meilen ab- und zunehmen. Die Entfernung des Jupiter von E beträgt in der Opposition 79, und in der Conjunction 130 Millionen Meilen, so daß der Winkel, unter welchem sein Durchmesser von E gesehen wird, von 49 bis 30 Sekunden abnehmen kann.

§. 278.

Der Durchmesser des ♃ beträgt 18900 Meilen und seine Masse verhält sich zu der unserer E wie 316 : 1, während seine Dichtigkeit nur $\frac{1}{4}$ mal so groß als die der E sich zeigt.*

---

* Dividirt man beim Jupiter den Cubus seiner mittlern Entfernung von S durch das Quadrat seiner Umlaufszeit, so erhält man eine gewisse Zahl α, welche für jeden Hauptplaneten des Sonnensystems dieselbe bleibt, und die der Kraft oder der Masse der S proportionirt sich zeigt. Dividirt man ferner bei einem der 4 Monde des Jupiter den Würfel seiner mittlern Entfernung von dem Hauptplaneten durch das Quadrat der Umlaufszeit dieses Mondes um den Jupiter, so ergiebt sich eine andere Zahl β, welche ebenfalls durch das ganze System der Jupitermonde dieselbe bleibt, und die der Masse des Jupiter proportionirt ist. Betrachtet man also die Masse der S als Einheit, so ist die des Jypiter $= \frac{\beta}{\alpha}$, u. s. w. Auf diese Weise hat man aber gefunden, daß die Masse des Jupiter 1250 mal kleiner als die Sonnenmasse und 316 mal größer als die Erdmasse sich zeigt. Da aber der Durchmesser des Jupiter 11 mal größer als der der E ist, so ist sein körperlicher Inhalt 1331 mal größer; und es folgt hieraus, daß der Jupiter in einem 1331 mal größern Raume doch nur 316 mal mehr Masse als E besitzt, oder, daß er viermal weniger dicht als E sich zeigt. Wären aber Jupiter und E von gleicher Größe, so würden die Körper, welche auf E in der 1sten Sekunde 15 Fuß fallen, auf dem Jupiter in derselben Zeit 316 . 15 oder 4740 Fuß zurücklegen. Da aber der Halbmesser des Jupiter nahe 11 mal größer als der der E ist, so sind auch die Körper auf der Oberfläche des Jupiter 11 mal weiter von seinem Mittelpunkte als die auf E entfernt; und es folgt hieraus: daß die Anziehung des Jupiter 11^2 oder 121 mal schwächer wird, und daß also die auf der Oberfläche des Jupiter freifallenden Körper in der 1sten Sekunde $= \frac{4740}{121} = 39$ Fuß (ohngefähr) beschreiben. Ist m die Masse, r der Halbmesser der E, f der Fall der Körper auf ihrer Oberfläche, und bezeichnet man dieselben Größen für Jupiter durch M, R und F, so ist: $f = \frac{m}{r^2}$, $F = \frac{M}{R^2}$

§. 279.

♃ besitzt ein helles gelbes L und ist nach der Venus der scheinbar größte und schönste Stern des Himmels.

Seine Rotation beträgt nach Cassini 9 Stunden 56 Minuten, nach Schröter 10 Stunden 29 Minuten; und die Neigung des Aequators gegen die Ebene der Bahn 3°.

Die Abplattung des ♃ an den Polen ist so bedeutend, daß sich die große Axe seines Aequators zu der Umdrehungsaxe wie 14 : 13 verhält.

Anmerkung. Da die Bahn des ♃ mit seinem Aequator einen so kleinen Winkel bildet, so ist der Wechsel der Jahreszeiten für denselben Ort nur unmerklich. Doch wird der Wechsel des Klimas der verschiedenen mehr oder weniger vom Aequator entfernten Orte desto merklicher. Auch ist auf dem ♃ 5 unserer Stunden Tag und 5 Stunden Nacht.

§. 280.

Man sieht durch gute Fernröhre auf der Oberfläche des ♃ vier bis fünf Streifen, welche unter einander und mit der Ekliptik beinahe parallel laufen, durch die ganze Scheibe des ♃ gehen und ihre Größen und Gestalten im Allgemeinen nicht verändern. So ist z. B. ein heller, durch die Mitte des ♃ gehender Streifen auf beiden Seiten von 2 dunkeln Streifen umgeben, auf welche wieder 2 helle Zonen folgen, die nach den Polen hin von 2 andern etwas weniger breiten und dunkeln Streifen begrenzt sind. Die noch übrige Fläche, von den beiden letzten Streifen bis zu den Polen, ist mit vielen andern kleinen dunkeln und wolkenartigen Streifen bedeckt, zwischen welchen die untere helle Oberfläche des ♃ durchschimmert.

Von den 4 dunkeln Streifen sind die beiden zunächst am

---

und also $F : f = \frac{M}{R^2} : \frac{m}{r^2} = \frac{M r^2}{m R^2}$. Ist aber nun $m = 1$, $r = 1$, so ergiebt sich: $M = 316$, $R = 11$, und also $F : f = 316 : 121 = 2,61$, oder $F = 2,61 . f = 2,61 . 15$ Fuß $= 39$ Fuß, usw.

Aequator liegenden die beständigsten, und die beiden andern* sehr veränderlich. Außer den beständigen Streifen giebt es auf den übrigen hellen Theilen der Oberfläche des ♃ noch eine große Anzahl dunkler sehr veränderlicher Flecken, welche oft in wenigen Stunden entstehen und wieder vergehen, sich gewöhnlich in der Gegend der 2 innern großen Streifen anhäufen, und in ihren Bewegungen den letztern parallel sich zeigen.

§. 281.

Die im vor. §. erwähnten Streifen und Flecken gehören wahrscheinlich blos zur Atmosphäre des ♃, obschon sie, wegen ihrer Ausdehnung, Festigkeit und Beständigkeit, mit unsern Wolken und Dünsten nicht leicht verglichen werden können. Die noch merkbare Höhe der Atmosphäre des ♃ scheint** über 100 Meilen zu betragen.

§. 282.

Die 4 Trabanten des ♃ wurden 1609 von Sim. Marius***, 1610 von Galiläi und in demselben Jahre von Harriot entdeckt.† Sie werden (wie die Monde des Saturns und Uranus) blos durch Zahlen unterschieden, indem man den dem Hauptplaneten am nächsten liegenden als den 1sten zählt. Die Ebenen ihrer Bahnen gehen alle durch den Mittelpunkt des ♃; und ihre Neigungen gegen die Bahn des letztern siud nur wenig verschieden, indem sie bei den 3 ersten beinahe 3° und bei dem 4ten 2° 41′ ausmachen.

Ihre mittlern Entfernungen vom Mittelpunkte des ♃†† betragen 6, 10, 15 und 27 Halbmesser des Jupiter, oder 55, 87, 139 und 245 Tausend Meilen; und die siderischen Um-

---

* und besonders der obere oder nördliche, welcher zuweilen fast ganz verschwindet.

** nach mehreren Beobachtungen bei dem Ein- und Austritte der Trabanten am Rande des Jupiter.

*** eigentlich Mayer, geb. zu Gungenhausen 1570; gest. 1624.

† nach Turners Bericht sollen sie den indischen Astronomen schon längst und aus uralten Ueberlieferungen bekannt gewesen sein.

†† von dem ersten Trabanten an gezählt.

laufszeiten um den ♃, in ihren beinahe kreisförmigen Bahnen, 1,77; 3,55; 7,15 und 16,69 Erden- oder 4,2; 8,5; 17,2 und 40,0 Jupiterstage.

Die wahren Größen ihrer Durchmesser sind wegen ihrer großen Entfernung schwer mit Gewißheit zu bestimmen. Sie betragen beziehlich 564, 465, 818 und 570 Meilen, oder $\frac{1}{34}$, $\frac{1}{42}$, $\frac{1}{24}$ und $\frac{1}{34}$ des Jupiterdurchmessers; und es folgt hieraus, daß sie vom ♃ gesehen, die scheinbaren Durchmesser 33,3; 17, 2; 19,0 und 7,5 Minuten haben, während sie der ♁ noch nicht unter dem Durchmesser von 2 Sekunden erscheinen.

Anmerkung. Da der erste Jupitermond seine hellere Seite immer dem ♃ zukehrt, und da man eine ähnliche Erscheinung auch an den 3 andern Satelliten (und selbst an denen des Saturns) nur nicht so auffallend wahrgenommen hat, so scheint die Gleichheit der Revolution und Rotation ein allgemeines Gesetz aller Trabanten zu sein. Auch besitzen die Monde des ♃ dichte mit vielen Dünsten angefüllte Atmosphären; und es scheint 1) daß ihre vom ♃ abgewandte Seiten mit großen Flüssen und Meeren bedeckt sind, wenn gleich das darin enthaltene Wasser von dem unserer ♁ sehr verschieden sein mag; und daß 2) ihre dem ♃ immer zugekehrten Seiten fest und trocken und keiner beträchtlichen Ausdünstung fähig sind.

Zwanzigste Abtheilung.

Von dem Saturn (♄), seinem Ringe und seinen 7 Satelliten.

§. 283.

♄ ist 192 Millionen Meilen von ☉ entfernt, legt seine Bahn (B) in 10759 Tagen oder in 29,46 Julianischen Jahren*, und also in 1 Sekunde 1,34 Meilen zurück. Wegen

* das Jahr zu 365¼ Tagen gerechnet

der beträchtlichen Excentricität der B ist seine Entfernung von S zwischen den Grenzen 181 bis 202 Millionen Meilen enthalten, während ♄ sich der E von 223 bis 161 Millionen Meilen nähern kann. Sein Durchmesser beträgt 17258 geographische Meilen; auch wird ♄ von E aus unter einem Durchmesser von 15 bis 21 Sekunden gesehen. Man erkennt den ♄ an seinem matten grauweißen L, und findet ihn, einmal erkannt, leicht wieder, da er langsam unter den Sternen fortgeht und über 2½ Jahr in demselben Zeichen des Thierkreises verweilt.

§. 284.

♄ besitzt eine 95mal größere Masse als E, und da sein körperlicher Inhalt den der E 928mal übertrifft, so ist die Dichtigkeit des ♄ nur der $\frac{95}{928}$te, oder der 0,102te Theil von der Dichtigkeit der E.

§. 285.

Aus der Beobachtung der Flecken des ♄ geht hervor daß er in 10 Stunden 16 Minuten um seine Axe sich dreht die mit der Ebene seiner Bahn einen Winkel von 60° bildet, so daß die Schiefe der Ekliptik 30° ausmacht. Seine Tage entsprechen, in Bezug auf ihre Länge, beinahe denjenigen des ♃, während sein Jahr 2½mal so groß als das des ♃ sich zeigt.

§. 286.

Durch die schnelle Rotation des ♄ wurde eine nahe den 11ten Theil des Durchmessers betragende Abplattung an seinen beiden Polen erzeugt. Auch bemerkte Herschel eine zweite Art von Abplattung in der Richtung des Aequators, so daß seine Scheibe durch gute Fernröhre an 4 Stellen, von denen je 2 einander gegenüberstehen, eingedrückt, und derjenige Durchmesser als der größte erschien, welcher mit seinem Aequator einen Winkel von beinahe 45° ausmachte. Schröter bemerkte ferner, in der Gestalt des Umfanges große Veränderungen, wobei jedoch die Gestalt der Abplattung immer sehr regelmäßig blieb, und woraus zu folgen scheint, daß ♄ eine flüssige Umhüllung besitzt, welche, wie unser Meer, eine Art von Ebbe und Fluth enthält.

§. 287.

♄ besitzt 5 seinem Aequator parallel laufende Streifen, welche atmosphärischer Art sind und eine Folge der schnellen Rotation des ♄ sein mögen. Diese Streifen und die häufigen Veränderungen, welche in ihnen vorgehen, machen die Existenz einer Atmosphäre sehr wahrscheinlich; auch wird diese Wahrscheinlichkeit noch dadurch vermehrt, daß der von ☉ abgewendete Pol immer viel weißer und glänzender als der andere erscheint, und daß die Sterne, welchen ♄ in seinem Laufe begegnet, so wie seine eigene Monde, wenn sie sich ihm nähern, nach und nach immer schwächer werden und nur langsam und allmählig verschwinden, wenn sie in die untere, dichtere Atmosphäre des ♄ eintreten.

§. 288.

Die Trabanten des ♄ sind * so klein, und so weit von uns entfernt, daß sie nur durch sehr gute und lichtstarke Fernröhre wahrgenommen werden können.

Der erste	Trabant wurde	1789	den 17ten Sept.	von Herschel,
2te	„ „	1789	„ 28ten August	„
3te	„	1684	von Cassini,	
4te		1684	„	
5te		1672	„	
6te		1655	Huygens,	
7te		1671	Cassini entdeckt.	

Die Bahnen der 6 ersten Satelliten des ♄ liegen alle nahe in der Ebene seines Aequators, so wie ihre Knotenlinien in derselben Richtung sich befinden. Ihre Neigung gegen die Erdbahn beträgt 30° 20′ und gegen die Bahn des ♄ 30°. Die Bahn des 7ten Trabanten entfernt sich aber von dieser

---

* außer dem 6ten, welcher den Mars an Größe übertrifft.

gemeinschaftlichen Ebene, da ihre Neigung gegen die Erdbahn 25°, gegen die Saturnsbahn 23° und gegen den Aequator des ♄ 12° ausmacht.

§. 289.

Die siderischen Umlaufszeiten und die Entfernungen der Saturnsmonde vom Mittelpunkte des ♄ sind:

Siderische Revolution.	In Halbmessern d. Saturn	In geographischen Meilen.	In Halbmessern des Ringes
1) $0^T\ 22^h\ 37'\ 30''$	3,080	26580	1,32
2) $1^T\ 8^h\ 53'\ 9''$	3,952	34060	1,69
3) $1^T\ 21^h\ 18'\ 26''$	4,893	42220	2,10
4) $2^T\ 17^h\ 44'\ 51''$	6,268	54090	2,69
5) $4^T\ 12^h\ 25'\ 11''$	8,754	75540	3,75
6) $15^T\ 22^h\ 41'\ 14''$	20,295	175130	8,70
7) $79^T\ 7^h\ 54'\ 37''$	59,154	510440	25,35

Die absoluten Größen dieser Trabanten lassen sich durch Messungen nicht mit hinreichender Genauigkeit bestimmen; und nach Schröter sind die Durchmesser der 5 letztern beziehlich:

3) 142 Meilen.
4) 142 „
5) 360 „
6) 1046
7) 618 „

Ihre Massen so wie ihre Dichtigkeiten und Fallhöhen werden vielleicht nie auch nur mit einiger Genauigkeit bestimmt. Doch ist die Existenz ihrer Rotation durch verschiedene Beobachtungen außer Zweifel gesetzt.

§. 290.

Huyens entdeckte 1655 einen kreisförmigen, breiten und den ♄ ringsum frei und concentrisch umgebenden Ring (R), welcher bei keinem andern Himmelskörper angetroffen worden ist. Er ist ein dunkler Körper, * welcher sein L von S er-

* wie Saturn selber.

hält; auch ist R wahrscheinlich härter als ♄ oder, wie auch aus andern Beobachtungen folgt, mit vielen und sehr hohen Bergen bedeckt, und vielleicht blos aus solchen aneinander gereihten Gebirgen gebildet.

§. 291.

Die Ebene des R fällt mit der des Saturnäquators zusammen, und er ist deßhalb 30° gegen die Bahn des ♄ und 30° 20′ gegen die Erdbahn geneigt. Aus diesem Grunde wird aber der kreisförmige R nie wie ein Kreis, sondern meist nur wie eine Ellipse gesehen.

Da R mit dem ♄ in beinahe 30 Jahren um S sich bewegt, und dabei immer eine sich selbst parallele Lage behält, so folgt, daß er in dieser Zeit 2mal in eine Lage kommt, in welcher seine verlängerte Ebene durch den Mittelpunkt der S geht; und da in dieser Lage nicht die breite, flache Seite, sondern nur die schmale Kante des R von S beleuchtet werden kann, so ist er in dieser Lage in großer Ferne, z. B. von E., unsichtbar.

Durch sehr lichtstarke Fernröhre wird er indeß auch im letztern Falle als eine feine, durch den Mittelpunkt des ♄ gehende Linie bemerkt.

Anmerkung 1. R wird, vom Aequator des ♄ betrachtet, nur als ein schmaler vom östlichen bis zum westlichen Horizonte durch das Zenith laufender Streifen erscheinen den man am Tage wohl gar nicht sehen mag, weil man dann seine dunkle Seite sehen müßte; und der bei Nacht nur an den Theilen, auf die der Schatten des ♄ nicht fällt, erleuchtet erscheint. Auf dem Pole des ♄ sieht man R gar nicht, indem er dort (und in den nächsten Umgebungen des Pols) unter dem Horizonte liegt. Zwischen dem Aequator und dem Pole wird aber R am besten und vollständigsten bemerkt.

Anmerkung 2. Die Sichtbarkeit des R besitzt — dem bereits Gesagten zufolge — eine Periode von 30 Jahren, in welcher er 2mal verschwindet, weil seine Ebene durch S geht, und in welcher 15 Jahre hindurch die eine nördliche, und die folgenden 15 Jahre die andere südliche Fläche des R von S beschienen wird. Doch ist die Sichtbarkeit des R für uns auch noch von der Lage der E abhängig, indem wir ihn nur dann sehen können, wenn wir uns auf der Seite seiner eben von ☉ beleuchteten Fläche befinden. Da aber die Größe der Erdbahn gegen die des ♄ nur unbedeutend ist, so fällt die verlängerte Ebene des R 14 Jahre außerhalb der Erdbahn, so daß E, welchen Ort sie auch einnehmen mag, sich doch stets auf der Seite des R, welche der ☉ und E zugekehrt ist, oder auf der beleuchteten Seite desselben befindet, und daher R 14 Jahre ununterbrochen in der Gestalt einer bald weitern und bald engern Ellipse erblickt. Am Ende dieser 14 Jahre hat ♄ beinahe ein ganzes Jahr hindurch eine solche Lage, daß die verlängerte Ebene des R die Erdbahn durchschneidet; und während dieses Jahres ereignen sich auch die von der Lage der E abhängigen Veränderungen der Sichtbarkeit des R. Nach diesem 15ten Jahre fällt die Ebene des R auf's Neue außerhalb der Erdbahn, auf die der vorigen entgegengesetzte Seite derselben und ist also für E die folgenden 14 Jahre hindurch sichtbar, bis endlich im 30ten Jahre nach dem Anfange dieser Periode, R wiederum durch die Erdbahn geht und dieselben Erscheinungen wie im 15ten Jahre bewirkt.

§. 292.

Betrachtetet man R durch gute Fernröhre, so sieht man auf seiner Fläche einen breiten dunkeln, dem Rande concentrischen, Streifen, welcher den R in 2 Theile absondert. Auch wurde durch vorzüglich starke Fernröhre noch ein 2ter Streifen bemerkt.

In Fig. 35 ist ♄ mit dem doppelten (und vermöge der punktirten Linie mit dem dreifachen) Ringe bei der mittlern Oeffnung des letztern dargestellt.

Anmerkung. Die Theilung des R in 2 in gleicher Ebene liegende Ringe von ungleicher Breite wurde zuerst von Cassini, und vorzüglich deutlich von Pound und Hadley* (1713) bemerkt, und durch Herschels Beobachtungen bestätigt.

Kater sah 1825 unter sehr günstigen Umständen, jedoch nur wenige Tage, den R durch mehrere Striche getheilt.

Enke bemerkte im April 1837 durch den Refractor der Berliner Sternwarte eine Theilung des äußern Saturnringes durch einen dunkeln Strich nahe in der Mitte und beobachtete ihn bis zum Juli 1838.

Unter gewöhnlichen Umständen ist diese neue Theilung mit

** Hadley, ausgesprochen Hädd'li, erfand 1731 den nach ihm benannten Spiegelsextanten.

einer 280maligen Vergrößerung zu sehen. Die neue Theilung befindet sich auf dem äußern Ringe so, daß sie ihn in 2 Theile theilt, von denen die Breite des äußern zu der des innern sich wie 8 : 4 verhält.

§. 293.

Setzt man den Halbmesser des ♄, nämlich ab = 1,00*, so ist nach Herschels Messungen:

der Halbmesser des innern Randes des innern Ringes, nämlich	ac = 1,66;
der Halbmesser des äußern Randes des innern Ringes, nämlich	ad = 2,11;
der Halbmesser des innern Randes des äußern Ringes, nämlich	ae = 2,17;
der Halbmesser des äußern Randes des äußern Ringes, nämlich	af = 2,33;
die Breite des innern R, nämlich	cd = 0,45;
die Breite des äußern R, nämlich	ef = 0,16;
die Breite des dunkeln Zwischenraums, nämlich	de = 0,06;
und die Entfernung des innern Randes des innern R von der Oberfläche des ♄, nämlich	bc = 0,66;

§. 294.

R besitzt eine Atmosphäre; und die Höhe seiner einzelnen Berge übertrifft die Dicke der R beinahe 2mal, indem sie sich oft mehr als 200 Meilen über R erheben. Auch liefern diese Berge ein Mittel, die Rotation der R zu bestimmen.

Anmerkung. Herschel hat gefunden, daß R nahe in 10 Stunden 30 Minuten um seine Axe sich dreht.

Einundzwanzigste Abtheilung.

Von dem Uranus (♅) und seinen 6 Satelliten.

§. 295.

♅ wurde von Herschel den 13. März 1781 im Fuße

* Siehe Fig. 35.

Fuße des Wassermanns mit einem 7füßigen Telescope entdeckt. *

Seine mittlere Entfernung von S beträgt 386 Millionen Meilen; doch kann dieselbe — wegen der Excentricität seiner Bahn — bis 386 und 404 Millionen Meilen sich verändern. Die größte und kleinste Entfernung des ♅ von E beträgt 348 und 384 Millionen Meilen; sein Durchmesser 7500 Meilen; auch nimmt man denselben, von S und E gesehen, beziehlich unter den Winkeln von 3″,5 und 4″,3 wahr.

§. 296.

♅ legt seine Bahn (B) in 30688 Tagen, oder in ungefähr 84 Jahren, und also in 1 Sekunde 1 Meile zurück. Die Ebene der B. bildet mit der Erdbahn einen Winkel von 46 Minuten; auch dreht sich B, wegen der Störungen des ♄ und ♃, in einem Jahrhundert um 1° auf der Ekliptik rückwärts, und biegt sich in derselben Zeit von der Ebene der Erdbahn um 3 Secunden weg. Die Ellipse aber, welche der ♅ in der Ebene seiner B beschreibt, oder die große Axe der Ellipse bewegt sich in 1 Jahrhundert um 239 Sekunden vorwärts, während die Excentricität, welche 0,0467 der halben großen Axe beträgt, nur ganz unmerklich sich vermindert.

§. 297.

Die Masse des ♅ ist 17mal größer als die der E, während die Dichtigkeit des ♅ 4mal kleiner als die der E sich zeigt.

§. 298.

In der großen Entfernung, aus welcher der ♅ nur wie ein Stern 6ter Größe erscheint, war es selbst mit dem 40füßigen Herschelschen Telescope unmöglich, sich von der

---

* Der Uranus wurde schon 1690 den 13. December alten Styls von Flamstead in Greenwich, den 25. September 1756 von J. Mayer in Göttingen, so wie später von Bradley und Le Monnier beobachtet, aber von Allen für einen Fixstern angesehen.

Existenz constanter Flecken auf seiner Oberfläche zu überzeugen und dadurch seine Rotation zu bestimmen. Doch muß dieselbe sehr schnell erfolgen, da eine beträchtliche Abplattung an den Polen des ♅ bemerkt worden ist.

§. 299.

Die 6 Monde des ♅ wurden gegen das Ende des vorigen Jahrhunderts von Herschel mit seinem 20füßigen Teleskope entdeckt.* Die Entfernung dieser 6 Satelliten von dem Mittelpunkte des ♅ und ihre siderischen Umlaufszeiten sind nach Herschel:

	Entfernung.	Zeit der Revolution
1)	13,12 Uranus-Halbmesser	5,893 Tage
2)	17,02 "	8,707
3)	19,84	10,961
4)	22,75	13,456
5)	45,51	38,075
6)	91,01	107,694

Die Bahnen dieser Trabanten liegen alle in einer Ebene, welche auf der Ebene der Uranusbahn beinahe senkrecht steht. Auch bewegen sich dieselben nicht, wie die andern Körper unseres Sonnensystems, von Westen nach Osten, sondern von Norden nach Süden.

Zweiundzwanzigste Abtheilung.

Von den Atmosphären der Planeten und Trabanten.

§. 300.

Die Planeten sind von einer dünnen, durchsichtigen und

* Herschel sah nämlich den 11. Januar 1787 2 Monde, den 18. Januar 1790 den 3ten, den 9. Februar 1791 den 4ten, den 28. Febr. 1794 den 5ten, und den 26. März 1794 den 6ten Trabanten des Uranus.

elastischen Hülle umgeben, welche ihre Atmosphäre (A) heißt, und allen Körpern unseres Sonnensystems eigenthümlich zu sein scheint.

§. 302.

Nähme die Dichtigkeit der A, von der Oberfläche der E gerechnet, genau dem Drucke der obern Luftschichten proportionirt ab, so müßte sich A ohne Ende ausdehnen und endlich in den freien Raum des Himmels zerstreuen. Da dies aber der Erfahrung widerspricht, so muß die Elasticität der Luft, in größern Höhen über E, schneller als der auf ihr lastende Druck abnehmen, und endlich eine Verdünnung der A erfolgen, bei der sie ganz ohne Elasticität ist und in welchem Zustande sie an ihrer obersten Grenze sich befindet.

§. 303.

Alle Theile der A müssen mit der Zeit dieselbe Rotationsgeschwindigkeit, wie die von ihr umgebenen Theile der E annehmen. Auch wird, wegen dieser der E gemeinschaftlichen Umdrehungsbewegung, die A eine abgeplattete Gestalt, wie E, erhalten, und sich nicht weiter als bis zu den Punkten erstrecken, wo die aus der Rotation entstehende Centrifugalkraft der Erdschwere gleich ist, weil sie sich jenseits dieser Grenze von E entfernen und zerstreuen müßte.

§. 304.

Da nach vor. §. die Grenze der A dort angenommen werden muß, wo die Centrifugalkraft mit der Schwere im Gleichgewichte steht, so ist die Grenze der Sonnenatmosphäre zugleich die Bahn eines Planeten, dessen Umlaufszeit der Rotationszeit der S um ihre Axe, d. h. $25\frac{1}{2}$ Tagen entspricht, so daß die Sonnenatmosphäre bei weitem nicht bis zur Bahn des Merkurs sich erstreckt.

§. 305.

Bei den Trabanten, wie bei M, ist die Grenze der A derjenige Punkt, wo die von der Rotation herrührende Centrifugalkraft, verbunden mit der anziehenden Kraft der E, der Anziehung des M gleich kommt, weil nur in diesem Punkte die aller Elasticität beraubte Luft im Gleichgewichte sein kann.

§. 306.

Da die Wirkungen der S und des M, um in den Gewässern des Oceans die Ebbe und Fluth* zu erzeugen, erst unsere A durchdringen müssen, so bringen sie in diesem viel beweglichern Mittel ähnliche Oscillationen hervor. Auch findet die in A erzeugte Ebbe und Fluth, wie jene des Meeres, nur auf der Oberfläche und nicht auf dem Grunde derselben statt.

Dreiundzwanzigste Abtheilung.

Von den Kometen.

§. 307.

Die **Kometen** sind diejenigen Sterne, welche sich durch eine nebelige Umhüllung und öfters durch einen glänzenden Schweif von den übrigen Sternen unterscheiden. Die Zahl der gesehenen Kometen beträgt über 400; doch sind von denselben nur ohngefähr 120 genauer beobachtet und berechnet.**

Bei der nähern Betrachtung ihrer Gestalt wird

1) der **Kern** (K);
2) die den K umgebende kugelförmige **Dunsthülle** (D); und
3) der nach irgend einer Seite sich erstreckende und oft sehr lange **Schweif** (Z) bemerkt.

---

* von denen in der zweiten Abtheilung des folgenden Kapitels ausführlich die Rede sein wird.

** Olbers hat ein sehr vollständiges Verzeichniß der berechneten Bahnen mit den nöthigen Nachweisungen über die Quellen mitgetheilt und die Bahnen von 129 Kometen angegeben.

§. 308.

K **ist ein fester planetenähnlicher Körper**, welcher aber — den neuern Beobachtungen zufolge — bei den meisten Kometen fehlt, so daß diese nur eine blose Anhäufung von den unserer Atmosphäre ähnlichen Dünsten zu sein scheinen, welche selten in der Mitte ihrer D (oder ihres sogenannten Kopfes) zu einer etwas stärker glänzenden, aber auch noch schlecht begrenzten und nur matt schimmernden Scheibchen sich verdichtet.

§. 309.

K ist gewöhnlich von einer noch matter beleuchteten meist kugelfömigen D umgeben, die in größern Entfernungen von ihrem Mittelpunkte immer lockerer zu werden scheint, aber im Vergleich mit K meist sehr groß sich zeigt.

So ist z. B. (nach Herschel) der Durchmesser des K bei dem Kometen von 1807 nur 120 Meilen, während seine D einen Durchmesser von 60000 Meilen besitzt. Auch gehen in jeder D sehr häufige und große Veränderungen vor.

§. 310.

Der Schweif (Z) ist eine den Kometen öfters begleitende Lichterscheinung, welche von seiner Nebelhülle ausgeht, ein nebeliges Ansehen besitzt und dünne genug ist, das L der Sterne ganz ungeschwächt durchzulassen.

Es giebt Kometen, deren Nebel sich nach allen Seiten gleich stark in eine kugelförmige Gestalt ausdehnt, und die man deshalb schweiflos nennen kann. Bei den meisten dehnt sich aber dieser Nebel in der Form eines Z nach einer, meist der S entgegengesetzten Seite aus.

Bei den erstern entdeckt man gewöhnlich gar keinen ausgezeichneten K, so daß sie blos aus Nebeln (welche gegen die Mitte zu immer dichter werden) zu bestehen scheinen.

Bei den letztern findet aber neuern Beobachtungen zufolge) in Bezug auf K, D und Z eine Absonderung und wesentliche Verschiedenheit statt.

Bei dem großen Kometen von 1811 hatte der eigentliche etwas röthliche planetarische K einen Durchmesser von 93, und die ihn zunächst umgebende helle, etwas ins grünliche spielende Atmosphäre einen Durchmesser von 30000 Meilen. Der darauf folgende Zwischenraum zwischen der äußern Grenze jener hellen Atmosphäre und der innern Grenze des leuchtenden Mantels betrug nahe an 50000 Meilen; auch befand sich darüber die an der Sonnenseite nahe 500 Meilen dicke Lichthülle des eigentlichen Mantels, der auf der der S entgegengesetzten Seite zu dem eigentlichen Z von 22 Millionen Meilen Länge sich ausdehnte.

§. 311.

Man nimmt an, daß K aus einer planetarischen Materie bestehe, und leitet die kugelförmige Gestalt des Kometen (K) und die Bewegung des letztern um S daraus ab. Besitzt aber noch S eine die Nebelhülle des K abstoßende Kraft, so bildet diese Hülle eine Art von Atmosphäre um K, und wird sich in der S und K verbindenden geraden Linie von K zu entfernen suchen. Hieraus folgt aber, daß Z immer auf der der S entgegengesetzten Seite stehen und im Allgemeinen desto größer sein muß, je näher K an S zu stehen kommt. Aeußert aber auch noch K auf seine Dunsthülle eine abstoßende Kraft, so wird er die Elemente dieser Hülle nach allen Seiten gleich weit von sich entfernen und also eine kugelförmige Atmosphäre um sich bilden. Ist die abstoßende Kraft der S viel stärker als die des K, so wird jene Kugel an der Seite der S sehr platt gedrückt, während sie auf der entgegengesetzten Seite, wo beide Kräfte nach derselben Richtung wirken, sich ungehindert ausdehnen, und die Gestalt des Z annehmen kann. Ist aber die abstoßende Kraft des Z größer als die der S, so wird K selbst auf der Sonnenseite seine Dunsthülle noch so weit von sich entfernen, bis beide abstoßende Kräfte sich das Gleichgewicht halten, und uns (wie beim K von 1811) die Erscheinung eines in der Mitte seines Mantels freischwebenden K gewähren, u. s. w.

Anmerkung 1. Herschel glaubt, der Kometennebel

besitze ein eigenthümliches L, weil ein so feiner Körper, welcher des Sternenlicht ohne merkliche Schwächung durchlasse, nicht Sonnenlicht genug reflectiren könne, um uns sichtbar zu werden.

Anmerkung 2. Olbers hält die Kometen für dunkle Körper, die uns durch zurückgeworfenes Sonnenlicht sichtbar werden. Auch wird diese Meinung durch Arago's Behauptung unterstützt, daß an dem K von 1819 Spuren von Polarisirung des L stattfanden, welche sich nur beim reflectirten L so zeigen können.

§. 312.

Die Kometen bewegen sich in meistens sehr excentrischen Ellipsen, in deren einem Brennpunkte die S sich befindet. Sie gehorchen also, wie die Planeten, dem Gesetze der Schwere; und wenn drei vollständige Beobachtungen eines K, z. B. drei geocentrische Längen und eben so viel Breiten gegeben sind, so wird daraus* die Größe und Gestalt seiner elliptischen Bahn und ihre Lage im Weltenraume bestimmt.

Anmerkung. Man bemerke, daß die Bestimmung der Bahn eines K aus den Beobachtungen im Allgemeinen desto genauer ist, je weiter die Beobachtungen von einander abstehen, d. h. je größer der Bogen ist, in welchem man den K beobachtet hat. Da aber, wegen der gewöhnlich nur kurzen Sichtbarkeit des K, jener Bogen im Allgemeinen nur klein ist, so folgt, daß die Bestimmung der großen Axe seiner Bahn und die Wiederkehr des K meist nicht völlig genau sein kann.

§. 313.

Je größer bei derselben Entfernung des einen Brennpunktes der Ellipse (E) von ihrem nächsten Scheitel, die große Axe der E wird, desto mehr nähert sich der jenem Scheitel nahe Bogen der E, in welchem wir den K allein beobachten, der Parabel (P). Auch geht E in P über, wenn die große Axe der E gegen jene Entfernung

* durch die von Newton gelehrte Rechnung.

des Scheitels von dem Brennpunkte als unendlich groß angenommen werden kann. Da aber bei P die Betrachtung der großen Axe gänzlich wegfällt, und also das schwierigste Bestimmungsstück aus der Rechnung verschwindet, so pflegt man jede Kometenbahn unter der beinahe immer erlaubten Voraussetzung zu berechnen, daß sie eine P sei, in deren Brennpunkte die S sich befinde; sucht dann die Zeit des Durchganges des K durch sein Perihelium, die Entfernung des letztern vom Brennpunkte, die Lage dieser Entfernung gegen die Linie der Nachtgleichen, die Neigung der Bahn gegen E, und die Lage ihrer Knoten in letzterer; und betrachtet diese 5 Elemente als die Bestimmungsstücke, durch welche die Bahn eines jeden K von allen andern unterschieden werden kann.

Anmerkung 1. Obgleich es höchst unwahrscheinlich ist, daß irgend ein Körper unseres Planetensystems eine P beschreibt, so hat man doch die für K in seiner Sonnennähe (wo derselbe allein beobachtbar ist) erlaubte Voraussetzung angenommen, weil sie die Rechnungen ungemein abkürzt und die Resultate derselben nicht wesentlich verändert. Sollte man, während der parabolischen Rechnung, die Bahn des K nicht excentrisch genug finden, um in der Nähe ihres Periheliums mit einer P verwechselt zu werden, so wird die elliptische Berechnung in Anwendung gebracht.

Anmerkung 2. Man hat bei einigen Kometen (und namentlich bei dem von 1771 und dem zweiten von 1818) eine hyperbolische Bahn zu bemerken geglaubt, jedoch die Sache noch nicht außer Zweifel zu setzen vermocht, indem die Hyperbel bei nicht zu weit ausgebreiteten Aesten, in der Nähe ihres Scheitels, eben so genau, wie eine sehr excentrische E sich an P anschließt.

§. 314.

Die im vorigen §. erwähnten 5 parabolischen Elemente reichen in den meisten Fällen aus, den vielleicht nach Jahrhunderten wiederkehrenden K als einen schon früher dagewesenen zu erkennen. Denn wenn bei K der Ort der Knoten und der Sonnennähe, der kleinste Abstand von S und die Neigung seiner Bahn gegen die Ekliptik fast die nämlichen sind, wie bei einem früher erschienenen, so schließt man mit Recht, daß der ein und derselbe sei. Findet sich nun diese Uebereinstimmung bei mehrmaligem Erscheinen wieder, so kann man mit ziemlicher Gewißheit seine Umlaufszeit bestimmen und sein Wiederkommen (wenn gleich wegen der oft beträchtlichen Störungen nicht mit völliger Gewißheit) vorhersagen.

Halley unternahm es zuerst, auf diese Betrachtungen gestützt, die Wiedererscheinung eines K, der 1305, 1380, 1456, 1531, 1607 und 1682 erschienen war, und also eine Umlaufszeit von 75 bis 76½ Jahren haben mußte, auf das Jahr 1758 anzukündigen. Er erschien zwar erst im folgenden Jahre, wurde aber* in seinem Laufe durch die Störung des Jupiter verzögert. Im Jahre 1835 beobachtete ihn Struve in Dorpat vom 20. August 3 Monate hindurch; auch wurde derselbe 1836 den 8 Februar das letztemal zu Deßau gesehen.

§. 315.

Der im vorigen §. erwähnte Halley'sche K von 1759 war eine geraume Zeit hindurch der einzige, dessen Umlaufszeit man ziemlich sicher kannte.

Im Jahre 1819 beobachtete aber Pons** in Marseille einen K, welcher von Enke auf der Sternwarte zu Seeberg berechnet, und der Enk'sche Komet genannt worden ist. Er besitzt eine Umlaufszeit von 3 Jahren 110 Tagen***; und befand sich in seiner Sonnennähe:

1786	den	30. Januar,	1789	den	18. Mai,
1792	„	4. September,	1795	„	21. December,
1799	„	11. April,	1802	„	1. August,
1805	„	21. November,	1809		11. März,
1812	„	26. Juni,	1815		21. Oktober,
1819	„	27. Januar,	1822		24. Mai,

1825 den 16. September, u. s. w.

* nach Clairaut's Angaben.

** geb. am 25. December 1761 zu Peyre im Departement der Hochalpen; gestorben am 14. Oct. 1831.

*** Der Enk'sche K ist in der Sonnennähe 6½ Millionen und in der Sonnenferne 85 Millionen Meilen von S entfernt, nähert sich also innerhalb der Merkursbahn der S, während er nicht bis zur Bahn des Jupiter, aber doch bis weit außerhalb der Pallasbahn sich von S entfernt.

Ein anderer K von 1819 scheint seine elliptische Bahn in 6¾ Jahren zu beschreiben; und von Biela in Prag vermuthete, daß er derselbe sei mit denen von:

1771 den 19. April,
1785 „ 27. Februar,
1792 13. Februar,
1798 31. December,
1805 „ 31. December.

Die Größen der Bahnen dieses K treffen ziemlich, die Lagen aber nicht mit einander überein.

Der Olbers'sche K von 1815 besitzt, nach Bessels Berechnung, eine Umlaufszeit von ohngefähr 74 Jahren, wird jedoch durch die Störungen des Jupiter, Saturn und Uranus etwas schneller, und schon im Februar 1887 zur Sonnennähe gebracht.

Anmerkung 1. Der K von 1556 wird mit dem von 1264 für einerlei gehalten; und im diesem Falle 1848 wieder erscheinen. Der K von 1811 hat eine Umlaufszeit von ohngefähr 3000 Jahren*; und der von 1680 (nach Halley's Rechnung) eine Umlaufszeit von 575 bis 580 Jahren. Der K von 1680 streckte seinen Schweif über 70° am Himmel aus; der von 1769 über 40°; und der von 1807 hatte einen Schweif, welcher gleichsam 2 Flügel bildete und am Kern breiter als gewöhnlich war. Der K von 1744 wurde, den 27. Februar 1744, von Heinsius, und den 7. März 1744 mit 6 Schweifen gesehen, welche die hellen Seitenränder dreier in einander liegender Schweifconoide zu sein schienen.

Anmerkung 2. Der bei Cäsars Tod** erschienene K soll ein so helles L verbreitet haben, daß er selbst am Mittage noch

* Er wurde zuerst von Flaugergues in Vivier am 25. März entdeckt, dann den 11. April von Pons in Marseille gesehen, war hierauf fast in ganz Europa im September und Oktober sichtbar, und wurde mit Fernröhren noch bis zum 11. Januar 1812 erblickt. Er erschien zum drittenmale und wurde im südlichen Rußland von Wisniewski in Neu-Tacherkask an 5 heitern Abenden bis zum 7. August 1812 beobachtet. Im Oktober war er der S bis auf einen Halbmesser der Erdbahn nahe gekommen. Sein Schweif berührte den Kopf nicht. Bessel und nach ihm Argelander berechneten seine Umlaufszeit; und letzterer findet sie 2800 bis 3000 Jahre.

** am 15. März 44 v. Chr.

deutlich zu sehen war. Die Kometen von 1577 und 1664 hatten über 20° lange Schweife; der Schweif des K von 1456 betrug 60°, während der K von 1618 einen über 100° langen Schweif besaß.

Anmerkung 3. Der K von 1680 näherte sich der E bis auf 5 Tausendtheilchen der Entfernung der E von S; der von 1770 bis auf 8 Tausendtheilchen; und der von 1729 blieb in seiner Sonnennähe unter allen am weitesten von S und E, nämlich von S um 4070 und von E um 3072 Tausendtheilchen des Halbmessers der Erdbahn entfernt.

Anmerkung 4. In der neuesten Zeit entdeckte Galle aus Berlin kurz nach einander 3 Kometen, und fand, daß der 3te die größte Aehnlichkeit mit dem K von 1097 und 1468 in allen Elementen besitzt, und seine Bahn in ohngefähr 371 bis 372 Jahren beschreibt.

Anmerkung 5. Es ist sehr unwahrscheinlich, daß irgend ein K mit E zusammentrifft. Auch scheint aus ihrer blosen Annähernng keine merkliche Erhebung des Meeres oder sonst eine Gefahr zu entstehen, weil der K von 1680, welcher in seinem Perihelium 73 Meilen in einer Sekunde durchlief, nichts Außerordentliches bewirkte.

§. 316.

In Bezug auf die Veränderungen des K hat Herschel folgende Hypothese aufgestellt.

Wenn K sich einer von den im Weltenraume als verbreitet angenommenen Nebelmassen nähert, so zieht er dieselbe an sich; und wenn K in seinem Laufe wieder der S näher kommt, so sucht sich diese fremde Masse, welche die starke Annäherung zu S nicht vertragen kann, durch die Wärme oder durch irgend eine andere Kraft der S wieder von K auf dem Wege zu entfernen, welchen die Form des Schweifes angiebt. Bei dieser Hypothese können die Kometen im Allgemeinen beständige Körper sein, deren eigentlicher Kern unzerstört bleibt, und deren Veränderungen nur jene ihnen fremdartigen Stoffe betrifft. Auch erklärt sich hieraus, warum die Gestalt dieser Körper bei ihren verschiedenen Erscheinungen so selten dieselbe ist, indem die Größe und Stärke der Schweife von der bei der vorigen Sonnennähe noch übrig gebliebenen und von den seit derselben wieder neu aufgenommenen flüchtigen Stoffen abhängt, welche er auf seiner Bahn antrifft.

Anmerkung. Aus gegenwärtigem §. läßt sich vermuthen, daß diejenigen Kometen, welche schon öfters ihre Sonnennähe erreicht haben, zu einem sehr verdichteten Zustand gelangt sein müssen.

§. 317.

Es ist wahrscheinlich daß alle Fixsterne, Planeten und Kometen Bewohner haben, welche von denen der E sich sehr merklich unterscheiden. Schon die verschiedene Entfernung eines jeden Planeten von S begründet zu viele Verschiedenheiten, um für Wesen derselben Art eine Wohnstätte abzugeben. Auch müssen, aus leicht begreiflichen Gründen, die Bewohner der Sonnen und Kometen von denen der Planeten sich sehr bedeutend unterscheiden.

Vierundzwanzigste Abtheilung.

Von der vergleichenden Astronomie.

§. 318.

Die Betrachtung über den Anblick des Himmels auf andern Weltkörpern wird die vergleichende Astronomie genannt.

§. 319.

Die S erscheint den Bewohnern des M ohngefähr wie uns, und macht ihnen Tage und Nächte, welche 29½ mal länger als die unsrigen sind. Auch dreht sich der ganze Himmel nach dortiger täglicher Bewegung äußerst langsam herum.

§. 320.

Der Durchmesser des Merkurs erscheint aus S gesehen in seiner mittlern Entfernung unter einem Winkel von 15″ und also nahe ebenso groß als der der E, während S den

Bewohnern des Merkurs 6⅔ mal größer als denen der E erscheint.

§. 321.

E erscheint aus M gesehen wie eine Scheibe und 3,7 mal größer im Durchmesser als uns der M. Auch bekommen nur die Bewohner der einen Hälfte des M diese Scheibe, und beinahe an derselben Stelle des Himmels, zu Gesicht; und die Bewohner der andern Hälfte des M müssen, um E zu sehen, auf Reisen gehen.

E hat für den Mondbewohner dieselben Lichtgestalten wie M für uns, nur daß ihr lichter Theil immer die Gestalt hat, wie der zu derselben Zeit uns zugekehrte unbeleuchtete Theil des M *. Wächst für uns M, so nimmt für M die E ab, und umgekehrt. Da E eine viel größere Oberfläche als M besitzt, so könnten wir von M aus, besonders bei seiner reinen Atmosphäre, die Lage der Länder und Meere ziemlich gut, und die tägliche Axendrehung der E ganz deutlich bemerken. M hat niemals eine Erdfinsterniß, weil die kleine Stelle auf E, welche der Mondschatten noch treffen kann, kaum den 3000ten Theil der ganzen Scheibe beträgt; und selbst dieser nur schwärzlich dunkel verwaschen aber nicht schwarz dunkel von M aus erscheint, alles übrige dagegen hell bleibt. Ist aber die Sonnenfinsterniß für E nicht total, so sieht man von M aus gar Nichts auf E beschattet.

M besitzt demgemäß im Allgemeinen nur S o n n e n f i n s t e r n i s s e **, welche aber weit stärker und verbreiteter als die unsrigen sind.

§. 322.

E erscheint dem Sonnenbewohner wie uns der Mars, dem Merkurbewohner bisweilen etwas größer, dem Venusbewohner eben so groß wie uns die Venus, dem Marsbewohner (wenn dieser Planet der E am nächsten steht) als ein Stern von etwa ¼ Minuten im Durchmesser, dem Jupiter-

* d. h. wenn wir Neumond haben, hat M Vollerde, u. s. w.

** wenn E Mondfinsternisse hat.

bewohner mit unbewaffneten Augen gar nicht, und mit bewaffneten Augen ohngefähr 2mal so groß als uns die Jupitertrabanten, u. s. w.

Da für den Saturn- und Uranusbewohner die ♁ höchstens nur 5° und 3° seitwärts von ☉ weggeht, so wird er die ♁ auch mit den vollkommensten Fernröhren nicht hinter dem Glanze der Abend- oder Morgensonne zu ermitteln vermögen.

Anmerkung. In den vorigen §§. sind die Hauptsätze vom Weltgebäude befindlich; und in den folgenden Anhängen dieses Kapitels werden einige Winkelinstrumente beschrieben, einige Tabellen angegeben und mehrere astronomische Aufgaben gelöst.

Erster Anhang.

Von einigen astronomischen Instrumenten.

I.

Da die Winkelmesser in der Astronomie äußerst wichtig sind, so werden in diesem Anhange der Sextant, Quadrant, Multiplicationskreis und Theodolit, und zwar auf folgende Weise erklärt.

II.

Die in Fig. 36 angegebene Vorrichtung heißt ein Spiegelsextant (S).

Er besteht aus einem Kreissector, um dessen Mittelpunkt die Alhidade CD sich dreht, welche den Planspiegel Z trägt, der durch den Mittelpunkt C des Kreises senkrecht auf die Ebene desselben geht.

Ein zweiter kleinerer Planspiegel G ist auf der Ebene des Kreises senkrecht und zwar so befestigt, daß er mit dem sogenannten großen Spiegel Z parallel ist, sobald CD auf dem Nullpunkte der Theilung steht. Die obere Hälfte des G ist durchbrochen, damit der Strahl von dem einen der beiden Gegenstände, deren Winkel man beobachten will, durch den durchbrochenen Theil des G unmittelbar in das Fernrohr (F) oder in das Auge des Beobachters kommt. Nun wird aber, nachdem man die Ebene des S in die Ebene durch beide Gegenstände gebracht hat, CD mit Z so lange um den Mittelpunkt des S gedreht, bis der Strahl des andern Gegenstandes auf Z fällt, wovon er nach der untern Hälfte des G und von dieser in das Auge des Beobachters reflectirt wird, während welcher Drehung von CD das über G unmittelbar ohne Reflexion gesehene Bild desselben Gegenstandes immer in der Mitte des F erhalten werden muß. Decken sich aber nun beide Bilder genau im F, so ist der von Z und L gebildete Winkel oder der Theil des Gradbogens, um welchen sich CD von dem Nullpunkte der Theilung fortbewegt hat, gleich der Hälfte des gesuchten Winkels *, welchen beide Gegenstände in dem Auge des Beobachters machen. Da aber der Bogen AB des S oder der Limbus eine solche Eintheilung besitzt, daß jeder halbe Grad des Kreises als ein ganzer bezeichnet ist, so stellt der in dem Zustande der Deckung beider Bilder abgelesene Bogen die gesuchte Distanz der beiden Gegenstände dar.

III.

Um Fig. 36 nicht mit zu vielen Einzelnheiten zu überhäufen, sind einige Stücke absichtlich nicht dargestellt. So befinden sich z. B. in L und K gefärbte Gläser von verschiedenen Farben und von verschiedenen Graden der Undurchsichtigkeit, um das Sonnenlicht zu dämpfen. Diese gefärbten Gläser oder Dampfgläser sind an Charniers befestigt und lassen sich nach Gefallen vor die Spiegel schieben oder zurücklegen. An CD befindet sich an einem Arme eine Loupe, um die Grade, Minuten und Sekunden auf dem Limbus und auf dem an CD ebenfalls angebrachten Vernier abzulesen. Ein Alhidadenhalter schiebt sich mit CD herum und wird, wenn die gröbere Bewegung mit der bloßen Hand gemacht ist, an den Limbus vermitelst einer Schraube festgeklemmt und alsdann die feinere Bewegung durch eine andere Schraube bewerkstelligt, u. s. w.

IV.

Um die Höhe eines Gegenstandes, z. B. der

* Vergl. die in IV. vorkommende Anmerkung.

S u. s. w., durch S zu ermitteln, betrachtet man ihr Bild in einem Wasser- oder Quecksilberhorizonte * als den einen Gegenstand; und wenn auf die im vorigen §. angegebene Art diese beiden sich im F genau decken, so erhält man die doppelte Höhe des Mittelpunktes der S. Man läßt aber gewöhnlich die Sonnenränder einander decken**, um die doppelte Höhe des obern oder untern Randes zu erhalten.***

Anmerkung. Wenn 1) ein Strahl von zweien parallelen Planspiegeln zurückgeworfen wird, so ist bekanntlich der ausfahrende Strahl dem einfallenden parallel. Wird aber ein unendlich entfernter Punkt P durch F gerade zu gesehen, und ist Z || G, so wird P durch doppelte Reflexion von Z und G ebenfalls im F und zwar so erblickt, daß beide Bilder einander decken, wenn übrigens S nicht um die Axe des F gedreht, sondern so gehalten wird, daß diese Axe in der Reflexionsebene MCGO verbleibt. Wird aber S um die Axe gedreht, so bewegt sich das reflectirte Bild durch das directe seitwärts hindurch.

Wenn nun 2) zwei Strahlen SC und PC den Winkel SCM bilden, so deckt das reflectirte Bild der S das directe des P, wenn sich Z von der ersten Lage aus (wo beide Bilder von P zusammen fielen) um die Hälfte des Winkels SCP gedreht hat. Denn in der ersten Lage war CQ das Einfallsloth, und in der zweiten, wo er S reflectiren soll, sei das Einfallsloth CE. In dem Maße aber, wie Z sich dreht, muß auch nothwendig das Einfallsloth sich drehen, und es hat dieserhalb Z sich um $\angle$ QCE gedreht. Nun ist aber $\angle$ QCE $=$ $\angle$ GCE $-$ $\angle$ GCQ $=$ $\frac{1}{2}$ $\angle$ GCU $-$ $\frac{1}{2}$ $\angle$ GCR $=$ $\frac{1}{2}$ ($\angle$ GCU $-$ $\angle$ GCR) $=$ $\frac{1}{2}$ $\angle$ RCU $=$ $\frac{1}{2}$ $\angle$ SCP. Hat also CD mit Z sich z. B. um 40^0 gedreht, und fällt nun das directe Bild von P mit dem reflectirten von S zusammen, so ist der dadurch gemessene $\angle$ PCS $= 80^0$, weßhalb 40^0 auf dem Limbus des S 80 wirkliche Grade gelten.

---

* Die Wasser- oder Quecksilberhorizonte entstehen dadurch, daß man entweder Wasser oder Quecksilber in Schalen bringt, (das erstere mit etwas Oel übergießt, um seine wellenförmige Bewegung bei einem Luftzuge zu vermindern und das oberste Häutchen des letztern mit einem Messer von Bein oder Holz abstreift), und — um diese Flüssigkeiten vor Luftströmungen zu bewahren — sie mit einen Dache von parallel geschliffenen Gläsern oder von den schon parallelen Blättern des Frauenglases bedeckt.

** weil der Mittelpunkt der S nicht genau beobachtet und also nur nach dem Augenmaße geschätzt werden kann.

*** Man bemerke, daß vor und nach der Culmination die Höhe desselben Sonnenrandes beobachtet werden muß.

Betrachtet man endlich 3) die in Fig. 36 angegebenen Linien, so ergiebt sich, daß der auf S abgelesene Winkel dem ∠ SNP oder der doppelten Sonnenhöhe entspricht, indem die Höhe der S dem ∠ SNV gleicht.

V.

Während der Beobachtung hält man S bei der Handhabe mit der rechten Hand, so daß das unmittelbar gesehene Objekt **links** und das reflectirte **rechts** vom Beobachter steht. Um den Winkel zwischen beiden Gegenständen zu messen, betrachte man den einen derselben durch F, bringe die Ebene des S in die Ebene beider Gegenstände, bewege CD so lange, bis das Bild des zweiten Gegenstandes in dem Felde des F das erste beinahe bedeckt, klemme nun CD (oder vielmehr den Alhidadenhalter) vermittelst einer Schraube an den Limbus fest, und bringe durch die andere an CD befindliche Schraube die völlig scharfe Deckung hervor. Bei Höhenbeobachtungen sehe man das in dem Horizonte entstandene Bild des Gegenstandes unmittelbar durch F, bringe die Ebene des S in eine vertikale Lage, bewege alsdann CD, bis das zweite Bild desselben Gegenstandes ebenfalls im F erscheint, klemme nun CD durch ihre Schraube fest, und bringe die scharfe Deckung beider Bilder wieder durch die andere Schraube hervor. Steht aber bei Sonnenbeobachtungen, wo immer die Ränder zur Berührung kommen müssen, das durch Reflexion gesehene Bild über dem andern, so erhält man **die doppelte Höhe des obern Sonnenrandes** und umgekehrt. Dies reflectirte Bild ist aber dasjenige, welches verschwindet, wenn man die Hand vor Z anbringt, u. s. w.

Anmerkung. Man bemerke, daß bei den Winkelinstrumenten das Fernrohr (F) gewöhnlich ein astronomisches ist, und daß aus diesem Grunde das Horizontalbild im F aufrecht, und das durch Reflexion gesehene (oder das Spiegelbild) darin umgekehrt erscheint; jenes also bei wachsenden Höhen (vor der Culmination) steigt und dieses sinkt; und bei abnehmenden Höhen (oder nach der Culmination) das Gegentheil geschieht. Auch merke man sich, daß die nahe am Mittage genommenen Höhen unsicher sind, wei sie sich zu wenig verändern; und daß dieselben zu nahe am Horizonte mit Unbequemlichkeit durch S sich ergeben, weil die Sonnenstrahlen unter einem kleinen Winkel auf die Ebene des Wasser- oder Quecksilberhorizontes treffen.

VI.

Sehr wichtig ist die Bedingung: daß CD auf Null stehen soll, wenn Z mit G parallel gestellt wird.

Um dies zu untersuchen, bringt man CD auf den Nullpunkt und richtet F auf irgend ein deutliches Objekt, z. B. auf die Spitze eines Thurms oder auf einen Stern, in welcher Lage man zwei Bilder desselben Gegenstandes durch F erblickt. Nun bringt man durch die an CD befindliche Schrauben beide Bilder zur Bedeckung; und wenn in dieser Lage CD z. B. 30 Minuten zeigt, so ist dies der Collimationsfehler* des S; und man muß von allen folgenden beobachteten Winkeln 30 Minuten subtrahiren, um die wahren Winkel zu erhalten. Zeigt aber CD 30 Minuten auf der andern Seite des Nullpunktes, wo die Theilung des Kreises gewöhnlich nur bis 1 Grad fortgesetzt ist, so muß man dieselbe Größe zu allen beobachteten Winkeln addiren.

Anmerkung. Man bemerke, daß zur Bestimmung des Collimationsfehlers auch sehr lichtstarke Gegenstände, z. B. die ☉ u. s. w., gewählt zu werden pflegen, und daß, wenn CD bei der ersten äußern Berührung der Sonnenränder a und bei der zweiten b zeigt, $\frac{a-b}{2}$ der gesuchte Collimationsfehler und $\frac{a+b}{2}$ der Sonnendurchmesser ist. Da dieser Fehler bei den meisten Sextanten sich verändert, so ist es nöthig, denselben vor jeder Beobachtung auf's Neue zu bestimmen.

VII.

Man findet zuweilen, daß bei jeder Bestimmung des Collimationsfehlers die beiden Bilder (etwa eines Sternes u. s. w.) nicht zu einer eigentlichen Bedeckung kommen, d. h. bei der Bewegung der CD nicht über sondern neben einander weggleiten.

In diesem Falle steht aber G nicht senkrecht auf der Ebene des S; und man bringt deshalb die beiden Bilder möglichst nahe an einander und zieht alsdann die Stellschraube

---

* Von collimare zielen.

hinter G so lange an, bis die Bilder sich decken. Um zu untersuchen, ob die Axe des F mit der Ebene des S parallel läuft, bringe man zwei Gegenstände, welche wenigstens um 90° von einander abstehen, an dem einen Rande des Sehfeldes im F zur Berührung und führe alsdann den Berührungspunkt auf die andere entgegengesetzte Seite des Feldes. Schneiden sich aber jetzt an dem zweiten Orte die Gegenstände, welche sich an dem ersten blos berührten, so ist das Objektivende zu weit von S entfernt, und umgekehrt. Auch kann man F parallel mit sich selbst durch eine eigene Schraube über der Ebene des S erhöhen und erniedrigen; und sieht man endlich den durch Reflexion des Z erhaltenen Gegenstand zu schwach gegen das andere unmittelbar durch G bemerkte Objekt, so muß F dem S genähert werden, um mehr Strahlen von dem untern Theile des G zu erhalten, u. s. w.

VIII.

Die in Fig. 37 angegebene Vorrichtung wird ein Quadrant (Q), der Bogen AB der Limbus und CD die Alhidade desselben genannt. Letztere dreht sich um C und enthält bei D einen Vernier, um kleine Gradtheile anzugeben; auch befindet sich an CD ein mit einer Schraube versehener Alhidadenhalter, der bei D an AB festgeklemmt und davon gelöst, und wodurch der CD eine sanfte Bewegung ertheilt werden kann. Vermittelst des horizontalen Zapfens G läßt sich Q um eine horizontale Axe, und vermittelst der vertikalen Hülse H um eine vertikale Axe drehen. Die in C befindliche Nadelspitze trägt einen mit einem Gewichte versehenen Faden. Um das Schwanken des Gewichtes möglichst zu verhüten, wird dasselbe in Wasser eingesenkt, und zu dem Ende unten bei E ein kleines Bretchen befestigt, um ein Glas Wasser darauf stellen zu können. Bei genauen Beobachtungen wird das Gestelle fest geschraubt; auch werden an CD entweder Diopter oder noch besser ein Fernrohr (F) befestigt, welches aus zwei Convergläsern besteht, und in dessen Brennpunkte ein Fadenkreuz befindlich ist, u. s. w.

IX.

Bei jedem Q ist darauf zu sehen:

1) daß er ein richtiger Kreisquadrant sei;
2) das AB nirgends Theilungsfehler habe;
3) daß CD sich genau um den Mittelpunkt C drehe;
4) daß seine ganze Fläche in einer genauen Ebene sich befinde;
5) daß seine Ebene senkrecht stehe;
6) daß in dieser senkrechten Ebene die Linie von C nach 90° genau senkrecht, und also die von C bis 0° genau horizontal sei;
7) daß er, wenn er in der senkrechten Ebene steht, auch bei der Drehung um seine vertikale Axe immer in senkrechten Ebenen verbleibt;
8) daß, wenn die Linie von C bis 0 horizontal ist, auch die Diopterlinie oder die Axe des F horizontal liegt, indem der Inder oder Nachweiser (J) des CD auf 0° des AB steht. Ist dies nicht der Fall, so muß man entweder F an CD so lange auf und nieder rücken, bis es horizontal liegt, wenn J auf 0° weiset; oder, wenn man dies nicht will oder kann, muß man wenigstens ein für allemal wissen, wie viel J vor oder hinter 0° steht, wenn F horizontal liegt. Dieser Unterschied wird der Collimationsfehler des Q genannt; und bei allen gemessenen Winkeln entweder addirt oder subtrahirt, je nachdem J, bei richtiger horizontaler Lage der Fernrohraxe, oberhalb oder unterhalb des Nullgrades zu stehen kommt.

X.

Um die Höhe der S durch Q zu ermitteln, bringt man vor das Ocularglas des F ein gefärbtes (oder in einer Lichtflamme mit Dampf angelaufenes) Glas, richtet hierauf Q nach S, verschiebt CD mit F so lange, bis man ohngefähr die Höhe von S trifft, und giebt F, während man durch dasselbe nach S sieht, mit der linken Hand die genaue Stellung, so daß der Rand den horizontalen Faden in F genau berührt, läßt CD unberührt stehen und liest den Winkel vom Limbus und Vernier ab. Oder besser, man stellt CD vorläufig auf einen vollen Grad und wartet die Berührung ab.

XI.

Der Multiplicationskreis besteht aus zwei concentrischen Kreisen, die sich in einer Vertikalebene um ihre an einer vertikalen Säule befestigte horizontale Axe drehen. Der äußere Kreis (A) trägt die Theilung, der innere (J), an welchem auch das Fernrohr (F) befestigt ist, die Verniere. Unter J und A ist gewöhnlich noch ein kleiner horizontaler Kreis, und hinter ihnen auf der andern Seite der vertikalen Axe ein ähnlicher kleiner vertikaler Kreis, concentrisch mit den beiden großen angebracht, durch welche beiden kleinern Kreise man F wenigstens beinahe auf irgend einen Punkt des Azimuths und der Höhe stellen und daher die zu beobachtenden Gestirne bequem aufsuchen kann.

Die wesentliche Einrichtung von J und A besteht aber nun darin, daß, wenn J mit A durch einige Druckschrauben verbunden wird, beide Kreise zugleich; und, wenn diese Verbindung aufgelöst und dafür A durch seine Druckschraube an die vertikale Axe befestigt wird, J allein um die gemeinschaftliche Axe beider Kreise in senkrechter Ebene bewegt werden kann. Vermöge dieser Einrichtung ist es möglich, denselben Vertikalkreis öfter nach einander zu messen, oder ihn zu multipliciren, und sich so von den Fehlern der Theilung größtentheils unabhängig zu machen.

XII.

Der Theodolit besteht aus zwei concentrischen horizontalen Kreisen, deren innerer J an den Endpunkten eines seiner Durchmesser zwei senkrechte Säulen trägt, auf deren obersten Enden ein kleines Mittagsrohr mit seiner horizontalen Axe ruht. Man befestigt den Vernier des J auf einem willkürlichen Theilstriche des äußern Kreises (A) und bewegt beide Kreise sammt dem Fernrohre (F), bis das irdische oder himmlische Objekt im F erscheint. Nun schließt man A an sein

Gestelle und rotirt den gelösten J, bis das auf die gehörige Höhe gestellte F den zweiten zu messenden Gegenstand trifft. Schließt man aber endlich wieder J an A und bringt durch die Schraube des J den Faden genau auf den Gegenstand, so ist der Winkel, welchen der Vernier des J an A durchlaufen hat, derjenige Winkel, welchen die zwei Gegenstände in dem Mittelpunkte beider Kreise ausmachen. Nach der zweiten Beobachtung kann man J und A wieder drehen, bis F an dem unverrückten J den ersten Gegenstand wieder trifft, u. s. w.

Um sich endlich während der Bewegung der Kreise von der unverrückten Lage des Fußgestelles zu überzeugen, dient ein unter J und A an diesem Fußgestelle angebrachtes Versicherungsrohr, welches aber vortheilhafter an A selbst angebracht werden sollte. Auch ist mit F ein kleiner vertikaler Kreis verbunden, womit man die Höhe der Gegenstände zu beobachten pflegt.

XIII.

Man bemerke, 1) daß bei der sogenannten Aequatorial- oder parallactischen Maschine (deren ausführliche Beschreibung nicht in gegenwärtiges Lehrbuch gehört) die vertikale Drehungsaxe eines einfachen Kreises so gegen den Horizont sich neigt, daß sie der Weltaxe parallel wird; 2) daß in dieser Lage der Azimutalkreis zum Stundenkreise und der Höhenkreis zum Declinationskreise, oder der erstere mit dem Aequator parallel wird und der letztere mit dem Declinationskreise des Sternes zusammenfällt, welchen man eben in dem Felde seines Fernrohres sieht; und 3) daß man daher an jenem den Stundenwinkel, und an diesem die Declination der Sterne beobachten kann.

Auch merke man sich, 4) daß bei den kleinern transportabeln Instrumenten dieser Art die Mitte der Polaraxe gewöhnlich auf einer senkrechten Axe ruht, um welche sich das ganze Instrument, dem Horizonte parallel, um einen Azimutalkreis bewegen läßt, und welcher daher vor den Beobachtungen vertikal gestellt werden muß.

Zweiter Anhang.

Von einigen Aufgaben aus der praktischen Astronomie.

XIV.

Man soll in einem Zimmer (Z) eine Vorrichtung anbringen, vermittelst welcher man den Durchgang der S durch den Meridian (M), entweder am Schatten eines aufgerichteten Körpers, oder an dem durch eine kleine Oeffnung gehenden Sonnenbilde beobachten kann.

Auflösung. Man befestigt (in Fig. 38) im Fenster (F) eine blecherne Scheibe, welche eine Oeffnung a von der Größe einer kleinen Erbse enthält, verfinstert Z ein wenig, um das Sonnenbild (B) desto schärfer begrenzt zu erhalten; nimmt an einem Solstitial- oder an einem nicht weit davon entfernten Tage des Morgens, etwa um 9 Uhr, eine Anzahl Sonnenhöhen mit dem Sextanten (oder Quadranten) und merkt sich genau die Zeit an der Pendeluhr (U). Nun beobachtet man um Mittag den Gang des B auf dem horizontalen Fußboden und bemerkt, daß der Mittelpunkt des B zuerst in d sich befindet und alsdann durch c nach e fortrückt. Auf diesem Wege verfolgt man aber nun B, merkt sich den Ort des Mittelpunktes durch Punkte mit dem Bleistifte, schreibt zugleich die Zeit auf, welche U angiebt, nimmt gegen 3 Uhr mit dem Sextanten (od. Quadranten) dieselben Sonnenhöhen, wie Vormittags, und notirt sich, sobald eine eintrifft, die Zeit an U. Hat man aber nun z. B. die Sonnenhöhe 46° 40′ des Vormittags um 9^h 14′ 40″ und die nämliche des Nachmittags um 2^h 56′ 30″ beobachtet, so ergiebt sich:

$$\begin{array}{rr} & 9^h\ 14'\ 40'' \\ & 14^h\ 56'\ 30'' \\ \hline 2) & 24^h\ 11'\ 10'' \\ & 12^h\ 5'\ 35'' \end{array}$$

und es ist dieserhalb der wahre Mittag eingetreten, als U = 12ʰ 5′ 35″ wies.*

Nun bestimmt man den Punkt auf dem Fußboden, wo der Mittelpunkt des B sich befand, als U 12ʰ 5′ 35″ zeigte, d. h im wahren Mittage war, bezeichnet denselben durch c und wiederholt die Operation (der größern Sicherheit wegen) an günstigen Tagen noch ein= oder mehrere mal. Um aber die in der Meridianebene liegende Linie auf dem Fußboden (oder besser nicht blos diese Linie, sondern die ganze darüber liegende Vertikalebene des M) zu bestimmen, schlage man in die dem F gegenüberliegende Wand an der Stelle, die ohngefähr mit a und c in einer Vertikalebene und mit a in gleicher Höhe liegt, ein Paar Eisen horizontal neben= und so weit von einander ein, daß die Ebene des M zwischen beide fallen muß, und versehe das eine Eisen mit einer Schraubenmutter und das andere mit einem Loche, durch welches ein Stift gesteckt und in jenes geschraubt werden kann. Nun nehme man einen Knaul von festem Zwirn, befestige das eine Ende des Fadens in dem mit einem kleinen Einschnitte versehenen a; ziehe, indem man den Knaul abwickelt, den Faden bis zur entgegengesetzten Wand; führe ihn über den bei f befindlichen und mit einem Einschnitte versehenen Stift, und beschwere das Ende des Fadens mit einem Gewichte, welches bei g herabhängt. Ueber der Stelle des Bodens, wo der Weg des B angemerkt ist, nämlich in k, hänge man ein mit einer Spitze versehenes Loth** herab, rücke dasselbe längs dem Faden af rückwärts und vorwärts; und af, vermittelst des bei f befindlichen Stiftes seitwärts so lange hin und her, bis die Spitze des Lothes genau auf c zeigt. Läßt man noch ein Loth, etwa bei h, herabfallen, so bilden die Faden eine genaue durch Z gehende Mittagsebene, wodurch nicht nur die Culmination der S, oder der wahre Mittag, sondern (in Ermangelung eines Passageinstrumentes) auch die Culmination anderer Himmelskörper, z. B. des Mondes und der Sterne, beobachtbar ist.

XV.

Um den Durchgang der S vermittelst des in XIV. beschriebenen Filar=Gnomons zu beobachten, verfahre man auf folgende Weise:

---

* Hat man mehrere Sonnenhöhen Vor= und Nachmittags genommen, so berechnet man aus jedem zusammengehörigen Paare derselben die Zeit der U für den wahren Mittag und nimmt (um diesen Zeipunkt mit mehr Sicherheit zu bestimmen) aus Allen das arithmetische Mittel.

** Etwa eine Bleikugel, durch welche eine starke Nähnadel gestochen ist, deren Spitze auf dem Fußboden spielt.

1) Man halte um die Zeit der Culmination ein weißes Papierblatt hinter einen der senkrecht herunterhängenden Fäden, und fange B damit auf; oder bringe ein Gestelle, wie ein Notenpult, hinter dem Faden an. Sobald aber nun S mit ihrem westlichen Rande im M, in der Richtung von Osten nach Westen einrückt, wird man den östlichen Rand des B in den Schatten des Fadens rücken sehen. Dieser Moment wird notirt, d. h. in Stunden, Minuten und Sekunden ausgedrückt, alsdann der Durchgang des B durch den Schatten des Fadens abgewartet, und auf dieselbe Weise der Moment angegegeben, wo B ihn verläßt. Aus den beiden Zeitpunkten des Antritts und Austritts ergiebt sich aber nun der Moment der Culmination des Mittelpunktes der S ziemlich genau, wenn man die beiden Uhrzeiten addirt und ihre Summe durch 2 dividirt.

Ist z. B.	der Eintritt	$11^h\ 48'\ 49''$
	der Austritt	$11^h\ 51'\ 25''$
	2)	$23^h\ 40'\ 14''$;
so ist die Uhrzeit im wahren	Mittage	$11^h\ 50'\ 7''$.

2) Man stelle sich (in Fig. 38) so hinter hi, daß dieser Faden den kc deckt, erhalte das Auge (etwa durch eine zweckmäßig angebrachte Diopter) in der Mittagsebene, beobachte durch das kleine Loch der Diopter den Antritt des westlichen Sonnenrandes an dem Faden und den Austritt des östlichen, u. s. w.

Anmerkung 1. Die Uhren der Sternwarten gehen entweder nach Sternen- oder nach mittlerer Zeit, weil diese Arten allein einen gleichförmigen Uhrgang gestatten, indem eine nach wahrer Zeit gehende Uhr (wie bereits erwähnt worden ist), bald geschwinder und bald langsamer gehen müßte. Indessen wird die wahre Zeit durch eine sehr einfache Vorrichtung, nämlich durch die Sonnenuhr bestimmt, wovon in dem dritten Anhange noch besonders gesprochen werden soll.

Anmerkung 2. Da genaue Zeitbestimmungen bei den meisten astronomischen Beobachtungen unentbehrlich sind, und dieselben nur vom Himmel hergenommen werden können, so bilden sie ein vorzügliches Geschäft des praktischen Astronomen. Auch machen dieselben (wie bereits erwähnt worden ist) das eigentliche Hülfsmittel der geographischen Längenbestimmung aus.

XVI.

Die Uhrzeit im wahren Mittage durch correspondirende Sonnenhöhen zu ermitteln.

Auflösung.

Deßau den 7. März 1840.

Doppelhöhe des obern Sonnenrandes.	Vormittag.	Nachmittag.	Summe.
54° 0′	10^h 1′ 54″	14^h 21′ 7″	24^h 23′ 1″
54° 20′	10^h 3′ 44″	14^h 19′ 19″	24^h 23′ 3″
54° 40′	10^h 5′ 36″	14^h 17′ 27″	24^h 23′ 3″
55° 0′	10^h 7′ 22″	14^h 15′ 41″	24^h 23′ 3″
55° 20′	10^h 9′ 28″	14^h 13′ 33″	24^h 23′ 1″

Dividirt durch d. Zahl d. Beobachtungen 5)	$(5 . 24)^h$ $(5 . 23)'$ 11″
	24^h 23′ 2,2″
2)	
Unverbesserter Mittag	12^h 11′ 31,1″
Mittags-Correction	— 20,9″ *
Uhr im wahren Mittage	12^h 11′ 10,2″
Mittlere Zeit im wahren Mittage	12^h 11′ 13,3″ **
Uhr-Correction	+ 3,1″
Uhr hinter mittlerer Zeit	3,1″

* Die Mittags-Correction C ergiebt sich aus der Formel:

$C = \mu . A \, Tg \, \varphi + \mu . B . Tg \, \delta$ (Vergl. Hardings kleine astronomische Ephemeriden für 1831, Seite 91)

wenn φ die Polhöhe des Beobachtungsortes, δ die Declination der ☉ im Mittage des Beobachtungstages, μ die Anzahl der Sekunden bedeutet, um welche die Declination der ☉ sich von Gestern bis Morgen, also in 48 Stunden verändert; wenn man ferner die Logarithmen A und B auf der Tafel mit dem Argumente: Halbe Zwischenzeit der Beobachtungen nimmt, dabei A als negativ betrachtet, und μ positiv setzt, so lange ☉ sich dem Nordpole nähert und negativ nimmt, wenn sie sich von demselben entfernt.

Nun ist aber 1):

Log μ 3,4175 (Siehe Enke's astronom. Jahrb. v. 1840, S. 14).

Log A = 7,7468 — 10 wenn man die halbe Zwischenzeit etwa auf folgende Weise ermittelt:

14^h 17′ 27″
10^h 5′ 36″
2) 4^h 11′ 51″
2^h 5′ 55″, und letztere in Harding's Ephemeriden S. 84 aufsucht.

Anmerkung. Die Berichtigung des Ganges einer Uhr (U) kann man an einem befestigten Fernrohre oder an einer Thurmspitze auch auf folgende Weise bewerkstelligen. Man beobachte den Augenblick, wo ein Fixstern (σ) entweder durch den Durchschnitt der Kreuzfäden geht, oder sich hinter einem Thurme verbirgt, merke sich die Uhrzeit, und wiederhole dies Verfahreu mehrere Tage hindurch. Da aber nun ein Tag mittlerer Zeit um 3 Minuten 56 Sekunden länger als ein Sterntag ist, so kann U, wenn sie nach mittlerer Zeit gehen soll, in den folgenden Tagen nicht auf eine gleiche Zeit zeigen, sondern muß täglich um 3′ 56″ zurückbleiben; oder, was dasselbe ist, S muß den zweiten Tag um 3′ 52″, den dritten um 7′ 52″, und den vierten um 11′ 48″ früher durch den Meridian gehen, als U anzeigt.

XVII.

Man soll die Uhrzeit im wahren Mittage durch eine einzelne Sonnenhöhe ermitteln.

Auflösung. Es ist:

$$\text{Cos}\ \tfrac{1}{2}\ P = \sqrt{\frac{\sin\frac{\sigma}{2}\ .\ \sin\left(\frac{\sigma}{2} - a\right)}{\sin b\ .\ \sin c}}\ ^{***}$$

Nun ist aber:

Deßau den 6. Nov. 1830, um 8^h 56′ 38″ Morgens.

Log Tg φ = 10,1043 — 10 { wenn die Polhöhe von Deßau = 51° 49′ 12″ genommen wird. }

also Log (μ . A . Tg φ) = 1,2986

oder μ . A . Tg φ = 19,8″

Eben so ergiebt sich 2):

Log μ = 3,4475

Log B = 7,6776 — 10 (Vergl. Harding Seite 81)

Log Tg δ = 8,9537 — 10 { weil die südliche Declination der S am 7. März 5° 8′ 15,0″ beträgt. Siehe Enke. Seite 14. }

also Log (μ B Tg δ) = 0,0788

oder μ . B Tg δ = 1,1″.

Nun ist aber μ positiv (weil S sich dem Nordpole nähert) A und δ negativ, und man erhält deshalb:

$$C = (+\mu)\ .\ (-A)\ .\ \text{Tg}\ \varphi + (+\mu)\ .\ B\ .\ (-\text{Tg}\ \delta)$$

oder $C = -(\mu\ .\ A\ \text{Tg}\ \varphi) - (\mu\ B\ \text{Tg}\ \delta)$,

oder 3) $C = -19{,}8'' - 1{,}1'' = -20{,}9''$.

** Lese Enke. Seite 14.

*** Vergl. §. 49.

Doppelhöhe des obern Sonnenrandes		27° 0′ 0″
Collimationsfehler des Sextanten	.	— 2′ 15″
		26° 57′ 45″
	2)	13° 28′ 52″
Refraction von dieser Höhe *	.	— 3′ 56″
		13° 24′ 56″
Scheinbarer Halbmesser der S **	.	— 16′ 10″
		13° 8′ 46″
Parallaxe ***	.	+ 8″
Wahre Höhe des Mittelpunktes der S		13° 8′ 54″
Wahre Zenithdistanz ZS (Fig. 3)	.	76° 51′ 6″
Südliche Declination der S †	. .	15° 52′ 53″
Abstand vom Pole oder PS .	. =	105° 52′ 53″
Polhöhe von Deßau	. =	51° 49′ 12″
Aequatorshöhe, welche = PZ	. =	38° 10′ 48″

Nun ist: $ZS = a = 76^\circ\ 51'\ 6''$

$PZ = b = 38^\circ\ 10'\ 48''$

$PS = c = 105^\circ\ 52'\ 53''$

$\sigma = 220^\circ\ 54'\ 47''$

$\frac{\sigma}{2} = 110^\circ\ 27'\ 23''$

$\frac{\sigma}{2} - a = 33^\circ\ 36'\ 17''$

$\text{Log sin}\,\frac{\sigma}{2} = 9{,}9717111 - 10$

$\text{Log sin}\,(\frac{\sigma}{2} - a) = 9{,}7430864 - 10$

$19{,}7147975 - 20$

$19{,}7741810 - 20$

Differenz $0{,}9406165 - 1$

2) $0{,}4703082 - \frac{1}{2}$

$+\ 0{,}5 \qquad - \frac{1}{2}$

oder $0{,}9703082 - 1,$

$\text{Log sin}\,b = 9{,}7910826 - 10$

$\text{Log sin}\,c = 9{,}9830984 - 10$

$19{,}7741810 - 20$

---

* Die Refraction wird entweder aus den Tafeln von Cassini, oder aus Harding's Ephemeriden entnommen.

** Der Halbmesser der S ist in Harding's Ephemeriden und (für die neueste Zeit) in Enke's Jahrbuch angegeben.

*** Da es nicht einerlei ist, ob man S von der Oberfläche oder dem Mittelpunkte der E aus betrachtet, so ergiebt sich eine Parallaxe, welche bei den Rechnungen berücksichtigt werden muß. Auf Seite 74 des Enk'schen Jahrbuchs sind die Horizontalparallaxen für mehrere Tage angegeben; und es werden hieraus die Höhenparallaxen aus der im §. 184 vorkommenden Gleichung:

sin der Höhenparallaxe der S = sin der Horizontalparallaxe . Cos der Sonnenhöhe berechnet.

† Die hier vorkommende Declination (δ) der S wird in Harding's

oder Log Cos $\frac{1}{2}$ P $= 9{,}9703082 - 10$;
also $\frac{1}{2}$ P $= 20^\circ\ 57'\ 14''$,
oder P $= 41^\circ\ 54'\ 28''$
15) ―――――――
in Zeit $2^h\ 47'\ 38''$

Uhrzeit im Moment der Beobachtung . .	$8^h\ 56'\ 38''$
Uhr im wahren Mittage . . .	$11^h\ 44'\ 16''$
Mittlere Zeit im wahren Mittage	$11^h\ 43'\ 47''$
Uhr-Correction . .	$-\ 0'\ 29''$;
Uhr vor mittlerer Zeit	$29''$

XVIII.

Aus einer einzelnen Sonnenhöhe die Mittagsline durch Zeichnung zu ermitteln.

Auflösung. 1) Man befestige in einem gegen Osten oder Westen liegenden Fenster ein ebenes, ziemlich großes Bret in horizontaler Richtung; stelle auf dasselbe den geraden und starken Draht **CL** (Fig. 39) senkrecht, beobachte zu irgend einer Zeit die Lage und Länge des Schattens **CK** und ziehe diese Linie. Nun ist aber **CKL** die Sonnenhöhe in dem Augenblicke der Beobachtung und **CK** die Tangente des **CLK**, wenn nämlich der Stift **CL** als Halbmesser sich zeigt.*

2) Man beschreibe mit einem hinlänglich großen Radius **OZ**** (Fig. 40) einen Kreis, zeichne in demselben den horizontalen Durchmesser **HP'** als Projection des Horizonts und den vertikalen **ZX** als die Scheitellinie; mache **RP** gleich der bekannten Polhöhe des Ortes; ziehe die Axe **PQ** und rechtwinkelig auf dieselbe die Linie **AD** als die Projection des Aequators.

Ephemeriden oder in Encke's Jahrbuch aufgeschlagen und auf folgende Weise berechnet:

Am 6. November ist $\delta = 15^\circ\ 55'\ 10''$
" 5. " " $\delta\ \ 15^\circ\ 36'\ 57''$
Differenz $18'\ 13'' = 1093''$
Nun ist aber $24^h : 21^h\ \ 1093'' : x''$,
also $x = 15'\ 56''$;
und deshalb am 6. November um 9^h die $\delta\ \ 15^\circ\ 52'\ 53''$.

* Um CL entbehrlich zu machen, gebraucht man öfters ein Gestelle, das bei L ein kleines Loch enthält, durch welches das Sonnenbild nach K fällt und worin ein Loth herabhängt, welches den Punkt C bestimmt.

** welcher gleich der Länge des Stiftes oder des Lothes CL (Fig. 39) genommen werden kann.

3) Man nehme aus den Tafeln die Abweichung der ☉ am Beobachtungstage, trage sie von A nach F* und ziehe FE || AD. Erstere ist aber alsdann die orthographische Projection des Parallelkreises, in welchem ☉ an diesem Tage sich befindet.

4) Zieht man an Z eine Tangente, trägt auf dieselbe die beobachtete Schattenlänge ZN = CK (Fig. 39) wenn nämlich OZ = CL genommen worden ist) und construirt die Sekante ON, welche die Peripherie in G durchschneidet, so ist HG der Bogen, welcher die Sonnenhöhe mißt, nämlich ZON = CLK (Fig. 39) und also HOG = CKL (Fig. 39). Zeichnet man nun GI || HR, so ergiebt sich die orthographische Projection des Almucantharat, in welchem zur Zeit der Beobachtung die ☉ sich befand.

5) FE und GI schneiden sich in dem Punkte U, welcher die orthographische Projection der ☉ für den Augenblick der Beobachtung ist.

6) Man ziehe die Ellipse PUB als die orthographische Projection des Declinationskreises, oder bestimme wenigstens so genau als möglich deren kleine Axe OB durch die Proportion:

WF : WU = OA : OB.

7) Man construire auch die Ellipse ZUk, als die orthographische Projection des Vertikalkreises, oder bestimme wenigstens so genau als möglich deren kleine Axe Ok durch die Proportion:

VG : VU = OH : Ok.

8) Nun ergiebt sich aber der Stundenwinkel P, dessen Maß der Bogen AB des AD ist, auf folgende Weise:

Man legt durch B mit PQ die Parallele Bh und erhält hierdurch den Bogen Ah als das Maß des Stundenwinkels P.

9) Zieht man ferner durch k parallel mit ZX die Linie Kk, so ist der Bogen HK das Maß des Azimuthes Z.

10) Setzt man endlich (in Fig. 39) an CK einen Winkel KCM, welcher dem gefundenen Azimuth HOK gleich ist, so stellt MM die verlangte Mittagslinie dar.

Anmerkung. Um die Mittagslinie zu berichtigen, kann man die Operation an verschiedenen Tagen und Tagesstunden wiederholen.

XIX.

Man soll die Polhöhe von Deßau ermitteln.**

---

* wenn die Abweichung nördlich ist.

** Man wird leicht einsehen, daß auf die nämliche Weise und mit den nöthigen Abänderungen auch die Polhöhe eines beliebigen andern Ortes ermittelt werden kann.

Auflösung.

Deßau den 16. September 1804.*

Doppelhöhe des untern Sonnenrandes in der Culmination	81° 13′ 10″
Collimationsfehler des Sextanten	— 3′ 50″
	81° 9′ 20″
2)	
Höhe des untern Sonnenrandes	40° 34′ 40″
Refraction	— 1′ 6,6″
Berichtigte Höhe des untern Sonnenrandes	40° 33′ 33,4″
Scheinbarer Halbmesser der ☉ am 16. September	+ 15′ 59″
Höhe des Mittelpunktes der ☉	40° 49′ 32,4″
Parallaxe für diese Höhe	+ 6,4″
Wahre Höhe des Mittelpunktes der ☉	40° 49′ 38′8″
Nördliche Declination der ☉ am 16. September (abgezogen)	2° 39′ 5″
Aequatorshöhe	38° 10′ 33,8″
Polhöhe	51° 49′ 26,2″

Anmerkung. Man bemerke, daß bei Beobachtungen mit Sextanten nicht auf einzelne (kaum auf 10) Sekunden mit Sicherheit gerechnet werden kann.

XX.

Die Polhöhe (H) von Deßau wurde von mehreren Beobachtern bestimmt.

So ergab sich dieselbe 1788 51° 51′ 0″,
1798 (durch Pistor) 51° 50′ 29″,
1803 (durch Vieth) 51° 50′ 6,2″.

Vieth** fand ferner H im Jahre 1804, vermittelst mehrerer Beobachtungen und in Bezug auf den Mittelpunkt der Stadt 51° 49′ 17,9″.

Schwabe*** ermittelte H 1833 in Bezug auf den Mittelpunkt der Stadt . 51° 49′ 7,9″; so daß also H nach den Beobachtungen von

* Vergl. §. 47.

** geb. 1763 zu Hocksiel in der Herrschaft Jever, gest. den 12. Jan. 1836 zu Deßau.

*** Man bemerke, daß dem Resultate dieses gründlichen Beobachters das größte Vertrauen geschenkt werden muß.

Vieth und Schwabe (im Mittel) 51° 49′ 12″ beträgt.

XXI.

Man bemerke:

1) daß die Polhöhe von	Zerbst .	= 51° 58′ 27″,
2) „ „ „ „	Bernburg	= 51° 47′ 54,8″,
3) „	Magdeburg	= 52° 8′ 4,16″,
4)	Leipzig	= 51° 20′ 16″,
5)	Halle .	= 51° 39′ 34″,
6)	Berlin (Sternwarte)	= 52° 31′ 13,5″

beträgt.

XXII.

Die Declination aus der gegebenen Polhöhe zu ermitteln.*

Auflösung.

a.

Man beobachtet z. B. den Sirius und findet seine Culminationshöhe . . . =	21° 47′ 40″
Subtrahirt man hiervon die Refraction für diese Höhe . . . . =	2′ 27″;
so ergiebt sich seine wahre Höhe . .	21° 45′ 13″.
Nun ist aber unsere Aequatorshöhe	38° 10′ 48″ **;
und also die südliche Declination des Sirius	16° 25′ 7″

b.

Man läßt, etwa eine Stunde später, noch einen andern Stern, etwa den Procyon, durch den Meridian gehen; und findet seine Culminationshöhe	43° 58′ 20″.
Subtrahirt man hiervon die Refraction für diese Höhe	1 3″;
so ist seine wahre Höhe . . .	43° 57′ 17″.
Nun ist seine Aequatorshöhe . . .	38° 10′ 48″;
und also die nördliche Declination des Procyon	5° 46′ 29″.

c.

Man beobachtet S im Meridian und nimmt mit dem Ser-

---

* Vergl. §. 46.

** weil nach vor. §. unsere Polhöhe 51° 49′ 12″ beträgt.

tanten ihre Mittagshöhe. Dies geschieht dadurch, daß man in dem Augenblicke, wo der Schatten des Fadens des Gnomons im fortrückenden Sonnenbilde erscheint, durch das Fernrohr (F) sieht, es so stellt, daß etwa der untere Rand des Sonnenbildes im F den Horizontalfaden berührt; und wenn S, während der Beobachtung, noch etwas steigen, also ihr Bild in dem astronomischen F noch etwas sinken sollte, mit sanfter Bewegung die Alhidade dergestalt fortrückt, daß der untere Rand immer genau am Horizontalfaden bleibt; und das Fortrücken so lange fortsetzt, bis man merkt, daß das Bild im Fernrohr wieder höher rückt oder daß S wieder zu sinken beginnt.

Nun ergiebt sich aber:

Gemessene Höhe des untern Sonnenrandes	25° 42′ 33″
Collimationsfehler des Sextanten	— 4′
	25° 38′ 33″
Halbmesser der S am Beobachtungstage	+ 16′ 13″
Scheinbare Höhe des Mittelpunktes der S	25° 54′ 46″
Refraction für diese Höhe	— 1′ 56″
	25° 52′ 50″
Parallaxe	+ 8″
Berichtigte Höhe des Mittelpunktes	25° 52′ 58″
Aequatorshöhe für Deßau	38° 10′ 48″
Südliche Declination der S	12° 17′ 50″.

Anmerkung. Man wird leicht einsehen, daß die Polhöhe aus der Declination mit den nöthigen Abänderungen, auf die in a. und b. angegebene Weise ebenfalls bestimmt werden kann.

XXIII.

Die Rectascension der Sonne (☉) ohne die Schiefe der Ekliptik (E), und selbst ohne die Declination (D) zu ermitteln.

Auflösung. Wählt man sich irgend einen Fixstern (F) (Fig. 41), z. B. den Stern Capella, und steht ☉ im Frühlinge in S, so wird sie, bei der täglichen Umdrehung der Himmelskugel, hier früher durch den Meridian gehen, als F. Mißt man aber nun ihre Mittagshöhe an einem beliebigen Tage (oder besser an mehreren Tagen hinter einander) beobachtet an einer guten Pendeluhr (U) (welche nach Sternzeit gehen soll) genau die Zeit, wo der Mittelpunkt der ☉ culminirt, und ebenso, wo nachher F durch den Meridian geht; verwandelt alsdann die zwischen der Culmination der ☉ und des F verflossene Sternzeit in Bogen des Aequators (A)*, so ergiebt sich der zwischen den beiden Declinationskreisen der ☉ und des F liegende Bogen BC des A, welcher als Unterschied der Rectascensionen der ☉ und des F, d. h. als ♈C — ♈B sich zeigt.

Wartet man nun die Zeit wieder ab, wo ☉ gegen den Herbst dieselbe Mittagshöhe wie im Frühlinge besitzt, beobachtet an einem Tage (oder besser an mehreren auf einander folgenden Tagen) diese Mittagshöhe, bemerkt genau die Zeit der U im Augenblicke der Culmination der ☉ und des F (welcher für den Fall, welchen die Figur darstellt, früher als ☉ durch den Meridian geht), und verwandelt die Zwischenzeit in Bogen des A, so ergiebt sich der Bogen CE, welcher als Unterschied der beiden Rectascensionen der ☉ und des F sich zeigt. Addirt man aber nun BC und CE, so ergiebt sich der Bogen BE des A, welcher zwischen den beiden gleichen Mittagshöhen der ☉ sich befindet, oder der Unterschied der Rectascensionen der ☉ bei der Frühlings- und Sommerbeobachtung. Da aber ☉, bei gleichen Mittagshöhen, auch gleiche Declinationen besitzt, so hat man den Bogen des A zwischen zwei gleichen Declinationen der ☉ gefunden. Halbirt man aber jetzt den Bogen BE in D, so muß D nothwendig im Solstitialcolur liegen, und von den beiden Punkten der Nachtgleichen um 90° abstehen. Aus diesem Grunde subtrahirt man die Hälfte BD von 90°, um die Rectascension ♈B der ☉ zur Zeit der ersten Beobachtung zu erhalten; und addirt die andere Hälfte DE zu 90°, um die Rectascension der ☉ zur Zeit der zweiten Beobachtung zu bekommen.

Anmerkung. Da die Zeit der gleichen Declinationen nicht (wie in dieser Auflösung angenommen wurde) auf zwei, sondern zwischen zwei Mittage fällt; und da überdies die Lage eines Fixsternes (wegen des Fortrückens der Nachtgleichen) um ein Geringes sich verändert, so folgt, daß in jedem Falle der Anwendung eine kleine Correction stattfinden muß.

XXIV.

Um das im vor. §. Gesagte durch ein Beispiel zu erläutern, verfahre man auf folgende Weise.

Ist die Mittagshöhe der ☉ am 12. April 49° 58′ 33″; der Unterschied der Rectascensionen der ☉ und

* indem man schließt, in 24 Stunden drehen sich alle 360° des Aequators durch den Meridian, wie viel Grade haben sich in der erwähnten Zwischenzeit durch denselben gedreht?

des Fixsterns M (Fig. 41) oder der Bogen BN des A* . . . . 256° 9′ 6″.

Ist ferner die Mittagshöhe der ⊙ am 30. August . . . . 50° 8′ 8″;
so ergiebt sich ein kleiner Unterschied der Declination (D), nämlich . . . . . 0° 4′ 35″.

Der Unterschied der Rectascension (R) der ⊙ und des M, oder der Bogen EN des A fand sich bei dieser zweiten Beobachtung . . . 118° 16′ 34″.

Aus der Beobachtung des Unterschiedes der R der ⊙ und des M an zwei auf einander folgenden Mittagen fand sich, daß die R der ⊙ in einem Tage sich ändere um . . . 0° 55′ 10,4″;
und aus der Beobachtung der Mittagshöhen an zwei auf einander folgenden Mittagen fand sich die Aenderung der D in 1 Tage . . . . 0° 21′ 45,4″.

Hieraus wird nun die Aenderung der R berechnet, welche dem kleinen Unterschiede der D, d. h. 0° 4′ 35′ zugehört, und dieselbe gefunden 0° 11′ 37″.**

Wie also nach der Beobachtung am 12. April die D um 4′ 35″ größer, nämlich eben so groß wie am 30. August wurde, so war R um 11′ 37″ größer. Der Bogen BN muß also hiernach verbessert, nämlich um so viel kleiner genommen werden, da SB und TE gleich große Declinationen bedeuten.

Aus diesem Grunde ist der verbesserte Bogen BN = 256° 9′ 6″ — 11′ 37″ oder 255° 57′ 29″.

Nun ist der zwischen den beiden Declinationskreisen der ⊙ liegende Bogen des A, nämlich BE = BN — EN = 255° 57′ 29″ — 118° 16′ 34″ = 137° 40′ 55″.

Weil aber der Stern selbst während der Zeit der ersten und zweiten Beobachtung durch das Fortrücken der Nachtgleichen eine etwas größere R angiebt, so ist N bei der zweiten Beobachtnng etwas weiter von E entfernt, als er bei unverrückter Lage der Nachtgleiche gewesen sein würde. Dieser Unterschied beträgt 18 Sekunden, um

---

* welcher vermittelst der Zeit zwischen den Culminationen sich ergiebt.

** Da man ein sehr kleines sphärisches Dreieck ohne merklichen Fehler als ein geradliniges betrachten kann, so ergiebt sich:

$$21' \, 45{,}4'' : 4' \, 35'' = 55' \, 10{,}4'' : x,$$

und hieraus: $x = 0^\circ \, 11' \, 37''$.

welche der Bogen BN zu groß genommen ist.
Subtrahirt man also 18″ von 118° 16′ 34″,
so ist der corregirte Bogen EN = 118° 16′ 16″.
Und dieser von dem corregirten Bogen BN abgezogen, giebt den Bogen BE genauer 255° 57′ 29″ — 118° 16′ 16″ oder . . . 137° 41′ 13″.

Halbirt man aber nun BE, so ergiebt
sich BD = . . 68° 50′ 36,5″;
und also WB = ... 21° 9′ 23,5″.

Anmerkung 1. Man bemerke, daß gegenwärtiges Beispiel von de la Caille herrührt, und daß derselbe zu seinen Beobachtungen den Stern Wega in der Leyer (oder α lyrae) nahm.

Anmerkung 2. Da (nach §. 81) die Sternverzeichnisse der neuern Astronomie auf gegenwärtiger Methode, die R zu finden, beruhen, so stellt sich dieselbe als eine der wichtigsten Aufgaben bei der Ortsbestimmung am Himmel dar. Hat man aber die R der ☉, also die Lage der Nachtgleiche ermittelt, so hat man auch die R des zur Vergleichung gewählten Sternes und kann damit alle übrigen Sterne vergleichen, und daran R bestimmen, indem dies (dem bereits Gesagten zufolge) vermittelst genauer Beobachtung der Culminationszeit geschieht, welche man an einer guten U bemerkt und sodann die Zwischenzeit in Bogen des A verwandelt. Geht U nach Sternzeit, so ist nur die oben angeführte leichte Proportion nöthig, indem das Fortrücken der Nachtgleichen (welches in 24 Stunden unmerklich ist) unberücksichtigt bleibt. Geht U aber nach einer andern Zeit, so wird letztere in Sternzeit verwandelt, u. s. w.

Man kann auch R gleich in Sternzeit angeben, ohne diese erst in Grade des A zu verwandeln; und nach solchen Sternverzeichnissen, wo die Rectascensionen blos in Sternzeit angegeben sind und mit Hülfe einer nach dieser Zeit gehenden Uhr, ist es sehr bequem, die Culmination der Sterne zu beobachten. Sieht man in den aufgeschlagenen Catalog und an den Zeiger der U, so findet man, wenn dieser oder jener Stern durch den Meridian gehen muß; und hält man nun zur angewiesenen Zeit das Auge an das Mittagsfernrohr, nachdem es zuvor auf die Höhe gestellt worden ist, die der Stern im Meridian erreichen wird, so sieht man sogleich den verlangten Stern in das Feld des Fernrohres rücken und kann seinen Antritt an den senkrechten Silber- oder Spinnefäden, die im Brennpunkte des Oculars ausgespannt sind, beobachten.

Dritter Anhang.

Von der Gnomonik.*

XXV.

Eine Vorrichtung, welche die Eintheilung des Tages in Stunden u. s. w. vermittelst des Schattens anzeigt, wird eine Sonnenuhr, und die Lehre von den Sonnenuhren die Gnomonik genannt.

Es giebt mehrere Arten von Sonnenuhren, von denen die beiden nützlichsten und gebräuchlichsten in diesem Anhange behandelt werden sollen.

XXVI.

Die Aequinoctialuhr ist ein in 24 gleiche Theile getheilter Kreis mit einer senkrecht durch seine Ebene gehenden Axe.

Die Horizontaluhr ist eine Platte, welche einen nach der Polhöhe des Ortes gerichteten Zeiger und die dieser Polhöhe entsprechenden Stundenlinien enthält.

Anmerkung. Man bemerke, daß die Aequinoctialuhr die ursprüngliche und natürlichste, und nichts anders als das Modell des Erdäquators und der Erdaxe ist; und daß alle andere aus ihr abgeleitet werden können. Auch setzt die richtige Aufstellung einer Sonnenuhr die schon früher gefundene Mittagslinie als bekannt voraus.

XXVII.

Man soll eine Aequinoctialuhr construiren.

Auflösung. Man beschreibe mit einem beliebigen Halb-

* Man bemerke, daß gegenwärtiger Anhang nur das Nothwendigste von der Gnomonik enthält.

messer einen Kreis, theile ihn in 24 gleiche Theile, befestige in seinem Mittelpunkte einen senkrecht durchgehenden Stift AL (Fig. 42), und schreibe die Stundenzahlen an den Umfang. Die Stundenräume werden auch in halbe und Viertelstunden eingetheilt.

Anmerkung 1. Die Aufstellung der Aequinoctialuhr setzt Mittagslinie und Polhöhe als bekannt voraus, indem der Stift (Weiser oder Axe) in der Mittagsebene sich befinden und mit der Weltaxe parallel liegen muß.

Anmerkung 2. Da S im Sommer über und im Winter unter der Aequatorsebene steht, so wirft im Sommer der obere Theil der Axe den Schatten auf die obere Seite der Platte, im Winter aber der untere Theil der Axe auf die untere Seite, so daß der Kreis auch auf der untern Seite eingetheilt sein muß, was die Beobachtung sehr erschwert.

Aus diesem Grunde werden die Aequinoctialuhren lieber in der Form eines Kreisringes construirt.

XXVIII.

Man soll eine Horizontaluhr für eine gegebene Polhöhe anfertigen.

Auflösung. Verlängert man die Stundenlinien einer aufgestellten Aequinoctialuhr bis an die durch den Punkt B* (Fig. 42) gelegte Tangente, so treffen sie in d, e, f, g, h und in D, E, F, G, H ein. Legt man aber nun den den Aequator vorstellenden Kreis so in die Horizontalebene, daß der Mittelpunkt K in C zu liegen kommt, so werden die genannten Punkte nicht verrückt; und die unverrückt gebliebene Axe wirft ihren Schatten in die Linien, welche von dem Stützpunkte A nach jenen Punkten h, g, f, e, d, B, D, E, F, G, H gehen, wo die von K oder C gezogenen Linien die Tangente treffen.

Die Zeichnung der Horizontaluhr ergiebt sich aber nun auf folgende Weise:

1) Man nehme (in Fig. 43) auf einer Platte den Stützpunkt des Weisers oder der Axe in A an, und ziehe die Mittellinie AB, welche die Mittagsstundenlinie** wird.

2) Man setze an AB den Winkel BAK gleich der Polhöhe des Ortes; construire AL, und ziehe aus B auf AL die senkrechte BK. Es ist aber alsdann das rechtwinkliche Dreieck AKB (Fig. 43) das in die Horizontalebene niedergelegte Dreieck AKB (Fig. 42).

* wo die Stundenzahl XII. hingehört. ** oder Substylarlinie.

3) Man trage BK in BC, beschreibe aus C mit dem Radius CB = KB einen Kreis oder Halbkreis; theile ihn in seine gleichen Stundenräume; ziehe die Halbmesser und verlängere sie bis an die durch B gezogene Tangentenlinie, wo sie in D, E, F, G, H, d, e, f, g, h eintreffen. Es sind alsdann BD, BE u. s. w. die Tangenten von 15°, 30°, 45°, 60°, 75° für den Radius CB.

4) Man ziehe aus dem Stützpunkte A nach D, E, F, G, H und d, e, f, g, h die Stundenlinien, und schreibe die ihnen entsprechenden Stundenzahlen dazu. Da aber die zu 60° und 75° gehörigen Tangenten die Platte zu lang machen würden, so läßt man die Studenlinien, welche weiter als 3 Stundenräume von der Mittagslinie abstehen, nur bis an die Seiteneinfassung des Rechtecks gehen, welches jene 6 mittlern Stundenräume zur Grundlinie hat.

5) Man befestige in A unter einem Winkel, welcher der Polhöhe des Ortes gleich ist, den Weiser* in der über AB senkrecht stehenden Ebene. Man kann auch ein rechtwinkliches Dreieck ABL von Blech u. s. w. auf AB errichten und dessen Hypotenuse als Zeiger betrachten; oder in C einen senkrechten Stift construiren, und von A nach dessen obern Ende einen mit der Weltaxe parallel gehenden Faden ausspannen.

Anmerkung. Die Aufstellung der Horizontaluhr erfordert nur, daß die Platte horizontal und mit ihrer Mittagsstundenlinie genau über der Mittagslinie steht. Auch ist diese Uhr zum Gebrauch für einen bestimmten Ort am bequemsten.

XXIX.

Man kann die für irgend einen Ort construirte Horizontaluhr für mehrere andere Orte gebrauchen, wenn man sie nur so stellt, daß der Weiser auch an diesen Orten mit der Weltaxe parallel läuft. Doch darf in diesem Falle die Platte für andere Polhöhen nicht horizontal bleiben, sondern muß so gegen den Horizont geneigt sein, daß sie mit dem Horizont des Ortes, für dessen Polhöhe sie gemacht ist, parallel verbleibt. Eine für die Polhöhe = Null, d. h. für die unter dem Aequator liegenden Orte construirte Horizontaluhr läßt sich unter allen Polhöhen gebrauchen. In diesem Falle wird aber der Weiser, nebst allen Stundenlinien, der Mittagsstunde parallel.

---

* der in der Figur in AL niedergelegt erscheint.

Anmerkung 1. Die Sonnenuhren werden auch auf senkrechten und schiefen Ebenen, auf concaven und converen Flächen angebracht. Auch ist das Aufstellen der beweglichen Sonnenuhren nach der Magnetnadel nur ein Nothbehelf, indem die Nadel ihre Declination verändert, durch die Nähe des Eisens gestört wird, und auch zu klein ist, um die Vorrichtung genau nach ihr stellen zu können.

Anmerkung 2. Die Sonnenuhren zeigen immer wahre Sonnenzeit. Man kann jedoch auch Stundenlinien für mittlere Zeit an den verschiedenen Tagen des Jahres darauf anbringen; doch wird in diesem Falle das Instrument viel künstlicher und kostbarer.

Vierter Anhang.

Von der Chronologie.*

XXX.

Die Lehre von den im bürgerlichen Leben eingeführten Zeitabschnitten heißt Chronologie. Es giebt natürliche und willkürliche Zeitabschnitte.

Zu den erstern gehören:

a) die von ☉ herrührenden, nämlich die wahren Sonnentage und Tageszeiten, die wahren Sonnenjahre und Jahreszeiten;

b) die von ☾ herkommenden, nämlich die synodischen Mondmonate und deren Viertel, welche man die natürlichen Wochen nennen kann.

Zu den willkürlichen Zeitabschnitten werden gerechnet:

die Eintheilungen und Sammlungen jener natürlichen,

* Man bemerke, daß in gegenwärtigem Anhange nur das Nothwendigste von der Chronologie vorkommt.

z. B. die Eintheilung des Tages in Stunden, Minuten, Sekunden; die Sammlungen von 7 Tagen in Wochen, von 10 Tagen in Dekaden, von 4 Sonnenjahren in Olympiaden, von 5 Sonnenjahren in Lustra, von 10 Sonnenjahren in Jahrzehnte, und von 100 Sonnenjahren in Jahrhunderte, u. s. w.

XXXI.

Das Wort Tag bezeichnet:

1) *die Umdrehungszeit* der E, oder
   a) den siderischen Sterntag,
   b) den synodischen oder solarischen Sonnentag; und
2) *die Zeit, in welcher S über dem Horizonte verweilt*, oder den sogenannten natürlichen oder besser Erleuchtungstag, dessen Gegensatz die Nacht ist.

Anmerkung. Der synodische Sonnentag wird in Bezug auf die in der Ekliptik ungleichförmig fortgehende S *der wahre*, und in Rücksicht auf die eingebildete im Aequator gleichförmig sich bewegende S *der mittlere Sonnentag* genannt.

XXXII.

Die Astronomen fangen den Tag vom Mittage an.

Die Europäer im bürgerlichen Leben meist von Mitternacht.

Die Babylonier und andere Orientalen, die Neugriechen und die Bewohner der Balearen vom Aufgange der S.

Ein Theil der Einwohner Böhmens, Italiens und Polens, wie die alten und neuen Juden, Chinesen, Araber und Numidier * vom Untergange der S.

XXXIII.

Man zählt:

1) *die astronomischen Stunden* von Mittag zu Mittag, von 1 bis 24;

* wozu noch die ehemaligen Athener, Germanen und Gallier gehören.

2) die bürgerlichen europäischen von Mitternacht zu Mittag, von 1 bis 12, und wieder von Mittag bis Mitternacht, von 1 bis 12;
3) die babylonischen vom Aufgange bis zum Aufgange der S, von 1 bis 24*;
4) die italienischen vom Untergange bis zum Untergange der S, von 1 bis 24;**
5) die jüdischen (Planetenstunden) vom Untergange bis zum Aufgange der S, von 1 bis 12 (Nachtstunden), und vom Aufgange bis zum Untergange von 1 bis 12 (Tagstunden).***

XXXIV.

Die Stunde wird in 60 Minuten, die Minute in 60 Sekunden eingetheilt. Die Juden, Araber und andere Orientalen theilen aber die Stunde in 1080 und also die Minute in 18 chaldäische Skrupel oder Helakim ein.

XXXV.

Die Zeit, in welcher E ihre Bahn um S vollendet, heißt ein Sonnenjahr.†

Das wahre tropische Sonnenjahr, nach dessen Vollendung die S wieder in demselben Punkte der Ekliptik erscheint, oder die Zeit von einem Wintersolstitium bis zum folgenden, oder von einem Frühlingsäquinoctium bis zum folgenden beträgt

$$365^{T}\ 5^{St}\ 48'\ 51{,}5''\ \dagger\dagger$$

Im gewöhnlichen Leben setzt man aber das bürgerliche gemeine Jahr (J)††† = 365 Tagen, und also beinahe ¼ Tag zu klein.

---

* Diese Stunden sind an demselben Tage von gleicher, und an verschiedenen Tagen von ungleicher Größe.

** Auch die italienischen Stunden sind an demselben Tage gleich, an verschiedenen aber ungleich.

*** Die Tagstunden und Nachtstunden sind ungleich, weil der Tag bald länger und bald kürzer als die Nacht sich zeigt.

† Das Wort Jahr stammt aus dem altdeutschen **gear** fortgehen oder wiederkehren ab.

†† Vergl. §. 95, Anmerk.

††† In gegenwärtigem Anhange wird das Jahr, der Kürze wegen durch den Buchstaben J ausgedrückt.

Wenn man also nach gemeinen Jahren fortginge, so würde der Anfang des bürgerlichen J in 4 Jahren beinahe um 1 Tag früher als der des wahren Sonnenjahres fallen; und der Jahresanfang und somit jeder bestimmte Tag des J in 1440 Jahren durch alle Jahreszeiten zurückweichen. Auch würde bei dem zu groß genommenen bürgerlichen J das Gegentheil erfolgen, indem der Anfang und jeder bestimmte Tag desselben durch alle Jahreszeiten vorwärts ginge. Denn setzte man z. B. J = 366 Tagen, so würde der Jahresanfang in 4 Jahren um 3 Tage vorrücken, u. s. w.

XXXVI.

Ein bürgerliches J, dessen Anfangs- und sonstige bestimmte Tage durch alle Jahreszeiten rücken, nennt man **ein unbeständiges Jahr** (annus vagus), welches ein zurückweichendes oder ein vorrückendes heißt, je nachdem es zu klein oder zu groß genommen worden ist.

Ein bürgerliches J, dessen Anfangs- und sonstige bestimmte Tage in einer langen Zeit nicht zu merklich von der Jahreszeit abweichen, in welcher sie einmal liegen, wird **ein beständiges Jahr** (annus fixus) genannt.

XXXVII.

Da das bürgerliche J aus einer vollen Zahl ganzer Tage besteht, so ist es ein vages. Um es aber zu einem fixen zu machen, muß man, wenn es zu klein ist, von Zeit zu Zeit einen Tag einschalten, z. B. bei einem J von 365 Tagen jedes vierte Jahr zu einem Schaltjahre machen. Bei einem zu großen J müßte man umgekehrt von Zeit zu Zeit Tage herauswerfen, z. B. bei einem J von 366 Tagen jedes vierte Jahr zu einem um 3 Tage verkürzten von 363 Tagen machen. Doch ist diese zweite Art nicht gebräuchlich.

XXXVIII.

Ein Sonnenmonat ist **die Zeit, in welcher S durch ein Zwölftel der Ekliptik geht.**

Der wahre tropische Sonnenmonat enthält, wie

das tropische J, nicht blos ganze Tage, sondern auch Stunden und kleinere Theile, und ist also zu einem Zeitabschnitte für das gemeine Leben unbrauchbar.

Der bürgerliche Sonnenmonat hat 30 oder 31, auch 28 und 29 Tage.

XXXIX.

Die Woche ist eine willkürlich angenommene Sammlung von 7 Tagen.* Unsere deutschen Wochentagsnamen sind zum Theil von den Gottheiten der alten Deutschen hergenommen.

XL.

Der synodische Mondmonat ist die von einem Neumonde zum andern verflossene Zeit. Seine Dauer beträgt $29^{T}\ 12^{St}\ 44'\ 3{,}18''$**, so daß ein bürgerlicher Mondmonat 29 und 30 Tage haben muß.

XLI.

Das Mondjahr ist eine Sammlung von 12 synodischen Monaten, und enthält also $354^{T}\ 9^{St}\ 48'\ 38''$***, so daß das bürgerliche gemeine Mondjahr 354 Tage in 12 bürgerlichen Mondmonaten von abwechselnd 30 und 29 Tagen besitzt.

XLII.

Um das bürgerliche mit dem astronomischen Mondjahre† zusammen zu halten, kann man jedem 3ten Mondjahre 355 Tage geben.

Um aber das bürgerliche Mondjahr mit dem tropischen Sonnenjahre zusammenzuhalten††, muß man von Zeit zu

---

* Diese Einrichtung ist sehr alt, und wurde schon in Peru vorgefunden.

** Vergl. §. 179.

*** Das Mondjahr ist zu bürgerlichen Jahren nicht recht geeignet, weil Witterung und somit alles, was von Jahreszeit u. s. w. abhängt, also der größte Theil der menschlichen Geschäfte nicht durch ☾, sondern durch ☉ bestimmt wird.

† letzteres zu ohngefähr $354\frac{1}{4}$ Tagen gerechnet.

†† d. h. es beständig zu machen.

Zeit einen ganzen Monat einschalten, indem das erstere um $11^{T}\ 5^{St}\ 48'\ 51'',5$ kürzer als das letztere ist, dies in 100 Jahren $1124^{T}\ 5^{St}\ 25'\ 50''$ ausmacht, und die zuletzt erhaltenen Tage durch 22 Monate von 30 Tagen und 16 Monate von 29 Tagen eingeschaltet werden können. Doch ist diese Einschaltung bei denjenigen Völkern, welche nach Mondjahren rechnen, nicht eingeführt.

XLIII.

Der Kalender (K)* ist die anschauliche Darstellung des ganzen J mit seinen Abtheilungen in Monate und Wochen, mit den Festen und andern merkwürdigen Tagen, u. s. w.

In den Kalendern sind der Auf- und Untergang der S, die Lichtabwechselungen des M, die Sonnen- und Mondfinsternisse, die Ebbe und Fluth (für die Küstenländer), und astronomische Notizen (für ein höher gebildetes Publikum) befindlich.

Anmerkung. Das Wort Kalender kommt von καλειν her, weil bei den alten Lateinern die Neumonde und Feste an dem ersten Tage eines Monats ausgerufen wurden.

XLIV.

Die Kalender verschiedener Nationen sind nach Jahreszahl, Jahresanfang und Jahresform sehr verschieden.

Die Jahreszahl hängt von der Epoche, d. h. von dem Zeitpunkte ab, welchen man als den Anfang der Zeitrechnung gewählt hat, indem irgend eine Religions- oder Staatsbegebenheit von großem und allgemeinem Interesse ihn auszeichnet.

Der Jahresanfang ist gewissermaßen willkürlich; doch sind uns 4 Punkte, nämlich die beiden Aequinoctien und Solstitien von der Natur gleichsam zur Wahl vorgelegt.

Die Jahresform ist die Art, wie das bürgerliche J eingerichtet ist, um mit dem Sonnen- oder Mondlaufe, oder

* Man bezeichnet in diesem Anhange den Kalender durch K.

mit beiden zugleich übereinzustimmen. Man kann hier unter dreierlei Formen wählen und sich entweder für das freie Sonnenjahr, oder für das freie Mondjahr, oder für das mit dem Sonnenjahre verbundene Mondjahr entscheiden.

Anmerkung. Das Mondjahr, oder die ältere Form, wurde später (und zwar mehr im Occidente als im Oriente) entweder mit dem Sonnenjahre oder blos mit dem letztern vertauscht.

XLV.

Die in Europa vorkommenden Kalender sind:
der muhamedanische, jüdische und christliche.

XLVI.

Der bei den Türken und Arabern gebräuchliche muhamedanische K hat folgende Einrichtung:

1) Die Epoche ist die Hegira (Hedschra), d. h. die Flucht Mahomeds von Mekka nach Medina. *
2) Der Jahresanfang geht durch alle Jahreszeiten zurück.
3) Die Jahresform ist das reine oder freie Mondjahr von 354 Tagen **, in 12 Monate getheilt, welche abwechselnd 30 und 29 Tage besitzen.

Die Monate sind:

Muharram	30 Tage	Rajab	30 Tage
Saphar	29 „	Shaaban	29 „
Rabia 1.	30 „	Samadan	30 „
Rabia 2.	29 „	Shawall	29 „
Jomada 1.	30 „	Dulkaadeh	30
Jomada 2.	29 „	Dulheggia	29 „
		(im Schaltjahre 30).	

In einer Periode von 30 Jahren kommen 19 gemeine und 11 Schaltjahre vor; und zu den letztern werden die Jahre:

2, 5, 7, 10, 13, 15, 18, 21, 24, 26 und 29 gezählt.

---

* 622 nach Chr. den 16. Juli.
** und im Schaltmondjahre von 355 Tagen.

XLVII.

Das neuere jüdische J besitzt folgende Einrichtung:

1) Die Epoche ist die Zeit, wo das erste Menschenpaar lebte, von dem die Tradition etwas sagt, und welche von den Juden 3760 Jahre vor Chr. gesetzt wird.
2) Der Jahresanfang ist der nächste Neumond am Herbstäquinoctium.
3) Die Jahresform ist das an das Sonnenjahr gebundene Mondjahr von 354 Tagen, und mit Schaltjahren von 384 Tagen. Das gemeine J hat 12 Monate, abwechselnd von 30 und 29 Tagen; und das Schaltjahr besitzt einen Monat von 30 Tagen mehr.

Die Namen der Monate sind:

Tisri	30 Tage	Nisan	30 Tage
Marchesvan	29 "	Jjar	29 "
Cislen	30	Sivan	30 "
Thebet	29	Tamuz	29
Schebat	30	Ab	30
Adar	29	Elul	29
(Veadar im Schaltjahre	30) "		

In einer Periode von 19 Jahren* sind im neuern jüdischen K 12 gemeine Mondjahre von 354 Tagen in 12 Monaten, und 7 Schaltjahre von 384 Tagen in 13 Monaten befindlich. Letztere sind aber die Jahre 3, 6, 8, 11, 14, 17 und 19; auch kommen zuweilen um einen Tag verkürzte oder verlängerte Schaltjahre, religiöser Bestimmungen wegen, vor.

XLVIII.

Der neuere christliche K hat folgende Einrichtung:

1) Die Epoche ist die Geburt Christi.
2) Der Jahresanfang ist der der achte Tag nach seinem Geburtstage, oder der Tag der Beschneidung. **

* Enneadekaëteris. ** und ehemals der Geburtstag selbst.

3) **Die Jahresform** ist das reine oder freie Sonnenjahr von 365 Tagen, mit Schaltjahren von 366 Tagen.

Die Einschaltungsform ist folgende:

a) **drei Jahre sind gemeine, das vierte ist ein Schaltjahr;**

b) **drei Schlußjahre des Jahrhunderts sind gemeine Jahre, das vierte ist ein Schaltjahr*;**

c) **drei Schlußjahre des Jahrtausends sind Schaltjahre, das vierte ist ein gemeines J.**

Anmerkung 1. Die Bestimmung a) ist von Sosigenes aus Alexandrien, 44 Jahre nach Chr., bei der von Julius Cäsar angeordneten Kalenderreform.**

Die Bestimmung b) ist von Aloysius Lilius, 1582 nach Chr., bei der von Gregor XIII. angeordneten Kalenderreform.

Die Bestimmung c) wurde, der jetzigen genauern Kenntniß der Größe des tropischen J gemäß, den obigen hinzugefügt.

Anmerkung 2. Der bei der Julianischen Reform festgestellte Schalttag war der 24. Februar.

Anmerkung 3. In Persien wurde schon im Jahre 1079 vom Sultan Gieladdin Melikschah auf Anrathen seines Astronomen Omar Cheyam folgende Einschaltungsmethode eingeführt:

Drei gemeine Jahre und ein Schaltjahr folgen 7 mal hinter einander, und nach diesen 7 Quadriennien kommt ein Quinquennium von 4 gemeinen Jahren und einem Schaltjahre.

Diese Form ist nach der neuesten Bestimmung des Sonnenjahres noch etwas genauer als die Gregorianische, indem sie nämlich erst in ohngefähr 5000 Jahren einen Tag zu viel erzeugt.

XLIX.

Die Uebereinstimmung des bügerlichen J mit dem tropischen durch die in Nr. XXXXVIII. angegebene Einschaltungsform, erhellt auf folgende Weise:

---

* Das Jahr 1600 wird demgemäß ein Schaltjahr, 1700, 1800 und 1900 werden gemeine Jahre, und 2000 wieder ein Schaltjahr.

** Das Jahr 44 vor Chr. erhielt eine Länge von 410 Tagen und wurde aus diesem Grunde annus confusionis oder Jahr der Verwirrung genannt.

Der Ueberschuß der tropischen Jahre über eben so viel gemeine beträgt:

in 1 Jahre	0^T 5^{St} 48′ 51″,5
in 10 Jahren	2^T 10^{St} 8′ 35″
in 100 Jahren	24^T 5^{St} 25′ 50″
in 1000 Jahren	242^T 6^{St} 18′ 20″
in 4000 Jahren	969^T 1^{St} 13′ 20″

Nun werden aber nach obiger Form eingeschaltet:

im 1 sten Jahrhundert	24^T 0^{St} 0′ 0″,
im 2 ten „	24^T 0^{St} 0′ 0″,
im 3 ten „	24^T 0^{St} 0′ 0″,
im 4 ten „	25^T 0^{St} 0, 0″,

also in der 1 sten Tetrade von Jahrhunderten;

97^T 0^{St} 0′ 0″;

eben so viel in den 8 folgenden Tetraden; deshalb in 9 Tetraden von Jahrhunderten:

$9 . 97^T = 873^T$ 0^{St} 0′ 0″,

in der 10ten Tetrade 96^T 0^{St} 0′ 0″;

und demgemäß in 10 Tetraden von Jahrhunderten oder in 4000 Jahren 969^T 0^{St} 0′ 0″.

Hieraus folgt aber, daß 4000 bürgerliche Jahre nur um 0^T 1^{St} 13′ 20″ kleiner als 4000 tropische Sonnenjahre sind, und daß der Ueberschuß tropischer Sonnenjahre über so viele im Durchschnitte genommene bürgerliche

in 1000 Jahren	0^T 0^{St} 18′ 20″,
in 100 Jahren	0^T 0^{St} 1′ 50″,
in 10 Jahren	0^T 9^{St} 0′ 11″,
in 1 Jahre	0^T 0^{St} 0′ 1″,1,

und in 78545 Jahren noch nicht einen ganzen Tag ausmacht.

Anmerkung. Aus dem bereits Gesagten folgt, daß alles auf die sehr genaue Bestimmung des tropischen Sonnenjahres und auf die vorausgesetzte gleichbleibende Größe desselben ankommt.

L.

Der unter Julius Cäsar vom Sosigenes verbesserte K fing 44 Jahr nach Chr. an. Die unter Gregor VIII. von lelius gemachte Verbesserung geschah 1582. Man setzte damals die Abweichung des Julianischen K von S = 10 Tagen, und ließ diese aus K weg, indem man nach Donnerstag den 4. Oktober alten Styls sogleich Freitag den 15. Oktober neuen Styls zählte.

Anmerkung. Beim Herauswerfen einiger Tage aus K hat man sich nicht nach der seit der Einführung des Julianischen K verflossenen Zeit gerichtet, indem das von Sosigenes angenommene Sonnenjahr*, wonach er die vierjährliche Einschaltung festsetzte,

$$365^T\ 6^{St}\ 0'\ 0'',$$

oder $0^T\ 0^{St}\ 11'\ 8'',5$ weniger als das wahre tropische J beträgt, und also der Ueberschuß Julianischer mittlerer Jahre über eben so viel tropische in 1626 Jahren, oder in dem Zeitraume von der Julianischen bis zur Gregorianischen Reform

$$12^T\ 13^{St}\ 56'\ 21''$$

ausmacht.

Wäre man also von dem Zeitpunkte der Julianischen Reform ausgegangen, so hätte man wenigstens 12 Tage aus dem alten K wegnehmen, und also nach Donnerstag den 4. Oktober alten Styls sogleich Freitag den 17. Oktober neuen Styls setzen müssen.

Man ging aber von der Nicäischen Kirchenversammlung, d. h. vom Jahre 325 nach Chr. aus, setzte also den Zeitraum von dieser Versammlung bis zur Gregorianischen Reform = 1257 Jahre, und berechnete den Ueberfluß der mittlern Julianischen Jahre über eben so viel tropische = $9^T\ 17^{St}\ 25'\ 4'',5$, wofür man 10 ganze Tage annahm.

LI.

In Europa ist fast allgemein der Gregorianische K angenommen.

In Deutschland, Holland u. s. w. wurden im Jahre 1700 11 Tage aus K geworfen, so daß nach dem 18. Februar sogleich der 1. März gezählt wurde.

In England geschah die Einführung 1752; und in Schweden 1753.

In Rußland hat man noch den ältern Julianischen K beibehalten, welcher jetzt um 12 Tage abweicht, und den 1. Januar zählt, während man bei uns schon den 13. schreibt. Der

* welches das mittlere Julianische Jahr heißen kann.

Jahresanfang des russischen K rückt also immer mehr gegen das Frühlingsäquinoctium vorwärts, weil das mittlere J zu groß genommen ist.

LII.

Eine Periode von Jahren, nach welcher gewisse Erscheinungen und Bezeichnungen in gleicher Folge wiederkehren, heißt ein Cykel.

Man hat solche Cykeln schon in alten Zeiten zur Vorausbestimmung gewisser Erscheinungen und zur Unterscheidung verschiedener Zeitpunkte gebraucht.

LIII.

Der Sonntagscykel ist eine Periode von 28 Jahren, nach deren Ablauf die Wochentage wieder auf dieselben Monatstage fallen.

Nach der Bestimmung des Abt's Dionysius Exiguus im 6ten Jahrhunderte nimmt dieser Cykel 9 Jahre vor Chr. seinen Anfang.

LIV.

Bezeichnet man die Wochentage, vom ersten Tage des J an, durch die Buchstaben

A, B, C, D, E, F, G,

und setzt auf diese Weise die Bezeichnung der Tage fort, so wird der auf einen Sonntag fallende Buchstabe der **Sonntagsbuchstabe** genannt.

Ist aber nun in einem gemeinen J der 1. Januar ein Sonntag, also A der Sonntagsbuchstabe, so ist der letzte Tag des J wieder ein Sonntag, folglich der erste Tag des folgenden J ein **Montag**; und in diesem zweiten J fällt G auf den Sonntag. Im dritten J fällt F, im vierten bis zum Schalttage (den 24. Februar) E, und, weil der Schalttag mit dem 23. Februar einen und denselben Buchstaben erhält, nach dem Schalttage D auf den Sonntag, so daß also in einem Schaltjahre 2 **Sonntagsbuchstaben** existiren.

Im fünften J ist der Sonntagsbuchstabe C, im sechsten B, im siebenten A, im achten G. F, im neunten E u. s. w.

LV.

Wären bei der Julianischen Form auch die Säcularjahre Schaltjahre, so würde die in voriger Nr. angegebene Reihenfolge ohne Ende fortgehen. Da aber nach der Gregorianischen Form 3 Säcularjahre gemeine sind, so kann (wie aus den folgenden Tafeln erhellt) derselbe Cykel nur für ein Jahrhundert stattfinden; und man erhält:

Gregorianische Sonntagsbuchstabentafel für 1700 bis 1800.

D, C	F, E	A, G	C, B	E, D	G, F	B, A
B	D	F	A	C	E	G
A	C	E	G	B	D	F
G	B	D	F	A	C	E

Das Jahr 1800 ist das 17te im Cykel*; und es würde also, wenn es ein Schaltjahr wäre, den Doppel-Sonntagsbuchstaben E,D enthalten. Da es aber ein gemeines J ist, so hat es bloß E zum Sonntagsbuchstaben; und es ist demgemäß die Ordnung für das gegenwärtige Jahrhundert:

Gregorianische Sonntagsbuchstabentafel für 1800 bis 1900

E, D	G, F	B, A	D, C	F, E †	A, G	C, B
C	E	G	B	D	F	A
B	D	F	A	C	E	G
A	C	E	G	B	D	F

LVI.

Aus voriger Nr. ergiebt sich eine Tafel, welche zeigt, was für ein Wochentag ein gegebener Monatstag in irgend einem der vergangenen oder zukünftigen Jahre sei. So ist z. B. eine für 5 Jahrhunderte passende Tafel auf folgende Weise eingerichtet:

---

* weil 1800 + 9 durch 28 dividirt den Rest 17 erzeugt.

† Das Kreuz (†) bezeichnet das E das Jahres 1800.

Kalender-Tafel für fünf Jahrhunderte.

(1582) 1600	April Juli	Sept. Dec.	Juni	Febr. März Nov.	August	Mai	Jan. Oct.
1700	Mai	Jan. Oct.	April Juli	Sept. Dec.	Juni	Febr. März Nov.	August
1800	Febr. März Nov.	August	Mai	Jan. Oct.	April Juli	Sept. Dec.	Juni
1900 (2000)	Sept. Dec.	Juni	Febr. März Nov.	August	Mai	Jan. Oct.	April Juli
	1	2	3	4	5	6	7
	8	9	10	11	12	13	14
	15	16	17	18	19	20	21
	22	23	24	25	26	27	28
	29	30	31				
	Sonntag	Montag	Dienstag	Mittwoch	Donnerstag	Freitag	Sonnabend
	1	2	3	4		5	6
	7	8		9	10	11	12
		13	14	15	16		17
	18	19	20		21	22	23
	24		25	26	27	28	
	29	30	31	32		33	34
	35	36		37	38	39	40
		41	42	43	44		45
	46	47	48		49	50	51
	52		53	54	55	56	
	57	58	59	60		61	62
	63	64		65	66	67	68
		69	70	71	72		73
	74	75	76		77	78	79
	80		81	82	83	84	
	85	86	87	88		89	90
	91	92		93	94	95	96
		97	89	99	100		

LVII.

Um 1) anzugeben, welcher Wochentag dem 9. Juli 1839 entspricht, verfahre man auf folgende Weise:

Ueber der Jahreszahl 39 steht Freitag; und in dem Jahrhunderte von 1800 bis 1900 befindet sich Juli über den Monatstagen 5, 12, 19, 26. Hieraus folgt aber, daß im Juli die Freitage den 5., 12., 19. und 26. fallen, und daß also der 9. Juli des gemeinen Jahres 1839 ein Dienstag sein muß.

Um 2) anzugeben, welcher Wochentag dem 24. Juni 1840 zugehört, verfahre man so:

Ueber 40 steht Sonnabend; und in dem Jahrhunderte von 1800 bis 1900 befindet sich Juni über den Wochentagen 7, 14, 21, 28. Nun ist aber 1840 ein Schaltjahr; und es ergiebt sich hieraus, daß im Juni die Sonnabende den 6., 13., 20. und 27. fallen, und daß also der 24. Juni 1840 ein Mittwoch sein muß.

LVIII.

Der Mondcykel ist eine Periode von 19 Jahren*, nach deren Verlauf die Neumonde an gleichen Tagen des J wiederkehren.

Dionysius Exiguus läßt diesen Cykel ein Jahr vor Chr. anfangen.

Die Zahl, welche angiebt, das wie vielste dieses Cykels ein gegebenes J sei, heißt die güldene Zahl, weil sie in dem altgriechischen K mit güldenen Buchstaben angemerkt worden ist.

LIX.

Der Indictionscykel ist eine seit 313 in Gebrauch gekommene** Periode von 15 Jahren. Die Zahl, welche angiebt, das wie vielste dieser Periode ein gegebenes J sei, wird die Römer Zinszahl genannt.

---

* jedes Jahr zu 365¼ Tagen angenommen.

** und sich auf das Steuerwesen beziehende.

LX.

Die Julianische Periode enthält 28 . 19 . 15 oder 7980 Jahre*; sie wurde von Joseph Scaliger** angegeben, der sie 4713 Jahre vor Chr. Geburt anfangen läßt.

LXI.

Die Feste des christlichen K sind theils unbewegliche und theils bewegliche.

Die erstern sind an einen bestimmten Monatstag gebunden, wie Neujahr (den 1. Januar), Mariä Verkündigung (den 25. März), Johanni (den 24. Juni), Weihnacht (den 25. December); und die letztern richten sich nach dem Osterfeste, während letzteres wieder auf M sich bezieht.

Anmerkung. Man bemerke, 1) daß die Namen einiger Wochen- und Festtage aus dem heidnisch-deutschen Alterthume, die Namen der Monate aus dem altrömischen K, und die Osterrechnung aus dem altjüdischen K herrühren; 2) daß nach dem Concilium von Nicäa das Osterfest am 1sten Sonntage nach dem Vollmonde, der auf das Frühlingsäquinoctium folgt, und wenn der Vollmond selbst auf einen Sonntag trifft, eine Woche später gefeiert werden soll.

Hieraus folgt aber, daß der Ostersonntag vom 22. März bis zum 25. April fallen kann.

LXII.

Die Epacten (oder Zugaben) sind die Zahlen, um wie viel Tage nach dem Neumonde der 1. Januar eintritt.

Ist aber im 1sten J des 19jährigen Mondcykels am 1. Januar Neumond, so ist die Epacte = 0, und es fällt im folgenden J der 1. Januar 11 Tage nach dem Neumonde, im 3ten 22 Tage, im 4ten 33 Tage nach dem vorletzten oder 3 Tage nach dem letzten Neumonde des 3ten J, u. s. w.

LXIII.

Aus voriger Nr. entsteht folgende Epactentafel:

* Vergl. LIII, LVIII, LIX.

** geb. 1540 in Agen; gest. 1609 zu Leyden.

Güldene Zahl.	Epacte.	Güldene Zahl	Epacte
1	0	11	XX
2	XI	12	I
3	XXII	13	XII
4	III	14	XXIII
5	XIV	15	IV
6	XXV	16	XV
7	VI	17	XXVI
8	XVII	18	VII
9	XXVIII	19	XVIII
10	IX		

LXIV.

Man soll das Osterfest, mit Hülfe der Epactentafel, für das Jahr 1839 bestimmen.

Auflösung. 1) Man suche, das wie vielste J im Mondcykel das gegebene sei; oder ermittele die güldene Zahl dadurch, daß man zu der Jahreszahl 1839 die Zahl 1 addirt, die Summe 1840 durch 19 dividirt, und den hierdurch erhaltenen Rest 16 der güldenen Zahl gleichsetzt.

2) Nun steht aber in LXIII bei der güldenen Zahl 16 die Epactenzahl XV; und folgt es hieraus, daß der 1. Januar der 15te Tag des Mondmonats ist, daß im vorhergegangenen December 14 Tage dieses Mondmonats vergangen, und daß also im Januar noch 15 Tage davon übrig sind, oder daß der 16. Januar wieder ein Neumondstag ist.

Zwei Mondmonate oder 30 + 29 Tage = 59 Tage später, d. h. den 15. März, ist wieder Neumond; und 14 Tage nachher, nämlich den 29. März Vollmond, welcher zunächst nach dem 21. März oder dem Frühlingsäquinoctium fällt, und weshalb der 29. März der Ostervollmontag ist.

3) Man ermittele, das wie vielste J des Sonntagsbuchstabencykels das gegebene 1839 sei, indem man zu der Jahreszahl 1839 die Zahl 9 addirt, und die hierdurch entstandene Summe 1848 durch 28 dividirt. Es ergiebt sich aber alsdann, daß 1839 das 28te J des Sonntagsbuchstabencykels sei.

In der Sonntagsbuchstabentafel für 1800 bis 1900 findet man nun bei dem 28. J des Cykels* den Sonntagsbuchstaben F, und es folgt hieraus, daß der 6. Januar der 1ste Sonntag im Jahre 1839, also der 1. Januar ein Dienstag, der 29. März ein Freitag, und der 31. März der Ostersonntag ist.

* Vergl. LV.

LXV.

Hat man (nach voriger Nr.) den Ostersonntag bestimmt, so ergeben sich die Namen der Sonntage des ganzen J auf folgende Weise:

1) Vom Ostersonntage zähle man:

Neun Wochen rückwärts	Acht Wochen vorwärts
1) Palmarum,	1) Quasimodogeniti,
2) Judica,	2) Misericord. Domini,
3) Lätare,	3) Jubilate,
4) Oculi,	4) Cantate,
5) Reminiscere,	5) Rogate,
6) Invocavit,	6) Exaudi,
7) Quinquagesimä,	7) Pfingsten,
8) Sexagesimä,	8) Trinitatis.
9) Septuagesimä.	

2) Vom 1. Januar, als dem unbeweglichen Neujahrsfeste, zähle man bis zum 6. Dies ist das unbewegliche Fest Epiphanias.* Fällt zwischen den 1. und 6. ein Sonntag, so heißt derselbe der Sonntag nach Neujahr. Vom 6. Januar zähle man die Sonntage bis zu Septuagesimä nach den Nummern, wie sie auf Epiphanias folgen, als der 1te Epiph., 2te Epiph., u. s. w. Ihre Zahl ist größer oder kleiner, je nachdem Ostern früher oder später eintritt.

3) Vom 25. December, als dem unbeweglichen Weihnachtsfeste, zähle man rückwärts 4 Sonntage, welche die Adventsonntage heißen, nämlich** 4ter, 3ter, 2ter 1ter Advent.

4) Vom Trinitatissonntage zähle man vorwärts die Sonntage nach der Nummer, wie sie auf diesen folgen: 1te Trinitatis, 2te Trin., 3te Trin. u. s. w., bis zu dem Sonntage 1te Advent.***

Das Trinitatisfest ist aber der erste Sonntag nach Pfingsten.

5) Fällt nach Weihnacht, d. h. nach dem 25. December, noch ein Sonntag, so wird dieser der Sonntag nach Weihnacht genannt.

* Heil. 3 Königstag. ** rückwärts gerechnet.
*** Bei den Katholiken werden diese Sonntage nicht nach Trinitatis, sondern nach Pfingsten gezählt.

Fünfter Anhang.

Von der Uebersicht unseres Planetensystems.

LXVI.

	Halbe große Axe der Bahn, die der Erdbahn = 1 gesetzt.	Siderische Revolution in mittlern Tagen.	Tropische Revolution in mittlern Tagen.
☿	0,38710	87,96926	87,96844
♀	0,72333	224,70082	224,69548
♁	1,00000	365,25638	365,42206
♂	1,52369	686,97962	686,92967
⚶	2,36320	1327,59829	1327,40222
⚵	2,67037	1593,84174	1593,57362
⚳	2,76724	1681,40091	1681,10174
⚴	2,76826	1682,54509	1682,24559
♃	5,20116	4332,59631	4330,61049
♄	9,53781	10758,96984	10746,73238
♅	19,18318	30688,71269	30589,35729

LXVII.

	Excentricität in Theilen der halben großen Axe.	Masse, die der S = 1 gesetzt.	Scheinbar. Durchmesser in ihrer mittl. Entfernung von S gesehen.
☿	0,20562	1 2025800	15″,5
♀	0,00686	1 356632	23″,1
♁	0,01679	1 : 337086	17″,1
♂	0,09322	1 : 2546320	6″,5
⚶	0,18382	—	0″,2
⚵	0,25436	—	1″,1
⚳	0,07850	—	1″,3
⚴	0,24478	—	1″,6
♃	0,04818	1 1067	38″,2
♄	0,05617	1 3534	17″,1
♅	0,04667	1 19500	3″,9

LXVIII.

Entfernungen von S in geographischen Meilen, die Meile = 3806,9 Toisen gerechnet.*

	Kleinste.	Mittlere.	Größte.	Excentricitäten der Bahnen in Meilen.
☿	7412600	8082100	9751700	669500
♀	14998600	15102300	15205900	103700
♁	20528100	20878700	21229400	350600
♂	28847300	31812800	34778300	2965500
⚶	44932700	49319000	53705400	4386300
⚵	41572200	55754000	69935800	14181800
⚳	53235200	57776600	62318000	4541400
⚴	43652200	57797800	71943400	14145600
♃	103361900	108593700	113825600	5231800
♄	187952400	199137600	210322822	11185200
♅	381828300	400521000	419212900	18692700

LXIX.

Entfernung von S in Sonnenhalbmessern.**

	Kleinste.	Mittlere.	Größte.	Excentricität der Bahnen.
☿	66,47	83,68	100,88	17,20
♀	155,28	156,36	157,43	1,07
♁	212,54	216,17	219,80	3,63
♂	298,67	329,37	360,07	30,70
⚶	465,22	510,63	556,04	45,41
⚵	430,42	577,25	724,08	146,83
⚳	645,22	598,20	645,22	47,02
⚴	451,97	598,42	744,87	146,45
♃	1070,13	1124,30	1178,47	54,17
♄	1948,63	2061,80	2174,97	113,17
♅	3953,27	4146,80	4340,35	193,53

* Die Horizontalparallaxe der S am Aequator ist hier = 8″,551, und der Durchmesser der E = 1719 geogr. Meilen vorausgesetzt.

** Der Sonnenhalbmesser ist hier = 96584 Meilen vorausgesetzt.

LXX.

Entfernungen von E in Millionen von geographischen Meilen.

	In der obern Culmination (☌)			In d. Oppos. (☍) od. untern ☌		
	Größte.	Mittlere.	Kleinste.	Größte.	Mittlere.	Kleinste.
☿	30	28	26	14	12	10
♀	35	34,7	34,25	6	5,6	5⅓
♂	54	51	47	14	10	7
⚶	72	67	63	32	27	23
⚵	88	74	60	48	34	19
⚳	81	76	71	40	36	31
⚴	90	76	62	50	36	21
♃	130	125	120	90	85	79
♄	223	212	201	183	172	161
♅	424	406	388	385	366	348

LXXI.

Durchmesser der Planeten.*

	Scheinbarer in der mittlern Entfernung der S von E.	Wahrer in geographischen Meilen.	Scheinbarer Durchmesser der S auf den Planeten in ihrer mittlern Entfernung.	Wahrer Durchmesser, der der S 1.		Wahrer Durchmesser, der der E 1.	Scheinbarer Durchmesser von E gesehen.	
							Kleinster.	Größter.
☿	6″,0	600	4967″	1	318	0,34	4″,0	11″,6
♀	16″,7	1678	2658″	1	116	0,95	9″,6	65″,6
♁	17″,102	1719	1922″	1	112	1,00	17″,1	17″,7
♂	9″,9	1000	1280″	1	200	0,56	3″,7	27″,2
⚶	0″,6	59	815″	1	3290	0,03	0″,2	0″,5
⚵	3″,1	308	721″	1 :	630	0,18	0″,7	3″,3
⚳	3″,5	350	695″	1	550	0,20	0″,9	2″,3
⚴	4″,5	452	694″	1	427	0,26	1″,0	4″,2
♃	198″,7	19980	370″	1	10	11,00	29″,9	49″,2
♄	163″,1	16290	202″	1	11	9,76	15″,5	21″,5
♅	74″,5	7488	100″	1	25	4,23	3″,5	4″,3

* Die zweite Columne dieser Tafel folgt aus der ersten, wenn man

LXXII.

Oberflächen der Planeten.

	In geographischen Quadratmeilen.	Die Oberfläche der ♁ = 1.	Die Oberfläche der ☉ = 1.
☿	1072900	0,12	1 102700
♀	8376200	0,90	1 13600
♁	9281100	1,00	1 12640
♂	2910600	0,32	1 37360
⚶	10700	0,001	1 10837000
⚵	287500	0,03	1 395600
⚳	371200	0,04	1 305000
⚴	608200	0,07	1 183000
♃	1124241300	121,12	1 94
♄	883373000	95,17	1 139
♅	166066000	17,92	1 666

LXXIII.

Körperlicher Inhalt der Planeten.

	In Cubikmeilen.	Den Inhalt der ♁ = 1.	Den Inhalt der ☉ = 1.
☿	104500000	0,04	1 32916000
♀	2280000000	0,85	1 : 1584000
♁	2660000000	1,00	1 1421300
♂	467000000	0,18	1 7220300
⚶	104500	0,00004	1 35670000000
⚵	14500000	0,005	1 248900000
⚳	212500000	0,008	1 168500000
⚴	44600000	0,017	1 73870000
♃	3500000000000	1333,1	1 905
♄	2500000000000	928,5	1 1639
♅	201230000000	75,85	1 17190

17,102 Sekunden = 1719 Meilen, und den Durchmesser der ☉ = 109¼ Durchmesser der ♁ setzt.

LXXIV.

Geschwindigkeiten.

	Mittlere Geschwindigkeit in einer Sekunde, in Meilen.	Mittlere Geschwindigkeit in einer Sekunde, in Pariser Fußen.	Fall gegen S in der Bahn in einer Sekunde, in Par. Lin.
☿	7,67	152448	8,64
♀	4,88	111525	2,42
♁	4,66	94850	1,27
♂	3,36	76840	0,55
⚶	2,7	61700	0,23
⚵	2,6	58040	0,18
⚳	2,5	57020	0,17
⚴	2,5	57000	0,16
♃	1,74	41590	0,047
♄	1,34	30710	0,014
⛢	1,00	21650	0,003

LXXV.

Rotationen.

	Dauer der Rotation in Sekunden, Sternzeit.	Geschwindigkeit jedes Punktes des Aequators in einer Sekunde, in Pariser Fußen	Verhältniß der rotirenden Bewegung zu der fortrückenden.
☿	86450″	504	1 : 302
♀	84060″	1430	1 78
♁	86400″	1422	1 67
♂	88800″	798	1 96
♃	35717″	39070	1 1,06
♄	36960″	33500	1 : 0,91
⛢	25507″	21650	1 1

LXXVI.

Massen und Dichtigkeiten.

	Masse, die der ♁ 1.	Dichtigkeit, die der ♁ = 1.	Dichtigkeit, die des Wassers = 1.	Fall der Körper auf der Oberfläche der Planeten in einer Sekunde, in Pariser Fußen.
☿	0,1664	3,61	17,72	14,07
♀	0,9452	1,07	5,23	15,87
♁	1,0000	1,00	4,87	15,11
♂	0,1324	0,69	3,34	6,33
♃	315,8930	0,22	1,08	38,78
♄	95,3820	0,10	0,47	15,15
♅	17,2830	0,20	0,99	14,57

LXXVII.

Lagen der Bahnen gegen den Sonnenäquator.

	Aufsteigender Knoten der Bahnen auf dem Sonnenäquator.	Neigung gegen den Sonnenäquator.
☿	316° 51′	2° 54′
♀	242° 45′	4° 9′
♁	248° 0′	7° 30′
♂	254° 21′	5° 50′
⚶	180° 33′	4° 28′
⚵	197° 3′	16° 28′
⚳	208° 43′	3° 43′
⚴	182° 19′	37° 8′
♃	242° 5′	6° 24′
♄	231° 12′	5° 57′
♅	247° 27′	6° 44′

LXXVIII.

Der Mond.

Siderische Revolution	27^{T} 7^{St} 43′ 11″,51.*
Tropische „	27^{T} 7^{St} 43′ 4″,68.
Synodische	29^{T} 12^{St} 44′ 2″,82.

* Vergl. §. 179.

Mittlere Mitternacht Paris.

Epoche der mittlern Länge 1801 den 1. Jan. 111° 36′ 43″

des Perigäums 266° 6′ 46″

des Knotens 13° 54′ 21″

Siderische Umlaufszeit der Knoten 6793^{T} 6St 51′ 39″

Tropische Umlaufszeit der Knoten 6798^{T} 4St 14′ 56″

Siderische Umlaufszeit der Apsiden 3232^{T} 13St 37′ 15″

Tropische Umlaufszeit der Apsiden 3231^{T} 11St 4′ 7″

Mittlere Neigung der Bahn gegen die Ekliptik 5° 8′ 47″

Mittlere Horizontalparallaxe am Aequator 0° 57′ 1″

Mittlere Entfernung vom Mittelpunkte der E 60,2965 Halbmesser des Erdäquators.

Scheinbarer mittlerer Halbmesser des M von

E gesehen 0° 15′ 34″;

von S gesehen 4″,64.

Excentricität der Bahn in Theilen der halben großen Axe 0,005504,

in Meilen 4118

Wahrer Halbmesser 234 Meilen.

Verhältniß des M zu E im Durchmesser 1 : 3,688

. . . in der Oberfläche 1 : 13,6

. im körperlichen Inhalte 1 : 50,15

. . . in der Masse 1 : 69

. . . in der Dichtigkeit 1 : 1,47

Fall der Körper in einer Sekunde auf der Oberfläche des M 2,8 Pariser Fuß.

LXXIX.

Die Satelliten des Jupiters.

	Siderische Revolution.	Mittlere Entfernung vom Mittelpunkte des Jupiter. Halbm. d. Jup.	Mittlere Entfernung vom Jupiter. Meilen.	Länge des ☊ 1760,00.	Neigung gegen die Bahn des Jupiter.
I	1,76914	5,8130	56500	314° 30′	3° 5′
II	3,55118	9,2487	89940	313° 45′	3° [illegible]
III	7,15655	14,7024	143460	314° 24′	2° 0′
IV	16,63877	25,9469	252300	316° 39′	2° 41′

	Bewegung in einer Sekunde in der Bahn. Meilen.	Fall gegen den Jupiter in einer Sekunde. Pariser Linien.	Scheinbarer Durchmesser. Auf d. Jupiter.	Auf der E.	Wahrer Durchmesser. Meilen.
I	8800	1621	33′ 16″	1″,4	560
II	7000	640	17′ 13″	1″,1	460
III	5500	252	18′ 59″	2″,0	810
IV	4200	81	7′ 32″	1″,4	566

	Masse, die des Jupiter = 1.	Dichtigkeiten: die des Jupiter = 1.	die der E = 1.	die des Wassers = 1	Fall d. Körper auf der Oberfläche in 1 Sek. Par. Fuß.
I	1 57700	0,69	0,16	0,77	0,78
II	1 43040	1,72	0,40	1,94	1,59
III	1 11300	1,22	0,28	1,38	1,98
IV	1 23400	1,68	0,39	1,89	1,91

LXXX.

Die Satelliten des Saturns.

	Siderische Revolution.	Halbe große Axe der Bahn. Halbmesser des ♄ Aequators.	Meilen.	Geschwindigkeit in der Bahn. Pariser Fuß.	Durchmesser. Meilen.
I	0^{T},94271	3,351	27290	60830	—
II	1^{T},37024	4,300	35020	41340	—
III	1^{T},88780	5,284	43040	37150	104
IV	2^{T},73948	6,819	55550	32820	104
V	4^{T},51749	9,524	77570	27780	256
VI	15^{T},94530	22,031	179840	18240	680
VII	79^{T},32960	64,359	524212	10680	388

LXXXI.

Die Satelliten des Uranus.

	Siderische Revolution.	Halbe große Axe der Bahn.		Geschwindigkeit in der Bahn.
		Halbmesser des Saturns.	Meilen.	
I	$5^T,8926$	13,12	49120	15000
II	$8^T,7068$	17,02	63720	12160
III	$10^T,9611$	19,84	74280	11250
IV	$13^T,4559$	22,75	85180	10500
V	$38^T,0750$	45,51	160390	7440
VI	$107^T,6944$	91,01	340740	5260

Anmerkung. Man bemerke, daß in Fig. 44 die Bahnen der Planeten angegeben sind.

Sechster Anhang.

Von der Bestimmung der Elemente der Kometen aus geocentrischen Beobachtungen.

LXXXII.

Es giebt im Allgemeinen 6 Elemente einer elliptischen Bahn (B)*:

1) Die Lage und Größe der Apsidenlinie,
2) die Excentricität,
2) die Neigung der B,
4) ihre Knotenlinie gegen die Ekliptik, und
5) die Epoche oder die mittlere Länge des Planeten oder Kometen (K) für irgend eine gegebene Zeit.

Da aber (nach §. 313) die von K beschriebene elliptische

* d. h. Eigenschaften, durch welche sie sich von allen andern Bahnen unterscheidet.

B, wenigstens in der ersten Näherung, als parabolisch betrachtet werden kann, so fällt die Länge der großen Axe weg, und man hat nur 5 Elemente zu bestimmen nöthig.

Die Rechnung selber wird (nach Olbers) folgendermaßen ausgeführt.

LXXXIII.

Ist für die Zeit t der ersten Beobachtung

L die Länge der E

R die Entfernung der S von E,

$\lambda\beta$ die geocentrische,

lb die heliocentrische Länge und Breite des K,

r die Entfernung des K von S,

δ die auf die Ekliptik reducirte Distanz des K von E,

v die heliocentrische Länge des K in der Bahn, die immer gleich ist dem Argument der Breite plus der Länge des aufsteigenden Knotens.

Bezeichnet man ferner für die zweite Beobachtung dieselben Größen durch

$$t' \quad L' \quad R' \text{ u. s. w.}$$

für die dritte durch $t'' \; L'' \; R''$ u. s. w.

setzt die gerade Linie, welche den Ort des K in der ersten und dritten Beobachtung verbindet, oder die Sehne des Bogens, welchen K in der Zeit $t'' - t$ beschrieben hat, $= k$, die Länge des Periheliums $= w$, die Länge des aufsteigenden Knotens $= \Omega$, die Neigung der B gegen die Ekliptik $= n$, den Abstand des Perihels von S $= q$, und die Zeit des Durchganges des K durch sein Perihel $= T$, so erhält man:

1.

den Werth von m aus der Gleichung

$$m = \frac{t''-t'}{t'-t} \cdot \frac{\operatorname{Tg}\beta' \cdot \sin(L'-\lambda) - \operatorname{tg}\beta \cdot \sin(L'-\lambda')}{\operatorname{Tg}\beta'' \cdot \sin(L'-\lambda') - \operatorname{tg}\beta' \cdot \sin(L'-\lambda'')}$$

und die Werthe von r, r'', δ und k aus den Formeln:

$$r^2 = R^2 + \delta^2 \sec^2\beta + 2R\delta \operatorname{Cos}(L-\lambda),$$

$$r''^2 = R''^2 + m^2\delta^2 \sec^2\beta'' + 2mR''\delta \operatorname{Cos}(L''-\lambda'')$$

$$k^2 = r^2 + r''^2 - 2m\,\delta^2 [\mathrm{Cos}\,(\lambda - \lambda'') + \mathrm{tg}\,\beta \,.\, \mathrm{tg}\,\beta'']$$
$$- 2mR\,\delta\,\mathrm{Cos}\,(\lambda'' - L) - 2R''\,\delta\,\mathrm{Cos}\,(\lambda - L'')$$
$$- 2RR''\,\mathrm{Cos.}\,(L - L''),$$

$6\mu\,(t'' - t) = (r + r'' + k)^{\frac{3}{2}} - (r + r'' - k)^{\frac{3}{2}}$, wenn $\mu = 0{,}017202$ ist.

2.

Kennt man r, r'' δ und k, so findet man die heliocentrische Länge und Breite in der ersten und dritten Beobachtung, oder die Größen l b und l'' b'' durch die Gleichungen:

$$r \,.\, \mathrm{Cos}\,b \,.\, \mathrm{Cos}\,(L - l) = \delta \,.\, \mathrm{Cos}\,(L - \lambda) + R$$
$$r \,.\, \mathrm{Cos}\,b \,.\, \sin\,(L - \lambda) = \delta \,.\, \sin\,(L - \lambda)$$
$$r \,.\, \sin\,b = \delta \,.\, \mathrm{tg}\,\beta$$
$$r'' \,.\, \mathrm{Cos}\,b'' \,.\, \mathrm{Cos}\,(L'' - l'') = m\,\delta \,.\, \mathrm{Cos}\,(L'' - \lambda'') + R''$$
$$r'' \,.\, \mathrm{Cos}\,b'' \,.\, \sin\,(L'' - l'') = m\,\delta \,.\, \sin\,(L'' - \lambda'')$$
$$r''\,\sin\,b'' = m\,\delta\,\mathrm{tg}\,.\,\beta.$$

Da aber diese Formeln auch die Werthe von r und r'' liefern, so zeigt ihre Uebereinstimmung mit den in 1 gefundenen Werthen die Richtigkeit der bisher geführten Rechnung.

3.

Kennt man den heliocentrischen Ort des K, so ergeben sich die Größen n, ☊, v und v'' aus folgenden Gleichungen:

$$\pm\,\mathrm{tg}\,b = \mathrm{tg}\,n \,.\, \sin\,(l - ☊)$$
$$\frac{\pm\,\mathrm{tg}\,b'' - \mathrm{tg}\,b \,.\, \mathrm{Cos}\,(l'' - l)}{\sin\,(l'' - l)} = \mathrm{tg}\,n \quad \mathrm{Cos}\,(l - ☊)$$
$$\frac{\mathrm{tg}\,(l - ☊)}{\mathrm{Cos}\,n} = \mathrm{tg}\,(v - ☊)$$
$$\frac{\mathrm{tg}\,(l'' - ☊)}{\mathrm{Cos}\,n} = \mathrm{tg}\,(v'' - ☊)$$

In diesen Formeln gelten aber die untern Zeichen, wenn die Bewegung des K retrograd*, d. h. wenn l'' kleiner als l

---

* Die Bewegung eines Planeten oder Kometen heißt rechtläufig oder direct, wenn er in seinem scheinbaren Lauf durch die Fixsterne der Ordnung der himmlischen Zeichen folgt. Ist aber die eigene Bewegung des Planeten oder Kometen der Ordnung der himmlischen Zeichen entgegen, so wird sie rückläufig, rückgangig oder retrograd genannt.

ist. Auch werden in den beiden letzten Gleichungen die Größen $v - \Omega$ und $v'' - \Omega$ in demselben Quadranten genommen, in welchem $l - \Omega$ und $l'' - \Omega$ sich befinden.

4.

Die Länge w des Periheliums, und die Distanz q des Perihels von ☉ erhält man durch die Ausdrücke:

$$\frac{1}{\sqrt{q}} . \operatorname{Cos} \frac{v - w}{2} = \frac{1}{\sqrt{r}}$$

$$\frac{1}{\sqrt{q}} . \sin \frac{v - w}{2} = \frac{\operatorname{Cotg} \frac{v'' - v}{2}}{\sqrt{r}} - \frac{1}{\sin \frac{v'' - v}{2} \sqrt{r''}}$$

Bezeichnet man nun $v - w$ durch V, $v'' - w$ durch V'' und nimmt diese Differenzen immer so, daß V und V'' als positive Ausdrücke erscheinen, so erhält man ϑ und ϑ'' aus den Gleichungen:

$$\vartheta = a \quad q^{\frac{3}{2}} \left(3 \operatorname{tg} \frac{V}{2} + \operatorname{tg}^3 \frac{V}{2}\right)$$

$$\vartheta'' = a . q^{\frac{3}{2}} \left(3 \operatorname{tg} \frac{V''}{2} + \operatorname{tg}^3 \frac{V''}{2}\right),$$ wor. $\log a = 1{,}4378123$ ist.

Nun ist aber die Zeit des Durchgangs des ☄ durch sein Perihel, nämlich:

$$T = t \mp \vartheta \quad \text{oder} \quad T = t'' \mp \vartheta''.$$

In diesen Gleichungen gilt das obere Zeichen, wenn bei directer Bewegung V oder V'' größer als w, oder wenn bei retrograder V oder V'' kleiner als w ist. Auch ist die Uebereinstimmung beider Werthe von T als eine Bestätigung der ganzen Rechnung anzusehen.

Die Größen t, t', t'' und T werden in ganzen Tagen oder deren Theilen ausgedrückt, die Größen L, L' und L'' ergeben sich aber aus den Sonnentafeln, wenn man zu den wahren Längen der ☉ für die drei Beobachtungszeiten t, t' und t'' die Größe 180° 0' 20'',25 addirt.

LXXXIV.

Von dem ☄ des Jahres 1799 hat man folgende Beobachtungen:

1799.	Mittlere Zeit zu Paris.	Geocentrische Länge.	Geocentrische Breite.
August 30.	$11^h\ 9'\ 42''$	$\lambda = 125°48'39'',3$	$\beta = 41°53'52'',2$
Sept. 2.	$10^h\ 36'\ 8''$	$\lambda' = 132°53'48'',5$	$\beta' = 45°54'48'',1$
Sept. 4.	$10^h\ 7'\ 51''$	$\lambda'' = 138°36'31'',2$	$\beta'' = 48°32'27'',8$*

Für die angezeigten Beobachtungszeiten erhält man aber aus den Sonnentafeln:

Wahre Länge der E.	
$L = 337°\ 29'\ 8'',7$	$R = 1,008722$
$L' = 340°\ 22'\ 26'',9$	$R' = 1,007999$
$L'' = 342°\ 17'\ 47'',8$	$R'' = 1,007485;$

auch sind die Zwischenzeiten;

$t'' - t = 2^T,976690$ | $t'' - t' = 1^T,980350.$

Nun ist aber:

1.

$$m = 0,787752,$$
$$r^2 = 1,01752 - 1,71693\,\delta + 1,80493\,\delta^2,$$
$$r''^2 = 1,01503 - 1,45724\,\delta + 1,41564\,\delta^2,$$
$$k^2 = 0,00716 - 0,04739\,\delta + 0,08627\,\delta^2,$$
$$135,84219 = \left(\frac{r + r'' + k}{2}\right)^{\frac{3}{2}} - \left(\frac{r + r'' - k}{2}\right)^{\frac{3}{2}};$$

und hieraus $\delta = 0,71469$; $r = 0,8440$; $r'' = 0,8346$.

Auch ergiebt sich für den heliocentrischen Ort des K:

2.

$l = 20°\ 37'\ 40'',8$	$l'' = 6°\ 45'\ 39'',7$
$b = 49°\ 26'\ 25'',1$	$b'' = 49°\ 46'\ 46'',9$

und es ist deshalb K rückgängig, weil $l'' < l$ ist.

3.

$n = 49°\ 51'\ 7'',9$	$\Omega = 100°\ 51'\ 53'',4$
$v - \Omega = 83°\ 40'\ 9'',6$	$v'' - \Omega = 92°\ 38'\ 55'',0;$

* Die geocentrischen Längen und Breiten wurden aus den unmittelbar beobachteten Rectascensionen und Declinationen mit der scheinbaren Schiefe berechnet, nachdem sie blos von der Refraction befreit worden waren, indem die Correctionen der Aberration und der Parallaxe bei den ersten Bahnbestimmungen gewöhnlich wegbleiben, da sie wegen der noch unbekannten Entfernung des K von E ebenfalls unbekannt sind, und hier überhaupt nicht die äußerste Schärfe gefordert wird. Auch werden aus diesem Grunde die Logarithmen nur in 5 Decimalstellen ausgedrückt.

4.

Die Länge des Periheliums $w = 4^\circ\ 32'\ 8'',2$,

die kürzeste Distanz $q = 0,83374$,

$\vartheta = 6,97118 = 6^T\ 23^h\ 18'\ 30''$,

30. August $= \quad 11^h\ 9'\ 42''$

$T = 6.$ Sept. $10^h\ 28'\ 12''$;

und die gesuchten Elemente des K sind deshalb:

Zeit des Durchgangs durch das Perihelium 1799 Sept. 6. $10^h\ 28'\ 12''$ mittlere Pariser Zeit.

Länge des Periheliums $4^\circ\ 32'\ 8'',2$,

Kürzeste Distanz 0,83374

Länge des aufsteigenden Knotens $100^\circ\ 51'\ 53''$

Neigung der B $49^\circ\ 51'\ 8''$

Bewegung retrograd.

Anmerkung. Die hier gebrauchten Ausdrücke werden einfacher, wenn man B als einen gegen die Ekliptik geneigten Kreis, dessen Mittelpunkt mit S zusammenfällt, ansieht. Diese Voraussetzung findet z. B. bei der B des Uranus, und selbst (wenn man bei den ersten Bestimmungen keine große Genauigkeit fordert) bei den Bahnen der 4 kleinern Planeten statt. Die Bestimmung einer B wird endlich noch einfacher, wenn man sie als eine gerade Linie voraussetzt. Diese Voraussetzung ist aber nur dann erlaubt, wenn die zum Grunde gelegten Orte des Planeten oder Kometen einander sehr nahe liegen, und wenn man aus den ersten Beobachtungen desselben blos eine erste und rohe Bestimmung der B sucht, um z. B. den Stern nach einigen trüben Tagen mit Leichtigkeit wieder auffinden zu können.

Zweites Kapitel.

Von den irdischen Erscheinungen im Grossen.

Erste Abtheilung.

Von den Gebirgen, von den Erdbeben und von der Entstehungsart der Erde.

---

§. 323.

Zu den irdischen Erscheinungen im Großen gehören diejenigen, bei welchen mehrere Processe zugleich stattfinden. Sie geschehen entweder auf der Oberfläche der Erde (E)* oder in dem Innern oder in der Atmosphäre derselben; und es werden demgemäß in gegenwärtigem Kapitel abgehandelt:

1) die Gebirge, 2) das Meer, 3) die Gewässer des festen Landes, 4) die Atmosphäre, 5) die Wärmemeteore, 6) die Lichtmeteore, 7) die Feuermeteore, 8) die Elektrometeore, 9) die Wassermeteore und 10) die Aërometeore.

---

* Man bemerke, daß die Erde ein für allemal durch den Buchstaben bezeichnet wird.

Anmerkung 1. Man bemerke, daß keine Naturerscheinung isoliret ist, daß aber das Zusammenwirken manchfaltiger Kräfte bei den jetzt zu betrachtenden Gegenständen auffallender als bei den frühern sich zeigt.

Anmerkung 2. Da die größte in E ermittelte Tiefe noch nicht 600 Toisen oder 0,0002 Erdhalbmesser beträgt, so folgt, daß dasjenige, was man vom Innern der E beobachtet hat, zu der äußersten Rinde derselben gerechnet werden muß.

§. 324.

Die genauere Kenntniß der E und ihrer Bestandtheile heißt Geologie und Geognosie. Die letztere begreift im engern Sinne die historischen Kenntnisse des Erdkerns und der Erdkruste; und die erstere beschäftigt sich mit den Untersuchungen des Ursprungs und den allmäligen Veränderungen der E.

§. 325.

Die Erdoberfläche ist größtentheils mit Wasser bedeckt, und es ragen nur größere und kleinere Theile daraus hervor. Die erstern nennt man festes Land oder Festland und die letztern Inseln. Das große den Erdball einhüllende Gewässer heißt Ocean oder Weltmeer. Man hat einigen Theilen desselben eigene Namen gegeben und die auf dem festen Lande und auf den Inseln befindlichen > oder < Wassersammlungen Bäche, Flüsse, Seen, Sümpfe u. s. w. genannt.

Anmerkung. Das feste Land ragt gewissermaßen als zwei große und eine Menge kleiner Inseln aus dem Meere hervor.

§. 326.

Die drei großen Festlande, von denen das eine die sogenannte alte Welt (Europa, Asien, Afrika) enthält, das andere Amerika und das dritte Neuholland heißt, sind bekannt. Auch werden die Namen der Inseln und die Benennungen der verschiedenen Theile des Oceans, der Flüsse, Seen u. s. w. als bekannt vorausgesetzt.

§. 327.

Die Oberfläche der E ist sehr uneben. Sind ihre Erhöhungen sehr beträchtlich, so heißen sie Berge, sind sie aber weniger beträchtlich, so nennt man sie Hügel.

Die zwischen den Bergen oder Hügeln liegenden Vertiefungen werden Thäler und die ohne dergleichen Erhöhungen fortlaufenden Strecken Ebenen genannt.

Der obere Theil eines Berges heißt der Gipfel*, der untere der Fuß und das zwischen beiden Liegende der Abhang. Einzelne Erhöhungen der Gebirge werden auch Kuppen genannt. Mehrere an einandergereihte Berge bilden ein Gebirge, und wenn sich darunter einer oder mehrere von bedeutender Höhe befinden, Hochgebirge. Mehrere fortlaufende Berge nennt man eine Gebirgskette, und wenn sie von einem Hochgebirge auslaufen, Gebirgszweige, Arme oder Aeste, deren oberer Theil der Gebirgsrücken heißt.

Anmerkung 1. Ist die Höhe eines Berges größer als 6000 Fuß, so heißt er hoch; ist sie größer als 3000 Fuß, so nennt man ihn einen Berg mittlerer Höhe; und beträgt sie etwas mehr als 600 Fuß, so wird er niedrig genannt.

Noch niedrigere heißen zwar oft Berge, obgleich sie nur Hügel genannt zu werden verdienen.

Anmerkung 2. Die Thäler sind selten horizontal, wenn sie zwei Berge von einander trennen; und ihr tiefster Theil oder ihr Grund wird die Thalsole oder der Thalweg genannt. Es giebt Längenthäler, welche mit der Richtung der Gebirge parallel laufen; Querthäler, welche diese unter fast rechten Winkeln durchschneiden; Hauptthäler, welche von dem hohen Gebirgsrücken bis an den Fuß herablaufen; und Nebenthäler, welche nur einem Zweige des Gebirges zugehören. Die Benennungen Fluß-, Strom- und Meeresthäler sind an sich selber klar.

Anmerkung 3. Die Thäler steigen um so viel höher an und sind überhaupt um so großartiger, je höher und größer die Gebirge sind, zu welchen sie gehören. Auch hat v. Humboldt bemerkt, daß die Längenthäler ungleich höher als die Querthäler liegen.

---

* Bei großer Steilheit auch Nadel oder Horn.

Anmerkung 4. Einzeln stehende Berge sind selten und man findet sie am meisten auf Inseln als vulkanische Pics.

§. 328.

In Bezug auf die allgemeinen Erhöhungen und Vertiefungen, werden die Hochlande von den Niederungen unterschieden. Beide haben oft eine Verbreitung von 100 und mehreren Meilen.

§. 329.

Die Gebirge werden eingetheilt:

1) in Hauptgebirge, deren Länge wenigstens 30 Meilen beträgt;
2) in Gebirge von mittlerer Länge, welche wenigstens 10 Meilen lang sind;
3) in kleinere Gebirge, welche weniger als 10 Meilen Länge besitzen;
4) in Kettengebirge, die bedeutend länger als breit sind;
5) in Massengebirge, welche eine fast eben so große Länge als Breite besitzen;
6) in gemeine Gebirge, deren Gestalt eine sphärische ist;
7) in Kegelgebirge, die kegelförmig spitzig sind; und
8) in Alpengebirge, welche dicht aneinanderstehende und hohe Berge besitzen.

Auch die Niederungen (d. h. die allgemeinen Vertiefungen der E) von denen das ebene Land oder die großen Ebenen das Wesentliche ausmachen, haben ihre Unebenheiten, nämlich Erhöhungen (als einzelne Berge, Hügel, Anhöhen); Vertiefungen (Strom- und Flußthäler), in welchen die aus den Hochlanden kommenden Flüsse ihren Lauf verfolgen; kesselförmige Vertiefungen, die meist mit Wasser angefüllt sind und Seen bilden, welche in der Regel nicht die Höhen der Seen in den Hochlanden, und gewöhnlich ein minder steiles Ufer als die letztern besitzen.

Das sogenannte bergige und hügelige Land (mit Berg- und Hügelketten, einzelnen Bergen, Anhöhen und

(Ebenen), dessen höchste Punkte die Höhen der Gebirge des Hochlandes nicht erreichen, stellt sich als Uebergang der Hochlande in die Niederungen dar.

Anmerkung 1. Das Gebirge, dessen Mittelpunkt die Schweiz ist, erscheint als ein Hochland; die Apenninen, Pyrenäen, Alpen, der Jura u. s. w. sind hohe Gebirgsketten, die mehr oder weniger zusammenhängen. Auch ist das Uralgebirg in Asien und das Gebirg Imaus in Tibet ein hoher Centralgebirgsrücken.

Die Alpen, Pyrenäen u. s. w. sind Hauptgebirge; das Riesengebirg ist ein Gebirge von mittlerer Länge, und der Fichtelberg in Böhmen ein kleineres Gebirge. Auch ist das Riesengebirge ein Kettengebirge und der Harz ein Massengebirge. Eine große europäische Niederung erstreckt sich durch das nördliche Ende von Frankreich, die vereinigten Niederlande, das nördliche Deutschland, Polen und das nordwestliche Rußland.

Anmerkung 2. Die höchste Gegend in Europa ist die Schweiz; in Asien die Wüste Kobi, und in Amerika die Gegend um Quito. In dem innern Afrika kann vielleicht auch eine solche hohe Gegend vorkommen; doch ist das Innere dieses Erdtheils noch sehr wenig bekannt.

Anmerkung 3. Unter den Bergen der Erde sind sehr bemerkenswerth:

a) Dhawalagiri (weißer Berg) die höchste Spitze des Himalayagebirgs in Asien, 24150 Pariser Fuß.
b) Chimborasso in Quito, 20100 Par. Fuß.
Elbrus-Gipfel des Kaukasus, 16854 Par. Fuß.
c) Montblanc, 14664 Par. Fuß.
d) Orteler in Tyrol, 13992 Par. Fuß.
e) Finsteraarhorn in der Schweiz, 13428.
f) Pic in Teneriffa, 11424 Par. Fuß.
g) Aetna, 9966 Par. Fuß.
h) Gotthard (Kloster), 7650 Par. Fuß.
i) Riesenkuppe in Schlesien, 4980 Par. Fuß.
k) Brocken, 3648 Par. Fuß.

§. 330.

In dem Alpengebirge haben sich Berge mit so ungeheuern Eismassen überzogen, daß das Eis selbst unterhalb der Schneegränze* nicht ganz schmilzt. Sie sind unter dem Namen der Gletscher bekannt.

* von welcher in der 5ten Abtheilung dieses Kapitels die Rede sein wird.

Anmerkung 1. Die Gletscher sind wahre Eismassen, deren Oberflächen sehr rauh, und deren Inneres sehr porös ist. Die Härte dieses Eises ist weit kleiner als die des Eises, welches durch das Gefrieren von tropfbar flüssigem Wasser (A) entsteht, und es hat ganz das Ansehen, als ob diese Massen durch Schnee entstanden wären, welcher vom A durchdrungen wurde, das in der Folge gefror. Die Gletscher werden vorzüglich in engen Thälern mit steil aufsteigenden Wänden getroffen; auch erscheint die Gletschermasse im Ganzen betrachtet blau.

Anmerkung 2. Sind die Gletscher wenig gegen den Horizont geneigt, so bilden sich im Eise weite und tiefe Löcher, die ganz mit Wasser gefüllt sind. Das Entstehen und Tieferwerden der Löcher in der warmen Jahreszeit erklärt Rumford aus dem Niedersinken der durch die warmen Winde erwärmten specifisch schwerer werdenden und in die Tiefe hinabsinkenden Wassertheilchen, welche das Auffressen in senkrechter Richtung bewirken. Der Anfang zur Bildung der Eislöcher scheint von Steinen herzurühren, welche stärker als das umgebende Eis von S* erwärmt werden.**

§. 331.

Die zur Oberfläche der E gehörigen Massen werden in Bezug auf ihre innere Structur 1) in **Urgebirge**, 2) in **Uebergangsgebirge**, 3) in **Flötzgebirge**, 4) in **aufgeschwemmte Gebirge** und 5) in **vulkanische Gebirge** eingetheilt.***

Zu **den Urgebirgen** gehören diejenigen, welche nie auf einem Gebirge der folgenden Klassen liegen, über denen aber die letztgenannten oft liegend sich befinden. Sie scheinen die innerste uns zugängliche Rinde der E auszumachen, werden für die ältesten angesehen, enthalten keine Spur von Versteinerungen, und sind also älter als alles organische Leben auf E. Ihre Bestandtheile sind größtentheils Talkerde, Kieselerde, Thonerde und weniger Kalkerde.

Sie sind im Kleinen meist gemengt, in großen Massen

---

* Man bemerke, daß auch in diesem Kapitel die Sonne durch S bezeichnet wird.

** Man muß hier annehmen, daß die Luftwärme von dem Eise schwieriger als vom A aufgenommen wird, weil sonst der Rand ebenfalls einsinken müßte.

*** Jede bedeutende Gebirgsmasse wird hier ein Gebirg genannt.

aber einfacher, als die übrigen Gebirge, enthalten die Metalle in bedeutenden Quantitäten und besitzen eigene Lagerstätten von denen die vorzüglichsten die Lager und Gänge heißen.*

Die Uebergangsgebirge sind später als die Urgebirge und früher als die Flötzgebirge entstanden. Sie erscheinen zum Theil als chemische zum Theil als mechanische Niederschläge, haben oft ein erdiges Ansehen, und meist Thon- und Kalkerde, auch wohl Kieselerde zu Bestandtheilen. Sie enthalten Abdrücke und Versteinerungen von Pflanzenthieren und Schalthieren, See- und Sumpfpflanzen, sind bei weitem weniger als die Urgebirge verbreitet, und ruhen, wenn sie mit Ur- und Flötzgebirgen vorkommen, auf den erstern und werden von den letztern bedeckt. Sie erreichen nicht die Höhe der höchsten Urgebirge, übertreffen aber die der meisten Flötzgebirge, sind sehr erzführend, haben gleichförmige Lagerungen**, welche aber über die Urgebirge größtentheils abweichend sich erstrecken.***

Die Flötzgebirge sind die Gebirgsmassen, in welchen gewöhnlich sehr verschiedene Gebirgsarten in Lagern oder Flötzen mit einander abwechseln. Sie sind immer über den Ur- und Uebergangsgebirgen gelagert, haben größtentheils das Ansehen von mechanischen Niederschlägen älterer, theilweise zerstörter Gebirge, wohl auch chemischer Niederschläge, die aber nicht das krystallinische Gefüge der Ur- und Uebergangsgebirge besitzen, sind meistens kiesel- und thonartig, noch mehr aber kalkartig, und besitzen vielen Kohlenstoff, von dem in den Urgebirgen nur ein kleiner und in den Uebergangsgebirgen ein größerer Antheil gefunden wird. Sie enthalten eine Menge

* Zu den Gesteinmassen der Urgebirge gehören: Granit, Gneiß, Glimmerschiefer, Thonschiefer, Urkalk, Urtrapp, Serpentin, Porphyr, Syenit, Quarz, Topasfels, Urkieselschiefer, Urgyps, Wasserstein.

** Die Lagerungen heißen gleichförmig, wenn die auf einander gelagerten Schichten parallel, und abweichend, wenn diese Schichten nicht parallel sind. Eine gleichförmige Lagerung mehrerer Gebirge über einander deutet darauf, daß sie unter denselben Bildungsumständen sich niedergeschlagen haben; eine abweichende zeigt aber auf eine neue Bildungsperiode an.

*** In den Uebergangsgebirgen ist enthalten: Grauwacke; Uebergangs-

Abdrücke und Versteinerungen von Pflanzen, Korallen, Schalthieren, Fischen, Insekten u. s. w., sind erzführend, erreichen nie die Höhe der Urgebirge, und nur selten die der Uebergangsgebirge, haben ziemlich gleichförmige Lagerungen, und sind gegen die Ur- und Uebergangsgebirge abweichend gelagert.*

Die **aufgeschwemmten Gebirge** (oder das aufgeschwemmte Land) bestehen größtentheils aus mechanischen Aufschwemmungen theilweise zerstörter älterer Gebirge. Sie enthalten begrabene Pflanzen und Reste von Landthieren, Amphibien und Wasserthieren**, haben nie ein sonderlich festes Gebirgsgestein; und auch die Trümmer jener ältern Gebirge bilden meist eine zerreibliche erdige Masse oder sind lose und höchstens mit einem lockern Bindemittel verbunden. Ihre Bildung wird noch fortgesetzt; doch geht ihr Alter bis zu dem der Flötzgebirge hinauf. Sie sind meist von Dammerde, oft aber auch gar nicht bedeckt, haben gewöhnlich horizontale Lagerungen, sind über die ältern Gebirge theils gleichförmig, doch mehr oder weniger geneigt, und theils abweichend gelagert, bilden das niedrige Land und manchmal auch flache Berge und Hügel, und enthalten außer dem Raseneisenstein manchmal beigemengte Erze und Edelsteine in losen Körnern. Da man dieselben gewöhnlich durch einen Waschprozeß erhält, welcher das Säufen heißt, so werden die aufgeschwemmten

thonschiefer (Thonschiefer selbst, Wetzschiefer, Zeichenschiefer, Alaunschiefer); Uebergangskieselschiefer (gemeiner Kieselschiefer, lydischer Stein); Uebergangskalk; Uebergangsgyps; Uebergangstrapp (gemeine Hornblende, Grünstein, Kugelfels, Leberfels, porphyrartiger Trapp, mandelsteinartiger Trapp).

* Zu den Flötzgebirgen werden gerechnet: Sandstein von verschiedenem Korn, verschiedener Färbung und verschiedenem Bindungsmittel; Flötzkalk, unter allem Kalkstein am wenigsten krystallinisch, häufig sehr erdig (wie Kreide), und meist reich an Versteinerungen (hierher gehört auch Mergel, Mergelschiefer u. s. w.); Flötzgyps (Gyps, Stinkstein, rother Thon); Steinsalzgebirge, bestehend aus Steinsalz, Salzthon, Gyps, Stinkstein u. s. w.; Flötzkieselschiefer; Flötztrapp, gleichfalls minder krystallinisch (Grünstein, Graustein, Klingstein oder Porphyrschiefer, Basalt, Wacke, Eisenthon, Trapptuff, Steinkohlen).

** aber nicht von Thieren aus dem Meere.

Gebirge auch Seifengebirge (oder Säufengebirge) genannt.**

Die vulkanischen Gebirge oder die Vulkane sind diejenigen Berge oder Hügel, welche von Zeit zu Zeit Dampf, Feuer, geschmolzene, verglaste, glühende und verbrannte Materien, auch mehr oder weniger veränderte Steinarten und Wasser aus ihrem Innern werfen. Die geschmolzene Masse, welche oft in großer Menge aus ihnen hervorbricht und an den Anhängen der Berge bisweilen sehr weite Strecken fortfließt, wird die Lava** genannt. Die stärkern Ausbrüche sind mit einem Getöse im Innern des Berges, mit einem lauten Geprassel und Krachen an der Stelle des Ausbruchs und in der Luft umher, und mit einer Erschütterung des Berges und des benachbarten Bodens verbunden. Es entstehen bisweilen die gewaltsamsten Explosionen, und große Steinmassen werden dabei zu einer bedeutenden Höhe und auf weite Strecken fortgeschleudert. In den aufsteigenden Rauchsäulen entstehen Blitze, es erzeugen sich Regengüsse, und in manchen Fällen brechen Ströme aus Wasser und Schlamm aus E hervor***; auch wird ein Regen von sogenannter Asche und kleinen Steinen weit umher verbreitet.

Die meisten Vulkane sind kegelförmig und haben eine trichterförmige Vertiefung, welche der Crater heißt, in deren Boden sich eine Oeffnung befindet, die in das Innere des Berges geht und oft in großen Zwischenräumen zwischen den Ausbrüchen geschlossen ist. Letztere finden auch nicht immer aus dem Crater, sondern bisweilen aus der Seite des Berges statt, und erneuern sich, bei einigen Bergen öfter und bei andern seltener. Manche Berge haben aufgehört, Feuer auszu-

* Zu den aufgeschwemmten Gebirgen gehören: Nagelfluth (durch eine kalkige oder thonige Masse zusammengefügte Geschiebe und Bruchstücke älterer Gebirge); Gerülle (allerlei lose Geschiebe); Sand; Thon (Töpferthon, Lehm); Kalk (Kalktuff, verschiedener Kalksinter); brennliche Fossilien (Holzkohlen, Torf) und Raseneisenstein.

** Sie besteht größtentheils aus verschiedenartigem geschmolzenem Gestein, und ist theils glasartig, schaumartig oder schlackenartig, u. s. w.

*** Der sogenannte vulkanische Tuff ist eine breiartige Masse, welche aus vulkanischer Asche, Sand u. s. w. besteht und mit der Zeit zu einer Steinmasse verhärtet.

werfen, oder scheinen ausgebrannt zu sein, und ihre Crater sind gewöhnlich mit Wasser gefüllt. Wenn die Lava erkaltet, so bildet ein Theil derselben die vulkanischen Gläser und Schlacken, die, nebst dem übrigen Theile der Lava, der vulkanischen Asche und dem Bimstein, die vulkanischen Produkte heißen.

Die Erdbrände, wobei Dampf, Feuer und geschmolzene glühende Materie aus E hervorbrechen und Bimssteine u. s. w.* ausgeworfen werden, sind von den vulkanischen Ausbrüchen dadurch unterschieden, daß sie nicht auf eine bestimmte Stelle eines Berges eingeschränkt sind, sondern über einen größern oder kleinern Erdstrich sich verbreiten und gewöhnlich länger dauern. Die Ursache der Entzündung scheint bei ihnen nicht so tief als bei den Vulkanen zu liegen; doch sind die durch sie hervorgebrachten Verwüstungen nicht minder furchtbar. So wurde z. B. Island im Jahre 1783 durch einen solchen Erdbrand verwüstet. Manche Erdbrände finden endlich nur unter und an der Erdoberfläche statt.

Anmerkung 1. Es giebt Gebirgsarten, welche sich von allen übrigen dadurch unterscheiden, daß sie keine Schichtung in ihrem Innern zeigen, auch mit andern nicht schichtenweise gelagert, sondern zwischen Gebirgsarten aller Klassen auf eine von der gewöhnlichen Schichtungsform abweichende Weise, bald unter ihnen, bald dieselben durchsetzend und durchbohrend, und bald über sie hin verbreitet sind. Sie bilden entweder einzelne Kuppen, Kegelberge und Inseln, oder zeigen sich an einzelnen Punkten und Streifen anderer Gebirge und Berge, ohne für sich allein bestimmte äußere Formen anzunehmen, oder machen ganze Gebirgsgruppen aus. Diese Gebirge sind Produkte einer, nach vollendeter Bildung der meisten übrigen Gebirgsarten erfolgten Veränderung auf E, emporgetrieben aus dem Innern der E durch Kräfte, welche denjenigen ähnlich sind, die noch jetzt den Wirkungen der Vulkane zugeschrieben werden. Aehnlichen Veränderungen hat man auch das Zurücktreten der Meere, die Bildung der Thäler und ihre Auswaschung, die Entstehung großer Spalten und Risse in den Gebirgen, den Durchbruch ehemaliger Seen, das Verschlingen ganzer Theile des festen

* nämlich gebrannter Thon, Porzellanjaspis, gebrannter Eisenstein, Erdschlacken, Coak's, Polierschiefer, Schwefel und Salmiak.

Landes vom Meere, und das Entstehen und Verschwinden von Inseln u. s. w. zugeschrieben. Eben so mag die Bildung mancher Höhlen in den Bergen und mancher sogenannten Gänge und Klüfte, die durch metällische und andere fremdartige Massen wieder ausgefüllt worden sind, zum Theile durch sie bewirkt worden und zum Theile auch mit der Bildung der Gebirgsarten gleichzeitig gewesen sein.*

Anmerkung 2. 1836 entdeckte Ehrenberg** in Berlin, daß das 14 Fuß mächtige Polierschieferlager vom Tripelberge bei Bilin aus Panzern von Infusionsthierchen besteht. Auch hat man gefunden, daß das Bergmehl u. s. w. ganz oder größtentheils aus diesen Panzern gebildet ist, und daß letztere auch in den Sumpferzen angetroffen werden.*** In der Lüneburger Haide in dem Hannoverschen Amte Ebsdorf hat man 1½ Fuß unter der Erdoberfläche ein Lager von den Panzern der Infusionsthiere entdeckt.

§. 332.

Die Erscheinung der Vulkane wird auf folgende Weise erklärt:

Wenn tief liegende brennende Steinkohlenflötze† mit leicht schmelzbaren Gebirgsmassen bedeckt sind, und A zu dem Brande tritt, so wird letzteres in Dämpfe aufgelöst, welche durch die mittelst der Hitze gesteigerte Expansivkraft auf die im Innern geschmolzenen Massen und auf die Decke wirken, letztere zersprengen und alles, was ihrer Gewalt widerstrebt, hinauswerfen, u. s. w. Bei der Beendigung des Ausbruches wird die Oeffnung durch sitzen gebliebene geschmolzene Materie etwas verengt, wohl auch geschlossen, und so bei wiederholtem Zutritte des A eine

* Zu den hier erwähnten Gebirgsarten gehört der Basalt, Porphyr, viele der sogenannten trappartigen Gesteine, der Mandelstein und vielleicht auch der Serpentinstein.

** geb. den 19. April 1795 zu Delitzsch.

*** Retzius hat in dem Bergmehl von Degernäs in Westernorrland achtzehn verschiedene Species von Pflanzeninfusorien gefunden. Es gehen 187 Millionen dieser Panzer auf einen Gran; und die in den Sumpferzen vorhandenen sind noch kleiner.

† deren Entzündung durch die darin einbrechenden Schwefelkiese veranlaßt wird.

neue Explosion möglich gemacht. In der Zwischenzeit der Ausbrüche steigt gewöhnlich Rauch und Dampf in die Höhe.

Wenn die Steinkohlenflötze ruhig in E fortglimmen, so äußern sich, bei stillem Fortbrennen, die Erdbrände oft nur durch ausgedorrten und aufgerissenen Boden, und oft gar nicht, so daß manche Erdbrände erst nach ihrem Ausbrennen zufällig entdeckt worden sind.

Anmerkung 1. Da die Steinkohlenlager erst in den Flötzgebirgen in bedeutender Quantität vorkommen, so sieht man die Vulkane für jüngere Erzeugnisse als die Flötzgebirge an.

Anmerkung 2. Manche Naturforscher glauben an ein Centralfeuer, welches schon seit der Existenz unserer E in ihrem Mittelpunkte enthalten sei, dabei in den Vulkanen wirke, und mit ihnen durch Kanäle in Verbindung stehe, u. s. w.

Anmerkung 3. Leopold v. Buch* theilt die Vulkane, nach der verschiedenen Art ihrer Verbindung,

1) in Centralvulkane, wenn sie zusammen gleichsam eine Gruppe bilden;
2) in Reihenvulkane, wenn sie in längern Zügen sich ausbreiten,

ein; und hält sie für Berge, welche aus dem Innern der E sich hervorgehoben und die aufliegenden Gebirgsschichten durchbrochen haben.

Anmerkung 4. Die bekanntesten Vulkane sind; Aetna und Macaluba** in Sicilien; Vesuv bei Neapel; Hekla auf Island; Pitchincha und Cotopaxi in Peru; u. s. w., u. s. w.

Auch ist der Chimborasso ein ausgebrannter Vulkan.

§. 333.

Die Erscheinung der Erdbeben hat mit der Erscheinung der vulkanischen Ausbrüche eine große Aehnlichkeit und nicht selten eine unmittelbare Verbindung.*** So sind z. B. heftige vulkanische Ausbrüche immer von Erdbeben begleitet und vulkanische Gegenden ihnen vorzüglich ausgesetzt. Doch geschehen

---

* geb. 1777 im Preußischen.

** welcher Schlamm und Steine auswirft.

*** indem die Wasserdämpfe (und wohl auch noch andere gasige Stoffe) nach jeder beliebigen Richtung wirken, und so die Erdbeben erzeugen.

sie auch öfters im flachen Lande und fern von Vulkanen, verkünden sich durch ein Getöse im Innern der E, und äußern sich durch eine Erschütterung des Erdbodens, die mehr oder weniger heftig ist und sich mehr oder weniger weit erstreckt. Ihre Dauer beträgt an demselben Orte meist ein Paar Minuten, und öfters nur wenige Sekunden. Die elastischen Flüssigkeiten bleiben bei den Erdbeben meist eingeschlossen und verstärken dadurch ihre Gewalt. Bisweilen berstet der Erdboden, ganze Strecken Landes stürzen zusammen, Flüsse treten aus ihren Ufern oder werden auf immer begraben, das Meer hebt sich heftig empor, Inseln steigen aus der Tiefe, und andere sinken in das Meer zurück.

Die Hauptwirkung ist gewöhnlich nur auf eine kleine Strecke beschränkt, während die blosen Erdstöße sich über einen beträchtlichen Strich Landes verbreiten und bisweilen an sehr entlegenen Orten zu derselben Zeit verspürt werden. Den Hauptstößen gehen oft einige kleinere voran, und andere folgen ihnen nach; die letztern wiederholen sich dann nicht selten Tage und Wochen nach einander, und es dauert öfters über ein Jahr, ehe der Erdboden sich gänzlich wieder beruhigt.

Manche Gegenden scheinen zu gewissen Jahreszeiten den Erdbeben öfters als andere ausgesetzt zu sein, während in andern Gegenden weder eine Jahreszeit vor der andern in dieser Hinsicht ausgezeichnet ist, noch irgend eine Art der Witterung die Erdbeben mehr als eine andere begünstigt.

Anmerkung. Der Neapolitanische Mechanikus Salsano hat eine Art Pendel angegeben, aus dessen Schwingungen die Stärken und Richtungen der Erdstöße erkennbar sind, und dasselbe den Erdbebenmesser genannt.

§. 334.

In Bezug auf die Erdbeben bemerke man noch:

1) die Erdbeben sind ganz allgemein verbreitet und keine Gegend scheint vollkommen dagegen gesichert zu sein.

2) Wenn man die ganze E berücksichtigt, so ist

die Zahl der Erdbeben, jede kleine Erschütterung mitgezählt, sehr groß.

3) Die Vorzeichen der Erdbeben können theils lange Zeit und theils unmittelbar vorhergehende sein. So hören z. B. die Vulkane, in deren Gebieten Erderschütterungen eintreffen, oft zu rauchen oder überhaupt auf thätig zu sein; so zeigen die Brunnen und Quellen derjenigen Gegenden, denen Erschütterungen bevorstehen, mehrere Tage vorher auffallende Veränderungen, indem z. B. das A in dem Brunnen sinkt u. s. w.; so schlagen oft Flammen aus E, und man wird ein eigenthümliches unterirdisches Donnern gewahr, u. s. w.

4) Die Erdbeben hängen nicht mit den atmosphärischen Veränderungen zusammen.

5) Sie bestehen in der Hauptsache aus Bebungen und Erschütterungen der Erdrinde, welche über größere oder kleinere Strecken ausgedehnt mehr oder weniger heftig sind, gewöhnlich eine gewisse Richtung befolgen, in der sie zugleich fortzuschreiten scheinen; und sich meist zuerst als senkrechte Hebungen, dann als horizontale Schwankungen und bei sehr großer Heftigkeit in einigen Fällen auch als rotatorische Schwingungen zeigen.

Anmerkung 1. In Europa wurde Italien mit den umliegenden Inseln am meisten von Erdbeben heimgesucht. Das Erdbeben, wodurch Calabrien und die Stadt Messina zerstört wurden, dauerte vom 5. Februar bis zum 28. März 1783.

Das heftigste Erdbeben in Sicilien ereignete sich am 20. Februar 1818.

Zu den schrecklichsten und am weitesten verbreiteten Erdbeben gehört das zu Lissabon vom 1. Nov. 1755, auf welches ein minder heftiges am 31. März 1761 folgte. Ein Theil der Stadt versank dabei ins Meer, ein anderer wurde von den Fluthen des Tajo überschwemmt, und 30000 Menschen kamen dabei um.

Manche Gegenden von Asien wurden von den bedeutendsten Erdbeben heimgesucht. So wurden z. B. im Jahre 17 nach Chr. 13 große Städte in einer Nacht zerstört; und eben so wurden

526 nach Chr. in den Städten am Orontes und hauptsächlich in Antiochien 200000 Menschen erschlagen.

Afrika ist an sich höchst unbekannt; und man kennt deshalb auch keine Erdbeben seines innern Continents, wo sie auch wahrscheinlich weder häufig noch bedeutend sind.

Amerika und besonders der südliche Theil desselben steht keinem Erdtheile an Größe, Zahl und Dauer der Erdbeben nach.

Anmerkung 2. Wenn man 25 Pfund Eisenfeile und 25 Pfund zerstoßenen Schwefel vermischt, diese Masse anfeuchtet, und sie ein Paar Fuß tief unter E vergräbt, so entsteht nach einigen Stunden ein Erdbeben im Kleinen, und es bricht selbst Rauch und Flamme hervor. Wenn ferner kaltes Wasser in geschmolzenes Metall getröpfelt wird, so erfolgt eine heftige Explosion.

§. 335.

Die bisher betrachteten Gebirgsmassen heißen die allgemeinen Lagerstätten der Fossilien*; sie enthalten kleinere, von fremdartigem Gestein ganz oder zum Theil angefüllte Räume, welche man die besondern Lagerstätten der Fossilien nennt. Ihr äußeres Ansehen deutet darauf, daß sie mit den Gebirgen, worin sie sich befinden, theils gleichzeitig und theils später entstanden sind. Zu den erstern werden vorzüglich die Lager und die liegenden Stöcke und zu den zweiten die Gänge und die stehenden Stöcke gezählt.

Die Lager sind gleichförmig eingebettete, plattenförmige und fremdartige Gesteinmassen, die mit den Schichten des Gebirges, in welchen sie sich befinden, parallel fortgehen. Die in den Flötzgebirgen vorkommenden Lager nennt man die Flötze, und die in den aufgeschwemmten und vulkanischen Gebirgen enthaltenen die Bänke.

Die untere Begrenzung eines Lagers heißt die Sohle, die obere das Dach, und ihre Dicke die Mächtigkeit. Lager von einer kurzen Verbreitung aber großer Mächtigkeit werden liegende Stöcke genannt.

Die Gänge sind plattenförmige Räume, welche eine

* Die Fossilien sind 1) mit Mineralien und 2) mit Versteinerungen gleichbedeutend.

Gebirgsmasse nach verschiedenen Richtungen durchziehen und mit den Schichten des Gebirgs nicht parallel sind, sondern dasselbe unter bedeutenden Winkeln und auch wohl rechtwinklig durchschneiden. Sie sind Risse und Spalten, welche entweder leer oder mit A, oder mit fremdartigen Gesteinen ausgefüllt sind. Die Begrenzungen eines Ganges nach oben und unten heißen das Ausgehende und das Tiefe, und die Begrenzungen nach der Breite die Salbänder. Die Gänge sind theils erzführend (fündig), und theils nicht (taube Gebirge. Die Erze füllen höchst selten die ganzen Gänge, sondern nur einzelne Stellen derselben aus. Die Gänge sind hauptsächlich in den Ur- und Uebergangsgebirgen, seltener in den Flötzgebirgen, äußerst selten in den aufgeschwemmten, und wahrscheinlich gar nicht in den vulkanischen Gebirgen befindlich.

Gänge von bedeutender Mächtigkeit und geringer Tiefe, welche demnach meist eine keilförmige Gestalt statt der plattenförmigen besitzen, werden stehende Stöcke genannt.

Anmerkung 1. Die Gänge hält man für später in den Gebirgen entstandene Spalten, in welchen, wenn sie angefüllt sind, das fremdartige Ausfüllende von oben hinein als ein nasser Niederschlag gedrungen ist. Sie haben oft Nebenspalten und Höhlungen, oder nicht vollkommen ausgefüllte Räume, welche Drusen heißen, sind von verschiedener Größe, und enthalten gewöhnlich mit Krystall besetzte Wände und zuweilen auch A.

Anmerkung 2. In den Gebirgen befinden sich hin und wieder Höhlen von verschiedener Größe. Sie sind besonders häufig in den Kalkgebirgen, haben oft Gänge von verschiedener Richtung und Größe, worin der Tropfstein* Pfeiler und allerlei Figuren bildet. Auch trifft man Wassersammlungen und öfters Knochen, Zähne, Gerippe von Landthieren darin an.

Anmerkung 3. Zu den besonders merkwürdigen Höhlen gehören:

De Baumannshöhle im Harz,

* Der Tropfstein, Stalaktit, ist ein faseriger Kalksinter von weißer, gelber, rother, grüner und himmelblauer Farbe, der durch das Durchsintern solcher Gewässer entsteht, welche vermittelst eines Ueberschusses von Kohlensäure die Kalkerde aufzulösen im Stande sind. Er wird aus diesem Grunde vorzüglich in Höhlen und leeren Räumen der Kalkgebirge gefunden, die er in mancherlei Gestalten überzieht.

die Gailenreuter Höhle im Baireuthischen,
die Mixnitzer Höhle in Steiermark,
die Grotte auf Antiparos,
die Hundsgrotte bei Neapel, welche einen erstickenden Schwaden besitzt,
die Fingalshöhle auf der Insel Staffa bei Schottland, deren Wände aus Basaltsäulen bestehen, u. s. w.

§. 336.

Aus vorigen §§. folgt mit großer Wahrscheinlichkeit:

1) daß E ehemals flüssig war;
2) daß sich die Urgebirgsmassen aus diesem Zustande zuerst niedergeschlagen haben; und
3) daß dieser Uebergang ruhig und langsam stattgefunden hat, weil die Urgebirge größtentheils ein gleichartiges und zum Theil krystallinisches Gefüge besitzen.

Die Auflagerung der Uebergangs- und Flötzgebirge spricht

4) für ihre spätere Entstehung; ihre schichtenweise Lagerung deutet
5) dahin, daß sie aus dem Wasser und zwar zu verschiedenen Zeiten sich niedergeschlagen haben; und ihre im Großen nicht krystallinische Structur deutet
6) darauf, daß sie nicht so allmälig und ruhig wie die Urgebirge entstanden sind. Die darin vorkommenden Reste aus dem Thier- und Pflanzenreiche beweisen
7) daß ihre Entstehung in Zeiten fällt, wo auf E schon organische Körper existirten, u. s. w.

Die aus Fragmenten älterer Gebirge und aus den in erdige Substanz verwandelten Resten organischer Körper bestehenden aufgeschwemmten Gebirge sind

8) die spätesten Gebilde unter denjenigen Massen, welche dem A ihre Entstehung verdanken; und ihre Structur zeigt mehr einen tumultarischen Niederschlag an. Die Vulkane werden endlich
9) für die Gebilde aus den jüngsten Zeiten aller Gebirgserzeugnisse angesehen.

§. 337.

Das zerrissene Ansehen der E, die rinnenförmigen Vertiefungen, die steilen Felswände, die spitzen Felsgipfel u. s. w. zeigen von großen in verschiedenen Zeiten stattgefundenen Zerstörungen. Die vorzüglichsten hierher gehörigen Ursachen sind: Wasserfluthen, Vulkane und Erdbeben. Aehnliche Umwandlungen der Erdoberfläche finden mehr oder weniger immer noch statt. Auch überdeckt der Flugsand, welcher manchmal so fein ist, daß er gleichsam fließt, wenn er vom Winde getrieben wird, ganze Gegenden und erhöht dieselben.

§. 338.

Ueber die Entstehungsart der E existiren zwei einander engegengesetzte Vorstellungsarten, von denen die eine die der Neptunisten und die andere die der Vulkanisten heißt.

Der Repräsentant der ersten ist Werner*; der der letztern aber Hutton.

Nach Werner bestand E ursprünglich aus einer wässerig flüssigen Masse, aus welcher die verschiedenen Gebirgsarten in auf einander folgenden Zeiträumen, und zwar in nachstehender Ordnung niederfielen:

1) Die Urgebirge, wobei die Flüssigkeit wenigstens um ihre halbe Masse abnahm;
2) die Uebergangsgebirge, indem eine Revolution das A wenigstens bis zur halben Höhe der Urgebirge trieb und hier Auflösungen und Fortschwemmungen bewirkte;
3) die Flötzgebirge, indem nach der Bildung der Uebergangsgebirge zuerst ein Zustand der Ruhe zum Behufe der Vegetation und Animalisation eintrat, hierauf durch eine abermalige Revolution in der Flüssigkeit ein Theil der Ur- und Uebergangsgebirge sammt den orga-

* Abraham Gottlob Werner geb. den 25. Sept. 1750 zu Wehrau in der Oberlausitz, gest. den 30. Juni 1817 zu Dresden.

nischen Geschöpfen zerstört und aus den Trümmern die Flötzgebirge gebildet wurden.*

4) Die angeschwemmten Gebirge, indem seit der Bildung der Flötzgebirge nur partielle Revolutionen hauptsächlich durch Strömungen stattgefunden, und hierdurch die angeschwemmten Gebirge abgelegt wurden.

Die Krystallisationskraft nahm allmälig ab, die sich bei der Bildung des Granits so bedeutend gezeigt hatte, woraus das blätterige Gefüge der spätern Formationen sich erklärt. Auch ist der Basalt die jüngste Formation und nur durch eine Ueberschwemmung entstanden, welche die früher schon gebildeten Gebirgsarten bedeckte.

Hutton schrieb die wesentlichsten Veränderungen der Erdkruste vulkanischen Kräften zu, und erwies aus einer beträchtlichen Menge von Thatsachen, daß die Bestandtheile der E ursprünglich nicht im A aufgelöst sein konnten. So findet sich z. B. der Schwefel in ungeheurer Menge mit den Metallen, und namentlich mit dem Eisen, zu Erz verbunden. Wäre dies durch eine wässerige Auflösung beider Substanzen geschehen, so mußten schwefelsaure Metallsalze, nämlich statt des Schwefelkieses Eisenvitriol entstehen, u. s. w.

Anmerkung 1. Man bemerke, daß unter den neuern Geologen die Vulkanisten die zahlreichsten sind.

Anmerkung 2. Der Unterschied zwischen neptunischen und vulkanischen Ansichten ist ein ganz ursprünglicher. So waren z. B. alle von Aegypten ausgehenden geologischen Theorien vorzugsweise auf die Wirkungen des Wassers gegründet, und deshalb Moses**, Thales*** u. s. w. Neptunisten.

---

* Auch wurde durch diese zweite Revolution aller Sand aus den fortgerollten quarzigen Gebirgstrümmern erzeugt.

** Moses lebte um 1550 vor Chr.

*** Thales, aus Miletus in Jonien wurde (nach Diogenes Laertius) ohngefähr 640 Jahre vor Chr. geboren. Er soll in seinen spätern Jahren mehrere Reisen nach Aegypten gemacht, dort die Höhen der Pyramiden berechnet, und den Unterricht ägyptischer Priester empfangen haben, u. s. w.; und nach der gewöhnlichsten Meinung ohngefähr 548 v. Chr. als Zuschauer der olympischen Spiele vor Hitze, Durst und Altersschwäche gestorben sein.

In Syrien, Kleinasien, im Archipelagus, Groß Griechenland und Sicilien sind die Veränderungen der Erdoberfläche durch Erdbeben und vulkanische Katastrophen weit auffallender als die Wirkungen der Gewässer. So wurde z. B. bei Heraklit*, Anaxagoras und Andern das Feuer der Grundstoff, aus dem Alles auf E entstanden; und es bildeten sich die Ideen von der Bildung und Zerstörung der Länder durch unterirdische Eruptionen und besonders die Ansicht von der Hebung der Gebirge durch die von unten wirkenden Gewalten.

Nach Strabo** waren die Wirkungen der unterirdischen Feuer nicht so unbedeutend, als die Neptunische Vorstellung voraussetzt, und es konnten einst ganze Continente gleich Inseln aus dem Meere hervorgehoben worden sein. Nach ihm ist dasselbe Land zu wiederholten Malen über den Meeresspiegel gestiegen und wieder versenkt worden, statt daß der Neptunismus das Meer steigen und fallen läßt. Auch erklärt Strabo alle Inseln auf hoher See für Bildungen der unterirdischen Gewalten.

Der Italiener Fracostoro*** bewies zu Anfange des 16. Jahrhunderts, daß die in den Gebirgsschichten begrabenen fossile Muscheln einst da, wo sie jetzt liegen, wirklich gelebt haben müssen, und daß die Sündfluth ihre Existenz nicht zu erklären vermöge.

Der Däne Stenonis† bemerkte: 1) daß die Erdrinde größtentheils aus parallelen über einander aufgebauten Schichten bestehe;

2) daß diese Schichten, namentlich wenn sie Fossilien enthalten, auf dieselbe Weise entstanden seien, wie sich noch jetzt die im Wasser hängenden erdigen Massen niederschlagen;

3) daß auf diese Weise die Hauptmasse der Erdrinde gebildet sein könne;

4) daß aus der Verbreitung einiger Substanzen, welche gewisse Schichten bilden, auf die einstige Verbreitung der Flüssigkeit, aus der sie sich niederschlagen, geschlossen werden könne;

5) daß man hierdurch zu der Vorstellung von allgemein verbreiteten Meeresbildungen, von mehr nur localen Gebilden in Folge vom Austreten der Flüsse, vom Durchbruche aufgestauter Seen, von vulkanischen Eruptionen u. s. w. komme.

---

* Heraklit geb. zu Ephesus in Kleinasien, lebte um 500 vor Chr., und starb 60 Jahr alt.

** Strabo, ein berühmter griechischer Geograph, blühte von 26 v. Chr. bis 17 n. Chr.

*** geb. zu Verona 1483; gest. 1553.

† geb. 1638 zu Kopenhagen; gest. 1686.

6) daß die Schichten der Erdrinde nicht immer, ja in manchen Fällen sogar selten horizontal lägen;

7) daß sie sehr oft in allen Winkeln bis zum rechten aufgehoben, zerbrochen, gekrümmt und aufs Vielfältigste unter einander geworfen seien;

8) daß dieses Moment mit den Bergen und Thälern in unmittelbarem ursachlichem Zusammenhange stehe;

9) daß die Schichten ursprünglich nahe horizontal gelegen haben müssen; und da nun die Erdschichten sehr oft in andern Lagen angetroffen würden, die Ursachen der Störungen in den Wirkungen der Erdbeben und vulkanischen Eruptionen beruhen;

10) daß eine senkrecht aufwärts wirkende Kraft die Schichten zerbrochen, die festen Massen in Blöcke zersprengt und die erdartigen zerrieben;

11) daß durch die aus dem Innern in Dampfform ausgetriebenen Gewässer manche Theile der Erdrinde aufgelöst oder verschoben wurden und hierdurch in der Tiefe große Höhlungen entstanden; und

12) daß der endliche Einsturz der Decke die Unebenheiten des Bodens und die Verstürzungen der Schichten bewirke, u. s. w.

Werner gruppirte die Gebirgsarten nach ihren chemischen und mechanischen Verhältnissen, entwickelte den Begriff der Gebirgsformation, gab der Geognosie eine allgemein verständliche Sprache, indem er die Gebilde in ihrer natürlichen Reihenfolge bezeichnete, verkannte aber die eine Kraft, nämlich die vulkanische, fast ganz.

Hutton kam zu gleicher Zeit mit Werner auf entgegengesetzte Vorstellungen.

Er bemerkte:

a) daß die Granite, Grünsteine, Porphyre, Basalte vielfältig Gänge und Spalten im geschichteten Gebirge ausfüllen;

b) daß dabei die durchgesetzten Gebirgsschichten immer verrückt oder zerrissen erscheinen;

c) daß die Ränder der anstoßenden Schichten sehr oft wie durch Anschmelzung chemisch und mechanisch verändert sind (und erkannte hierin den Beweis für den ursprünglich feurigen Zustand jener eingeschobenen Massen);

d) daß jene abnormen Gesteine im Zustande der Schmelzung durch Spalten der Erdrinde aufgetrieben worden und sich häufig über die Oberfläche ergossen haben, wo sie sofort von spätern Bildungen des Wassers wieder bedeckt wurden, so daß sie öfters auch horizontal zwischen den Schichten eingeschoben erscheinen;

e) daß alle deutlich geschichteten Gebirgsarten nach und nach gebildete Bodensätze des Meeres sind;

f) daß die ursprünglich im Meere ruhig und wagerecht gebildeten Schichten hier und dort durch vulkanische Wirkungen von unten auf verrückt, gebogen, zerrissen, aufgehoben worden; und

g) daß alles geschichtete Gebirg des Festlandes nur aus emporgerückten Stücken des alten Meerbodens bestehe* u. s. w.

Leopold v. Buch trat im Jahre 1797 als Anhänger Werners seine weitern Gebirgswanderungen an, wurde aber schon in Italien und mehr noch in der Auvergne an der Wernerschen Behauptung von der Oberflächlichkeit der Vulkane und der Bildung der Porphyre und Basalte aus Wasser irre. Auf den canarischen Inseln sprach er zuerst aus, daß dieselben ihrer ganzen Masse nach Schöpfungen des unterirdischen Feuers, und daß alle über die großen Meere zerstreuten Inseln auf dieselbe Weise wie die canarischen Inseln entstanden seien. Da die Vulkane sehr oft über der ganzen E in deutlichen Reihen aneinander liegen und noch dazu häufig in gegenseitigem Rapporte stehen, so erklärte er sich dies Verhältniß aus großen Längenspalten in der Erdrinde, durch welche die unterirdischen Kräfte sich den Weg gebahnt. Da ferner diese Kette von Feuerschlünden nicht selten zugleich die Umrisse der großen Festländer bezeichnen, die Vulkane meist am Fuße höherer Bergketten hervorbrechen, welche der allgemeinen Richtung der vulkanischen Linien parallel liegen, so folgerte v. Buch, daß auch die großen Continente und die auf ihnen vorhandenen Bergketten nur durch Zerreißung und Emportreibung des Meerbodens ihr jetziges Profil über dem Wasser erhalten haben. Die Küstenconturen des Continents bezeichnen die Richtung des Risses im Seeboden, von welchem rückwärts ein ungeheures Stück der Erdrinde emporgeschoben worden. Nur durch diese Spalten an den Rändern konnten die der Masse des emporgehobenen Landes proportionirten Dämpfe entweichen; und so entstanden auf diesen Spalten die Ketten feuerspeiender Berge als Rauchfänge des großen vulkanischen Heerdes. Im Becken der Südsee waren zahllose Risse und Spalten entstanden; und so konnten nur verhältnißmäßig kleine Stücke als Inseln, aber kein zusammenhängender Continent abgerissen werden.

Auch fand Buch, nach dem sorgfältigsten Studium des Alpengebirges, daß auf den in bestimmten Richtungen fortgehenden Längenspalten, durchgehends die Gebirge der E entstanden seien. Nächst Leopold v. Buch hat sich besonders der Franzose Elie de Beaumont in der neuesten Zeit um die Geologie sehr verdient

---

* Hutton machte diese Lehre im Jahre 1795 bekannt.

gemacht. v. Buch hatte nämlich schon für Deutschland nachgewiesen, daß manche gesonderte Gebirge mit ihren untergeordneten Höhenzügen auffallend dieselbe Richtung befolgen. Beaumont bewies aber, daß dies für die ganze E stattfindet; gelangte zu der schon von v. Buch geäußerten Ueberzeugung, daß die Erhebungen der Bergketten (dem ganzen Charakter des vulkanischen Processes zufolge) jedesmal verhältnißmäßig rasch erfolgt sein müssen; und daß in der Geschichte der E die langen Epochen ruhiger neptunischer Bildung in verschiedenen Zeiten an einer Stelle des Erdbodens oder an mehreren zugleich durch jene Aufberstungen und Ausbrüche plutonischer Massen unterbrochen worden sind. Auch stellte er die Hypothese auf, daß alle große Längenspalten der Erdrinde, welche mit demselben größten Kreise der E parallel gehen, in derselben Periode entstanden, und somit alle auf diesen Spalten emporgestiegenen Bergketten gleichzeitig seien u. s. w.

§. 339.

Aus vorigem §. geht Folgendes hervor:

1) Sämmtliche geschichtete Gebirgsarten sind nach einander auf dem Boden des Meeres im Ganzen und Großen so entstanden, wie sich noch jetzt daselbst aus dem Abfall des Landes, den die Flüsse in die See führen, oder den diese selbst von den Küsten abreißt, Lager von Sand, Thon und Kalk bilden, mit denen sich die Knochen und Gehäuse der im Meere vorhandenen oder in dasselbe geschwemmten Geschöpfe vermischen.
2) Zu verschiedenen Zeiten und an verschiedenen Stellen ist diese Steinkruste der E durch vulkanische Kräfte zersprengt, und die Ränder der Spalten sind durch die austretenden vulkanischen Massen aufgetrieben oder in Stücken aufgehoben worden, u. s. w.

Anmerkung. Die feste Grundlage, welche die Geologie in der neuesten Zeit gewonnen, besteht — dem bereits Gesagten gemäß — darin, daß man Feuer und Wasser bei Bildung der Erdrinde als gleich wirksam und entscheidend anerkennt. Bei einer Menge einzelner, oft sehr bedeutender und ausgebreiteter Escheinungen dauert dessenungeachtet der Streit zwischen Neptunismus und Vulkanismus immer noch fort.

Zweite Abtheilung.

Von dem Meere.

§. 340.

Das Meer oder der Ocean (O) verbreitet sich in zusammenhängender Masse, ist aber auf ungleiche Weise vertheilt, indem z. B. die südliche Halbkugel der E einen viel größern Theil desselben als die nördliche enthält. Er bedeckt die tiefsten Stellen der Erdfläche, und ist an vielen Orten zwischen das feste Land gedrungen, und hat die Meerbusen gebildet, von denen einige ihrer Größe wegen den Namen besonderer Meere erhielten.

Anmerkung 1. O wird eingetheilt: 1) in das nördliche Eismeer; 2) in das südliche Eismeer; 3) in das atlantische Meer; 4) in das indische Meer; und 5) in das stille Meer. Außer diesen großen Meeren giebt es noch viele andere Wassersammlungen, theils Meerbusen, theils inländische Seen, deren Lage und Namen die Geographie kennen lehrt.

Anmerkung 2. Die Ufer des O liegen selten auf eine bedeutende Strecke in gerader Linie, sondern sind vielfach und unregelmäßig gekrümmt.

§. 341.

Der Boden (B) des O ist sehr ungleich und im Ganzen dem des festen Landes ähnlich. Er ist an einigen Orten sandig, an andern felsig, thonig, schlammig u. s. w.; doch ist eine genaue Kenntniß desselben auf keine Weise zu erlangen.

Anmerkung. B enthält:
1) Inselgrund und klippigen Seegrund;
2) tiefen Seegrund;
3) seichten Seegrund oder Dünengrund; und
4) Korallenbänke.

Zu 1) gehören die im O befindlichen Hochlande mit den Gebirgen. Stehen letztere aus dem Wasser hervor, so heißen sie

Inseln (bei großer Verbreitung), und kahle Felsspitzen; befinden sie sich aber in geringer Tiefe unter der Oberfläche des O, so werden sie Sandbänke und Klippen genannt.

Zu 2) rechnet man die Niederungen des B mit ihren Ebenen;

zu 3) die Fortsetzung des ebenen und hügeligen Landes;

und zu 4) die Korallenbänke oder Korallriffe. Letztere befinden sich in der Nähe von Inseln, welche von ihnen wie von einer Mauer umgeben sind; auch sind mehrere Inseln der Südsee ganz aus Korallen* zusammengesetzt

§. 342.

Die Tiefe (T) des O ist sehr ungleich, und die größte T uns gänzlich unbekannt. — Zur Bestimmung der T hat man außer dem Senkblei noch mehrere andere Werkzeuge, welche Bathometer heißen, in Vorschlag gebracht.

Anmerkung. Die größte gemessene T soll nach de Borda 1200 Faden** betragen; und D'Aubuisson schließt aus dem Verhältnisse der Höhen und Tiefen des Festlandes, daß die größte T des O nicht 2000 Faden übersteigen könne.

§. 343.

Das Meer- oder Seewasser (A) hat einen eigenthümlichen Geruch und einen widerlich salzigen und bittern Geschmack. Die Stoffe, welche ihm diesen Geschmack geben, sind förmlich in ihm aufgelöst. Das specifische Gewicht des A ist nicht überall dasselbe; doch wird es größer als das des Flußwassers und im Mittel 1,028 gefunden.

Anmerkung 1. Die festen chemischen Bestandtheile des A sind: Koch-, Bitter-, und Glaubersalz, Gyps und salzsaure Kalkerde. Es enthält im Mittel den 32ten Theil Salz. Ob aber A

* Die Korallen sind diejenigen Pflanzenthiere, welche horn- oder kalkartig sind und Löcher oder Zellen bilden. Sie sind nicht blose Gewächse, sondern Gehäuse, worin lebendige Thiere wohnen. Diese sind aber nicht von den Thieren erbaut, sondern entstehen ohngefähr wie die Muscheln und Schneckenschaalen, nur daß bei der Fortpflanzung das junge Thier zugleich mit seinem kalkigen Gehäuse von dem alten wie ein Zweig vom Stamme hervorgetrieben wird. Es giebt weiße, und rothe oder Blutkorallen; die künstlichen werden aus rothgebeizten Knochen gemacht.

** 1 Faden = 1 Klafter = 3 Ellen = 6 Fuß.

eine Auflösum des in E befindlichen Salzes, oder umgekehrt das Salz der E ein Bodensatz des A sei, ist schwer zu entscheiden; doch sprechen die meisten Gründe für die letztere Meinung, indem alle große Salzlager des Festlandes nur in und zwischen solchen Erdschichten existiren, welche man für Produkte eines frühern Meerbodens anerkennt.

Anmerkung 2. Man bemerke, daß der salzige und bittere Geschmack des A am Aequator stärker als nach den Polen zu ist, und daß die aufsteigenden Dünste des A viele Körper und besonders die Metalle angreifen. Auch kommt das aus O u. s. w. ausgedünstete Wasser aus der Atmosphäre in Thau, Regen u. s. w. wieder zur E.

§. 344.

A* ist im Allgemeinen und bei der Abwesenheit trübender Substanzen sehr klar. Bei hinlänglicher Tiefe tritt aber eine bestimmte und unveränderliche Farbe, nämlich Ultramarinblau hervor, die nur sehr wenig von der der Atmosphäre sich unterscheidet, und dadurch entstehen soll, daß A die auffallenden Lichtstrahlen verschluckt, die blauen aber reflectirt.

§. 345.

Die Temperatur des O** ist des Graden der geographischen Breite im Allgemeinen umgekehrt proportional; wechselt aber mit den Jahres- und Tageszeiten weit weniger als in der Luft.

Sie nimmt im Allgemeinen mit der Tiefe ab, so daß sie sogar an manchen Stellen unter 0° C herabsinkt, ohne daß man jedoch den Boden des O irgendwo gefroren gefunden hat, weil die Erkältung des A nicht von E, sondern von der Luft ausgeht, O also von oben herab gefrieren müßte, was in den bekannten Meeren unmöglich ist. A gefriert bei niedrigerer Temperatur als daß Flußwasser; und zwar liegt sein Gefrierpunkte desto tiefer unter dem des süßen Wassers, je größer die Menge des aufgelösten Salzes bis zum Sättigungsgrade ist.

---

* nämlich das Meerwasser. ** d. h. des Meeres.

§. 346.

In hohen Breiten gefriert A nicht nur an den Küsten, sondern auch auf dem hohen O; und es entstehen theils sogenannte Eisfelder, theils Eisberge, die bisweilen eine sehr bedeutende Größe besitzen. Aus dem gefrorenen A wird durch Schmelzen ein süßes trinkbares Wasser erzeugt*, auch hat man in der neuesten Zeit eine Methode, A trinkbar zu machen, entdeckt.

Anmerkung. Einige behaupten, daß das Eis um die Pole immer mehr sich anhäufe und daß daraus eine allmälige Verminderung des A entstehe. Doch ist eine solche Anhäufung nicht erwiesen; und da weder ein Sinken, noch ein Steigen der Meeresfläche fortdauernd auf einzelne Strecken beschränkt sein könnte, sondern über die ganze Oberfläche des O sich verbreiten müßte, und man dieses durchaus nicht bemerkt, so muß man die beiden zuerst aufgestellten Behauptungen verwerfen.

§. 347.

Das Leuchten des O rührt von verschiedenen Ursachen her.

Das einemal scheint die Electricität es zu bewirken, und zwar sowohl in dem Falle, wo das Licht nur in der Tiefe der vom Schiffe durchschnittenen Wasserfurche, als auch da, wo es auf einer größern Fläche an den Spitzen der Wellen wie Funken erscheint.

Bei einer andern Art scheint das Leuchten von einem phosphorischen Stoffe herzukommen, der sich wahrscheinlich durch Fäulniß von todten Seethieren entwickelt; und bei einer dritten sind es lebendige Geschöpfe von sehr verschiedener Art**, und oft ganz kleine mikroskopische Thierchen, welche sich in zahlloser Menge im O befinden und das A auf eine große Strecke und bis auf eine beträchtliche Tiefe erleuchten.

§. 348.

Unter den Bewegungen des A ist diejenige sehr bemerkenswerth, welche Ebbe und Fluth ge-

---

* Vergl. die Anmerk. zu Bd. II, §. 707. ** Vergl. Bd. II, §. 981.

nannt zu werden pflegt. Man versteht aber darunter eine ziemlich regelmäßige Bewegung, wodurch A an den Ufern täglich zweimal sich erhebt und abfließt. Der höchste Stand des A wird hohe Fluth oder hohe See, und der niedrigste tiefe See genannt.

§. 349.

Bei der Ebbe (e) und der Fluth (f) finden folgende Erscheinungen statt:

1) Man bemerkt, daß zwischen zwei nächsten obern Culminationen des Mondes (M)* das Meer (O) zweimal sich erhebt und eben so oft sich erniedrigt.
2) Die mittlere Zeit dieser doppelten Wiederkehr des O beträgt 1,035 Tage; so daß die mittlere Zeit zwischen zwei nächsten Fluthen 0,5175 Tage ausmacht.
3) Der Augenblick der größten e ist nahe in der Mitte zwischen den zwei nächsten Fluthen; doch hat z. B. in Brest das O nahe 14 Minuten weniger zum Steigen als zum Fallen nöthig.
4) Die höchste f erfolgt an jedem Tage im Durchschnitte 3 Stunden nach dem Durchgange des M, sowohl durch die obere als auch durch die untere Hälfte des Meridians.
5) e und f treten an den östlichen Küsten früher als an den westlichen ein; auch fließt das Wasser bei e, wenn kein Hinderniß obwaltet, in der Regel nach Westen zu ab.
6) Die größte Höhe und Tiefe des O ändert sich mit jedem Tage und ist vorzüglich von den Mondesphasen abhängig. So ist z. B. f zur Zeit des Voll- und Neumondes am größten und zur Zeit der beiden Quadraturen am kleinsten; doch tritt die größte f nicht zur Zeit der Syzigien selbst, sondern anderthalbe Tage nach derselben ein.
7) Je mehr O bei der f sich erhebt, desto tiefer senkt es sich bei der nächstfolgenden e.

* Man bemerke, daß in diesem Kapitel der Mond ein für allemal durch M bezeichnet wird.

8) Die mittlere f* beträgt in Brest zur Zeit ihres Maximums bei den Syzigien 19,23 Par. Fuß, wenn S und M im Aequator und in ihren mittlern Entfernungen von E sich befinden.

9) Die Nähe des M bei E bringt besonders sehr wesentliche Veränderungen in den Fluthen hervor, indem die letztern mit dem scheinbaren Durchmesser oder der Parallare des M wachsen oder abnehmen. Die Aenderung der mittlern f, welche von der Aenderung der Entfernung des M herrührt, kann in Brest 5,44 Fuß ausmachen.

10) Die Entfernung der S von E übt einen, obschon viel kleinern Einfluß auf diese Erscheinungen aus. So sind z. B. im Winter, wo S der E am nächsten steht, die Syzigienfluthen größer und die Quadraturenfluthen kleiner als im Sommer.

11) Die Höhe der Fluthen ist auch von der Größe der Declination der S und des M abhängig. So werden z. B. die Syzigienfluthen zur Zeit es Solstitiums regelmäßig nahe 2,3 Fuß kleiner, als zur Zeit der Nachtgleichen befunden.

12) Die Zeiten, welche zwei nächste Fluthen von einander trennen, sind ähnlichen Verschiedenheiten unterworfen.

So beträgt z. B. (nach Nr. 1) die mittlere Zeit der doppelten Wiederkehr der Fluthen 1,035 Tage oder 24 Tage 50 Minuten, so daß e und f an jedem folgenden Sonnentage um 50 Minuten später als an dem vorhergehenden eintreten. Diese Verspätung beträgt indeß in den Syzigien nur 39 Minuten, während sie in den Quadraturen 1 Stunde 15 Minuten ausmacht. Die größte Höhe der f erfolgt ferner (nach Nr. 4) an jedem Tage im Mittel um 3 Stunden nach der obern oder untern Culmination des M; doch macht diese Zeit in den Syzigien 3 Stunden 33 Minuten und in den Quadraturen 2 Stunden 30 Minuten aus.

* Die halbe Summe von zwei nächsten Fluthhöhen über dem Spiegel der zwischen sie fallenden e wird die mittlere Fluth genannt.

13) e und f sind im Allgemeinen desto bedeutender, je näher ☉ bei dem Aequator sich befindet. In größern Breiten sind diese Höhen immer kleiner und die Zeit, um welche f nach der Culmination erfolgt, immer größer, bis endlich in einer Breite von nahe 65° zu beiden Seiten des Aequators das ganze Phänomen verschwindet und weder f noch e stattfindet.

Anmerkung. Die zur Zeit des Neu- und Vollmondes stattfindenden höhern Fluthen werden Springfluthen, und die um die Zeit der Mondsviertel sich zutragenden (an den Ufern der Nordsee), Nippfluthen oder taube Fluthen genannt.

§. 350.

Aus vorigem §. geht hervor, **daß die vorzüglichste Ursache der e und f im M liegt, indem die meisten der im vor. §. erwähnten Umstände von diesem Gestirne abhängen.**

So erfolgt z. B. die höchste f nahe 3 Stunden nach den beiden Culminationen des M; eben so findet sie an jedem folgenden Tage um 50 Minuten später als an dem vorhergehenden statt, weil M jeden Tag um nahe 50 Minuten später als am vorhergehenden culminirt. Auch wird sowohl die Größe der Fluthen als auch die Zwischenzeit derselben durch die Phasen und durch die Entfernung des M von E und vom Aequator bestimmt. Man bemerkt indeß, daß diese Erscheinungen nicht allein vom M abhängen, sondern daß auch S einen merklichen Einfluß auf dieselbeu äußert, weil mehrere Umstände dieser Erscheinung von den Jahreszeiten abhängen, u. s. w.

§. 351.

Da die Orte, für welche M eben culminirt, die höchste f besitzen, und da dasselbe auch von S gilt, so wird für denselben Ort die f desto höher steigen, je näher M seinen beiden Syzigien, oder je näher er dem Neu- und Vollmonde ist, weil hier S und M sich zu demselben Zwecke vereinigen. In den Quadraturen aber, wo S und M um 90° von einander abstehen, fällt die e der S mit der f des M zusammen, oder beide wirken einander entgegen und stören sich.

Daß die höchste f an jedem Orte nicht im Augenblick der Culmination des M, sondern etwa 3 Stunden später erfolgt, kommt daher, weil das Ab- und Zuströmen des Wassers eine gewisse Zeit erfordert, um die größte Höhe zu erreichen.

§. 352.

Stände der auf O wirkende Körper in der Richtung der Erdaxe, z. B. in einem der beiden Pole, so wäre an beiden Polen eine beständige f, an dem Aequator eine immerwährende e, und alle Veränderungen zwischen hoher und tiefer See fielen weg. Hieraus folgt aber, daß die Höhen der Fluthen in dem tropischen Meere desto kleiner werden, je größer die Abweichung des anziehenden Körpers vom Aequator sich zeigt.

§. 353.

Da M und S sich nie sehr weit vom Aequator entfernen, so fallen auch die Punkte der Erdoberfläche, welche jene beiden Gestirne bei ihrer Culmination im Zenith oder Nadir haben, ebenfalls in die Nähe des Aequators; und es folgt hieraus, daß die f in den Tropenländern am größten ist, in beträchtlichern Entfernungen vom Aequator immer mehr abnimmt, bis sie endlich in der Nähe der beiden Erdpole, welche jene Gestirne immer nahe an ihrem Horizonte sehen, gänzlich verschwindet. Eben so unmerklich ist sie in den eingeschlossenen Meeren, z. B. im schwarzen oder kaspischen, indem f durch das allmälige Zuströmen der Wogen von allen Seiten entsteht, und in den engen Meeren die nöthige Wassermenge fehlt. Selbst an den Küsten des großen Oceans ist die Größe der f, meist wegen localer Verhältnisse, öfters sehr verschieden, indem große Ungleichheiten am Boden des O, Unterbrechungen durch Land nnd Inseln, Vorgebirge, herrschende Winde u. s. w. oft störend oder befördernd einwirken. So steigt z. B. im

Hafen von Brest die mittlere f auf 19,23 Fuß, während sie in dem von St. Malo sich auf 50 Fuß erhebt. Auch sind alle Fluthen an den Inseln des Südmeers sehr klein, während sie an den tropischen Küsten Amerika's zu einer sehr großen Höhe sich erheben, u. s. w.

Anmerkung 1. Aus dem von Laplace gegebenen analytischen Ausdrucke für die Größe der Fluthen folgt:

1) daß jede größte partielle f, nämlich jede größte f des M und der S, dem Cubus des scheinbaren Durchmessers des Gestirns proportional ist, welches diese f erzeugt; und
2) daß jede partielle f auch dem Quadrate des cosinus der Declination ihres Gestirns proportional sich zeigt.

Anmerkung 2. Bezeichnen A und R den mittlern und gegenwärtigen Abstand der S von E, d die Declination der S, und A', R', d' ähnliche Dinge für M, so ist (nach Laplace) die Fluthhöhe über die e im Hafen von Brest:

$$= 4{,}73 \cdot \left[\left(\frac{A}{R}\right)^3 \cos^2 d + 3\left(\frac{A'}{R'}\right)^3 \cos^2 d'\right] \text{Par. Fuß.}$$

Anmerkung 3. Ist P die Horizontalparallaxe des M in dem Abstande R', so ergiebt sich;

$$\left(\frac{A'}{R'}\right)^3 = \left(\frac{P}{3421}\right)^3.$$

Hieraus folgt aber, daß die Fluthhöhen — unter übrigens gleichen Umständen — in den Syzigien um die Zeit der Nachtgleichen am größten, und um die Zeit der Solstitien am kleinsten sind; und daß sie umgekehrt in den Quadraturen um die Zeit der Nachtgleichen am kleinsten und um die Zeit der Solstitien am größten sich zeigen. Da übrigens die durch M hervorgebrachte f die durch S erzeugte übertrifft, so muß die aus den Wirkungen der S und des M zusammengesetzte f vorzüglich nach der partiellen f des M sich richten, obschon der Zeitpunkt der beobachteten zusammengesetzten f nach einem Gesetze (welches von den Mondsphasen und von dem Verhältnisse der Wirkung des M zu der Wirkung der S abhängt) um den Zeitpunkt der partiellen Mondsfluth auf und ab oscillirt.

§. 354.

Außer e und f existiren noch andere Bewegungen des O. [D]ie vorzüglichsten derselben sind:

1) eine allgemeine Strömung (S) des Meerwassers (A) in der Nähe des Aequators von Osten nach Westen.
2) Besondere örtliche Strömungen, welche verschiedene Richtungen und Geschwindigkeiten besitzen.
3) Wirbel und Strudel, und
4) Wellenbewegung.

Die Hauptursachen der in 1) erwähnten S sind: a) e und f*; und b) der immerwährende Ostwind zwischen den Wendekreisen, von dem in der zehnten Abtheilung dieses Kapitels die Rede sein wird.

Die in 2) angegebenen örtlichen Strömungen geschehen an verschiedenen Stellen der Meere. Sie scheinen von mancherlei Umständen, und vorzüglich von der Lage der Küsten, Inseln, Vorgebirgen, Meerbusen und Meerengen abzuhängen, wodurch die allgemeinen Strömungen mancherlei Störungen und Abänderungen erleiden.** An manchen Orten finden auch entgegengesetzte Strömungen statt. ***

Die in 3) vorkommenden Wirbel oder Strudel, entstehen vorzüglich, wenn Strömungen durch Küsten, Meerengen und Unebenheiten des Meerbodens, also durch Klippen, Sandbänke und Untiefen eine Abänderung erleiden.

Die in 4) erwähnte Wellenbewegung wurde bereits in Bd. I, §. 397 – 398 abgehandelt. In Bezug auf die Meereswellen bemerke man aber noch, daß die größte Höhe der Wellen auf dem freien O ohngefähr 25 Par. Fuß, ihre Breite 50 bis 20mal so viel als ihre Höhe beträgt, und daß die-

---

* indem das Steigen des A stets von Osten nach Westen geschieht, und also A ein Bestreben, in dieser Richtung fortzugehen, erhält.

** die örtlichen Strömungen wurden auch von besondern Winden abgeleitet, u. s. w.

*** Man hat die letztern von den ungeheuren Massen des Polareises abgeleitet, welches in den untern Wasserschichten einen größern Grad von Kälte als in den obern erzeugen soll; und vermuthet, daß unten eine beständige Strömung kalten Wassers von den Polen nach dem Aequator stattfinde, während das obere Wasser nach den Polen hinströme.

selben (nach Horsbourgh) bei einem Passatwinde 20 englische Meilen in einer Stunde zurücklegten*, u. s. w.

Anmerkung 1. Eine veränderte allgemeine S existirt im atlantischen Meere zwischen Europa, Nordafrika und Amerika. Das feste Land von Amerika hindert hier die östliche S, und es entsteht hieraus eine S um die Insel Cuba, welche bei der Landenge Bahama nach Norden gerichtet ist, sich alsdann theilt, und wovon der eine Theil gegen Norden (nach Norwegen zu) und der andere nach Osten (gegen die canarischen Inseln hin) geht.

In der Straße von Gibraltar finden entgegengesetzte Strömungen statt, indem das obere Wasser aus dem atlantischen Meere in die Meerenge und das untere in entgegengesetzter Richtung fließt.

Anmerkung 2. Die Erscheinung des Treibholzes an mehreren Küsten ist eine Folge der S. So wird z. B. von Südwest eine große Menge Holz an die Küsten von Schottland, Irland, Norwegen, Grönland u. s. w. getrieben.**

---

* Das Besänftigen der Wellen durch darüber gegossenes Oel beruht darauf, daß das Oel sich auf der glatten Wasserfläche ausbreitet, der Wind darüber hingleitet und daher die ersten Wellen nicht zu bilden vermag. Man könnte demgemäß durch das eben erwähnte Mittel die Wellen gänzlich stillen, wenn man ihren Anfang zu erreichen vermöchte. Doch werden auch die bereits gebildeten dadurch vermindert, indem die kleinen, welche über den größern stets aufs Neue zu entstehen pflegen, nicht mehr gebildet werden; und vielleicht drückt auch der Wind die großen Wellen durch sein Hinfahren über die glatte Oberfläche nieder.

** Die eben erwähnte Erscheinung wird auf folgende Weise erklärt. Die großen Flüsse von Amerika durchströmen viele Waldungen und führen so viel Holz mit sich, daß sie in ihrem Laufe gehindert werden, austreten und Ueberschwemmungen verursachen. Sie reißen alsdann altes und frisches Holz mit sich fort, führen es dem O zu; und hier wird dasselbe durch Strömungen (die wahrscheinlich durch e und f entstehen und durch örtliche Umstände abgeändert worden) gegen Norden hin getrieben.

Dritte Abtheilung.

Von den Gewässern des festen Landes.

---

§. 355.

Die Gewässer des festen Landes sind:
1) zufällige, und 2) beständige.

Die erstern rühren von zufälligen Ursachen, z. B. von Ueberschwemmungen, Regengüssen u. s. w. her, und sind meistens nur von kurzer Dauer.

Die letztern werden in fließende und stehende Wässer eingetheilt, und nach ihrer verschiedenen Größe und Beschaffenheit verschiedentlich benannt. Jene heißen Bäche, Flüsse, Ströme; diese Seen, Binnenmeere, Sümpfe und Moräste. Alle diese Gewässer gehen aber ursprünglich aus Quellen hervor.

§. 356.

Der Ausgang eines unter der E befindlichen Wassers (A) wird Quelle genannt. Die Quellen entstehen dadurch, daß das aus der Atmosphäre durch Regen, Nebel, Schnee u. s. w. sich niederschlagende A von der Oberfläche der Berge aufgenommen wird, und in verschiedene Erdschichten so lange dringt, bis es an irgend eine Schichte kommt, welche es nicht durchläßt. Hier sammelt es sich aber, sucht irgendwo einen Ausweg und quillt hervor. Dies kann schon in beträchtlichen Höhen geschehen, findet aber gewöhnlich am Fuße der Berge statt.

Anmerkung 1. Für die Wahrscheinlichkeit der in diesem §. gegebenen Erklärungsweise sprechen folgende Gründe:

a) Man findet in denjenigen Gegenden wenige Quellen, wo sich weniger atmosphärisches A niederschlägt, z. B. in den südlichen Gegenden von Afrika, u. s. w.

b) In manchen Quellen wird A bei anhaltend trockener Witterung vermindert; und

c) die größten Flüsse entspringen am Fuße hoher Gebirge, deren Gipfel das ganze Jahr hindurch mit Schnee bedeckt sind.

Anmerkung 2. Man hat gefunden, daß das atmosphärische A zur Versorgung der Quellen hinreicht, obgleich ein bedeutender Theil davon verdünstet, und ein anderer eben so bedeutender Theil zur Ernährung der Pflanzen gehört.

Anmerkung 3. Manche Physiker erklären den Ursprung der Quellen durch eine Art Destillationsprozeß, indem sie unterirdische mit dem Meere in Verbindung stehende Wasserbehälter annehmen, aus denen A, mittelst der unterirdischen Wärme, durch eine Menge Ritzen und Spalten in den Gebirgen in die Höhe steigt, desto mehr abgekühlt wird, je höher es kommt, hierauf in tropfbar flüssiges A übergeht, durch das Erdreich sickert, und alsdann irgend wo hervortritt. Durch die Verdampfung hat aber das Meerwasser seinen Salzgehalt eingebüßt.

Nach einer andern Hypothese sickert das Meerwasser durch die Zwischenräume der verschiedenen Erdschichten, zieht sich nach den entferntesten Gegenden hin, steigt wie in den Haarröhrchen in die Höhe, und quillt endlich oft in bedeutenden Höhen empor.*

§. 357.

Die Quellen sind in Bezug auf ihre Dauer entweder **beständige**, welche zu allen Zeiten fast dieselbe Wassermenge haben; oder **periodische**, die nicht immer die nämliche Wassermenge besitzen. Es existiren auch Quellen, welche das A (wegen der in ihnen vorhandenen Heber) bei einer gewissen Höhe verlieren.

§. 358.

Das Quellwasser ist nie rein, sondern enthält immer einige fremdartige Bestandtheile aufgelöst. Der größte Theil der gewöhnlichen Quellen besteht aus A, worin kohlensaurer Kalk, Gyps, ja selbst Neutralsalze (z. B. Kochsalz) aufgelöst sind. Wenn A viele Kalktheilchen enthält, und tropfenweise herabfällt, so setzt es die erdigen Theile ab; und es entstehen** hierdurch jene Kalkmassen,

* Der Ursprung der Quellen wird durch die beiden in Anmerk. 3 aufgestellten Hypothesen nicht vollständig erklärt.

** indem A verdünstet und die Erde niedergeschlagen wird.

welche Tropfstein oder Stalactiten heißen, und von denen in §. 335 schon gesprochen worden ist.

Anmerkung. Da das Quellwasser vorzüglich etwas Kohlensäure aufgelöst enthält, so pflegt das A, welches längere Zeit hindurch der Luft ausgesetzt ist, geschmacklos zu werden, weil die Kohlensäure daraus entweicht.

§. 359.

Enthält das Quellwasser eine bedeutende Menge fremder Theile aufgelöst, so heißen die Quellen Mineralquellen*; sind sie aber der Gesundheit des Menschen besonders zuträglich, so werden sie Heilquellen oder Gesundbrunnen genannt.

Anmerkung 1. Es giebt hauptsächlich folgende Gesundbrunnen:

a) Sauerwässer oder Sauerbrunnen, in denen die Kohlensäure vorherrscht;
b) Salzwässer oder Salzbrunnen**, in welchen verschiedene Salze (sowohl Mittel- als Neutralsalze) vorherrschen;
c) Stahlwässer, eisenhaltige Wässer, oder Stahlbrunnen, in denen das Eisen oder vielmehr das Eisenoxyd durch die Kohlensäure aufgelöst ist***; und
d) Schwefelwässer oder Schwefelbrunnen, d. h. Wässer, welche Schwefelwasserstoffgas enthalten.

Anmerkung 2. Viele Mineralwässer haben eine bedeutend höhere Temperatur als die sie umgebende Atmosphäre, und heißen warme oder heiße Quellen.† Hierher gehören z. B. das Badner-, Eger- und Carlsbaderwasser, u. s. w.

---

* Die Mineralquellen erhalten (nach vor. §.) ihre Bestandtheile dadurch, daß die Flüssigkeit tiefer in die verschiedenen Erdschichten dringt, die darin vorhandenen Substanzen auflöst, und mit ihnen, je nach der Beschaffenheit der Orte, mehr oder weniger gesättigt wieder hervorbricht. So enthalten z. B. die Gebirge, aus denen die Mineralquellen entspringen, im Ganzen die Bestandtheile, welche in den Wassern sich befinden.

** wie die Bitterwässer und die alkalischen Wässer.

*** Ist hier die Kohlensäure vorherrschend, so werden diese Wässer eisenhaltige Sauerbrunnen genannt.

† v. Hoff leitet die Erhitzung der Quellen aus derselben Ursache wie die Entzündung der Vulkane her.

Zu den sehr bemerkenswerthen warmen Quellen rechnet man die Springbrunnen auf Island, unter denen der im südlichen Island befindliche Geyser der merkwürdigste ist.

Es giebt Quellen, auf deren Oberfläche öfters eine Feuerflamme entsteht, und die aus diesem Grunde die feuerfangenden heißen. Bei einigen ist das Wasserstoffgas, welches sich aus ihnen entwickelt, die Ursache der Erscheinung; und bei andern schwimmt Naphta oder Petroleum auf A. Man hat endlich Wässer, welche eine so große Menge erdiger und salziger Materien in sich enthalten, daß Körper, welche auf einige Zeit darin eingetaucht sind, sich mit einer harten Steinkruste überziehen. Diese Körper werden Inkrustate und der Proceß die Inkrustirung genannt.

§. 360.

Aus dem sich vereinigenden A mehrerer Quellen entsteht ein Bach; aus mehreren Bächen ein Fluß; und aus mehreren Flüssen ein großer Fluß oder ein Strom.* Die großen Ströme, deren Quellen auf hohen Gebirgen liegen, wachsen gewöhnlich im Sommer, wenn der Schnee in dem Gebirge schmilzt; und werden im Winter klein, wenn die Gewässer, aus denen sie ihre Zuflüsse erhalten, gefrieren. Aus ähnlichen Gründen wachsen andere Flüsse im Frühling; und dieselbe Wirkung, welche das Schmelzen des Schnee's hervorbringt, wird zu einer andern Zeit durch starke Regengüsse erzeugt. Das A der meisten Flüsse ist süß und trinkbar, obgleich gemeinlich mit manchen fremdartigen Stoffen vermischt.

Anmerkung 1. Manche Flüsse haben bedeutende Wasserfälle (Cataracten). So stürzt z. B. der Rhein bei Schafhausen von einer Höhe von 80 Fuß, und der Niagara in Amerika von einer Höhe von 150 Fuß herab. Andere Flüsse verlieren sich unter E oder in Berghöhlen und kommen wohl auch wieder hervor; manche Ströme haben in der Nähe des Meeres Ebbe und

* Ein laufendes A, welches kein Schiff tragen kann, heißt (nach Einigen) ein Bach. Kann es ein kleines Schiff tragen, so wird es ein Fluß, und kann es große Schiffe tragen, ein Strom genannt. Einige nennen nur die Flüsse Ströme, welche sich unmittelbar in's Meer ergießen; und Andere nur die, welche von ihrem Ursprunge bis zu ihrem Ausflusse denselben Namen besitzen.

Fluth u. s. w.; andere sind bei ihrem Einlaufen in's Meer eine Strecke hindurch bemerkbar; manche bewirken Ueberschwemmungen (wie der Nil); und in andern findet sich Goldsand (wie im Rheine, in der Rhone u. s. w.).

Anmerkung 2. Zu den größten Flüssen der E gehören die amerikanischen. So beträgt z. B. die Breite des de la Plata-Stromes bei seiner Mündung (nach v. Humboldt) 23 geographische Meilen. Eben so durchläuft der Maranhon (Amazonen-Fluß) einen Weg von mehr als 700 Meilen, und seine Breite macht bei der Mündung 15 geographische Meilen aus.

Die größten Flüsse in Europa sind die Wolga, die Donau und der Rhein.

Anmerkung 3. Ein Graben, wodurch Flüsse und Meere mit einander in Verbindung stehen, wird Kanal genannt.

§. 361.

Der Weg eines Stromes wird durch die Lage der Berge und Thäler bestimmt, und seine Geschwindigkeit (G) (nach Bd. I, §. 393—394) von dem Gefälle, der Breite des Flußbettes der Beschaffenheit des Bodens u. s. w. abgeleitet.

Anmerkung 1. Zu den schnellsten Flüssen gehören: der Tigris, der Indus und die Donau. Auch hat man an dem amerikanischen Flusse Connecticut ein Beispiel, wie durch Verengerung des Rinnsels die G gesteigert werden kann. Dieser Fluß durchläuft nämlich eine Strecke von etwa 1000 Fuß in einem engen Passe von 15 Fuß Breite mit einer solchen G, daß das Blei auf seiner Oberfläche schwimmt und ein Brecheisen nicht mit der größten Gewalt in A gestoßen werden kann.

Anmerkung 2. Die fließenden Gewässer hatten an der Bildung der Erdoberfläche keinen unbedeutenden Einfluß und haben ihn zum Theil noch immer. So waschen sie z. B. die Thäler aus, führen das Erdreich von den Gebirgen fort, setzen es an andern Orten wieder ab, durchbrechen bisweilen ihre Ufer, zerreißen das Land, und nehmen selbst dem Meere durch den Schlamm und andere Stoffe, die sie herbeiführen und darin absetzen, nach und nach bedeutende Landstriche ab.

§. 362.

Die Flüsse der kalten Gegenden frieren im Winter zu. Bei den kleinern geschieht dies auf eine ähliche Weise wie bei Teichen und kleinen Seen, indem sich ihre Oberfläche mit einer Eisdecke überzieht. In den größern Flüssen entstehen aber einzelne Eisschollen, die vom A losgerissen und fortgeführt werden, sich wahrscheinlich auch nach und nach vergrößern und endlich so anhäufen, daß sie sich den Ausweg verstopfen, alsdann an einander schieben, und nun den Fluß mit einer ziemlich ungleichen Decke überziehen. Die einzelnen Eisschollen frieren zuletzt zusammen, die noch übrigen Lücken zwischen ihnen frieren meistens zu; und so geht eine zusammenhängende, obgleich sehr unebene Decke hervor. Die einzelnen Eisschollen werden gewöhnlich **das Grundeis*** genannt.

Bei gelinder Witterung berstet die Eisdecke der Flüsse wieder von einander, wobei wohl meistens der Druck des anschwellenden Flusses vorzüglich wirksam ist. Es geht daher häufig auf eine sehr gewaltsame Weise und mit einem lauten Krachen vor sich. Die zersprengten Eisschollen thürmen sich hier und da zu kleinen Bergen auf, stürzen wieder zusammen und richten öfters große Zerstörungen an.

Aus den zerspringenden nnd an einander stoßenden Eisschollen hat man bisweilen helle Strahlen wie Flammen hervorschießen sehen.

§. 363.

Stehende Wässer von bedeutendem Umfange, die entwe-

* Das Grundeis (G), welches an dem Boden der Gewässer entsteht, findet sich nicht in Teichen oder Seen, sondern nur im bewegten A, und macht den größten Theil des Treibeises aus, welches Flüsse, die nicht aus Seen kommen, zu Anfang des Winters mit sich führen. Es ist poröser, grauer und schwammiger als das Eis, welches an der Oberfläche des A sich bildet, und sieht mehr einem durchnäßten Schneeklumpen als eigentlichem Eise ähnlich. Es besteht aus einer Menge kleiner, dünner runder und durchsichtiger Eisscheiben, von etwa ½ Zoll Durchmesser, deren Zwischenräume sich in der Folge noch mehr ausfüllen, erscheint erst bei anhaltender Kälte, und soll durch Winde, welche der Richtung des Stromes entgegen wehen besonders befördert werden. G setzt sich am Grunde, an hervorragenden Stellen des Bodens an, von welchem es später entweder durch die Strömung oder bei erfolgdem Thauwetter sich losreißt, und, durch sein kleines specifisches Gewicht gehoben, Sand, Steine und oft große am Boden gelegene Körper mit sich führt.

der keinen oder nur einen mittelbaren Zusammenhang mit dem Meere besitzen, heißen Seen* oder Landseen. Ist der Umfang eines solchen Gewässers sehr groß, so wird es ein Binnenmeer genannt.

§. 364.

Die Seen finden sich überall auf E; und der Wassergehalt der sehr großen ändert sich nicht merklich, weil bei der Größe ihres Inhaltes eine Vermehrung des Zu- und Abflusses in einer kurzen Zeit keine Veränderung des Wasserstandes erzeugt. Die kleinern vorzüglich in den Thälern befindlichen Seen haben aber eine mehr oder minder ungleiche Wasserhöhe u. s. w.

§. 365.

Die meisten Landseen, insbesondere die kleinern, und namentlich die in gebirgigen Gegenden, haben süßes Wasser, welches mitunter sehr klar ist, wenn es dem geschmolzenen Schnee und Eis seinen Ursprung verdankt und nicht durch leicht weggespülte Erden oder vegetabilische Substanzen verunreinigt wird.

Manche Seen enthalten aufgelöste Salze (z. B. einige Seen in Sibirien, die Natronseen in Aegypten); und andere sind wieder inkrustirend.

Amerika enthält besonders viele Landseen.

Anmerkung. Zu den merkwürdigsten Landseen gehört das todte Meer, auch Salzsee und Schwefelsee genannt, dessen Länge 12 und dessen Breite 3 Meilen beträgt.

§. 366.

Manche Seen sind nach einer Farbe benannt, ohne daß diese ihnen auf eine besonders hervorstechende Weise eigen ist. Hierher gehören z. B. die Bezeichnungen: das schwarze, weiße, rothe, gelbe Meer, welches letztere durch gelben

* Die See bezeichnet das Meer, und der See alle größern und kleinern eingeschlossenen Wassermengen, welche nicht mit dem Weltmeere oder dem Ocean zusammenhängen.

sandhaltigen Thon gefärbt ist. Die Farbe des rothen Meers soll (nach Ehrenberg) von einer gewissen Pflanze, einer Species von Oscillatoria, entstehen, u. s. w.

§. 367.

Einige Seen von unermeßlicher Tiefe sind ausgebrannte und nachher mit Wasser angefüllte Vulkane. Die meisten größern Seen nehmen beträchtliche Flüsse auf, und speisen andere aus ihnen kommende; manche sind anscheinend nur ausnehmend große Erweiterungen der Ufer eines durch sie fließenden Stroms, wie z. B. der Bodensee als eine Unterbrechung des Rheins, und der Genfersee als eine der Rhone sich zeigt.

§. 368.

Einige große Seen nehmen viele Flüsse auf und haben nur wenig oder gar keinen Abfluß. Hierher gehört z. B. das kaspische Meer, welches Europa's größten Fluß, die Wolga, und mehrere andere aufnimmt. Doch steht dasselbe wahrscheinlich durch unterirdische Kanäle mit dem schwarzen Meere in Verbindung. *

Anmerkung 1. Unter den Seen ist der Cirknitzer See (S) in Krain sehr bemerkenswerth. In demselben fängt A manchmal im Juli oder August zu fallen an, und nimmt alsdann dergestalt ab, daß in etwa 25 Tagen der Grund des S größtentheils trocken ist. Nun wächst Gras darin; auch wird S gewöhnlich mit Hirse besäet, welche noch vor der Zurückkehr des A geerndet werden kann. Das zurückkommende A quillt aus mehreren Löchern, aus denen Fische und manchmal auch schwarze Wasservögel kommen; und in 18 — 24 Stunden ist S wieder gefüllt. Hieraus folgt aber, daß in einem Jahre auf demselben Grunde gefischt, gesäet, geerndet und gejagt werden kann.

Anmerkung 2. Die in voriger Anmerkung angegebene Erscheinung wird etwa auf folgende Weise erklärt. Es bezeichne (in Fig. 45) S den See, B einen Wasserbehälter, welcher durch die Löcher L, L, L mit S und dem Abflußkanale K in Verbindung

* Gmelin stellt die Verbindung des kaspischen Meers mit dem schwarzen Meere in Abrede und glaubt, daß das Wasser durch eine Menge großer Höhlungen in der Umgegend zum Theil aufgenommen werde.

fleht, und K' einen andern Abflußkanal. Ist aber nun B bis über H mit A gefüllt, und erhält er irgendwo eben so viel A, als aus S abfließen kann, so bleibt S gefüllt. Kommt jedoch A in B unter H zu stehen, so kann S allmälig trocken werden; und erhält B nach einiger Zeit wieder so viel A, daß letzteres über H steigt, so füllt sich S wieder. S erhält übrigens noch von mehreren Bächen A; die Menge desselben kann aber kleiner als die des abfließenden sein, besonders da aus ihm auch A in einen Bach abfließt.

§. 369.

Die Wellen der Seen sind der Größe ihrer Oberflächen proportional und bei den bedeutendern (z. B. bei den nordamerikanischen, asiatischen, und namentlich beim Caspischen) denen der größern Meere gleich. Ebbe und Fluth fehlen bei ihnen; und hiervon findet sich (nach Henry Whiting) selbst bei den großen amerikanischen keine Spur.

§. 370.

Die Wassersammlungen ohne Abfluß, deren A durch Vermischung mit erdigen Theilen seine Flüssigkeit einigermaßen verloren hat, werden Moräste, Moore oder Sümpfe genannt.*

Die eigentlichen Moräste werden in zwei Hauptklassen eingetheilt.

Zur erstern gehören solche, deren A vorzüglich mit sandigen und lehmigen Theilen gemischt ist; und zur zweiten die, welche Torf enthalten. Letzterer besteht aus verweseten Wurzeln verschiedener Sumpfpflanzen, welche oft zum Theil mit Erdharz durchdrungen sind. Er läßt sich verkohlen, und wird dadurch zu verschiedenem Gebrauche sehr tauglich. Man findet auch alte ausgetrocknete Torflager mitten unter andern Erdschichten; das meiste Torfland ist aber feucht und sumpfig.

* Manche Physiker verstehen unter Sümpfen alle diejenigen Seen, welche keinen sichtbaren Abfluß haben.

Vierte Abtheilung.

Von der Atmosphäre der Erde.*

§. 371.

Die Form der Erdatmosphäre (a) ist im Allgemeinen die eines Ellipsoids, welches durch Umdrehung um die kleinere Axe entstanden ist.

Die beiden Hauptbestandtheile der a, nämlich Stickgas und Sauerstoffgas, sind in einem beinahe constanten Verhältnisse vorhanden. ** Das Wasserstoffgas existirt aber *** in meßbarer Menge nirgends in a; und die Kohlensäure, welche durch Respiration, Gährung und viele andere Processe entsteht, ist fast allenthalben, jedoch in einem veränderlichen Verhältnisse in a befindlich. †

§. 372.

a erscheint, von E aus betrachtet, am Tage blau bei der Nacht schwarz, über Gletschern und Eisbergen, wenn diese durch die Strahlen der untergehenden S geröthet werden, und eben so zwischen den dunkelrothen Wolken der Abendröthe grün. Die Gründe dieser Erscheinungen sind aber bereits in der Lehre vom Lichte gegeben. ††

* Man lese Bd. I, §. 411 und 412.

** Nach Priestley und Andern wird der durch's Athmen, Verbrennen, Oxydiren, Säuren u. s. w. verzehrte Sauerstoff dadurch wieder ersetzt, daß die Vegetabilien die Kohlensäure zerlegen und durch den Einfluß des Sonnenlichtes das Sauerstoffgas aushauchen (vergl. Bd. II, §. 980).

*** Außer neben den Cratern der Vulkane.

† So fand z. B. von Humboldt, daß die Menge der Kohlensäure im Sommer und bei feuchtem Wetter größer, als im Winter und bei trockener Witterung war.

†† Nach Euler soll die Luft selbst schwach blau sein; und obgleich für kleinere Räume völlig farblos, doch für größere blau erscheinen, eben so wie schwach gefärbte Glasscheiben auf ihrer Fläche betrachtet weiß,

§. 373.

a ist im Allgemeinen in der Richtung des Zeniths am dunkelsten; und ihre blaue Farbe nimmt von dieser Stelle abwärts immer mehr an Tiefe ab. Auch ist die Farbe der a auf hohen Bergen dunkler als in den Ebenen, u. s. w.

Denn kommen die blauen Strahlen in unser Auge, so wird ihre Schattirung durch das dunkle Himmelsgewölbe verstärkt; und andererseits wirken die Nebelbläschen dahin, der a ein weißes Ansehen zu geben, weil sie uns in größerer Entfernung weiß erscheinen. Erhebt man sich zu einer bedeutenden Höhe, so läßt man einen großen Theil dieser Dunstblasen unter sich; und indem also die weißen Strahlen in geringerer Anzahl in's Auge gelangen und der Himmel durch eine geringere Anzahl von Licht reflectirenden Theilchen verdeckt wird, wächst die Intensität der blauen Farbe. Aus diesem Grunde wird a in der Richtung des Zeniths dunkler als in der des Horizontes gefunden, u. s. w.

Anmerkung. Aus gegenw. §. geht hervor, daß a an der Meeresküste bei einerlei Zenithdistanz, auf der Landseite dunkler als auf der Seeseite ist, und daß die blaue Farbe nicht zu allen Tageszeiten gleich sein kann, weil bei zunehmender Wärme die Bläschen zum Theil aufgelöst werden und die Schattirung dunkler ausfällt.

§. 374.

Die Frage über die Höhe der a wurde auf verschiedene Weise beantwortet.

Frägt man sich nämlich, wie hoch die Luft das Barometer noch afficire, so zeigt die nach dem Mariottischen Gesetze* gemachte Berechnung, daß sie in einer Höhe von 10 Meilen noch eine Quecksilbersäule von $\frac{1}{10}$ Pariser Linie zu tragen vermöge.** Will man aber die Grenze der a dahin verlegen, wo

---

und von der schmalen Kante gesehen, blau sich zeigen. Nach einer andern Hypothese ist die blaue Farbe der a blos subjektiv, weil im weißen Tageslichte das Gelb vorherrscht, welchem subjektiv das Blau entgegensteht.

* Vergl. Bd. I, §. 456.

** Da die Luft bei einer Höhe von 30 Meilen mehr als ein Viertelbil-

ihr Vermögen Licht zu reflectiren noch merklich ist, so betrüge ihre Höhe etwas über 9,5 Meilen.

G. G. Schmidt bestimmte die Höhe der a nach dem Grundsatze, daß die Grenze derselben da liege, wo die specifische Elasticität der Luft mit der Schwere in's Gleichgewicht komme; und fand für den mittlern Barometerstand im Niveau des Meeres = 28′ 1,3‴ die Höhe der a unter dem Aequator für 20°, 4 R mittlere Temperatur = 27,5 Meilen, und unter den Polen für 0° mittlere Temperatur = 27,1 Meilen.

§. 375.

Die in a vorhandenen Stoffe nennt man **Atmosphärilien**, und die darin stattfindenden Erscheinungen **Lufterscheinungen** oder **Meteore**. Die Lehre der letztern heißt Meteorologie; und es kommen darin vor:

1) **Wärmemeteore** oder Thermometeore;
2) **Lichtmeteore** oder Photometeore;
3) **Feuermeteore** oder Pyrometeore;
4) **elektrische Meteore** oder Elektrometeore;
5) **Wassermeteore** oder Hydrometeore; und
6) **eigentliche Luftmeteore** oder Aërometeore.

Anmerkung 1. Die in 1 — 6 angegebenen Erscheinungen werden möglichst vollständig in den folgenden §§. dieses Kapitels abgehandelt.

Anmerkung 2. Die Beschaffenheit der a in Ansehung der Kälte und Wärme, der Nässe und Trockniß u. s. w. wird das Wetter oder die Witterung, und die Lehre von den Veränderungen der Witterung und den Gesetzen, nach welchen sie erfolgen, die **Witterungslehre** genannt.

---

lionmal, bei einer Höhe von 45 Meilen mehr als 75 Billionmal dünner als auf der Erdoberfläche ist, und bei einer Höhe von 80 oder 100 Meilen die Verdünnungen in die Quintillionen und Sextillionen gehen, so folgt, daß a sich nicht so weit erstrecken kann, weil solche Größen für den Begriff der Luft nicht mehr passen.

Fünfte Abtheilung.

Von den Wärmemeteoren oder Thermometeoren.

§. 376.

Die in der Temperatur (T)* stattfindenden Veränderungen werden Wärmemeteore oder Thermometeore genannt.

§. 377.

Die Wärme (W)** der E kann aus drei Ursachen entstehen.

1) E wird durch die Sonnenstrahlen erwärmt, deren ungleichförmige Einwirkung die Verschiedenheit der Klimata erzeugt.
2) E hat in ihrem Innern einen Theil der W zurückbehalten, welche sie bei ihrer Bildung erhielt.
3) E nimmt an der gemeinschaftlichen T des Planetenraumes Theil.

Anmerkung. Die T des Planetenraumes wird von Fourier wenig niedrigerer als die der Polargegenden gesetzt. Auch hatte (nach Fourier) E anfänglich eine Hitze, welche die des weißglühenden Eisens noch um vieles übertraf, wurde dann in einen Raum versetzt, dessen T tief unter dem Gefrierpunkte des Wassers lag, und erkaltete im Laufe der Jahrtausende, bis sie ihren jetzigen Zustand erhielt.

§. 378.

Der Verlust der ursprünglich in E vorhandenen W war auf ihrer Oberfläche weit größer, als in ihrem Innern; und E ist jetzt auf ihrer Oberfläche so weit erkaltet, daß ihre T

* Die Temperatur wird in dieser Abtheilung durch den Buchstaben T ausgedrückt.

** Man bemerke, daß die Wärme ein für allemal durch den Buchstaben W bezeichnet wird.

hier wahrscheinlich nicht um $\frac{1}{30}$° C diejenige W übertrifft, welche ihr vermöge der in 1 und 3 erwähnten Ursachen verbleibt. Im Innern der E kann dagegen noch eine ungeheure Hitze als Rückstand der ursprünglichen W existiren; und die Beobachtungen lehren, daß W ohngefähr um 1° C für 31,6 Meter* Tiefe zunimmt.

Anmerkung. Die Temperaturabnahme der E war Anfangs bedeutend, ist aber jetzt für sehr lange Zeit fast unmerklich, indem Jahrtausende vergehen, bevor die jetzige T der E um die Hälfte herabsinkt.

§. 379.

Die von S auf E kommenden Wärmestrahlen bringen zwei verschiedene Wirkungen hervor.

Die erste ist periodisch, äußert sich nur in den täglichen und jährlichen Perioden der T, und betrifft blos die äußere Kruste der E.

Die zweite ist aber constant, und wird an tiefen Orten, welche z. B. 30 Meter unter der Erdoberfläche liegen, bemerkt. Die T dieser Orte erfährt nämlich im Laufe des Jahres keine merklichen Veränderungen; ist aber in den verschiedenen Klimaten gleichfalls verschieden. Sie ist abhängig von der verschiedenen Art, wie die Sonnenstrahlen unter verschiedenen Breiten auf E einwirken; und man kann die Zeit bestimmen, welche verfließen mußte, damit die in dieser Beziehung beobachtete T zu Stande gekommen ist.

Anmerkung. Die Atmosphäre und die Gewässer bringen eine gleichförmigere Vertheilung der von der Erwärmung durch S abhängigen T hervor, so daß das Verhältniß der S zu den verschiedenen Breiten der E nicht allein zum Bestimmungsgrunde ihrer klimatischen Verhältnisse dient. Auch wird die durch die Sonnenstrahlen erzeugte W noch auf eine allgemeinere Weise durch Luft und Gewässer modificirt.

§. 380.

Es giebt viele Gründe, welche uns zu der Annahme berechtigen:

---

* Vergl. §. 151, Anmerk. 2.

I) daß E in frühern Zeiten eine bedeutend höhere T besaß als jetzt;

II) daß die im Innern der E stattfindende T auch jetzt noch bedeutend größer als an der Oberfläche ist, so daß sie von einer ursprünglich hohen T langsam bis auf die jetzige erkaltet zu sein scheint.

Die Beweise für I) liegen hauptsächlich in den Ueberresten, von Vegetabilien und Thieren, welche in Gegenden gefunden werden, die gegenwärtig eine niedrigere T besitzen als zur Existenz dieser Geschöpfe gehört.

Für II) existiren verschiedene andeutende Gründe. Hierher gehören:

a) die vulkanischen Erscheinungen,
b) die heißen Quellen,
c) der Umstand, daß das Eis der Gletscher von unten her allmälig verzehrt wird, und
d) die in tiefen Schichten gemachten thermometrischen Beobachtungen, welche sämmtlich auf eine mit der Tiefe zunehmende Erdwärme deuten.

Anmerkung. Die Zunahme der unterirdischen W mit der Tiefe befolgt (nach Cordier) nicht allenthalben dasselbe Gesetz. So beträgt z. B., nach den im Keller der Pariser Sternwarte gemachten Beobachtungen, die zu einer Wärmeabnahme von 1° erforderliche Tiefe 28 Meter; nach den Beobachtungen von Fox in der Grube Dolcoath in Cornwallis 30 Meter; nach Beobachtungen von Trebra in der Grube Beschert Glück in Sachsen 46 Meter; und in der Grube die alte Hoffnung Gottes 51 Meter, u. s. w.

§. 381.

Die Erdrinde besitzt (nach §. 370) bis zu einer gewissen Tiefe eine mit den Jahreszeiten veränderliche T, die jedoch von einer gewissen Tiefe ab constant wird, d. h. weder mit den Jahres- noch Tageszeiten wechselt, und der mittlern T* an der Oberfläche der Oerter sehr nahe entspricht.

* Das einfachste Verfahren, die mittlere T eines Tages zu be-

Die in der äußersten Kruste stattfindenden Wechsel hängen keineswegs allein von der allmäligen Fortpflanzung der W durch sie hindurch, sondern bis zu Tiefen von 3 bis 6 Fuß in viel höherm Grade von dem abwechselnd eindringenden Regen- und Schneewasser ab.

Die T der Erdoberfläche ist, wenn keine direkte Einwirkung der Sonnenstrahlen oder keine Erkältung durch Strahlung geschieht, gleich der, welche die darüber liegende Luftschicht besitzt. Auch erleidet die auf der Oberfläche der E stattfindende T theils nach den verschiedenen Zeiten und theils nach den verschiedenen Orten der Beobachtung eine Veränderung. Sie befolgt eine tägliche Oscillation, indem, abgesehen von zufälligen Veränderungen, täglich ein Maximum und ein Minimum eintritt, hat überdies eine mit einem Maximum und einem Minimum versehene jährliche Oscillation, nimmt vom Aequator nach den Polen zu ab, und fällt in dem Maße, als man sich über das Niveau des Meeres erhebt.

---

stimmen, besteht darin, die T in sehr nahe liegenden Intervallen zu beobachten und die Summe der so erhaltenen Temperaturen durch die Zahl der gemachten Beobachtungen zu dividiren. Der Quotient ist die verlangte mittlere T des Tages mit einer um so größern Genauigkeit, in je kleinern Intervallen die Beobachtungen angestellt worden sind.

Um die monatliche mittlere T zu ermitteln, werden die täglichen Mittel der auf einander folgenden Tage eines Monats addirt und ihre Summe durch die Zahl der Tage dividirt.

Zur Bestimmung der jährlichen mittlern T addirt man die zwölf monatlichen Mittel und dividirt ihre Summe durch 12.

Da jedoch nur wenige Beobachter eine lange Zeit hindurch von Stunde zu Stunde den Thermometerstand zu beobachten vermögen, so werden folgende Verfahrungsarten, die mittlere T zu bestimmen, angewandt. v. Humboldt räth den Thermometerstand beim Untergange der S aufzuzeichnen und denselben als mittlern anzusehen; doch ist dies Verfahren (nach Kämtz's Untersuchungen) nicht hinreichend genau.

Nach Brewster soll die mittlere T des Tages nahe durch das Mittel aus der um 10 Uhr Vormittags und 10 Uhr Abends erhaltenen T sich ergeben. Vergleicht man jedoch die so entstandenen monatlichen Mittel mit den wahren, so folgt, daß sie zwar für den Winter nahe übereinstimmen, für die Sommermonate aber um ½° größer als die letztern sich zeigen. Doch hat Hallström eine Correction angegeben, welche aus dem so berechneten Mittel das wahre zu finden erlaubt.

Anmerkung 1. Aus verschiedenen Beobachtungen hat sich ergeben:

a) Die Zeit des Minimums ändert sich von einem Tage zu dem andern mit dem Aufgange der ☉, indem ohngefähr 32 Minuten vor demselben die größte Kälte sich zeigt.

b) Die Zeit des Maximums fällt nicht mit dem höchsten Stande der ☉ oder dem Mittage zusammen, sondern später. So ist dieselbe z. B. für Padua im Mittel nahe bei 2 Uhr, für Fort Leith nahe bei 3 Uhr, u. s. w.

Der Unterschied zwischen dem Maximum und Minimum des Tages wird die Größe der täglichen Variation genannt.

Anmerkung 2. In Bezug auf die absoluten Maxima und Minima der natürlichen Kälte und Hitze hat Arago folgende Resultate hingestellt.

α) Man hat an keinem Orte der E und zu keiner Jahreszeit bei einem 2 — 3 Meter über dem Boden befindlichen und gehörig geschützten Thermometer eine T von 37° R oder 46¼° C bemerkt; und es erscheinen in dieser Beziehung die von Beauchamp zu Bassora beobachteten 45,3° C als Maximum. Die Körper der Erdoberfläche können dagegen eine viel größere Hitze erlangen, indem selbst in den europäischen Klimaten die T des Sandes im Sommer öfters 65 bis 70° C ausmacht.

β) Auf dem offenen Meere und weit vom Lande erreicht die T der Luft an keinem Orte und in keiner Jahreszeit 25° R oder 31¼° C.

γ) Die niedrigste bis jetzt auf E an einem in der Luft aufgehangenen Thermometer beobachtete T beträgt — 40° C oder — 50° C. Auch hat man auf der Insel Melville 5 Monate des Jahres ein Gefrieren des Quecksilbers bemerkt.

Anmerkung 3. Die mittlere T des Aequators beträgt an den Küsten der größern Continente 27°,74, scheint aber in ihrem Innern etwas größer zu sein, indem sie im Innern Afrika's bis zu 29°,2 steigt. Die mittlere T des Nordpols ist ohngefähr — 5°,76, während die des Südpols — 11°,35 ausmacht.

§. 382.

Wäre die Erdoberfläche eine vollkommene Kugel und überall von gleicher Beschaffenheit, so müßten die Temperaturen verschiedener Gegenden sich wie die Mengen des Sonnenlichtes verhalten, welche unter verschiedenen Winkeln auf diese Oberfläche fielen, und würden also blos durch die geographische

Breite der Oerter und durch die Jahres- und Tageszeiten bestimmt.

Da aber 1) ein großer Theil der E vom Meere (M) bedeckt ist, welches nach ganz andern Gesetzen wie das feste Land eine Erwärmung erfährt; 2) das Festland auf verschiedene Weise vom M umschlossen und seine Oberfläche durch mannigfaltige Art durch Gewässer, Gebirge und Vegetation modificirt wird, welche entsprechende Modificationen in der Erwärmung erzeugen; und 3) die Strömungen des M von den kältern nach den wärmern Theilen, die Winde u. s. w. sehr große Abänderungen in dieser Beziehung bewirken, so folgt, daß das eben angegebene Gesetz in der Wirklichkeit eine bedeutende Abänderung erfährt.

Anmerkung 1. In Bezug auf das in diesem §. Gesagte bemerke man noch Folgendes:

a) Je höher ein Ort über der Meeresfläche liegt, desto niedriger ist unter denselben Umständen seine T, weil das Licht (L)* nur in so fern erwärmt, als es seiner Strahlung beraubt wird, die Umwandlung des L in W hauptsächlich an der Erdoberfläche geschieht, auch in der dichtern Luft der niedrigern Gegenden mehr L seine Strahlung als in der dünnern Luft in der Höhe verliert, und außerdem die auf den Bergen vorkommende dünnere Luft die Ausdünstung (welche bekanntlich Kälte erzeugt) begünstigt.

b) Ist die Lage der Gebirge so, daß sie Luftströmungen aus wärmern Gegenden zulassen, so erhöht sich T, während sie im entgegengesetzten Falle sich erniedrigt.

c) Durch die Nachbarschaft des M und anderer großen Gewässer wird sowohl die Hitze als auch die Kälte gemäßigt, weil das Wasser (als schlechter Wärmeleiter) im Winter die Kälte und im Sommer (durch seine beständige Ausdünstung) die Hitze vermindert.

d) Die Wälder halten die Sonnenstrahlen auf und schützen Eis und Schnee lange gegen die Einwirkung derselben; auch erniedrigen sie, durch die beim Vegetationsprozesse stattfindende Ausdünstung, die T. Hieraus folgt aber, daß durch Verminderung der Wälder rauhe Gegenden in mildere und warme in wärmere übergehen.

---

* Das Licht wird in diesem Kapitel ein für allemal durch den Buchstaben L ausgedrückt.

e) Große Sandwüsten sind heißer als fruchtbare Gegenden in derselben Breite; auch wird das dunkle Erdreich besonders stark erwärmt.

f) Es giebt manche Ursachen, welche eine vorübergehende Aenderung der T bewirken können. So folgt z. B. auf Regengüsse* gewöhnlich Kälte; auch erzeugen manchmal Wolken und Nebel eine solche; eben so verändert sich mit dem Winde die T.**

g) Die Meere der nördlichen Halbkugel sind weit wärmer als die der südlichen. Der Grund dieser Erscheinung liegt aber in der größern Ländermasse der nördlichen Halbkugel, in ihrem fast um 8 Tage längern Sommer und in den individuellen Meeresströmungen.***

h) Europa verdankt (nach v. Humboldt) das mildere Klima seiner Erdstellung (seinem Positionsverhältnisse gegen das nahe M) und seiner gegliederten Gestalt.†

v. Humboldt hat überhaupt über die Verbreitung der W auf E die umfassendsten Thatsachen aufgestellt, und das Allgemeinste darüber in seinen isothermischen Linien gegeben. Letztere verbinden nämlich diejenigen Orte in der nämlichen Hemisphäre, welche eine gleiche mittlere T besitzen, wobei jedoch der Einfluß, den die Erhebung über das Niveau des M der verschiedenen Orte ausübt, abgezogen ist.††

---

* wegen der vermehrten Ausdünstung.

** In Europa sind die westlichen und südwestlichen Winde diejenigen, welche aus niedern Breiten kommen, während die östlichen und nordöstlichen, vom Pole herkommend, eine geringere W als jene mitbringen. Die Temperaturdifferenz wird durch die W vergrößert, welche bei der Entstehung oder dem Niederschlag der Dämpfe gebunden oder entbunden wird; und aus beiden Gründen haben die westlichen Winde eine höhere T als die östlichen. Hieraus folgt aber nun, daß die mittlern Temperaturen in verschiedenen Jahren sehr ungleich sein müssen, sobald das Verhalten der Winde in ihnen nicht das Nämliche ist. Wehen nämlich in einem Winter die westlichen und in dem folgenden die östlichen Winde häufiger, so wird sich ersterer durch Milde, letzterer durch Strenge auszeichnen; auch werden diese beiden Winde den entgegengesetzten Einfluß auf die W des Sommers ausüben.

*** Nach Kämtz ist nicht sowohl die größere Wassermenge der südlichen Halbkugel, als vielmehr die eigenthümliche Configuration des Landes die Ursache der geringern W, welche in den höhern Breiten sich zeigt.

† Leopold v. Buch erklärt die Temperaturerhöhung in Europa überhaupt aus dem im Allgemeinen herrschenden Südwinde, und leitet hiervon auch den niedrigen Stand des Barometers in der Nordsee ab.

†† die isothermischen Linien oder Isothermen sind nicht mit den Breitenkreisen parallel, sondern a[illegible]n sie geneigt. Sie steigen von der Ostküste Amerika's gegen die Westküste Europa's nach Norden, und senken sich tiefer landeinwärts nach Süden, so daß die Westküste Europa's eine weit höhere T als die Ostküste des neuern oder des alten Continents besitzt.

§. 383.

Das astronomische Klima hängt von der geographischen Breite eines Ortes, und das physikalische* von den im vorigen §. erwähnten Umständen ab.

In Bezug auf das Letztere unterscheidet man: das Alpenklima; das Klima einzelner hoher Berge; das der Gebirgsebenen; der tiefen Ebenen; das Thal- und Waldklima; das der Sandwüsten; der Sumpfländer; der Küstenländer; der Inseln, u. s. w.

Anmerkung. Der periodische Gang der Witterung in den verschiedenen Gegenden, während eines Umlaufs der E um S, hängt von der geographischen Lage der Oerter ab; und in Bezug auf diese großen jährlich wiederkehrenden Perioden existiren bekanntlich

1) in der heißen Zone zwei Jahreszeiten, die nasse und die trockene**;
2) in der gemäßigten Zone vier Jahreszeiten, Frühling, Sommer, Herbst und Winter***;
8) in den kalten Zonen zwei Jahreszeiten, ein sehr kurzer Sommer und langer Winter; und
4) in den kalten Zonen bei den Polen selbst ein ewiger Winter.

Diese Jahreszeiten sind † einander so entgegengesetzt, daß, wenn in der heißen Zone der nördlichen Halbkugel die trockene Jahreszeit eintritt, in der heißen Zone der südlichen Hemisphäre die feuchte erfolgt, und umgekehrt.

Ist ferner in der gemäßigten Zone der nördlichen Halbkugel Sommer, so herrscht in der nämlichen Zone der südlichen Hemisphäre Winter, u. s. w. Doch gilt dies Alles nur im Großen,

---

* d. h. das an einem Orte eigene Verhalten der Witterung, nämlich die Grade der Wärme und Kälte in den verschiedenen Jahreszeiten, der Trockniß und Feuchtigkeit in der Luft, der Fruchtbarkeit, u. s. w.

** Zu den Eigenthümlichkeiten der heißen Zone gehören: 1) eine größere Hitze; 2) die beinahe immer gleichbleibende Länge des Tages und der Nacht; 3) der beständige, nur durch eine periodische Regenzeit unterbrochene Sommer; 4) die regelmäßigen sowohl als auch die der Gesundheit schädlichen Winde; 5) die stärkere Vegetation und das höhere Leben der Thiere; 6) die größere Menge Gewürze, edler Metalle, Edelsteine und Perlen, u. s. w.

*** In den zwei gemäßigten Zonen erscheint bekanntlich S nie im Zenithe des Beobachters, u. s. w.

† wie bereits erwähnt worden ist.

indem in Bezug auf einzelne Gegenden dasjenige, wovon das physikalische Klima abhängt, berücksichtigt werden muß.

§. 384.

Auf dem offenen Meere (M) wird eine gleichförmigere T als an den Küsten bemerkt. Auch ist nach Davy's Erfahrungen 1) die tägliche Veränderung der T des Meerwassers (A) fast eben so groß als die der über M befindlichen Atmosphäre; und 2) A um 4 Uhr Nachmittags am wärmsten und gegen Sonnenaufgang am kältesten.

Anmerkung 1. Peron fand aus seinen Beobachtungen auf dem offenen M, daß das A an seiner Oberfläche um Mittag kälter, um Mitternacht wärmer, und Morgens und Abends eben so warm als die Luft sich zeigt; und daß man für A eine etwas höhere T als für die Luft erhält, wenn man das Mittel aus gleich vielen Versuchen nimmt.

Anmerkung 2. Die T des A ist in niedern Breiten, wenigstens im atlantischen M, kälter als die Luft über dem Lande, während in höhern Breiten das Gegentheil stattfindet. Nur im großen Ocean ist die T des Wassers in der Nähe des Aequators höher.

Anmerkung 3. Zu den Umständen, welche die T des M modificiren und ihr Verhältniß zur Lufttemperatur abändern können, werden namentlich Stürme, Klippen und Meeresströmungen gezählt. So sinkt z. B. in der Nähe von Sandbänken, Klippen, oder überhaupt Untiefen, die T des A um 2 bis 3° C herab.

§. 385.

In dem offenen M nimmt die T des A in dem Maße ab, als man tiefer unter die Oberfläche desselben kommt; doch sind die bis jetzt angestellten Beobachtungen noch zu unvollständig, um etwas über das Gesetz dieser Abnahme zu bestimmen. Aus den darüber angestellten Versuchen folgt im Allgemeinen, daß die T anfangs unmerklich, dann in größern Tiefen wieder langsamer fällt und zuletzt einen constanten Wärmegrad, der sich mit der Tiefe nicht weiter verändert, besitzt. Diese Tiefe wird aber desto eher erreicht, je höher die geographische Breite des M sich zeigt.

Anmerkung. Die T des Genfer See's ist (nach Saussüre's Beobachtungen) an der Oberfläche 5°,6 C, und am Boden, welcher 950 Fuß unter der Oberfläche sich befindet, 5°,4 C, u. s. w.

§. 386.

Guy Lussac fand auf seinen Luftreisen, **daß für die Abnahme um 1° C** (von der Oberfläche der E an gerechnet) **bis zu einer Höhe von 3691 Meter 191 Meter, von jener Höhe bis zu 5000 Meter blos 141 Meter, und von 5000 bis 7000 Meter nur 134 Meter gehören.** Doch bringt die individuelle Beschaffenheit der Winde und Luftströmungen eine Modification dieses Gesetzes hervor.

Anmerkung 1. Man begeht einen geringen Fehler, wenn man, mit Rücksicht auf die Nebenumstände, für die auf Bergen zu erreichenden Höhen eine arithmetische Reihe der Wärmeabnahme für gleiche Höhenunterschiede annimmt.

Anmerkung 2. Die Angaben über den mittlern Werth der Höhe, welcher eine Temperaturdifferenz von 1° C zugehört, schwanken von 60 bis 105 Toisen.* Auch geht aus v. Humboldt's Beobachtungen hervor, daß die Abnahme der W über großen Bergmassen und Bergebenen kleiner als über kleinen Bergspitzen sich zeigt.

Anmerkung 3. Die hauptsächlichste Quelle der Erwärmung der höhern Luftschichten liegt theils in der W, welche durch Strahlung von Erdgegenständen zu ihnen gelangt, und theils in der, welche die durch Berührung mit E erwärmten Luftschichten mit sich führen.

Anmerkung 4. Steigen die erwärmten untern Luftschichten in die Höhe, so dehnen sie sich, vom Drucke eines Theils der Atmosphäre befreit, aus, und binden dabei ein so großes Quantum der W, als sie frei lassen würden, wenn sie nachher wieder um dieselbe Quantität zusammengedrückt würden. Eine solche Zusammendrückung findet aber bei den kältern nach unten strömenden Luftmassen statt, indem sie die Stellen der vorher dort befindlichen wärmern einnehmen. Durch die eben erwähnte Ausdehnung und

* Eine Toise enthält 6 Fuß.

Zusammendrückung wird aber die Temperaturdifferenz zwischen den obern und untern Luftschichten vergrößert.

§. 387.

Ueber jedem Orte der E existirt in der Atmosphäre ein Punkt, wo selbst in der Mitte des Sommers Eis und Schnee nicht aufthauen. Eine durch alle diese Punkte gezogene Fläche wird aber die Schneegränze (G) genannt, weil Gebirge, deren Gipfel über jener Grenze stehen, von ewigem Schnee bedeckt sind.

§. 388.

G ist unter dem Aequator am höchsten und senkt sich von da gegen die Pole immer tiefer zur E, bis sie endlich in der Nähe der Pole selbst mit der Meeresfläche zusammenfällt.

Auf der südlichen Hemisphäre, wo überhaupt die Kälte vorherrscht, wird G überall für dieselben Breiten niedriger als auf der nördlichen befunden.

Anmerkung 1. Nach v. Humboldt's Angaben liegt G unter dem Aequator 14800 Pariser Fuß über der Meeresfläche, an dem nördlichen Wendekreise 14200 Fuß, unter der nördlichen Breite

von 30° (Himalaja)	13500	Pariser	Fuß	
= 35°	11100	=	=	
40°	9860	=	=	
45° (Alpen)	8500	=		
70°	3400	=	=	u. s. w.

Anmerkung 2. Da die T des Sommers hauptsächlich die G bestimmt, so muß ihre Höhe ähnliche Oscillationen wie die T der Sommermonate in verschiedenen Jahren erleiden. So ist z. B. G in kalten Sommern niedriger als in wärmern; auch werden diese Oscillationen desto kleiner, jemehr man dem Aequator der E sich nähert.

§. 389.

G liegt meist höher als der Punkt, wo die mittlere T gleich Null ist, indem die W des Sommers die mittlere T so wenig übertreffen muß, daß sie den Schnee nicht zu verzehren vermag. Aus diesem Grunde liegt G der

Höhe (H), deren mittlere T = Null ist, desto näher, je weiter man sich von E erheben muß, um an diesen Punkt der H zu gelangen, weil mit zunehmender H die täglichen und jährlichen Differenzen nebst den Ursachen örtlicher Erwärmungen mehr verschwinden. Außerdem wird aber mit zunehmender geographischer Breite die G weit über die H der mittlern T von 0° C hinaufgedrückt, weil dort die längere Dauer der Tage die Sommerwärme vermehrt.

So beginnt z. B. * die G unter dem Aequator bei 0°,4 C, in den gemäßigten Zonen** bei —4°,6 C, und in den nördlichen*** bei — 6° C mittlerer T. Doch wird G öfters durch örtliche Einflüsse modificirt. So rückt sie z. B. auf sehr großen Bergmassen und ausgedehnten hohen Bergebenen weiter als auf isolirten Bergspitzen hinauf, auch übt die Lage der Höhen und ihre Richtung nach den Weltgegenden auf G einen Einfluß aus; und eben so rückt sie in den heißen Jahren manchmal höher hinauf.

Sechste Abtheilung.

Von den Lichtmeteoren oder Photometeoren.

§. 390.

Zu den Lichtmeteoren gehören:

1) die Farben der Atmosphäre,
2) die Dämmerung,
3) die Luftspiegelung,
4) die Morgen- und Abendröthe,
5) der Regenbogen,

* nach Humboldt. ** nach Pictet. *** nach Humboldt.

6) die Höfe um S und M,
7) die Nebensonnen und Nebenmonde,
8) die Polarlichter, und
9) das Thierkreislicht oder das Zodiakallicht.

Nr. 1) bis 3) wurden bereits in frühern §§. erklärt; und Nr. 4) bis 9) werden in den folgenden §§. dieser Abtheilung, und zwar auf folgende Weise abgehandelt.

§. 391.

Die Morgenröthe (A) und die Abendröthe (M) werden durch eine Brechung und Zurückwerfung der Sonnenstrahlen in den niedern Gegenden der Atmosphäre erzeugt. A erscheint jeder Zeit vor dem Aufgange und M nach dem Untergange der S, wenn der Himmel (H) nicht allzusehr mit Wolken bedeckt ist. Die verschiedene Stellung der Wolken gegen den Horizont, ihre verschiedene Beschaffenheit, und die größere oder kleinere Anhäufung von Dünsten in der Atmosphäre bringen eine große Manchfaltigkeit in dieser Erscheinung hervor. Auf eine starke Röthe, welche eine große Menge von Dünsten in der Luft anzeigt, folgt der gemeinen Sage nach Wind.

Anmerkung 1. Da das Ansehen der A von der Beschaffenheit des H abhängt, so kann man sich derselben mit einiger Sicherheit bedienen, die zunächst folgende Witterung vorauszusagen.

1) Wenn bei einem schönen blauen H die A den westlichen H mit einem leichten Purpur sanft zu überziehen scheint, so bedeutet dieses (nach Brandes*) ziemlich sicher fortdauernd gutes Wetter.

2) Nach Regenwetter deuten einzelne geröthete und sehr hell erleuchtete Wolken die Wiederkehr besserer Witterung an.

3) Eine weißlich gelbe A, zumal wenn sie sich weit über H erstreckt, pflegt kein schönes Wetter zu versprechen.

4) Wenn S in einem so weißen Lichtglanze untergeht, daß man sie selbst in dem hellen Scheine, welcher den ganzen westlichen

* geb. am 27. Juli 1777 in Groden, im Hamburgischen Amte Ritzebüttel; gest. zu Leipzig.

H überzieht, nur wenig verglänzend und dabei mehr weiß als gelb erblickt, so entsteht meistens Wind.

5) Wenn feine Ciri *, welche dem H ein sehr mattes Ansehn verleihen, am Horizonte dunkler erscheinen und eine röthlich graue A erzeugen, in der abwechselnd glänzende dunkelrothe Stellen in graue übergehen, durch welche S kaum bemerkbar ist, so darf man einen baldigen Niederschlag und Wind erwarten.

6) Erscheint M stark geröthet, so erfolgt meist Regen, während eine graue M mehr auf schönes Wetter hinzielt.

Anmerkung 2. Die Ursache des Gegensatzes zwischen grauer A und M scheint darin zu liegen, daß diese Färbung am Abende vorzugsweise von Ciri's, am Morgen von einem Stratus in der Tiefe herrührt, der in kurzer Zeit den Strahlen der untergehenden S weicht, während jene sich meist in der Nacht noch vermehren. Sind dagegen beim Aufgange der S so viel niedergeschlagene Dämpfe vorhanden, daß H roth erscheint, so ist es wahrscheinlich, daß in Folge des aufsteigenden Luftstroms im Laufe des Tages eine lebhafte Wolkenbildung erfolgt.

§. 392.

Die Erscheinung des Regenbogens (R) besteht in einem glänzenden, bogenförmig gekrümmten Streifen, welcher alle prismatische Farben enhält und nach innen (d. h. gegen den Mittelpunkt der kreisförmigen Krümmung zu) **eine violette**, und nach **Außen eine rothe Begrenzung** besitzt. Er hat in seinem Hintergrunde jedesmal eine dunkle Regenwolke, und erscheint stets der S gegenüber, des Morgens im Westen und des Abends im Osten, und für den Bewohner der nördlichen Halbkugel niemals im Süden. R entsteht dadurch, **daß die auf die Regentropfen fallenden Sonnenstrahlen darin gebrochen, von der Hinterwand derselben zurückgeworfen werden, und dann beim Austritte eine nochmalige Brechung und Farbenzerstreuung erleiden.** Auch entsteht bei Wasserfällen und Springbrunnen eine ähnliche Erscheinung, wenn man S im Rücken und die Tropfen vor sich hat; und eben so erscheint öfters über R ein zweiter ** concentrischer Regen-

* von welchen in der neunten Abtheilung die Rede sein wird.

** und manchmal ein dritter.

bogen, dessen Glanz schwächer als der des R ist, und in dem die Farben umgekehrt geordnet sind. Er heißt **Nebenregenbogen**, während man R den **Hauptregenbogen** nennt.

§. 393.

Der Hauptregenbogen wird (nach Newton) **auf folgende Weise erklärt.**

1) Bezeichnet (in Fig. 46) T einen Wassertropfen, c seinen Mittelpunkt, und ab einen der unzählig vielen darauf fallenden Sonnenstrahlen, so wird ab, weil er bei b in ein dichteres Mittel kommt, zum Einfallslothe bc gebrochen, geht hierauf in der Richtung bd fort, und tritt bei d theils in die Luft und wird theils nach dem Zurückwerfungsgesetze reflectirt.

Da aber nun cd das Einfallsloth ist, so nimmt L nach der Reflexion den Weg de dergestalt, daß $\angle$ bdc = $\angle$ edc ist, tritt bei e in die Luft, wird hier von dem Einfallslothe cf gebrochen und überdies in farbige Strahlen zerlegt, aus denen der rothe Strahl (als der am wenigsten brechbare) den untern Weg er und der violette (als der am stärksten gebrochene) den obern ev beschreibt.

2) Stellt (in Fig. 47) T den in 1) erwähnten, jedoch kleiner gezeichneten Tropfen vor; und befindet sich unter demselben in einer gewissen Entfernung ein anderer Tropfen T', mit welchem das Nämliche wie mit T geschieht, so ist der mit ab parallel auffallende Strahl = a'b', der gebrochene = b'd', der zurückgeworfene = d'e'; auch wird letzterer bei e' in alle farbige Strahlen zerlegt, von denen der rothe e'r' und der violette e'v' die äußersten sind. Nun trifft aber in irgend einem Punkte o der rothe Strahl des T mit dem violetten des T' zusammen; und befindet sich in o ein Auge, so wird es aus dem obern und dem benachbarten Tropfen rothe, aus dem untern und dem nächsten violette, und aus den zwischen T und T' befindlichen Tropfen die übrigen farbigen Strahlen erhalten, und also das prismatische Bild ee' erblicken. Ist ferner su eine durch den Mittelpunkt der S und durch das Auge o gehende (und mit ab parallel angenommene) gerade Linie, und dreht sich $\angle$ eou um su, so werden in jeder

Stelle der Peripherie, des von dem Bilde ee' beschriebenen Kreises die prismatischen Farben erscheinen, wenn in allen diesen Punkten sich Tropfen befinden, weil sämmtliche Tropfen in Bezug auf o und S dieselbe Lage wie die zwischen T und T' vorhandenen besitzen.

Fehlt aber irgendwo ein Tropfen, so ist auch der eben erwähnte Farbenring unterbrochen. Letzterer erscheint gewöhnlich nicht ganz, weil ein Theil desselben vom Horizonte abgeschnitten wird. Geschieht dieses aber nicht, indem z. B. der Beobachter auf dem Gipfel eines hinlänglich hohen Berges sich befindet, oder die Tropfenwand äußerst nahe ist, so kann er den ganzen farbigen Kreis erblicken. Solche ganze farbige Kreise werden z. B. in der Tropfenwand eines Wasserfalles unter den angegebenen Umständen bemerkt.

§. 394.

Der Nebenregenbogen (N) wird aus einer doppelten Brechung und doppelten Zurückwerfung des L auf folgende Weise erklärt.

1) Bezeichnet (in Fig. 48) $\alpha\beta$ den einfallenden Strahl, so legt derselbe in dem Tropfen T durch die erste Brechung den Weg $\beta\gamma$, durch zwei Zurückwerfungen die Wege $\gamma\delta$ und $\delta\varepsilon$ zurück, tritt bei ε aus T und erleidet hier noch eine Brechung und Farbenzerstreuung, so daß der rothe Strahl den Weg εr und der violette den Weg εv beschreibt.

2) Da das in 1) Gesagte auch (in Fig. 47) von den Tropfen T und T' gilt, so folgt, **daß ein in o* befindliches Auge in T und in den benachbarten Tropfen die violette Farbe, in T' und in den benachbarten die rothe, in den zwischen T und T' sich befindenden Tropfen die mittlern Farben, und also ein prismatisches Bild erblickt, dessen unteres Ende roth und dessen oberes violett sich zeigt.** Auch ergiebt sich, daß auf die im vorigen §. angegebene Weise der ganze N entsteht.

* wo $\varepsilon\mu$ und $\varepsilon'\varphi'$ sich schneiden.

Anmerkung 1. Der Glanz des N ist nur schwach, weil hier mehr L als beim Hauptregenbogen für das Auge verloren geht.

Anmerkung 2. Da für jeden Sonnenstrahl in jedwedem Tropfen nicht nur zwei, sondern unzählige Zurückwerfungen existiren können, von denen einige in Fig. 49 angedeutet worden sind, so könnten z. B. bei einer gewissen Lage des Auges gegen S und die Regenwand auch noch andere schwache Farbenringe entstehen; und man hat dieselben wirklich, jedoch nur in seltenen Fällen bemerkt

§. 395.

Nach genauen Beobachtungen und Betrachtungen muß die Lage der Tropfen so beschaffen sein, daß die auffallenden Sonnenstrahlen mit den ins Auge gelangenden folgende Winkel bilden:

1) mit den violetten Strahlen des Hauptregenbogens 40° 17′
2) mit den rothen Strahlen des Hauptregenbogens 42° 2′
3) mit den rothen Strahlen des Nebenregenbogens 50° 57′
4) mit den violetten Strahlen des Nebenregenbogens 54° 7′

§. 396.

In Bezug auf den Regenbogen (R) bemerke man noch Folgendes.

1) Erstreckt sich die Regenwand nicht weit genug, um den ganzen Bogen zu bilden, so erscheint nur ein Theil desselben. Ein solches kleines Stück wird aber eine Wettergalle genannt.

2) Obgleich die Regentropfen in beständiger Bewegung sind und jeder nur einen Augenblick zur Erscheinung des R beiträgt, so wird doch ihre Stelle durch die nachfolgenden Tropfen so schnell ersetzt, daß die Erscheinung das Ansehen einer ununterbrochenen Dauer erhält. Auch sehen verschiedene Personen an demselben Orte ihn von einerlei Gestalt, obgleich eine jede einen andern erblickt.

3) Der Hauptregenbogen erscheint bisweilen doppelt oder mehrfach, indem an den innern Rand desselben sich unmittelbar ein zweiter Bogen, an diesen ein dritter u. s. w. anschließt, so daß die Farben der zusammengrenzenden Bogen in einander

fallen. Diese Vervielfältigung erstreckt sich gewöhnlich nur über ein kleines Stück am obern Theile des Bogens.*

4) Zieht man (in Fig. 47) nm mit dem Horizonte parallel, so ist ∠ son = ∠ mou; und es folgt hieraus, daß die Höhe der S über dem Horizonte (H) so viel als die Erniedrigung des Mittelpunktes u des R unter demselben beträgt.

5) Aus Nr. 4) folgt, daß man desto weniger vom R sieht, je höher S über H sich befindet.

6) Steht S mehr als 42° 2′ über H, so ist der Hauptregenbogen nicht mehr sichtbar.

7) Befindet sich S über 54° 7′ über H, so wird auch der Nebenregenbogen nicht mehr erblickt.

8) Fällt (in Fig. 47) su mit nm zusammen, so erscheint die Hälfte des zu R gehörigen Kreises.

9) Wenn die Sonnenstrahlen nach dem Untergange der S auf Regenwolken fallen, so wird noch ein größerer Theil als in Nr. 8) gesehen.

10) Wenn das Auge so hoch kommen könnte, daß es bis 42° unter u zu sehen vermöchte, so würde es den Hauptregenbogen als einen völligen Kreis erblicken, wie ihn Graf Mirandola gesehen zu haben bezeugt.

11) Bergmann sah einigemal einen dritten R und bestimmte seinen Abstand von S zu 42°. Die Ordnung der Farben war darin wie beim ersten Bogen; doch zeigten sie sich noch matter wie die des zweiten. Der dritte R wurde indeß nur selten bemerkt; und Kämtz sah ihn nie in Regenwolken, sondern bei günstiger Stellung und einem lebhaft wirkenden Sonnenscheine im Rheinfalle bei Schafhausen. Doch war er in diesem Falle ein weißlicher Bogen, an welchem sich nur bei großer Aufmerksamkeit eine röthliche Färbung erkennen ließ.

12) R ist desto lebhafter, je dunkler die dahinter stehende Wolke sich zeigt.

* Venturi erklärt den vielfachen R aus der abgeplatteten Gestalt der Regentropfen. Doch könnte er auch vielleicht durch die verschiedenen Brechungen der Lichtstrahlen in Regentropfen von verschiedenen Dichtigkeiten entstehen.

13) Die Breite des R erscheint größer als aus der oben angeführten Bestimmung der Winkelgröße folgt, weil wegen des scheinbaren Durchmessers der S einiges in Ansehung dieser Winkel eine Abänderung erfährt.

14) Untersucht man das von R kommende L, so ist dasselbe sowohl vom ersten als auch vom zweiten Bogen vollständig polarisirt.

§. 397.

Der beim Mondschein zuweilen entstehende R wird Mondregenbogen genannt. Er sieht gewöhnlich weiß aus, weil wegen des schwachen Mondlichtes die verschiedenen Farben nicht unterscheidbar sind. Doch hat man auch schon einen farbigen Mondregenbogen bemerkt, und ihn auf dieselbe Weise wie den Sonnenregenbogen erklärt.

§. 398.

Die Höfe sind lichte Kreise, welche man bisweilen um S, häufiger um M, und auch wohl um die stärker glänzenden Sterne bemerkt.* Sie haben öfters farbige Ränder, und werden von den Dunstbläschen in den niedern Gegenden der Atmosphäre erzeugt. Nach einigen ist die Beugung des L zwischen den Dunstbläschen; nach andern die Brechung und Zurückwerfung desselben in den Bläschen die Ursache derselben. Bisweilen sind mehrere concentrische Kreise, selten aber vollständig zu sehen; in andern Fällen durchschneiden sich die Kreise, und es entsteht alsdann in ihrem Durchschnitte ein Bild der S oder des M, nämlich eine Nebensonne oder ein Nebenmond. Letztere sind aber auch bisweilen ohne eigentliche Höfe zu sehen.

Anmerkung. Jordan erklärt die Höfe durch Beugung, und Brandes durch Brechung und Zurückwerfung. Frauenhofer unterscheidet 1) Höfe kleinerer Art, die unmittelbar um den leuchtenden Körper gehen und durch Beugung zwischen

* Selbst um die Flamme einer Kerze erscheint ein Hof, wenn man sie durch eine dunstvolle nebelige Luft erblickt.

den Dunstbläschen entstehen; und 2) Höfe größerer Art, welche in weiterer Entfernung den leuchtenden Körper umgeben, und durch Brechung der Lichtstrahlen an dreiseitigen, oder durch Brechung und Zurückwerfung an sechsseitigen Eisprismen sich ergeben.

§. 399.

Zuweilen und gewöhnlich im Herbst und Frühling erscheinen beim wahren M zwei oder mehrere Nebenmonde. Es entstehen nämlich um M die im vorigen §. erwähnten glänzenden oder gefärbten Ringe, welche andere Bogen durchschneiden oder berühren, und an diesen Stellen auf beiden Seiten des M, und auch wohl über und unter demselben die Nebenmonde meist als unförmliche, schwächer erleuchtete Bilder, mit kleinen Schweifen erzeugen. Die glänzenden farbigen Ringe und Nebenmonde, deren Zahl bis sechs gehen kann, rücken mit M am Himmel fort und dauern drei bis vier Stunden. Die Luft ist alsdann gewöhnlich stille und nicht vollkommen heiter. Der Wind zerstreut diese Lufterscheinung; auch wird sie nicht weit umher bemerkt. Am wahrscheinlichsten ist die Meinung, daß zur Zeit der Nebenmonde eine Menge länglicher Eiszapfen oder Nadeln in der Luft existiren, die eine undurchsichtige Axe besitzen, und an deren unterm Ende ein Wassertropfen hängt, welcher sie wegen seines größern Gewichtes aufrecht schwebend erhält. Die Lichtstrahlen werden in diesen Eisnadeln gebrochen, und wie von den Oberflächen cylindrischer Spiegel reflectirt, so daß viele neben einander liegende die Ringe und mehrere sehr zusammengehäufte ein falsches Mondlicht erzeugen.

§. 400.

Die Erscheinung der Nebensonne hat mit der des Nebenmondes eine große Aehnlichkeit und einerlei Ursprung. Auch gehen zuweilen quer über S oder M lichte Striemen, die sich horizontal und vertikal durchschneiden und Kreuze erzeugen. Ihre Entstehung leitet man ebenfalls von vielen in der Luft vorhandenen Eisnadeln ab.

Anmerkung. Die Nebensonnen werden vorzüglich an hellen

kalten Wintermorgen beim Aufgange der S beobachtet. Eine merkwürdige, unter dem Namen des römischen Phänomens bekannte Erscheinung dieser Art wurde von Scheiner 1629 den 20. März bemerkt. Noch auffallender war aber die von Hevel den 20. Februar 1661 beobachtete Erscheinung, wobei 7 Nebensonnen sich zeigten, u. s. w.

§. 401.

Die Nordlichter oder Polarlichter bestehen aus einem mehr oder minder hellen Lichtscheine am nördlichen Theile des Himmels (H). Sie erscheinen meist nur im Winter, entzünden sich in der Regel bald nach dem Untergange der S, dauern gegen eine bis mehrere Stunden und wiederholen sich in seltenen Fällen in der nämlichen Nacht oder mehrere Tage nach einander.

Sie fangen ohngefähr unter dem 45sten Breitengrade sich zu zeigen an, werden mit zunehmender Polhöhe immer zahlreicher, sind in Lappland und dem nördlichen Sibirien besonders stark, nehmen daselbst den ganzen H ein, und werden im südlichen Europa, z. B in Italien und Portugal, sehr selten bemerkt. Aehnliche Erscheinungen finden auch in der Gegend des Südpols statt; sie sind unter dem Namen der Südlichter bekannt.

Anmerkung 1. Argelander beschreibt das Nordlicht (N) auf folgende Weise.*

1) N verkündet sich schon im Voraus durch ein eigenthümliches schmuziges Ansehn des nördlichen H in der Nähe des Horizontes. Bald wird aber die Farbe dunkler, und es erscheint ein mit einem lichten Saume eingefaßtes Kreissegment (S), welches das Ansehen einer dunkeln Wolkenbank besitzt, und bisweilen schwarz und dunkelgrau oder in's Violette spielend ist. Je mehr man gegen Norden kommt, desto weniger dunkel erscheint S, und in hohen Breiten ist es kaum mehr zu unterscheiden. Auch in niedern Breiten sieht man dies dunkle S sehr häufig.**

---

* Man bemerke, daß dieser Beschreibung im Allgemeinen die Berichte der übrigen Beobachter, welche N im Norden von Europa gesehen haben, beistimmen.

** Bei Südlichtern scheint ein ähnlicher Vorgang stattzufinden, obgleich die Thatsache noch nicht mit Bestimmtheit angegeben ist.

2) Im nördlichen Schweden werden (nach mehreren Angaben) die Menschen auf hohen Bergen oft von einem dem N ähnlichen Nebel überfallen, und es steigt sogar ein solcher weißgrauer, etwas in's Grünliche fallender, sehr durchsichtiger Nebel von E auf und verwandelt sich in ein N.

3) Der höchste Punkt des dunkeln S und des darüber befindlichen hellen Bogens liegt im Allgemeinen im magnetischen Meridian. In den vereinigten Staaten von Nordamerika, wo die Abweichung klein ist, befindet er sich im Norden. In Europa, wo die Magnetnadel nach NNW zeigt, steht der höchste Punkt des Bogens eben daselbst; und es hat sich die Lage desselben mit der Declination gleichzeitig geändert.*

4) Der über dem dunkeln S befindliche helle Bogen besitzt eine glänzend weiße und etwas in's Bläuliche fallende, jedoch, so lange noch Dämmerung vorhanden ist, eine mehr gelbliche und zuweilen in's Grünliche spielende Farbe. Seine Breite beträgt eine bis sechs und mehr Vollmondsbreiten; sein unterer Rand ist meist ziemlich scharf begrenzt, und sein oberer nur dann, wenn S eine geringe Breite besitzt. Mit der Zunahme der letztern wird er immer verwaschener, bis bei sehr großen Breiten keine Begrenzung mehr erkennbar ist, sondern der Schein allmälig in das L des H verfließt. In diesem Falle ist aber die von ihm verbreitete Helligkeit sehr groß.

5) Der helle Bogen des N ist ein Theil eines hellen Kreises, welcher sich über der Erdfläche befindet, und von dem jeder Beobachter sein eigenes Stück erblickt.**

6) Die Erscheinung des weißen Saumes wurde bisher nur in seiner Entstehung betrachtet, wonach der Bogen mit weißem oder gelbem L ziemlich ruhig bleibt. Dies Ansehen dauert häufig mehrere Stunden unverändert fort. Doch ist während dieser Zeit die ganze Figur in beständiger Bewegung, sie erhebt oder senkt sich, und zieht nach Osten oder Westen. Die Aenderungen der Gestalt sind aber plötzlicher und merklicher, wenn bald an der einen und bald an der andern Stelle Basis und Lichtsaum aus der regel-

---

* Der höchste Punkt des S und der mangnetische Meridian fallen nicht strenge zusammen, sondern es scheint zwischen ihnen ein Unterschied von mehreren Graden stattzufinden.

** Hieraus folgt, daß man bei hinreichender Nähe an dem Orte des N auch den untern Theil dieses Kreises, welcher dann mehr oder weniger elliptisch erscheinen muß, sehen kann. Auch sind öfters bei kalter Luft weiße Bögen von bedeutender Höhe am H sichtbar, welche (nach Hallström und Andern) blose Bilder des N sind, dessen L von gefrorenen Dünsten der Atmosphäre so zu dem Zuschauer reflectirt wird, daß ein leuchtender Bogen am H erscheint.

mäßigen Form weichen, bald das L einen Eingriff macht, und dann diese breitere und hellere Lichtmenge sich fortbewegt. Am heftigsten werden sie, wenn N sich weiter ausbreitet und Strahlen zu schießen anfängt. In diesem Falle wird der Lichtsaum an einer Stelle bedeutend heller, greift in die Basis ein, und es steigt ein heller Schein von der Farbe des Lichtsaumes in die Höhe, welcher ohngefähr halb so breit als der Vollmond und selten breiter ist, und in der Mitte heller und nach beiden Seite schwächer sich zeigt. Er schießt oft mit äußerster Geschwindigkeit bis an den halben H und zuweilen noch höher; oben züngelnd und in mehrere schwache Strahlen zerspalten, nimmt er die Figur eines Strahlenbüschels an. Er erhebt sich meist senkrecht, selten in einer gegen den Horizont geneigten Richtung, sich bald verlängernd und bald verkürzend, behält er doch im Ganzen oft mehrere Minuten hindurch seine Gestalt, bleibt aber selten auf derselben Stelle, sondern bewegt sich langsam nach Osten oder Westen, wird allmälig blässer und verschwindet endlich, um andern Strahlen Platz zu machen. Oft ist der ganze H wie mit zuckenden Flammen erfüllt, die von dem bläulich Weißen durch alle Abstufungen der Farben bis in's Purpurrothe gehen, und oft durch das Zenith bis zum halben südlichen H sich ziehen.

Eine Stelle in der Nähe des Zeniths und in der Richtung, welche die Neigungsnadel angiebt, glänzt aber im mattern L ruhig fort, und wird die Krone genannt.

7) Nach mehrstündiger Dauer tritt allmälig wieder Ruhe ein, die Farben verschwinden nach und nach, die einzelnen Strahlen sind wieder zu unterscheiden, werden endlich kürzer und hören gänzlich auf. Nun sieht man ein blasses und einem Rauche ähnliches Lichtgewölke, welches in langsamer Bewegung auf und nieder und hin und wieder sich bewegt, immer schwächer wird, und einem unscheinbaren weißlichen Dunste gleicht. Zuletzt ist das die Basis bildende dunkle S nebst dem Lichtsaume noch übrig, welches sich allmälig regelmäßig gestaltet, und oft noch Strahlen aussendet, die aber nur einige Grade sich erheben, u. s. w. Nun werden Basis und Lichtsaum immer schwächer und sind endlich von der Bläue des H nicht mehr zu unterscheiden.

Anmerkung 2. Bei stärkern Nordlichtern wurden nicht selten mehrere einander parallele Bögen bemerkt. Auch bildet die bei sehr starken und lebhaften Nordlichtern erscheinende Krone den schönsten Theil des Phänomens; ihr Mittelpunkt ist (nach Wilke u. s. w.) in der Verlängerung der Inclinationsnadel; und die von dem Bogen ausschießenden Strahlen sind mit der Neigungsnadel parallel. Dies gilt auch von den schwarzen Nordlichtsstrahlen, welche in ihrem Wesen mit dem unter dem hellen Bogen befindlichen dunkeln S übereinstimmen. Man sieht nämlich oft schwarze Strahlen oder Säulen gleich einem schwarzen dicken Rauche mit Ungestüm über oder von dem leuchtenden Bogen oder von der ganzen leuchtenden Masse hervorschießen, welche die nämliche Beweglichkeit und Veränderlichkeit wie die leuchtenden Strahlen besitzen, u. s. w.

§. 402.

Die Nordlichter werden oft in einem sehr großen Raume gesehen, ereignen sich häufig gleichzeitig mit den Südlichtern und sind öfters in einem großen Theile derselben Halbkugel der E sichtbar. Auch ist ihre Zahl (nach Mairan u. s. w.) um die Zeit der Aequinoctien am größten, und ihr Sitz wahrscheinlich in unserer Atmosphäre befindlich.

Anmerkung. In Bezug auf die Höhe des N bemerke man noch Folgendes.

Kraft findet aus seinen in Petersburg angestellten Messungen die Höhe des N 124,2 bis 281,9 geogr. Meilen;

Mairan 120 geogr. Meilen;

Bergmann nahe 100 geogr. Meilen;

Cavendish 52 bis 71 geogr. Meilen.

Gilbert* giebt für das N vom 22. Oct. 1804 eine Höhe von etwa 51 geogr. Meilen; und Potter für das vom 25. December 1830 eine Höhe von etwa 27 geogr. Meilen an.

Dalton glaubt als mittlere Höhe des N etwa 100 englische oder 18 geogr. Meilen annehmen zu können.

Richardson** und Hood*** fanden durch gleichzeitige aus verschiedenen Standpunkten unternommene Messungen die Höhe des N im Allgemeinen nur 6 bis 7 englische Meilen; und Richardson glaubt durch seine Bemerkungen für erwiesen ansehen zu können, daß N zuweilen seinen Sitz in Luftregionen unterhalb einer Art von Wolken besitze, welche in keiner großen Höhe schweben; und auch Wrangel behauptet, daß es sich bis zu einer bedeutenden Nähe der Erdoberfläche erstreckt.

§. 403.

Man bemerkt beim N zuweilen ein Geräusch, welches seinen Grund im Strahlenschießen haben soll, von einigen jedoch gänzlich geläugnet wird.

---

* geb. z. Berlin 1769; gest. zu Leipzig 1824.

** ausgespr. Ritsch'ärds'n. *** ausgespr. Hudd.

§. 404.

Der Zusammenhang des N mit Sturm und Kälte wird von mehreren Physikern geläugnet; doch scheint N mit großer Wahrscheinlichkeit im Zusammenhange mit der Bewölkung zu stehen.

Anmerkung. Nach Hansteen ist es eine im Norden hinreichend bekannte Thatsache, daß N gewöhnlich von strenger Kälte begleitet wird; und nach Brewster hat N (wenn es in England beobachtet wird) stets heftige Süd- oder Südwestwinde zur Folge, welche von nebeligem Wetter und feinem Regen begleitet sind.

§. 405.

Die Sternschnuppen sind (nach Farqhuarson) nicht nur an solchen Abenden häufiger, wo Nordlichter erscheinen, sondern ihre Bahnen sind auch mit den Nordlichtsstrahlen parallel. Auch bemerkt Wrangel in dieser Beziehung:

Wenn Sternschnuppen im Bezirke der Nordlichter erscheinen, so entzünden sich an der Stelle, wo der Sternschnuppen durchging, sogleich Feuersäulen, die dann von ihrem Entstehungsorte sich seitwärts (mit dem Winde) bewegen; und es gehen an ihrer Stelle andere Säulen und Strahlenbüschel hervor.

Man hat endlich gefunden, daß der November, welcher sich durch Häufigkeit der Nordlichter auszeichnet, auch sehr viele Sternschnuppen zeigt.

§. 406.

Die Frage, ob die Polarlichter sich durch eine starke Elektricität auszeichnen, wurde bejahend und verneinend beantwortet *; doch ist ihr Zusammenhang mit dem Magnetismus erwiesen, indem Bogen und Krone die Stellungen am Himmel einnehmen, welche mit den Richtungen der Declinations- und Inclinationsnadel zusammenfallen,

* Man kann indeß aus vielen Erfahrungen mit ziemlicher Sicherheit annehmen, daß N von einer Veränderung der Luftelektricität begleitet ist, daß aber letztere nur an den Orten, denen diese Meteore ganz eigentlich angehören, und daselbst äußerst schwach sich zeigt.

und die Nadeln selber zur Zeit des N bedeutende Schwankungen erleiden, und öfters Stunden und Tage nach dem Verschwinden noch nicht zur Ruhe kommen.*

Anmerkung 1. Es ist ungewiß, ob N und namentlich eine ungewöhnlich lebhafte Lichtentwickelung an einer Stelle eine anziehende oder abstoßende Kraft auf die Magnetnadel ausübt.

Anmerkung 2. N steht mit der Intensität des Erdmagnetismus im Zusammenhange, indem kurz vor seiner Erscheinung letztere bis zu einer ungemeinen Höhe steigen kann. Bei dem Beginnen des N nimmt sie aber in demselben Verhältnisse ab, in welchem N lebhafter wird, wobei sie nur langsam und oft erst nach 24 Stunden zu ihrem frühern Werthe zurückkehrt.

Anmerkung 3. Hansteen folgerte aus verschiedenen Beobachtungen, daß die Nordlichter an vier verschiedenen Stellen der E entspringen, welche, soweit ihre Bestimmung möglich ist, mit den Magnetpolen der E zusammenfallen.

§. 407.

Ueber das Wesen des N existiren hauptsächlich folgende Hypothesen.

I. **Mairan setzt N mit dem Zodiakallichte in Verbindung**, welches in unsern Gegenden besonders um die Zeit der Aequinoctien nach dem Untergange oder vor dem Aufgange der S in Gestalt eines hellen, der Milchstraße ähnlichen Lichtkreises, über S im Thierkreise steht.

II. **Kirwan** hält N für einen reinen Verbrennungsprozeß.**

III. **Parrot legt dabei die Verbrennung des Kohlenwasserstoffgases (G) zu Grunde**, und bemerkt in dieser Beziehung:

1) G wird in der heißen Zone das ganze Jahr und in den mittlern Breiten neun Monate hindurch entwickelt, steigt

---

* Celsius und Hiorter bemerkten im Jahre 1740 zuerst, daß während der Erscheinung des N freischwebende Magnetnadeln fast immer in unregelmäßige Schwankungen geriethen, nicht magnetisirte Nadeln dagegen, z. B. kupferne, in völliger Ruhe verblieben.

** ausgespr. Kerr'nänn; gest. 1812.

wegen seiner geringen Dichtigkeit schnell in die Höhe, erhebt sich dabei in abgesonderten Portionen (je nach der Größe der Flächen, woraus es entsteht) langsam, und nimmt bei seinem Aufsteigen säulenförmige Gestalten an.

2) Haben die Säulen eine bedeutende Höhe erreicht, so werden sie von dem dort herrschenden Aequatorialstrome gegen die Pole getrieben und dort angehäuft.

3) Da die Aequinoctialgegenden das Hydrogen das ganze Jahr, die mittlern Breiten aber nur während der warmen Jahreszeiten hergeben, so ist es im Anfange des Winters in größter Menge vorhanden, und es müssen dann auch die Polarlichter am häufigsten sich zeigen.

4) Da G nicht chemisch rein ist, so wird es durch die große Kälte in den höhern Luftschichten theilweise condensirt, und die Säulen sinken herab.

5) Da die von E aufsteigenden Säulen sowohl in senkrechten, als auch in horizontalen Richtungen fortgetrieben werden, so erreichen sie die Polargegenden in etwas geneigter Lage, und zwar so, daß der obere Theil nördlicher als der untere liegt; durch die Winde wird dann die Säule häufig gekrümmt.

6) Kommen Sternschnuppen in diese Gegend, so wird G entzündet.

7) Da bei der Condensation des G die athmospärische Luft größtentheils als nicht condensirbar ausgeschieden wurde, so wird die Verbrennung aus Mangel an Oxygen nur langsam an der Oberfläche, und das Fortleuchten noch längere Zeit bestehen.

8) Kommen Säulen, aus denen noch nicht alle atmosphärische Luft entfernt ist, so hat die Verbrennung eine große Aehnlichkeit mit der des Knallgases; es zeigt sich hier nämlich ein helleres L, und man hört auch manchmal ein Geräusch.

9) Da bei dieser Verbrennung die obern Schichten der Atmosphäre (A) erwärmt werden, so steigen sie in die Höhe, und die Luft muß sich von allen Seiten gegen den so gebildeten leeren Raum bewegen. Auf diese Weise entstehen neue Säulen, und die Verbrennung dauert längere Zeit.

10) An dem Orte, wo die Krone entsteht, befindet sich eine entzündliche Gasmasse, 'aus der die atmosphärische Luft ganz ausgeschieden, und welche durch einen Zufall von einer Säule getrennt wurde, ehe sie die Polargegenden erreichte. Ihre Entzündung geschieht durch eine lange Säule, welche mit dem einen Ende den Kern des N, mit dem andern diese isolirte Masse berührt; letztere wird dann nicht blos entzündet, sondern verpufft, also kreisförmig zerstreut, und auf diese Weise der Ring erzeugt, u. s. w.

IV. **Nach Dalton, Biot und Hansteen besteht N aus Säulen, welche der Inclinationsnadel parallel aufsteigen und die beschriebenen Phänomene erzeugen.**

Nach Dalton bestehen die Säulen aus magnetischer Materie, welche aber nicht selbst leuchtend ist, sondern erst durch die hindurch strömende Elektricität (E) ihr L erlangt.

Nach Biot sind die Nordlichter eigentliche Wolken, welche aus Norden kommen und aus feinen vom Erdmagnetismus gerichteten Theilchen bestehen. Sie sind aller Wahrscheinlichkeit nach aus metallischen Dämpfen zusammengesetzt, die ihrer Natur nach die E aus den höhern Luftschichten herabführen, und dadurch leuchtend werden.*

---

* Biot bemerkt in dieser Beziehung:

a) N besteht aus wahren Wolken, welche gewöhnlich aus Norden kommen, und eine ziemlich leichte Materie oder ein so feiner Stoff sind, daß sie sich lange in der Luft schwebend zu erhalten vermögen.

b) Sie werden unter gewissen Umständen leuchtend, sind für den Erdmagnetismus empfindlich, und ordnen sich demgemäß von selbst in Säulen, welche sich gerade so gegen E richten, wie es wahre Magnetnadeln thun würden.

c) Es ist wahrscheinlich, daß die Säulen des N aus metallischen Theilchen von äußerster Feinheit bestehen; und es bieten deshalb diese in der Luft schwebenden Säulen des N, welche in den Gegenden um den magnetischen Pol fast vertikal hängen, den ungleichen Elektricitäten der Luftschichten in verschiedenen Höhen mehr oder minder vollkommene Leitungen dar.

d) Uebertrifft das Bestreben dieser Elektricitaten, sich gleichmäßig zu verbreiten, den Widerstand, den ihnen die Unvollkommenheit des Leitungsvermögens entgegenstellt, so müssen die Electricitäten längs dieser Säulen hinfließen und ihre Wege dabei leuchtend erscheinen.

e) Geschieht dies Ueberfließen in sehr hohen Gegenden der A, wo

Nach Hansteen besteht N aus einer großen Menge unter einander paralleler in der Richtung der Neigungsnadel aufsteigender Strahlen oder Lichtcylinder, die in einer bedeutenden Entfernung von einander sich befinden. Die Richtungen dieser Strahlen liegen in einem Kreise, dessen Mittelpunkt der jedesmalige Magnetpol der E ist, und zwar gehören die meisten Nordlichter den beiden stärkern Polen der magnetischen Erdare zu. Ist das Auge des Beobachters gegen das magnetische Zenith gerichtet, so läuft die Gesichtslinie mit diesen Strahlen parallel, und man sieht das blaue Himmelsgewölbe. Nach jeder andern Richtung stößt aber die Gesichtslinie auf

---

die Luft wegen ihrer Dünnheit der Bewegung der E nur wenig Widerstand zu leisten vermag, so ist das Ueberströmen von keinem Geräusche begleitet.

f) erstreckt es sich aber bis in die untern Luftregionen hinab, so muß das Blasen und Knistern entstehen, welche das N zu begleiten scheinen, wenn es bis zu der Oberfläche der E herabkommt.

g) Da N nur durch diese zufällige Ursache sichtbar wird, so kann es in der Luft vorhanden sein und auf die Magnetnadel wirken, ohne daß man es bemerkt.

h) Auch ist es möglich, daß N das einemal nur an gewissen Stellen glänzend wird, an andern aber dunkel bleibt, und das anderemal, wenn das elektrische Gleichgewicht plötzlich und allgemein aufgehoben wird, die ganze meteorische Säulenreihe sich in einem Augenblicke zu entzünden vermag.

i) Hieraus folgt aber, daß N an Stärke abnehmen muß, wenn die meteorischen Wolken weiter nach den südlichen Gegenden ziehen, weil sie sich dort nicht nur weiter ausbreiten können, sondern die die E leitenden Säulen, welche überall die Richtung der Magnetnadel annehmen, dort der horizontalen Lage sich immer mehr nähern, also ihre beiden entgegengesetzten Enden in minder von einander entfernten Luftschichten haben, die eben deshalb mit weniger verschiedenen Mengen von E geladen sind. Auch bietet überdies in den südlichern Gegenden die größere Feuchtigkeit der Luftschichten viel häufigere Gelegenheit sich zu entladen, als in den nördlichen, dar.

k) Außer den leuchtenden Strahlen, die durch bloses Ueberströmen der E zu entstehen scheinen, existirt im N noch ein anderes Leuchten, welches für eine Erscheinung wahren Verbrennens in den phosphorischen Wolken, die sich manchmal vom Herde des N ablösen, das Princip der Phosphorescenz mit sich führen, und von Zeit zu Zeit leuchtende Strahlen ausstoßen, welche raketenartig Spuren des weißen L in der Luft hinter sich lassen. Man muß es wenigstens für wahrscheinlich halten, daß die Materie des N Substanzen enthalten kann, die fähig sind, sich zufällig zu entzünden, sei es von selbst, oder durch elektrische Entladungen, die in der Substanz, welche diese Wolken in sich schließen, vorgehen.

mehrere hinter einander liegende Strahlen und erblickt also den Lichtschein.*

V. **Munke hält endlich N für ein thermo-elektrisches Meteor.****

---

* wobei jedoch, um die Form des Bogens und das dunkle Segment unter demselben zu erklären, noch angenommen werden muß, daß die Lichtcylinder kurz und unten, wo sie von E aufsteigen, nicht leuchtend sind.

** Er sagt in dieser Beziehung:

1) Die Oberfläche der E wird durch den täglichen Temperaturwechsel elektrisch erregt.

2) An den Orten, wo die elektrische Neutralisation durch den Wechsel von Verdampfung und Niederschlag nicht in unbestimmten meistens nur kurzen Zeitintervallen aufgehoben und wiederhergestellt wird, behält die Erdkruste diesen elektrischen, den Magnetismus der E erzeugenden Zustand so lange bei, als dieses bei jedem von trockener Luft umgebenen Körper stattfindet; und die hiernach täglich wiederkehrende Erregung und die Rückkehr zum Gleichgewichte, wie sie durch den regelmäßigen Wechsel der Erwärmung bedingt wird, ist die Ursache der täglichen Variationen der Magnetnadel.

3) Die auf E erregte Thermoelektricität ist nicht stark; doch bildet sich ein elektrischer Wirkungskreis um dieselbe.

4) Letzterer berührt die Erdoberfläche überall, jedoch so, als würde er durch die Windungen eines die E leitenden und um einen Körper gewundenen Drahtes erzeugt, dessen Axe auf der Richtung der Inclinationsnadel senkrecht wäre, weil ein solcher den magnetischen Pol an der Stelle erregen würde, wo wir denselben auf E wahrnehmen.

5) Wenn dieser Wirkungskreis eine Vertheilung der E nach allen Seiten bewirkt, so kann es zwar unordentlich nach allen Seiten stattfinden, muß aber in Richtungen geschehen, welche der Neigungsnadel parallel laufen; und es folgt hieraus, daß die Nordlichtsstrahlen zwar nicht ganz scharf und ohne Ausnahme, aber in der Regel diese Richtung annehmen.

6) Eine feuchte A muß diese regelmäßig gerichteten, bis zu ungleichen Höhen sich erhebenden elektrischen Vertheilungen stören und aufheben, und überwiegende Trockenheit der Luft sie befördern.

7) Wenn sehr feiner Dunst in A aufsteigt, so muß die elektrische Vertheilung sich auch auf diesen erstrecken und ihn selber elektrisiren. Hierin liegt aber die Ursache, daß eine dunstige A und höchst feines Gewölk die Bildung des N begünstigen.

8) Da die elektrische Erregung über die ganze E, wenigstens bis nahe an die magnetischen Pole, in den meisten Fällen nicht völlig bis zu denselben, und nur in sehr seltenen darüber hinaus geschieht, so können die Nordlichter auch innerhalb dieser Grenzen erzeugt werden, nur nicht da, wo die Feuchtigkeit der A als Hinderniß auftritt. Sie können näher oder weiter von E abstehen, je nachdem die elektrisirten Dunsttheilchen sich mehr oder weniger erheben, müssen unter niedern Breiten (wegen der durch Kälte bedingten Trockenheit der Luft) in der Regel höher sein, können aber die E nicht unmittelbar berühren,

Anmerkung. Aus den in diesem §. erwähnten Hypothesen erhellt, daß man die Entstehung des N noch nicht hinreichend kennt.

§. 411.

Das Thierkreis- oder Zodiakallicht besteht in einem Lichtschimmer, der nach der Richtung des Thierkreises in einer elliptisch sphäroidischen Gestalt Morgens am östlichen und Abends am westlichen Himmel von S abgewendet erscheint.

Es wird zwischen den Wendekreisen fast in jeder hellen Nacht, in unsern Gegenden aber nur selten, und am deutlichsten bei heiterm Himmel, um den Anfang des Märzes, nach Untergang der S im Westen, und in der Mitte des Oktobers vor dem Aufgang der S im Osten erblickt.

Im Zodiakallichte befindet sich eine feine Materie, die, um S verbreitet, entweder selbst leuchtend ist oder Sonnenlicht zurückwirft. Diese ist aber (nach §. 304) nicht die Sonnenatmosphäre, sondern hängt durch Attraction der S so mit ihr zusammen, daß sie die Rotation der S begleitet, u. s. w.

Anmerkung. Man bemerke, daß das Thierkreislicht zuerst 1683 den 18. März von Cassini beobachtet worden ist.

§. 412.

Die sogenannten Heiligenscheine werden ebenfalls zu den Lichtmeteoren gezählt. Sie sind von verschiedener Art; und die einfachste besteht darin, daß dicht um den Schatten des Kopfes ein heller Schein entsteht, dessen L zuächst am Schatten am stärksten ist, aber schnell abnimmt und sich in einem

---

weil sonst eine Herstellung der elektrischen Neutralisation erfolgen und somit die Bedingung ihres Entstehens aufgehoben sein würde.

9) Da die isolirende Eigenschaft der Luft zur Entstehung des N nothwendig ist, so kann die bis zum Leuchten angehäufte E keine Abstoßung der Blätter des Blattgoldelektrometers bewirken, wenn letzteres nicht die leuchtende Masse selber erreicht.

10) Erhebt sich N für unsere Meridiane am westlichen magnetischen Pole, so wird die Nordspitze der Magnetnadel östlich gelenkt oder scheinbar durch N abgestoßen und umgekehrt.

kleinen Abstande in die übrige Beleuchtung der Fläche verliert. Man bemerkt diese Erscheinung vorzüglich des Morgens oder Abends, wenn der Schatten ein grünes Kornfeld oder eine Wiese trifft; und sie entsteht dadurch, daß die zunächst an den Schatten grenzenden Körper dem Auge ihre ganze erleuchtete Seite zukehren und also am hellsten erscheinen, die entfernteren aber immer mehr von ihrer Schattenseite zuwenden, und deshalb schwächer erleuchtet zu sein scheinen.

Eine andere Art von Heiligenschein, wo nämlich mehrere concentrische Kreise in verschiedenen Abständen um den Schatten des Kopfes entstehen, ergiebt sich dadurch, daß der Schatten auf einen Nebel fällt, u. s. w. Auch ist diese Erscheinung den Höfen darin ähnlich, daß sie aus Dünsten sich bildet; und stimmt mit dem Regenbogen darin überein, daß sie auf der entgegengesetzten Seite der S erscheint.

Siebente Abtheilung.

Von den Feuermeteoren oder Pyrometeoren.

---

§. 413.

Zu den Feuermeteoren gehören diejenigen, deren Ursache hauptsächlich in einer Verbrennung zu liegen scheint. Sie werden in **Feuerkugeln**, **Sternschnuppen** und **Irrlichter** eingetheilt.

§. 414.

Die Feuerkugeln* sind glänzende Kugeln, welche manchmal in der Atmosphäre erscheinen, sich darin oft durch bedeutende Strecken bewegen, endlich mit einem Getöse verschwinden, und dann als

---

* welche ehemals auch feurige oder fliegende Drachen genannt worden sind.

Trümmer von Stein- und Eisenmassen von verschiedener Größe auf E niederfallen.

Anmerkung 1. Bei den Feuerkugeln findet Folgendes statt:

a) Man bemerkt in einer bedeutenden Höhe einen leuchtenden Punkt oder ein kleines lichtes Wölkchen, oder es erscheinen mehrere parallele Streifen, aus denen sich ein fortziehender leuchtender Körper zusammenballt und Kugelgestalt annimmt.

b) Diese Kugel (K) bewegt sich mit verschiedener scheinbarer Geschwindigkeit, geht zuweilen durch große Strecken und oft durch den ganzen Himmel in wenig Augenblicken, bewegt sich aber auch bisweilen langsamer, macht manchmal Bogensprünge, wirft Rauch, Dampf und Flamme aus, und führt gewöhnlich einen Streifen nach sich, der in ihrer Nähe flammend ist und weiter rückwärts aus Rauch zu bestehen scheint.

c) Nun zerplatzt K mit einem Getöse*, und ihre Theile zerspringen zuweilen nochmals.

d) Nach dieser Berstung fallen Stein- oder Eisenmassen auf E herab.

Anmerkung 2. Man hat K öfters ohne einen Steinregen gesehen; letzterer kann jedoch in einer Gegend niedergefallen sein, wo er sowohl während des Fallens als auch nachher keinen Beobachter gefunden hat. Auch bemerkte man Steinregen ohne Kugeln, indem man letztere nicht ankommen sah, und erst durch das den Fall der Meteormassen begleitende Getöse auf die Erscheinung aufmerksam gemacht worden ist. Bei Tage überglänzt überdies das L der S den Schein einer solchen K, und hindert die Beobachtung derselben.

§. 415.

Die Feuerkugeln erscheinen zu jeder Jahres- und Tageszeit, kommen aus keiner bestimmten Weltgegend, und ihr Erscheinen ist weder von der Witterung noch von irgend einer andern Periode abhängig.

Da sie gewöhnlich nur des Nachts und bei heiterm Himmel (H) gesehen werden, so bestimmt man ihren scheinbaren Ort am besten nach den Sternen, bei denen sie vorübergehen.

* welches von manchen Beobachtern mit einem Kanonenschusse, auf welchen noch ein anhaltendes Krachen und Poltern folgte, und von andern mit dem schnellen Rollen eines schwer beladenen und über Steine gehenden Wagens verglichen wird.

Ihre Höhe wird, wenn der scheinbare Ort am H von zwei ziemlich weit von einander entfernten Beobachtern mit hinlänglicher Genauigkeit angegeben ist, durch Rechnung ermittelt, und im Mittel zu 10 — 15 geogr. Meilen angegeben.

§. 416.

Die Feuerkugeln kommen gewöhnlich in einer mehr oder weniger schiefen, bisweilen dem Horizonte fast parallelen Richtung an, gehen oft über sehr beträchtliche Landstrecken, und senken sich (nach Chladni) in einer Parabel herab.

§. 417.

Die Feuerkugeln bewegen sich mit sehr verschiedenen Geschwindigkeiten*; und legen im Mittel 4—5 Meilen in einer Sekunde zurück. Die Dauer ihrer Sichtbarkeit beträgt öfters nur einige Sekunden.

§. 418.

Die wahren Dimensionen der Feuerkugeln scheinen weit größer, als die Menge der herabgefallenen Steine zu sein; und es ist wahrscheinlich, daß sie als sehr lockere, zu einem großen Volumen ausgedehnte Körper ankommen, und daß wir gewöhnlich nur die Bestandtheile erhalten, welche hinreichend verdichtet sind, um niederfallen zu können. Ihre Dimensionen vergrößern sich bedeutend, wenn sie sich uns nähern.

Anmerkung. Bei manchen Feuerkugeln wurde der Durchmesser 200 Fuß, bei einigen ½ italienische, und bei andern 1½ englische Meilen und drüber geschätzt.

§. 419.

Das L der Feuerkugeln ist meist weit heller als das des M; und manche waren selbst bei Tage so glänzend, daß sie einen deutlichen Schatten warfen. L ist meist weißglänzend, oder etwas in's Rothe spielend, in andern Fällen aber bläulich, und zuweilen auch regenbogenartig gefärbt, wobei jedoch

* Vergl. §. 414. Anmerk. 1.

die Kugel eine andere Färbung, als der zurückgelassene Schweif besitzt.

§. 420.

Wenn die Feuerkugeln durch die Atmosphäre ziehen, blähen sie sich gewöhnlich auf, so daß sie endlich mit einem heftigen Getöse zerplatzen, was Chladni für eine Wirkung der durch die Hitze im Innern entwickelten Flüssigkeiten ansieht, denen die äußere zähe Hülle nicht weiter zu widerstehen vermag. Bisweilen zerplatzt eine Feuerkugel ganz, bisweilen nur theilweise, und die einzelnen Stücke bilden sich beim weitern Fortgange manchmal zu kleinen Feuerkugeln aus, welche später ebenfalls zerplatzen. Bei manchen Feuerkugeln sintert die zähe Masse nach gewaltsamer Entweichung der im Innern entwickelten elastischen Flüssigkeiten wieder zusammen, bläht sich von Neuem auf, und explodirt wieder, u. s. w.

§. 421.

Die Steine und die mineralischen Massen, welche beim Zerplatzen der Feuerkugeln herabfallen, werden **Meteorsteine** oder **Aërolithen** genannt. Sie kommen meist glühend heiß, doch nicht eigentlich geschmolzen, sondern nur weich zur E; und die bisher untersuchten und an sehr verschiedenen Orten auf E gefallenen Steine zeigen in ihrer äußern und innern Beschaffenheit die größte Uebereinstimmung. Sie sind beinahe alle an ihrer Oberfläche mit einem schwarzen rußartigen Ueberzuge bekleidet und im Innern von dunkelblauer Farbe, einem körnigen und nicht sehr festen Gefüge, und enthalten viele metallische glänzende Kügelchen in einer meist kieselartigen Steinmasse. Das nikelhaltige Eisen macht einen vorzüglichen Bestandtheil der Meteorsteine aus. Obgleich aber nun Eisen und Kieselerde am reichlichsten darin vorkommen, so sind doch noch verschiedene andere Substanzen, wie Magnesia, Nickel, Chrom, Schwefel, Kalkerde, Thonerde, Mangan, selten etwas Natron oder Kali, Kohlenstoff, Wasser, Salzsäure und vielleicht noch andere Substanzen darin befindlich. Die niedergefallenen Massen verbreiten anfänglich einen starken Schwefelgeruch, der sich nur allmälig verliert. Der Effekt ihres Falles wird durch den Widerstand der Luft sehr geschwächt, und die größte Tiefe, bis zu welcher eine herabgefallene Masse in E eindrang, machte ohngefähr drei Klafter aus.

Anmerkung 1. Chladni* theilt die Meteormassen in Meteorsteine, gediegene Eisenmassen und staubartige oder weiche Substanzen ein.

Die Meteorsteine sind, wie bereits erwähnt worden ist, ein manchfaltiges Gemenge verschiedener Theile, welche durch ein erdiges hell- oder dunkelgraues Cement mit einander in Verbindung stehen. Die Niederfälle der Gediegeneisenmassen sind seltener als die der Meteorsteine.** Auch hat Chladni manche Niederfälle einer bituminösen gallertartigen oder geronnenem Blute ähnlichen Substanz zu den meteorischen gezählt.

Anmerkung 2. Zu den merkwürdigsten Steinfällen dieses Jahrhunderts gehören in Europa:

1) der bei L'Augle 1803,
2) der bei Alais 1806,
3) der im Parmesanischen 1808,
4) der bei Stannern in Mähren 1808,
5) der bei Lissa in Böhmen 1808,
6) der bei Toulouse 1812, und
7) der bei Langres in Frankreich 1815.

Bei Agram in Kroatien wurde 1751 eine Gediegeneisenmasse niederfallend gefunden, welche 71 Pfd. wog und 3 Klafter in E eindrang. Der größte jetzt bekannte Meteorstein ist der 1492 zu Ensisheim im Elsaß herabgefallene welcher 260 Pfd. wog. Die größte Menge von gleichzeitig herabgefallenen Steinen fand sich 1803 in Frankreich, wo sie auf einer Fläche von 2½ französischen Quadratmeilen 2000 Stück betrug, von denen einige ein Gewicht von 17 Pfd. besaßen.

§. 422.

Ueber die Entstehungsart der Feuerkugeln finden hauptsächlich folgende Meinungen statt.

I. Die Feuerkugeln sind außer der Erdatmosphäre entstandene Massen, welche sich im Weltraume

---

* geb. zu Wittenberg 1756; gest. zu Breslau den 3. April 1827.

** Das meteorische Gediegeneisen hat mit dem Eisen der Meteorsteine eine ähnliche Beschaffenheit. Es enthält (nach Stromeier 10—11 Hunderttheile) Nickel, ist sehr geschmeidig, und läßt sich warm und kalt unter dem Hammer strecken.

mit äußerst großer Geschwindigkeit bewegen, vor ihrem Niederfalle keinem bestimmten großen Weltkörper angehören, und als Gebilde derselben Urmaterie erscheinen, aus der die Weltkörper entstanden sind. Wenn ein solcher Haufen von Materie der E so nahe kommt, daß er von seinem Wege abgelenkt wird, so tritt er tiefer in die Erdatmosphäre (A) ein, geht hier anfangs äußerst schnell fort, entbindet aus der Luft durch Zusammendrückung derselben viele W, erhitzt und entzündet sich*, wird zu einer weichen Masse, welche sich durch die in ihrem Innern entwickelten gasigen Stoffe aufbläht, erhärtet zum Theil, zerplatzt, und ihre Trümmer fallen auf E. Der eben erwähnte Vorgang ist aber nicht immer derselbe, indem die Masse auch staubartig u. s. w. niederfallen kann.

II. Die Feuerkugeln sind eine Art Satelliten der E, welche eine Störung in ihrer Bahn erleiden, in A treten, sich erhitzen, zerspringen, und so als Trümmer niederfallen.

III. Sie sind Trümmer zerstörter Weltkörper, wie die vier Planetoiden für Trümmer eines größern zerstörten Planeten gehalten werden.

IV. Sie sind Auswürfe aus den Vulkanen des M.

V. Sie bilden sich in A durch einen chemischen Proceß.

VI. Sie sind Auswürfe der Erdvulkane, u. s. w.

Anmerkung 1. Chladni giebt Nr. I., nach welcher die herabgefallenen Massen kosmisch sind, d. h. aus dem allgemeinen Weltenraume zu uns kommen, den Vorzug.

Nr. V. ist von Egen, E. G. Fischer und Ideler; und

Nr. IV. vom Freiherrn v. Ende wissenschaftlich ausgeführt, und von Benzenberg und Berzelius vertheidigt worden.

---

* Chladni gesteht, daß manche Feuerkugeln glühend in A ankommen können. Die Hitze und das Leuchten der Feuerkugeln erklären sich aber ohne Schwierigkeit, wenn man den mindestens sehr wahrscheinlichen Satz als erwiesen betrachtet, daß die W im absolut leeren Raume die Körper, an welche sie gebunden ist, nicht verlassen könne, weil sie neben ihrer Repulsivkraft auch der Anziehung gegen ponderable Massen folgt. Findet aber nun die W der Feuerkugel in A eine andere ponderable Masse, welcher sie sich mittheilen kann, so verläßt sie die Kugel, und ihre Grundlage sintert in Folge des Verlustes von W zusammen und bringt die Meteorsteine hervor. Das Zerspringen der letztern ist leicht, indem die meisten Körper, selbst Metalle, beim schnellen Uebergange aus der größten Glühhitze dieses zeigen.

Sollen aber die aus den Mondvulkanen kommenden Meteorsteine in die Grenze der Anziehung der E und des M kommen, und also nicht auf M zurück sondern auf E sich begeben, so muß ihre Anfangsgeschwindigkeit

nach Laplace	7771 *,
nach Mayer	7700,
nach Olbers	7800,
nach Brandes	8250,
nach Poisson	7123,
nach Schmidt (im Minimum)	5686 betragen.

Poisson findet für die Zeit des Fallens 2,657 Tage, und für die Endgeschwindigkeit 29562, während letztere nach Schmidt 33765 beträgt.

Anmerkung 2. Die in I—VI erwähnten Erklärungsarten der Meteormassen zerfallen nach Chladni in zwei Abtheilungen.

Zur erstern gehören Nr. I—IV, von denen I, II und auch wohl III die Meinung des Kosmisten und IV die der Lunaristen heißt.

Zur zweiten gehören Nr. V und VI, wovon die fünfte Hypothese die der Atmosphäristen und die sechste die der Telluristen genannt zu werden pflegt.

§. 423.

Die Sternschnuppen sind leuchtende Körper, welche in der Gestalt eines Sternes sich schnell in der Atmosphäre, und zwar in verschiedenen Richtungen bewegen. Man hat früher eine gewisse gallertartige, aus halbverfaulten thierischen Theilchen bestehende Materie, für den Stoff erloschener Sternschnuppen angesehen.

Anmerkung. Die in diesem §. angegebene Erscheinung besteht im Allgemeinen darin, daß ein leuchtender einem Sterne ähnlicher Punkt entweder lothrecht oder in geneigter Richtung sowohl geradlinig als auch in gekrümmter Bahn am Himmel, dem Scheine nach, vom letztern herabfällt, und in bald größerer und bald geringerer Tiefe verschwindet. Einige derselben zeigten hierbei ein leuchtende Bahn, welche entweder von ihnen getrennt war, oder mit ihnen zusammenhing, und ohne Ausnahme erst nach ihrem Verschwinden, und oft erst nach einigen Sekunden, erlosch.

* Die von den Feuerkugeln zurückgelegten Wege sind in gegenw. Anmerkung in Pariser Fußen ausgedrückt.

§. 424.

Die Entfernung der Sternschnuppen von der Oberfläche der E ist sehr verschieden, indem ihre Höhe zwischen 1 bis 50 Meilen schwankt, und bei einigen 100 Meilen überstiegen zu haben scheint.

Die meisten Sternschnuppen bewegen sich aber in einer Höhe zwischen 6 bis 20 Meilen; und wenn man das Mittel sämmtlicher von Brandes beobachteten Sternschnuppen nimmt, so gehen etwa 15 Meilen als mittlere Höhe hervor.

§. 425.

Die meisten Sternschnuppen bewegen sich nach unten; manche gehen aber auch horizontal und selbst aufwärts; und man hat sogar Sternschnuppen beobachtet, welche in einer hufeisenförmigen nach unten gekrümmten Bahn, erst niederwärts und dann wieder aufwärts sich bewegten. Hieraus folgt aber, daß die Sternschnuppen zwar der Schwere gehorchen, aber zugleich von Kräften getrieben werden, die mächtig genug wirken können, um ihnen eine der Schwere entgegengesetzte Richtung zu ertheilen. Auch scheint die Richtung nach SW die vorwaltende zu sein.

§. 426.

Die Sternschnuppen sind in den Tagen vom 11. bis 14. November sehr häufig; und man glaubt, daß E um diese Zeit eine mit der Substanz der Sternschnuppen erfüllte Gegend im Weltenraume treffe.

§. 427.

Die Sternschnuppen fallen nicht blos in der Nacht, und sind wahrscheinlich mit den Feuerkugeln identisch. Sie legen in einer Sekunde ohngefähr 4 bis 8 Meilen zurück; und ihr Durchmesser wurde 40 bis 100 Fuß und darüber geschätzt.*

---

* So hatte z. B. (nach Brandes) eine Sternschnuppe einen Durchmesser von 120 Fuß, und der mehrere Sekunden hindurch sichtbar bleibende Schweif bildete einen 3 bis 4 Meilen langen Cylinder, welcher denselben Durchmesser besaß.

§. 428.

Die Irrlichter oder Irrwische sind kleine Flämmchen, welche nicht weit über der Erdoberfläche entstehen, eine hüpfende, unruhige Bewegung* zeigen und schnell wieder verschwinden. Kirchhöfe, sumpfige Gegenden, Moore und solche Plätze, auf denen gestorbene Thiere verwesen, sind die Orte, wo sie am häufigsten erscheinen. Sie lassen sich nicht fassen, weil sie wegen ihrer Leichtigkeit bei der geringsten Bewegung der Luft fortgehen und vor dem fliehen, der ihnen nachfolgt.

§. 429.

Die Irrlichter entstehen durch das Phosphorwasserstoffgas, welches bei der Fäulniß thierischer Körper sich erzeugt und die Eigenschaft besitzt, in Verbindung mit der atmosphärischen Luft sich zu entzünden. Sie zeigen sich in einer geringen Entfernung von E, weil bei ruhigem Wetter über der Erdoberfläche eine kleine Schichte von kohlensaurem Gase sich befinden mag, durch welche das Phosphorwasserstoffgas erst gehen muß, ehe es in Berührung mit der atmosphärischen Luft sich zu entzünden vermag.

Anmerkung. Die leuchtenden Insekten bringen bisweilen ähnliche Erscheinungen wie die Sternschnuppen hervor.

Achte Abtheilung.

Von den Elektrometeoren.

§. 430.

Zu den Elektrometeoren gehören die, bei welchen die elektrische Beschaffenheit der Atmosphäre vorzüglich in Betrachtung kommt.

---

* welche neu entstandenen Flämmchen zugeschrieben werden kann.

Hierher gehören:

1) der Blitz und Donner mit einigen sie begleitenden Erscheinungen;

2) das Wetterleuchten;

3) das St. Elmsfeuer.

Bei andern Meteoren übt indessen die Elektricität (E)* ebenfalls einen bedeutenden Einfluß aus.

§. 431.

Man bemerkt in den Wolken zuweilen eine Lichterscheinung, welche von einem eigenartigen, gewöhnlich mehrmals sich wiederholenden Knalle begleitet ist. Sie heißt der Blitz, der sie begleitende Knall der Donner, und die oftmalige Wiederholung desselben das Rollen des Donners. Diese Erscheinungen sind aber gewöhnlich noch mit andern (z. B. mit Regen, Sturm, Hagel u. s. w.**) verbunden; und der ganze Vorgang wird ein Gewitter (G) genannt.

Anmerkung. In Bezug auf G bemerke man Folgendes.

1) Allen Gewittern geht die Bildung von Wolken, entweder in der Atmosphäre (A) des Ortes, an dem sie zum Ausbruche kommen, oder in der eines entfernten Ortes, von welchem sie herkommen, voran.

Diese Wolken sind anfangs sehr klein, vergrößern sich oft sehr schnell, und charakterisiren sich dadurch, daß ihre in die Länge gedehnte Figur schnell in die abgerundete übergeht, und daß sie starke Contraste von Beleuchtungen bilden. Sie sind an einigen Stellen dunkelgrau und undurchsichtig, und gleich daneben in's Gelbe spielend, und im Ganzen in den niedrigen Gegenden der A befindlich.

2) Bei der Bildung der Gewitterwolken zeigen sich nicht selten schon einige schwache Blitze.

3) die Blitze und Donner erfolgen gewöhnlich einige Zeit ohne Regen, der aber nachher nach der Stärke des G mehr oder weniger reichlich eintritt.

4) Die Wolken nehmen allmälig eine gleichförmigere Gestalt und die gewöhnliche graue Farbe mit geringerm Unterschiede der einzelnen Theile an; und man sagt in diesem Falle: „G verzieht sich."

* Man bemerke, daß in dieser Abtheilung die Elektricität durch den Buchstaben E bezeichnet wird.

** Von denen in der folgenden Abtheilung die Rede sein wird.

5) Die Blitze, Donner und der Regen u. s. w. nehmen nun ab, hören endlich ganz auf, und der heitere Himmel kommt wieder zum Vorschein.

6) Während des G ist die Ruhe der A häufig gestört, indem der Wind von den Gewitterwolken nach allen Seiten zu weht und hierdurch nicht selten Wirbelwinde entstehen, wodurch Staub und leichte Theilchen in die Höhe gehoben und fortgeführt werden.

7) G nimmt in seinem Fortschreiten nicht die Richtung des vorher herrschenden Windes (W), sondern geht gegen denselben; und letzterer wendet sich um, wenn die im Entladen begriffene Gewitterwolke rasch fortschreitet.

8) Zur vollständigen Ausbildung eines G im Sommer ist in unsern Gegenden eine große Ruhe der A, ein mehr oder weniger feuchter Boden und heiteres Wetter erforderlich. Diese Ruhe scheint aber nicht bis zur äußersten Grenze der A zu gehen, indem das meist stattfindende langsame Sinken des Barometers ein Abfließen in den obern Luftschichten und der meist unter dem Mittel liegende Stand dieses Instrumentes das Wehen südlicher Winde in den obern Gegenden der A sehr wahrscheinlich macht.

9) Eine andere Klasse von Gewittern hat aber eine Zunahme des Luftdruckes zur Folge. Sie entstehen aus einer Vermischung der Luftschichten von ungleicher Temperatur, bei welcher W sich von Süden nach Westen und Norden dreht. Auf diese Gewitter folgt ein schnelles Steigen des Barometers; W hat sich nach Norden gedreht, die Temperatur abgenommen, so daß im Sommer längere Zeit kaltes und nasses Wetter folgt.

10) Da die meisten Gewitter auf die in Nr. 9 angegebene Weise entstehen, so folgt, daß die Mehrzahl der Gewitter in unsern Gegenden vorzugsweise aus dem südwestlichen Theile des Horizontes kommen, und nur sehr wenige in nordöstlicher Richtung ziehen.

11) In unserer gemäßigten Zone gehören die Gewitter in der Regel dem Sommer an, dessen steigende W sie häufiger entwickelt.

12) Die Winter-Gewitter sind eine Seltenheit, und erfolgen nur nach ungewöhnlich gelinder Witterung. Sie sind sturmartig, gehen schneller als die Sommergewitter vorüber, und scheinen in den mehr nördlich gelegenen Gegenden verhältnißmäßig häufiger vorzukommen.

13) Die Gewitter sind des Nachmittags am häufigsten, des Nachts seltener und des Vormittags am seltensten.

14) Es giebt mehrere Orte, welche auf den Zug der Gewitter einen hemmenden Einfluß ausüben, z. B. einzelne Berge, waldige Gebirgsrücken u. s. w. Sie sind unter dem Namen der Wetterscheiden bekannt.

15) Obgleich die Gewitter, und besonders die schwächern, in der Regel eine mehr örtliche Erscheinung sind und ihre Entstehungsart und der Ort ihres Ausbruchs nicht weit von einander liegen, so giebt es doch auch Gewitter, welche sich weit verbreiten, in ihrem Fortgange stärker werden und auf ihrem oft sehr langen Wege große Strecken heimsuchen.

16) Die Gewitterwolken legen nach den in Würtemberg angestellten Beobachtungen* einen Weg von 47 bis 63 Pariser Fuß in einer Sekunde zurück.

17) Nach mehreren Beobachtungen wurden durch das Abfeuern von schwerem Geschütze und überhaupt durch heftige in der Luft erzeugte Explosionen die Gewitterwolken zerstreut. Auch sind (nach Voltas Erfahrungen) große auf Bergen angezündete Feuer sehr kräftige Mittel, Donner und Hagel abzuhalten.**

18) Die Gestalt des Blitzes (B) rührt allem Anscheine nach von seiner schnellen Fortbewegung her.

19) Das Zickzack, welches B gewöhnlich in seiner Bahn beschreibt erklärt sich am besten aus der starken Zusammendrückung der Luft, welche der B vor sich her treibt, und die ihn, wegen ihres zu starken Widerstandes nöthigt, wiederholt von seinem Wege abzuspringen. Auch wird B öfters in zwei oder mehrere Aeste zertheilt.

12) Die Geschwindigkeit des B läßt sich bis jetzt noch nicht mit Bestimmtheit angeben; und wird von Hellwig 40000 bis 60000 gesetzt.***

§. 432.

Der Blitz (B) ist ein großer elektrischer Funke, durch welchen eine elektrisirte Wolke sich entweder gegen eine andere von entgegengesetztem elektrischem Zustande, oder gegen einen Berg, oder gegen einen andern benachbarten Körper entladet, indem er dieselben Gesetze, wie die elektrischen Funken der Elektrisirmaschinen befolgt, brennbare Körper schmilzt, Metalle oxydirt, unvollkommene Leiter zersplittert, das Leben organischer Körper, hauptsächlich durch Zerstörung ihrer Reizbarkeit, ver-

* wo eine große Menge von Beobachtern auf einem verhältnißmäßig kleinen Raume vereinigt war.

** Doch hat sich das Läuten der Glocken als ein fruchtloses Mittel zur Vertreibung der Gewitter gezeigt.

*** Da bei der Bestimmung dieser Geschwindigkeit sehr viele Täuschungen stattfinden können, so folgt, daß Hellwigs Angabe nur als eine ohngefähre Schätzung betrachtet werden darf.

nichtet, in einem Zickzack fortgeht, und von einem Knalle begleitet ist, u. s. w.

Bei den elektrischen Entladungen ist zwar der gehörte Knall nur einfach; doch wird der Donner (D) in der Nähe des Ortes, wo B einschlägt, ebenfalls nur einfach gehört; und die Vervielfältigung desselben entweder aus dem Echo von terrestrischen Gegenständen *, oder am wahrscheinlichsten aus wiederholten Explosionen abgeleitet. Doch bringen gewiß beide eben erwähnte Umstände dies Rollen hervor.

Anmerkung 1. Da die Geschwindigkeit bekannt ist, mit der die Verbreitung des Schalles geschieht, so wird aus der zwischen B und D verflossenen Zeit die Entfernung einer Gewitterwolke einigermaßen geschätzt.

Anmerkung 2. Die Erklärung des D ist bereits in Bd. II, §. 1089, Anmerk. 2 befindlich.

Anmerkung 3. Nach der Meinung mancher Physiker wird D dadurch bewirkt, daß die aus Wasserblasen bestehenden Gewitterwolken (oder Theile derselben) plötzlich in tropfbar flüssiges Wasser (d. h. in Tropfen) umgewandelt werden, und daß hierdurch ein luftleerer Raum entsteht, in den die ringsum befindliche Luft schnell eindringt, u. s. w.

§. 433.

Geschieht der elektrische Schlag zwischen Wolken und dem Erdboden, so sagt man: „B schlägt ein." Ein solcher Schlag trifft gewöhnlich einen erhöhten Gegenstand, z. B. einen Baum, Thurm, Haus u. s. w., und zwar um so leichter, je mehr leitend und spitz der Gegenstand sich zeigt. Beobachtet man diesen Blitzschlag in geringer Entfernung, so ergiebt sich, daß ein elektrischer Funke im Zickzack aus dem Thurm u. s. w. nach den Wolken emporfährt, oder daß aus beiden elektrische Funken brechen und sich begegnen.

Schlägt B in die See, so liegt die Wolke tief, senkt sich kurz vor dem Ausbruche des Funkens noch tiefer, und dieser scheint nun von der Wolke auszugehen. Das Wasser hebt sich demselben in der Gestalt einen kleinen Kegels entgegen,

* oder nach Einigen aus einer Reflexion des Schalles in den Wolken.

und es wird hierdurch die Stelle, wo B einschlägt, mit kleinen Wogen umkreist.

Anmerkung. B zündet beim Einschlagen nicht immer, weil er nicht jederzeit gleich stark ist, und die Materien, durch welche er fährt, nicht von derselben Empfindlichkeit sind. Der nicht zündende B wird aber **ein kalter Schlag** genannt.

§. 434.

Da der Blitzschlag den nächsten Theil des Gegenstandes trifft, von welchem die E am stärksten angezogen wird, und die isolirende Luftschichte durchbricht, wo sie am dünnsten ist, so kann B nach verschiedenen Richtungen, aufwärts, niederwärts, schräg oder horizontal gehen, je nachdem er hier oder da einen nähern Gegenstand, der ihn aufnehmen kann, trifft.

§. 435.

Der Ausbruch oder Anfall des B auf einen Gegenstand wird bestimmt und befördert:

1) durch die Stärke der Ladung der Wetterwolke;
2) durch ihre Annäherung;
3) durch eine Zwischenwolke, wenn gleich die Hauptwolke noch außer der Schlagweite liegt;
4) durch die Materie des Gegenstandes; und
5) durch die Gestalt desselben.

Nächst den Metallen ziehen Menschen und Thiere den B am meisten an; und sein endliches Ziel ist stets die feuchte E oder das Wasser.

Anmerkung 1. Ist der Boden durch den vorhergehenden Regen angefeuchtet und in einen guten Leiter verwandelt, so wird B wahrscheinlich auf der Oberfläche bleiben und sich mit den entgegengesetzten Elektricitäten neutralisiren. Ist dies aber nicht der Fall, und befindet sich z. B. unter dem schlecht leitenden Boden ein besserer Leiter, so kann B eben so in die Tiefe bringen, wie ein elektrischer Funke bei unsern Maschinen durch eine Glasscheibe geht.

Anmerkung 2. Wenn B irgendwo eingeschlagen hat, so bemerkt man in der Nähe (wie bei unsern Elektrisirmaschinen) meist einen eigenthümlichen schwefelartigen Geruch.

§. 436.

Die Blitzröhren sind röhrenförmige Gebilde, welche durch B aus Sand in Folge einer Schmelzung oder Verglasung entstanden sind. Sie wurden auf der Sennerhütte in Westphalen, in Pillau bei Königsberg, am Regensteine bei Blankenburg u. s. w. aufgefunden.

§. 437.

Die Ursache der in den Wolken stattfindenden elektrischen Vertheilung ist uns unbekannt, und letztere muß in einem einzigen Augenblicke zur vollen Ladung anwachsen können, weil eine und dieselbe Wolke oft schnell hinter einander fortblitzt, und die Wolken* eine langsam erregte E sehr bald ohne Funken ins Gleichgewicht bringen müßten.

Anmerkung. Der Regen löst zwar die Gewitterwolken auf, setzt aber, ehe dies geschieht, durch die überall verbreitete Leitung Orte in Gefahr, welche in trockner Luft vielleicht sicher geblieben wären. Auch sind mit heftigen Regengüssen oft die stärksten Schläge verbunden, weil mit der schnellen Verdichtung der Dünste zu Regen gleichzeitig die vorher gebundene E frei werden und in einem bestimmten Raume zu einer hohen Spannung gelangen kann.

§. 438.

Die auf den höchsten Theilen der Gebäude, Schiffsmasten u. s. w. aufgerichteten und zugespitzten Metallstangen werden **Blitzableiter** genannt. Das eine ihrer Enden taucht in die Atmosphäre, während das andere mit dem Boden in leitender Verbindung steht.

Die Wirkungen dieser Vorrichtungen bestehen darin, die E der Wolken einzusaugen oder zu neutralisiren, und ohne Explosion in das Innere der E fortzuleiten.

§. 439.

Wenn eine elektrische Wolke (W) so nahe am Blitzableiter (A) vorüberzieht, daß ihr vertheilender Einfluß bemerklich

* weil sie als aus Wasserdünsten bestehende Leiter sich zeigen.

wird, so zersetzt sie die natürlichen Elektricitäten der Stange, treibt die gleichnamige in den Boden zurück, zieht die ungleichnamige an, die sich an das höchste Ende der Spitze begiebt und dort eine desto größere Intensität erlangt, je kräftiger die Wirkung der W sich zeigt. Nun müssen aber die zwischen A und W befindlichen feuchten Lufttheilchen auf A mit Schnelligkeit sich niederschlagen, an ihn die von W erhaltene E verlieren, statt dessen sich mit einer sehr kräftigen E entgegengesetzter Beschaffenheit laden, darauf die sie jetzt abstoßende Spitze fliehen, sich nach W begeben, und die E aller derer ihrer Theilchen neutralisiren, welche sich auf ihrem Wege befinden, bis W durch diese hin und hergehende Bewegung der Lufttheilchen gänzlich entladen ist. In der Regel erfolgt diese Entladung ohne Explosion, und alle Körper, welche sich unterhalb A befinden, werden durch ihn geschützt. Und wenn auch in einem außerordentlichen Falle dieser rasche Abfluß der E noch nicht zureicht und wirklich ein Entladungsschlag erfolgt, so fällt er auf die Spitze, weil an ihr die gegenseitige Anziehung der +E und −E bei Weitem am kräftigsten sich zeigt.

Anmerkung 1. Die Erfindung des A wurde von Franklin im Jahre 1752 gemacht. Der französische Physiker Dalibart fand nämlich, auf Franklins Veranlassung, am 10. Mai 1752 zu Marly la Ville, daß eine 40 Fuß lange über einer Hütte errichtete und unten isolirte Eisenstange bei Annäherung der Hand Funken gab, als eine Gewitterwolke über dieser Stange hinzog.

Canton* verbesserte den Apparat, erfand das elektrische Glockenspiel, und erhielt noch günstigere Resultate.

Franklin kam nun (in Ermangelung sehr hoher Gebäude) auf den Einfall, die E aus den Wolken auf die E längs der Schnur eines fliegenden Drachens herabzuleiten. Obgleich aber sein Drache in einer mit E gesättigten Wolke schwebte, so verspürte er keine E, bis die Schnur, durch einen kleinen Regen genäßt, an Leitungsvermögen zunahm, und nun einige Funken aus ihr erhalten werden konnten. Wäre die Schnur ganz feucht geworden, oder hätte sie aus einer besser leitenden Materie bestanden, so wäre Franklin wahrscheinlich ein Opfer seiner Kühnheit geworden. Dieser Versuch wurde im Juni 1752 angestellt.

In Frankreich wiederholte de Romas denselben Versuch auf eine

* geb. zu Strout in Gloucestershire 1718; gest. zu London 1772.

weit vollkommnere Weise, indem er einen ganz feinen Eisendraht in die Schnur des Drachens flocht, und, um den Beobachter außerhalb des Bereiches unvorhergesehener Entladungen zu setzen, das untere Ende der Schnur in eine 8—10 Fuß lange Seidenschnur ausgehen ließ. de Romas zog den Entladungsschlag mittelst eines metallenen Leiters aus, der mit dem Boden durch eine Metallkette in Verbindung stand, und in der Hand mittelst eines isolirenden Handgriffes gehalten wurde, u. s. w.

Anmerkung 2. Die Wirkung des A auf die elektrisirte W wird auf folgende Weise versinnlicht. Hängt man an den Conduktor einer Elektrisirmaschine einen leinenen Faden, befestigt am untern Ende desselben einen Flocken gekrempelter Baumwolle, elektrisirt das Ganze, und bietet der Baumwolle einen kugelförmigen mit E in Verbindung stehenden Körper dar, so wird der Flocken angezogen, und es springt ein Funken zwischen beiden Körpern über. Hält man aber dem Flocken statt der Kugel eine isolirte Spitze in großer Ferne entgegen, so entladet er erst unmerklich seine E, kehrt zu den Leitern zurück, um sich abermals zu laden, und nähert sich dann wieder der Spitze, um sich auf's Neue zu entladen. Bindet man mehrere Baumwollenflocken an ungleich lange Fäden, so wird man nach und nach die einen gegen die andern sich aufwärts umrollen sehen, wie sich auch die untern Flocken eines Gewölkes, welche durch einen A entladen worden sind, nach den obern noch elektrisirten Theilen desselben Gewölkes allmälig umrollen.

Anmerkung 3. Das Donnerhaus ist ein kleines zur elektrischen Geräthschaft gehöriges Modell eines Hauses, wodurch man die schädlichen Wirkungen des Blitz- oder Wetterstrahles auf ein unbeschütztes Gebäude und den Nutzen des A erläutert.

§. 440.

In Bezug auf die Einrichtung des A bemerke man Folgendes:

1) Der Boden und die Metallstäbe, woraus A besteht, müssen eine vollkommene leitende Verbindung besitzen.

2) Die leitenden Stäbe müssen eine solche Dicke haben, daß auch bei den stärksten Entladungsschlägen die Quantität der E noch durch ihre Substanz abfließen kann, ohne eine so starke Repulsivkraft zu erlangen, um auf die nebengelegenen Gegenstände abzuspringen. Diesem Zwecke scheinen aber Stäbe von einem Zoll in's Gevierte oder Verbindungen dicker Eisendrähte von gleichgeltender Dimension zu entsprechen.

Anmerkung 1. Bei der Einrichtung der A hat man die Aufnahme der Explosion, die Fortleitung und die Verbindung der ganzen Vorrichtung mit E zu berücksichtigen. Die meisten Physiker schlugen zur Aufnahme der Explosion hervorragende metallische Auffangstangen vor, welche jedoch (um die Explosion auszuhalten) an ihren obern Enden nicht allzu spitz gemacht werden dürfen. Sind mehrere Auffangstangen nöthig, so wird die eine von der andern nicht mehr als 60 Fuß weit entfernt. Ihre Anzahl wird durch die Gestalt des Gebäudes, durch die Menge seiner erhabenen Punkte, durch seine Lage in Bezug auf die Gegend, wo die Gewitter gewöhnlich herziehen, u. s. w. bestimmt.

Zur Fortleitung gebraucht man gewöhnlich eiserne Stangen, welche einen kleinern Durchmesser als die Auffangstangen besitzen, und sowohl mit den letztern, als auch unter einander auf's Innigste verbunden sein müssen. Sie werden gewöhnlich aneinander geschraubt, und von der Auffangsstange nicht nur herab, sondern über den ganzen Dachrücken geführt. Es ist rathsam, sie in einigem Abstande von dem Dache und der Mauer anzubringen, auch nicht durch leicht entzündliche Körper zu leiten, von Thüren, Fenstern und eben so von Metallen, die in das Haus reichen, entfernt zu halten, und das außen am Gebäude befindliche Metall mit ihnen zu verbinden.

Um die vollkommene Ausgleichung zwischen der Atmosphäre und der E zu bewirken, muß die Bodenleitung sorgfältig angeordnet sein, und also nach Orten gehen, wo der Boden ein guter Elektricitätsleiter ist, z. B. in freies Wasser u. s. w. Ist das Letztere nicht in der Nähe, so führt man sie so tief unter E bis man eine feuchte Erdschichte trifft, und bricht sie hier nach außen vom Gebäude weg ab.

Die Bodenleitung darf nicht in Cloaken, Düngstätten, Abtrittsgruben gehen; auch wird der in E befindliche Theil der Ableiter nicht aus Eisen, sondern aus einem dem Roste weniger unterworfenen Metalle gemacht.

Anmerkung 2. Die Metalle werden vom Blitze (B) bei seiner Fortleitung an denselben und durch dieselben nur dann beschädigt, wenn es allzu dünne Drähte sind, welche vom B glühend gemacht, zerrissen und geschmolzen werden. Die größern Metallstücke werden dagegen blos beim Zu- und Abspringen an ihren Flächen angeschmolzen und durchlöchert.

Anmerkung 3. Trifft B auf seiner Bahn nicht leitende oder schlecht leitende Körper, so durchbricht er dieselben mit Gewalt, und geht von ihnen oder durch sie auf dem möglichst kürzesten Wege zu bessern Leitern über. Kann dieser Uebergang ohne Durchbruch geschehen, so folgt er der Oberfläche solcher schlechten Leiter oft in bedeutender Länge und Ausdehnung. Die brennbaren Körper werden hierbei häufig angezündet; auch ist die vom B erregte Flamme mit der gewöhnlichen einerlei und eben so wie die letztere zu löschen.

§. 441.

Die einzige bei A zu befürchtende Gefahr besteht in einem Seitenschlage, der aber nach Willkür geschwächt werden kann, indem man die Dimensionen und das Leitungsvermögen des Körpers, durch welchen man die E abfließen läßt, verstärkt. Auch wird der Seitenschlag ohne Vergleich geringer als der direkte Entladungsschlag befunden.

§. 442.

Man hat bei Gewittern Menschen und Thiere im Augenblicke eines Blitzschlags plötzlich todt niederfallen sehen, obgleich der Schlag in einer großen Entfernung vom Orte, wo sie sich befanden, geschah. Denn hängen bei einer stark elektrisirten Wolke die beiden Enden nach E herab, so werden sie in derselben die E, welche mit der ihrigen gleichnamig ist, zurücktreiben und die entgegengesetzte anziehen. Wird aber nun durch irgend einen Umstand eine plötzliche Entladung an dem einen Ende der Wolke bewirkt, so stellt sich das elektrische Gleichgewicht sogleich an der Stelle der E, welche sich unter dem andern Ende befindet, wieder her; und diese Entladung, welche der Rückschlag heißt, führt bei gehöriger Stärke den Tod von Menschen und Thieren herbei.

Anmerkung. Hängt man an eine seidene Schnur einen lebendigen Frosch in einiger Entfernung vom Conduktor einer Elektrisirmaschine, befestigt an dem einen seiner Beine eine ganz leichte und unbiegsame Metallschnur, um ihn mit dem Boden in leitende Verbindung zu bringen, setzt hierauf die Maschine in Gang, und zieht, so wie sich die E entwickelt, von Zeit zu Zeit Funken aus dem Conduktor mittelst eines hingehaltenen und in eine Halbkugel ausgehenden Metallstabes, so zuckt der Frosch bei jedwedem Entladungsschlage, obgleich er sich nicht in der Kette der Leiter befindet. Seine natürlichen Elektricitäten, die durch den vertheilenden Einfluß des Conduktors getrennt waren, treten nur, wenn dieser Einfluß aufgehoben wird, plötzlich wieder zusammen, und bringen dadurch eine

Erschütterung in den Organen des Thieres hervor, welche selbst nach dem Tode noch fortdauert.

§. 443.

Um die eigene Person während eines Gewitters (G) möglichst sicher zu stellen, muß man sich so viel als möglich außer der Berührung und Nähe guter Leiter setzen, dabei von Körpern entfernen, an denen der Blitz (B) gewöhnlich seinen Weg nimmt, jede Erhitzung des eigenen Körpers, und alle mit Ausdünstung, Rauch u. s. w. angefüllte Orte vermeiden. In Gebäuden stelle man sich von Wänden, Oefen, großen Spiegeln, eisernen Gittern u. s. w. ferne, und begebe sich wo möglich in die Mitte eines geräumigen Zimmers.

Eine der gefährlichsten Stellen ist die unter dem Rauchfange, weil letzterer gewöhnlich der höchste Ort des Hauses, und der sein Inneres bedeckende Ruß ein guter Elektricitätsleiter ist und überdies der Entladung eine große Fläche darbietet.

Wenn während eines G Feuer auf dem Heerde brennt, so vergrößert sich, theils durch das leitende Vermögen der Rauchsäule und Flamme und theils durch die Verdünnung der Luft, die Gefahr.

Der Mensch ist im Bette von Nichtleitern umgeben; doch darf er sich nicht allzu sehr unter der Decke erhitzen, weil sonst die aufsteigende Dunstsäule als guter Leiter des B erscheint.

Befindet man sich auf der Gasse, so ist es sicherer in ihrer Mitte, als in der Nähe hoher Gebäude. Auch ist es am wenigsten rathsam, sich neben herabgeführte Regenröhren u. s. w. zu stellen.

Im Freien entferne man sich vom Wasser, stelle sich nicht unter einen Baum, besonders wenn er hoch und einzeln ist, und gehe auch nicht hinter einen Heuhaufen u. s. w. Ganz freie Stellen vermeide man ebenfalls, weil dort der Mensch der am meisten hervorragende Gegenstand ist. Am sichersten hält man sich 10 bis 15 Fuß von einem hohen Baume auf; sonst ist es wohl am rathsamsten, sich auf E zu legen. Ein Reitender thut am besten abzusteigen und sich einige Schritte vom Pferd, und eine in der Kutsche befindliche Person sich möglichst nach der Mitte zu begeben. Jede heftige Bewegung ist der Erhitzung wegen sehr sorgfältig zu vermeiden. Auf den Schiffen, welche keinen Blitzableiter haben, wäre der gefährlichste Aufenthalt bei den Masten, und zwischen diesen und dem am Bord befindlichen Metalle; der sicherste hingegen unter der Wasserfläche, weil B sich stets auf dieser verbreitet und nicht in ihr Inneres dringt.

Anmerkung. Wenn B mehrere Menschen oder Thiere trifft, welche in gerader oder krummer nicht geschlossener Linie neben einander stehen oder liegen, so sind in der Regel die Wirkungen an den beiden Enden der Reihe am heftigsten. Der Mensch scheint dem B stärker als das Pferd und der Hund zu widerstehen; auch werden (nach Nollet) bei gleicher Höhe und übrigens gleichen Umständen mit Schiefer gedeckte Thurmdächer öfter und härter als steinerne Spitzen vom B getroffen, weil das Sparrenwerk, auf dem die Schiefer befestigt sind, leicht durchnäßt wird und überdies viele Nägel daran vorkommen. Schaaf- und andere Heerden werden, wegen der über ihnen schwebenden feuchten Dunstsäule öfters vom B getroffen. Es giebt Menschen, welche den B nicht leiten; auch wird letzterer nicht durch einen Luftzug herbeigelockt.

§. 444.

B verbreitet sich hauptsächlich an der Oberfläche des Körpers, und bewirkt durch Erschütterung (besonders wenn er beim Zuspringen den Schädel unmittelbar trifft) und davon abhängiger gänzlicher Vernichtung der Nervenkraft* den Tod.

Zur Rettung der vom B Getroffenen ist es nöthig, die gehemmte Lebenskraft durch angemessene Reize aufzuregen und ihre Thätigkeit wieder herzustellen. In dem ersten Augenblicke ist zur Wiederbelebung der vom B getroffenen Scheintodten die frische Luft und das Besprengen mit kaltem Wasser das wirksamste Hülfsmittel; auch sind kalte Umschläge auf den Kopf zuweilen nützlich. Reiben mit flüchtigen Mitteln, insbesondere mit ätzendem Salmiakgeist; Clystire von kaltem Wasser, Essig oder einem Aufgusse von reizenden Kräutern; Einblasen der Luft und der Gebrauch der E** sind nicht zu ver-

* und in einzelnen Fällen durch Erstickung.

** als des kräftigsten Reizmittels für die Nerven.

säumen. Die elektrische Erschütterung ist in der Gegend des Herzens anzubringen; und ist der Körper kalt und erstarrt, so muß man gleich anfangs seine W wieder herzustellen suchen. Hierzu wird, außer dem Reiben, eine mit sehr heißem Wasser gefüllte Blase gebraucht, und letztere auf die Gegend der Herzgrube gelegt. Kann der Verletzte wieder schlucken, so erhält er auch innerlich nervenstärkende Mittel, z. B. Wein, Schwefeläthergeist, flüchtige Salze u. s. w. Die Hautverbrennungen sind größtentheils nur oberflächlich und mit kühlenden Mitteln zu behandeln; und nur auf den eingebrannten Stellen Eiterungsmittel anzuwenden.

Anmerkung. Man hat gefunden, daß die Muskeln von den durch B getödteten Thieren nicht nur weit eher ihre Reizbarkeit verlieren, sondern auch, daß der Körper weit schneller fault, als wenn der Tod auf eine andere gewaltsame Weise erfolgt. (Vergl. Band II, §. 1123).

§. 445.

Man bemerkt sehr häufig am Abende Blitze ohne Donner, und nennt diese Erscheinung das Wetterleuchten oder das Wetterabkühlen (W). Diese Blitze zeigen sich zuweilen in niedrig stehenden und sehr entfernten Wolken, aber der Abstand ist zu bedeutend, als daß der Donner gehört werden könnte. Das eigentliche W ist jedoch von diesem Vorgange unterschieden, indem* an ganz heitern Abenden nach dem Untergange der S nicht selten Blitze meist am Horizonte entstehen, welche nicht immer Explosionen von Gewittern zu sein scheinen.

Anmerkung 1. Brandes glaubt, daß das letzterwähnte W eine bei heiterem Wetter entstehende glänzende und den Sternschnuppen ähnliche Lichterscheinung sei.

Nach Schübler ist W wahrscheinlich eine von Gewittern unabhängige leuchtende Erscheinung, die vielleicht durch Ausströmung einer starken E ohne elektrischen Gegensatz benachbarter Wolkenschichten entsteht.

Th. Forster und Matteuci halten W für eine elektrische Erscheinung. Der Letztere leitet nämlich W aus der E her, welche

---

* bei dem sogenannten Wetterabkühlen.

der Boden besitzt, und die sich wegen der isolirenden Eigenschaft der trockenen Luft in diesem erhält. Im Momente, wo S untergeht, und während der Nacht bilden die condensirten Dämpfe in der Nähe des Bodens eine leitende Schichte, welche das Gleichgewicht zwischen der E des Bodens und der Atmosphäre herstellt.

Huber-Burnaud hält endlich das ganze Phänomen für Blitze von entfernten Gewittern, u. s. w.

Anmerkung 2. Zwischen den Wendekreisen ist W sehr gewöhnlich; auch ist auf Sumatra fast jede Nacht durch schnell hinter einander folgende Blitze erleuchtet.

§. 446.

Wenn die Wolken und der Erdboden eine schwache entgegengesetzte elektrische Ladung besitzen, so entsteht keine heftige Entladung, sondern die E setzt sich allmälig in's Gleichgewicht. Geschieht dies in der Nacht, so sieht man hohe spitze auf E befindliche Körper (z. B. Thürme, Blitzableiter, Schiffsmasten u. s. w.) an ihren obersten Enden mit größern oder kleinern elektrischen Flammen leuchten, welche man das St. Elmsfeuer nennt.

Diese Körper blasen nämlich vom Erdboden aus den Wolken und der Luft eine entgegengesetzte E zu, und stellen das elektrische Gleichgewicht wieder her.

Anmerkung 1. Das St. Elmsfeuer ist besonders auf der See an den Spitzen der Mastbäume sehr häufig; auch hat man ein ähnliches elektrisches L an den hervorragenden Theilen lebender Körper, z. B. an den Ohren der Pferde u. s. w., bemerkt.

Anmerkung 2. Die alten römischen Soldaten betrachteten die in diesem §. erwähnten Flämmchen bisweilen an ihren im Lager aufgepflanzten Speeren; sahen sie als eine günstige Vorbedeutung an und nannten sie Castor und Pollux.

Anmerkung 3. Man hat kein Beispiel, daß das St. Elmsfeuer von schlimmen Folgen gewesen wäre.

Neunte Abtheilung.

Von den Wassermeteoren.

---

§. 447.

Zu den Wassermeteoren werden Thau, Reif, Nebel, Wolken, Regen, Schnee und Hagel gezählt.

§. 448.

Die Feuchtigkeit, welche sich besonders an heißen Sommertagen nach dem Untergange der S an verschiedene in der freien Luft befindliche Körper ansetzt, heißt Thau. Letzterer wird aus der mit Wasserdämpfen erfüllten Atmosphäre niedergeschlagen; und es müssen deshalb die Körper, an welchen der Niederschlag geschieht, kälter als die Dämpfe sein. Sie werden durch das Ausstrahlen der W abgekühlt.

§. 449.

In Bezug auf den Thau (T) bemerke man Folgendes.

I. T zeigt sich nur in heitern windstillen Nächten sehr häufig.

II. Er schlägt sich vorzugsweise an frei stehenden Körpern nieder.

III. Er entsteht unter gleichen Umständen nicht in gleicher Menge auf allen Körpern. So ist er z. B. auf Pflanzen weit reichlicher als auf dem festen Erdboden; eben so wird der lockere Kiesboden feuchter als festgetretenes Erdreich, und das Glas weit leichter als die Metalle bethaut.

IV. T bildet sich nicht an allen Orten der E in gleicher Menge. So findet man ihn z. B. in den Küstengegenden warmer Klimate, z. B. in Arabien u. s. w. sehr häufig, während man ihn fast niemals auf wasserlosen

Ebenen im Innern der Continente, wie in Brasilien, in den Provinzen Bahia, Goyaz u. s. w. bemerkt.

§. 450.

Aus den Versuchen von Wells u. s. w. geht hervor, daß T seinen Grund in einer schnellen Temperaturabnahme in der Nähe des Bodens (B) besitzt.

Denn wird der feuchte mit Pflanzen bedeckte B während des Tages von S erwärmt, so erheben sich viele Dämpfe, welche zum Theil in den untern Regionen der Atmosphäre (A) verbleiben. Nach dem Untergange der S strahlt B seine W schnell aus; die am B befindliche A ist oft mehrere Grade kälter als einige Fuß höher; es schlägt sich hierdurch ein Theil der Dämpfe an die festen Körper nieder, und es entsteht ein dampfleerer Raum, welcher durch Dämpfe von oben ersetzt wird. Diese Erkaltung ist in der Nähe des B oft sehr bedeutend, geht aber stets dem Niederschlage voran. Wells fand nicht selten, daß ein Thermometer, dessen Kugel auf B lag, während T sich bildete, 4, 5, ja 8° C weniger als ein 4 Fuß über B hängendes Instrument anzeigte.

§. 451.

Aus vorigem §. ergiebt sich:

1) Bewegt sich A bei heiterm Himmel (H), so wird die kalte am B befindliche Luftmasse durch eine wärmere verdrängt, und das niedergeschlagene Wasser zum Verdunsten gebracht. Ist aber H bewölkt, so hört die Wärmestrahlung ganz auf, indem die niedergeschlagenen Dünste der Wolke ihre frei gewordene W nach unten strahlen. Die Erkaltung verschwindet also in diesem Falle, und damit zugleich der Niederschlag. Es kann aber geschehen, daß die am B befindliche Luft bei bewölktem und zugleich windigem Wetter mehrere Grade höher als einige Fuß darüber ist; und selbst wenige durch das Zenith gehende Wolken erhöhen die am B stattfindende Temperatur zugleich.

2) Da das Strahlungsvermögen polirter Metalle weit kleiner als das des Glases ist, so schlägt sich T auf letzterm

leichter als auf erstern nieder. Wenn man aber die Stelle der Metallplatte oft verändert, also den wärmern Körper stets auf erkaltete Stellen des B legt, so verliert sie wegen ihres guten Leitungsvermögens ihre W schneller, und bethaut früher. Dieser größere oder kleinere Ersatz der W aus dem Innern bewirkt es auch, daß zertheilte Körper, wie Späne, leichter als massive bethauen.

3) Da die Temperaturabnahme an B beginnt und sich erst allmälig nach oben verbreitet, so folgt, daß die zunächst am B liegenden Körper früher als die höhern bethauen.

4) In allen Fällen, wo T sich niederschlägt, ist die Luftmasse, in welcher dieser Niederschlag geschieht, mit Dämpfen gesättigt. Bei einerlei Dampfgehalt ist aber T in kalten Nächten weit reichlicher als in wärmern.

5) Enthält A nur wenig Wasser, so kann sie auch keins niederschlagen. In Ländern aber, wo die Luft von den benachbarten Meeren sehr viele Dämpfe erhält, und wo ein heiterer H die Strahlung begünstigt, wird sich sehr viel Wasser niederschlagen. Auf dem hohen Meere kann diese Strahlung keine bedeutende Erkaltung erzeugen.*

Anmerkung 1. Das gesammelte Thauwasser ist meist chemisch rein, und zeichnet sich durch einen Gehalt von Kohlensäure aus.

Anmerkung 2. Man kann nicht scharf aussprechen, daß T nur Morgens und Abends sich bilde, indem ein bei heiterm H der Luft ausgesetzter Körper zu jeder Stunde der Nacht sich mit Feuchtigkeit bedeckt. An schattigen Orten fängt es wahrscheinlich schon zu thauen an, wenn die Temperatur der Luft abnimmt, d. h. um 3 bis 4 Uhr Nachmittags. An einem solchen Orte und bei trockenem Wetter ist das Gras mehrere Stunden vor dem Untergange des S schon merklich feucht; so lange aber S noch am Horizonte ist, wird man selten Thautropfen gewahr; auch vergrößern sich des Morgens nach Sonnenaufgang noch diejenigen, welche in der Nacht gebildet worden sind. Unter gleichen Umständen entsteht zwischen Sonnenuntergang und Mitternacht

* Denn kaum ist ein Wassertheilchen auf der Oberfläche des Meeres etwas erkaltet, so sinkt es in die Tiefe, um einem wärmern Platz zu machen, u. s. w.

weniger T als zwischen Mitternacht und Sonnenaufgang, obgleich die Luft in dieser zweiten Epoche schon einen Theil ihrer Feuchtigkeit verloren hat. Der letzte Theil der Nacht ist aber kälter als der erste.

Anmerkung 3. Der Honigthau ist eine klebrige Feuchtigkeit, welche sich bisweilen plötzlich auf den Pflanzen zeigt, die Vegetation hindert und den Pflanzen schadet. Sie rührt von Blattläusen her, die durch zwei auf dem Hinterleibe stehende Hörner ein süßes Wasser von sich geben, welches sich auf die Blätter setzt, und dann austrocknet. Wird diese Flüssigkeit nicht von Bienen, Ameisen und andern Thieren verzehrt, so wird sie von starkem T aufgelöst, fließt auf die untern Blätter, und bringt ein Zusammenschrumpfen derselben hervor. Der Mehlthau wird entweder aus den Häuten der Blattläuse gebildet, oder ist eine Pflanze aus dem Geschlechte der Fadenpilze (Botrytis parasitica).

§. 452.

In Bezug auf T bemerke man noch:

a) Wenn man die aus thierischen und vegetabilischen Substanzen verfertigten Hygrometer der Luft bei hellem H aussetzt, so zeigen sie einen höhern Grad von Feuchtigkeit, als wirklich in A existirt, weil diese Substanzen, nachdem sie durch ihr Ausstrahlen gegen H erkaltet sind, sich dadurch allein mit mehr oder weniger T bedecken müssen.

b) Das Ausstrahlen der gläsernen Hülle eines Quecksilberthermometers kann es bewirken, daß dieses Instrument eine tiefere Temperatur als die in A befindliche zeigt. Wird aber ein Schirm so angebracht, daß er die directe Ausstrahlung gegen H verhütet, so können solche Irrungen nicht entstehen.

c) In den gemäßigten Klimaten werden die entblößten Theile des menschlichen Körpers nie bethaut, weil sie eine höhere Temperatur als die Luft besitzen.

d) Die zarten Pflanzen werden gegen die Nachtkälte dadurch geschützt, daß man dünne Decken über sie breitet, welche das Ausstrahlen der W nach H verhüten.

e) Wells ermittelte, daß die Temperatur des Rasens unter Tüchern von feinem Battist u. s. w. in heitern windstillen Nächten immer um einige Grad C höher als auf den unbedeckten Stellen sich zeigt.

Anmerkung. Die sogenannten Drosometer oder die Werkzeuge die Menge des T zu messen, sind immer noch sehr mangelhaft.

§. 453.

Der Reif (R) ist ein feiner gefrorener Thau, welcher aus feinen Eiskrystallen, die mitunter fest, und zuweilen nur sehr locker an den Gegenständen hängen, besteht. Diejenigen Körper, welche am meisten bethauen, pflegen auch die größte Menge von R aufzunehmen; auch sind heitere und windstille Nächte für T und R am geeignetsten.

Anmerkung 1. R ist, als ein Produkt der kalten Jahreszeit, vorzüglich zu Anfang und Ende derselben sehr häufig.

Anmerkung 2. Man sieht oft hölzerne Brücken mit einem starken R bedeckt, weil das Holz als hygroskopische Substanz die Feuchtigkeit stärker anzieht, und als schlechter Wärmeleiter die W der E, zumal wenn es hohl liegt, nicht gut fortpflanzt.

§. 454.

Wenn auf länger dauernde Kälte wärmere Luftschichten folgen, so schlägt sich der Wasserdampf derselben auf allen Körpern nieder und bildet, wenn einige Spinnenfäden einen Anhaltpunkt darbieten, die mit feinen Krystallen überzogenen Fäden. Auch gehört zu dieser Art von R die Anhäufung von feinen Krystallen, womit in massiven Gebäuden, bei wiederkehrender W nach anhaltend starker Kälte, die Wände oft bis zu einer bedeutenden Dicke sich überziehen.

§. 455.

R unterscheidet sich von den übrigen Eisbildungen dadurch, daß er aus lauter kleinen auf den Köpern festsitzenden Krystallen besteht, die aus feinen Wassertheilchen auf jenen gebildet, nicht aber wie der Schnee in A erzeugt und von da herabgefallen sind.

Anmerkung. Die im R und im Schnee vorkommenden Krystalle stimmen bei genauer Betrachtung vollkommen mit einander überein. Beide entstehen auch wirklich, indem der in der Luft befindliche Wasserdampf ausgeschieden wird und in kleinen Quantitäten allmälig vergrößerte Krystalle bildet; der Schnee in der unter 0° C erkalteten Luft; und R an Körpern, deren Temperatur ebenfalls unter diesen Punkt herabgegangen ist.

§. 456.

Die Eisbildung an den Fensterscheiben ist eine der Entstehung des R analoge Erscheinung. Das Nämliche gilt auch von den weißen Bedeckungen mit feinen Eiskrystallen, welche sich auf den Flächen metallischer Körper anhäufen, die, aus wärmern Räumen durch Wände gehend, mit dem andern Ende dem Einflusse einer starken Kälte ausgesetzt sind.

Anmerkung. Die Fenster gefrieren gewöhnlich an der innern Seite. Bisweilen wird aber auch an der äußern, nämlich bei entstandenem Thauwetter, an den Fenstern kalter Kammern ein Gefrieren bemerkt.

§. 457.

Der Nebel (N) ist eine mehr oder weniger dichte, ungleich durchscheinende und die Luft verfinsternde Anhäufung von Dunstbläschen. Er schwebt in der Nähe des B, oder in den untersten Schichten der A. Die Hygrometer gehen im N auf den höchsten Grad der Feuchtigkeit; und wenn N sehr stark ist, so zerstört sich ein Theil seiner Bläschen, und fällt in kleinen Wassertropfen wie ein feiner Staubregen auf B.

§. 458.

N entsteht des Abends nach Sonnenuntergang besonders in den Thälern, wird am Tage durch die Sonnenstrahlen wieder zerstreut, und ist bisweilen so stark, daß er einen ganzen Tag und noch länger anhält. Die starken Nebel ereignen sich hauptsächlich im Herbste und Winter; und in Gebirgen steigt gewöhnlich vor entstehendem Regen ein N aus den Bergen empor.

Anmerkung 1. N ist in den Meeren der Polargegenden sehr stark; und es giebt schwerlich einen Ort der Erdoberfläche, wo niemals ein N gebildet würde, mit Ausnahme derjenigen Gegenden, woselbst, wegen übergroßer Trockenheit der Luft Regen und Thau gänzlich fehlen.* Auch die Ufer hoher Seen sind häufig mit dichtem N bedeckt.

Anmerkung 2. Wenn N steigt, so ist es ein Zeichen, daß die Luft sich verdichte und daß es bald zu regnen pflege; fällt aber N, so hat die Luft die entgegengesetzte Beschaffenheit, und es wird gewöhnlich heiteres Wetter.

§. 459.

Außer dem feuchten N existirt noch ein anderer, welcher nicht aus Dunstbläschen, sondern aus höchst feinen, dem Rauche von verbrannten Substanzen ähnlichen Theilchen besteht, gleich diesen in der Luft schwebt, und Höhenrauch, Höhrauch oder Heerrauch** (H) heißt. Er besteht aus Rauch und verdampften oder verflüchtigten größtentheils trockenen Substanzen, ist nicht selten mit einem eigenthümlichen Geruche verbunden, der öfters dem Geruche brennender Braunkohlen ähnlich ist.***

Letzterer hat sich am häufigsten in den Niederlanden, an der Nordküste Frankreichs, und im nördlichen Deutschland, seltener in England und noch seltener im südlichen Europa gezeigt.

Anmerkung. Die Erscheinung des H zeigt sich (nach Kämtz) im mittlern und östlichen Deutschland etwa auf folgende Weise.

Wenn am Tage der Himmel ganz rein ist, ohne daß sich eine Spur von Wolken zeigt, so erscheint das Himmelblau keineswegs sehr dunkel, sondern matt, und weicht in seinem Ansehen bedeutend von dem ab, welches stattfindet, wenn feine Cirri† die Himmelsfarbe trüben. Während im letztern Falle die weiße Farbe vorherrscht, wird beim Vorhandensein des H das Blau mehr von einer schmuzigen Beimengung verunreinigt. In der Höhe von einigen Graden verliert sich plötzlich die blaue Farbe, und es erscheint rings um den

---

* wie im Innern der asiatischen und afrikanischen Sandwüsten.

** auch Haarrauch, Landrauch, Sommerrauch, Moorrauch, Haiderauch und trockener Nebel.

*** In manchen Fällen ist es auch der Moordampf oder der von Torflagern aufsteigende Rauch, welcher für H gehalten wird.

† von denen in dieser Abtheilung ebenfalls die Rede sein wird.

Horizont ein an seinem obern Theile mehr oder weniger scharf begrenzter Ring von schmuzig rothbrauner Farbe. Cumulostrati, deren oberer Rand zu andern Zeiten glänzend weiß sein würde, erscheinen auch zur Mittagszeit mehr oder weniger geröthet; auch geschieht dies selbst dann, wenn die Wolken noch eine Höhe von 30 - 40° über dem Horizonte besitzen. Entfernte terrestrische Gegenstände von dunkler Farbe erscheinen undeutlich, und wie mit einem blauen Schleier überzogen. Selbst bei einem höhern Stande hat S einen matten Schein; die Schatten der irdischen Gegenstände sind schlecht begrenzt, und L spielt mehr oder weniger in's Rothe. Nähert sich S dem Horizonte, so bekommt sie ein blutrothes Ansehen; man kann mit Leichtigkeit in sie hineinsehen; und das zu uns gelangende L wird so sehr geschwächt, daß wir S nicht mehr sehen, selbst wenn sie den Horizont noch nicht erreicht hat, u. s. w.

§. 460.

Die Meinungen über den Ursprung und die Bestandtheile des H kommen im Wesentlichen auf folgende drei Theorien zurück.

1) Chladni hält den schwarzen Nebel von 1819 in Nord-Amerika für kosmisch, und läßt ihn aus den fein vertheilten Massen bestehen, welche die Meteorsteine bilden; doch ist es erwiesen, daß entfernte Waldbrände durch den erzeugten dicken Dampf ihn veranlaßten. Auch Andere sind geneigt, den eigentlichen H, oder wenigstens eine Art desselben für kosmisch, also aus dem Weltenraume in die Atmosphäre anlangend, und aus einer, den Kometenschweifen und Sternschnuppen ähnlichen Substanz bestehend, zu erklären.

2) Nach einer zweiten Meinung ist die Elektricität die Ursache des H.

3) Nach einer andern Hypothese soll H aus dem Rauche und Dunste verbrannter oder durch Hitze verflüchtigter Substanzen bestehen.

§. 461.

Die Wolken sind Nebel, welche in den höhern Gegenden der Luft sich befinden, und trotz ihres verschiedenartigen Ansehens einige Aehnlichkeit in ihrem Bau besitzen.

Howard* unterscheidet drei wesentlich verschiedene Hauptformen derselben, den Cirrus, Cumulus und Stratus, denen sich noch vier Unterarten, theils als Uebergänge, theils als aus mehreren anderen verbunden, anschließen, nämlich Cirrocumulus, Cirrostratus, Cumulostratus und Nimbus.

Anmerkung. Wird der mit Wasserdünsten beladenen Luft der obern Gegend durch irgend eine Ursache, z. B. durch kalte Winde, der nöthige Wärmestoff entzogen, so kann auch plötzlich und auf einmal der Himmel sich mit Wolken überziehen; und eben so können Wolken nach und nach kleiner werden und ganz verschwinden, wenn die Ursache der Dunstbildung, d. h. die Wärme zunimmt.

§. 462.

1) Der Cirrus, die Locken- oder Federwolke (Fig. 50) ist eine lockenartige, sehr dünne und auf allen Seiten zunehmende Wolke. Hierher gehören jene höchsten streifartigen Wolken, die Howard für Leiter der E ansieht, sie mit elektrischen Haarbüschen vergleicht, und welche die kleinste Dichtigkeit besitzen und sich oft sehr bedeutend ausbreiten.

2) Der Cumulus oder die Haufenwolke (Fig. 51) erscheint in ihrer einfachsten Gestalt als Halbkugel über einer horizontalen Grundfläche. Bald häufen sich aber mehrere solcher Halbkugeln zusammen und bilden die Wolken, welche, am Horizonte stehend, einem Gebirge mit glänzenden Gipfeln gleichen. Der Cumulus bildet sich, wenn der an der Erdfläche entstehende Wasserdampf aufsteigt und in eine kalte Luftschichte tritt, wo er sich zersetzt. Er entsteht gewöhnlich in der letzten Stunde eines schönen Morgens, wächst bis Nachmittags, wenn die W am höchsten steigt, nimmt dann allmälig ab, und Abends ist öfters der Himmel ganz heiter.

3) Der Stratus oder die Schichtwolke (Fig. 52) ist eine oben und unten begrenzte horizontale Nebelschichte, welche an heitern Sommertagen über Wiesen und Gewässern liegt, beim Untergange der S sich bildet, und nach ihrem Aufgange wieder verschwindet.

* ausgespr. Hau'örrd oder Ho'örrd; geb. 1772 zu Tottenham Green.

4) Der Cirrocumulus oder die fedrige Haufenwolke (Fig. 53) sind die zarten, runden, in Reihen geordneten Wolken, welche in Deutschland die Schäfchen heißen. Sie sind ihrer äußern Form nach den Haufenwolken, ihrem innern Baue nach den Federwolken nahe verwandt; und entstehen, wenn entweder der Cirrus sich etwas tiefer senkt, oder ein warmer mit Wasserdampf beladener Luftstrom über eine kalte Luftschichte geht.

5) Der Cirrostratus oder die fedrige Schichtwolke (Fig. 54) besteht aus flachen Wolkenblättchen, auch wohl aus kurzen faserigen Theilen, die aber schon dichter als die Federwolken aussehen, und entsteht dadurch, daß eine kalte und feuchte Luft über eine wärmere und ebenfalls feuchte strömt.

6) Wenn die Cumuli sich häufen, über einander thürmen, und ein dunkles Ansehen erhalten, so geht diese Wolkenart in den Cumulostratus oder die gethürmte Haufenwolke (Fig. 55) über.

7) Die eigentliche Regenwolke oder der Nimbus (Fig. 56) entsteht meist aus dem Cumulostratus.* Sie erscheint als eine mehr oder weniger horizontal ausgebreitete dunkle Wolkenmasse mit einem faserigen Rande, so daß man nicht mehr die einzelnen Theile wie im Cumulus zu erkennen vermag.

Anmerkung 1. Nach Kämtz bewegen sich die Cumuli zwischen 9 Uhr Morgens und 6 Uhr Abends in Höhen von 3000 bis 10000 Fuß. Die Höhe der beobachteten Cirri liegt zwischen 10000 bis 24000 Fuß. Die Höhe der Cirrostrati beträgt annähernd 11000 Fuß. Die Höhen von Regenwolken und Cirrocumulis wurden nicht von Kämtz bestimmt, da die Beobachtungen sehr unsicher waren. Die Höhe von Gewitterwolken wurden ohngefähr 1500 bis 5000 Fuß ermittelt; und der Stratus berührt die Oberfläche der E. Nach länger anhaltender heiterer Witterung ist der Cirrus meist die Wolke, welche die Wiederkehr des Regens anzeigt.

Anmerkung 2. Die Größe oder der Umfang der Wolken läßt sich aus der Größe ihres auf E gebildeten Schattens bestim-

* Ihre Erzeugung scheint in einer Neutralisirung der Elektricitäten zweier oder mehrerer Wolken gegründet zu sein.

men, weil dieser, wegen der großen Entfernung der ☉ von der Wolke mit jenem einerlei Durchmesser besitzt. Manche Wolken haben mehrere Meilen im Durchmesser und eine Dicke von mehrern 100 bis 1000 Fuß.

Anmerkung 3. Wenn ☉ zwischen den Wolken durchscheint, so entsteht öfters eine Erscheinung, welche durch den Ausdruck „die Sonne ziehe Wasser" bezeichnet wird. Die dabei stattfindende optische Täuschung, als ob die Sonnenstrahlen sehr divergirend nach E zu gehen, obgleich sie doch parallel mit einander sind, ist sehr merkwürdig. Bisweilen, jedoch viel seltener, zeigen sich zu gleicher Zeit an der entgegengesetzten Seite des Himmels ähnliche Strahlen, die aber nach dem Horizonte zu convergiren, und zwar so, als gingen sie nach einem Punkte, welcher dem Stande der ☉ gegenüber steht. Auf ähnliche Art wie die Sonnenstrahlen, können auch parallele Wolkenstreifen von der einen Seite her zu divergiren, und nach der andern hin zu convergiren scheinen.

Anmerkung 4. Die elektrische Thätigkeit ist ohne Zweifel bei der Bildung der Wolken, bei Veränderungen, Auflösungen und Zersetzungen derselben sehr wirksam.

§. 463.

Mit dem Worte Regen bezeichnet man das Herabfallen von Wassertropfen aus der Atmosphäre auf E, oder eigentlicher diese Tropfen selbst, so lange sie im Zustande des Fallens sind; nennt den Act des Herabfallens regnen, und das auf diese Weise gesammelte Wasser das Regenwasser.

§. 464.

Die Wolkenbildung geht gewöhnlich dem Regen (R) voran; und man darf annehmen, daß es nur aus Wolken regnen könne, weil der durchsichtige Dampf zuerst in Dunst, woraus diese bestehen, und alsdann, durch Vereinigung der feinen Bläschen zu Tropfen, in R verwandelt wird.

Anmerkung. Die Ursache des R kann alles das sein, was die Dämpfe ihrer Ausdehnung beraubt, also

1) Abkühlung;
2) Luftströme aus wasserreichen Gegenden, welche viele Dämpfe oder häufige Wolken mitbringen, und so die Verdichtung der schon vorhandenen bewirken; und
3) entgegengesetzte electrische Zustände in den Wolken.

§. 465.

R heißt ein Strichregen, wenn er aus einer vorüberziehenden Wolke; und ein Landregen, wenn er aus einem ruhenden weit verbreiteten Gewölke kommt. Wenn R in kleinen Tropfen niederfällt, so wird er ein Staubregen; wenn er in großen dichten Tropfen zur E kommt, ein Platzregen; und wenn er sich gleichsam stromweise ergießt, ein Wolkenbruch genannt.

§. 466.

Die Regentropfen vergrößern sich während ihres Falles; auch sind der Widerstand der Luft und die ihnen anklebenden Luft und Dunstbläschen die Ursache, daß die Tropfen nicht mit der Geschwindigkeit herabfallen, welche sie nach den Gesetzen des freien Falles haben sollten.

Die Tropfen sind im Allgemeinen bei niedrigerer Temperatur und unter höhern Breiten kleiner als bei stärkerer W und unter geringern Breitegraden, haben in unserm Erdstriche höchstens eine Größe von ¼ Zoll, und in der heißen Zone zuweilen einen Durchmesser von einem Zolle u. s. w.

§. 467.

Da R ein Niederschlag des in der Atmosphäre befindlichen Wasserdampfes ist, so muß er desto reichlicher sein, je dichter der letztere sich zeigt; und da die Dichtigkeit des Wasserdampfes blos von der Temperatur abhängt, sobald Wasser genug zu seiner Bildung existirt, so muß die Regenmenge (M) in einem gewissen Verhältnisse mit der größern W der verschiedenen Orte zunehmen.

Anmerkung 1. M wird auch noch durch verschiedene Oertlichkeiten bedingt. So trägt z. B. die Nachbarschaft des Meeres, großer Seen, breiter Ströme, der gebirgige und waldige Charakter einer Gegend zur Vermehrung der M bei. Die Berge wirken mittelbar auf M, weil sie die Richtung der Winde bedingen, durch welche die Regenwolken herbeigeführt werden. Auch halten hohe und weit ausgedehnte Berge die Regenwolken auf und befördern ihre Entladung. In Bezug auf Europa müssen im Allgemeinen die vom atlantischen Ocean herbeigeführten Luftmassen feucht, die vom asiatischen Continente kommenden trocken sein, erstere also R und letztere heiteres Wetter bringen; und dasselbe muß aus gleichen Gründen für das mittelländische Meer und die Polargegenden geschehen, so daß die westlichen und südlichen Winde R und die östlichen und nördlichen Trockenheit herbeiführen.

Anmerkung 2. Eine Vorrichtung, wodurch M einigermaßen bestimmbar ist, wird Regenmesser, Ombrometer, Hyetometer oder Udometer genannt. Man wendet hierzu jedes Gefäß von bekannter Mündung an, wenn es eine Oeffnung am Boden hat, mit der es über ein anderes Gefäß gestellt wird, damit in diesem das Wasser, ohne zu verdünsten, gesammelt werden kann. Ist dieses zweite Gefäß überall von gleicher Weite und von bestimmter Grundfläche, oder ist es nach Kubikzollen graduirt, so kann die Messung unmittelbar darin vorgenommen werden. Sonst wird ein drittes graduirtes Gefäß zu Hülfe genommen.

Anmerkung 3. Mehrere an verschiedenen Orten vorgenommene Messungen haben gelehrt, daß das jährlich aus der Atmosphäre herabfallende Wasser die E etwa 30 Zoll hoch bedecken könnte.*

§. 468.

Das Vorherrschen der westlichen Winde in Europa, das weit ausgedehnte Meer auf der einen, das große Festland auf der andern Seite sind die einflußreichsten Ursachen bei der Bestimmung der Regenverhältnisse.

In einigen Gegenden der E regnet es fas nie, indem die stark erwärmte Luft nicht so viele Dämpfe enthält, daß bei einer Erniedrigung der Temperatur ein Niederschlag stattfinden kann. Hierher gehören z. B. die Sahara, u. s. w.

Zwischen den Wendekreisen giebt es nur zwei Jahreszeiten, die trockene und die nasse. Letztere findet statt, wenn S in derselben Halbkugel sich befindet, in welcher der Ort liegt; und die Grenze der Gegend, in welcher es regnet, rückt zugleich mit R nach Norden und Süden. In den nördlicher gelegenen Gegenden sind aber die Regen an keine bestimmte Zeit gebunden, u. s. w.

Anmerkung. Europa zerfällt in zwei große Ab-

* In unsern Gegenden beträgt die M des herabfallenden R 16—20 Zoll.

theilungen, von denen die nordöstliche vorzugsweise Sommerregen, die südwestliche dagegen Herbstregen hat. Letztere beschränkt sich aber nicht blos auf den genannten Welttheil, sondern erstreckt sich bis zum Atlas und zu den Katarakten in Aegypten, u. s. w. Als einen Scheidepunkt beider betrachtet Gasparin Großbrittannien, welches nur mit unmerklichem Uebergewichte dem Herbstregen angehört; doch bedarf es nur einer Bergkette zwischen dem südwestlichen Ocean und einem Lande, um dieses dem Sommerregen zu unterwerfen, weswegen Deutschlands Küsten, durch England gedeckt, schon zu den letztern gehören, und der Canal die Grenze zwischen den Herbst- und Sommerregen macht. So liegen Boulogne und Flandern in der Region der Sommerregen. Zu Paris verschwindet aber der Unterschied; es befindet sich dort gleichfalls ein Uebergangspunkt; und eine von London nach Paris gehende Linie hat rechts die Region der Herbstregen, während sie links die der Sommerregen besitzt.

§. 469.

Das Regenwasser ist gewöhnlich rein, vorzüglich nachdem R einige Zeit gedauert hat und andere fremdartige Stoffe zu Boden gefallen sind Zuweilen vermengt sich aber zufällig eine große Menge von Stoffen* mit dem Regenwasser, giebt ihm ein ungewöhnliches Ansehen, und bringt die früher sogenannten Wunderregen hervor.

Anmerkung Der blutrothe Regen rührt meist von Thieren oder Pflanzen; und der Schwefelregen von dem Blüthenstaube mehrerer Gewächse her. **Schmieder** glaubt, daß die Schwefelregen im März und April vom Erlen- und Haselnußstrauch, im Mai und Juni von den Fichtenarten, vom Wachholder und der Birke, im Juli, August und September vom **Lycopodium clavatum, Typha angustifolia** und **Equisetum** herrühren.

Man hat nicht selten nach heftigem R Körper gefunden, welche in ihrem äußern Bau eine entfernte Aehnlichkeit mit den Getreidekörnern hatten, und eben so wie die letztern aus Stärkmehl zusammengesetzt waren. Diese Massen sind aber weder Getreidekörner, noch vom Himmel herabgefallene Körper, sondern meist Wurzeln von **Ranunculus Fiscaria L.** In der Mitte des Juni sind nämlich die Blätter und Stengel dieser Frühlingspflanze ganz verwelkt, und es bleibt von ihr nichts als die Wurzel übrig, welche aus meh-

---

* welche durch den Wind u. s. w. herbeigeführt werden.

reren, gewöhnlich 6 — 20 Knöllchen besteht, die an der Stelle, aus welcher der Stengel kommt, an einem sehr schwachen Wurzelstocke befestigt sind. Nach heftigem R werden diese Wurzeln fortgeschwemmt, die Knollen leicht vom Wurzelstocke getrennt, und so gelangen letztere an Stellen, wo man sonst gar keine Vegetation antrifft. Man hat mehrfach behauptet, daß mit heftigem R kleine Thiere, wie Frösche, Fische und Raupen herabgefallen seien; doch sind auch diese entweder vom Winde in die Höhe getrieben, oder vom Wasser zusammengespült worden, oder in Folge des R aus ihren Schlupfwinkeln hervorgekommen.

§. 470.

Der Schnee (S) entsteht dadurch, daß die als Dunst oder Wolke in der Atmosphäre sich befindenden Wassertheilchen gefrieren, und unter günstigen Umständen ganz kleine regelmäßige Krystalle bilden. Es setzen sich nämlich feine Eisnadeln unter Winkeln von 60° an einander, woraus ein Sternchen von sechs Spitzen entsteht. Auch die sechs Hauptnadeln sind wieder mit noch feinern besetzt nnd gleichsam gefiedert. Solche Eissternchen werden aber nur bei bedeutend kaltem und sehr ruhigem Wetter bemerkt. Sonst ist die Gestalt des S sehr mannigfaltig, indem dieselbe von den feinsten Nadeln zu den dicksten Flocken übergeht.

Anmerkung. In Fig. 57 sind mehrere Arten beobachteter Schneesterne abgebildet; ihr Durchmesser beträgt gewöhnlich ½ oder ⅔ Linie und noch mehr. In unsern Gegenden hat S meist die Gestalt von großen oder kleinen Flocken, in welchen die einzelnen Nadeln unregelmäßig zusammenhängen, und auch wohl zum Theile eine Schmelzung verrathen.

§. 471.

Der meiste S in mäßiger Erhebung über der Meeresfläche unter mittlern Breiten fällt aus Wolken, bei trübem Himmel, und wenigen Graden unter dem Gefrierpunkte des Wassers, in der Regel, wenn es nach strenger Kälte etwas gelinder geworden ist.

In Deutschland und in den Ländern unter gleicher Breite fällt S meist bei ruhiger Luft, zuweilen ist aber namentlich der mit Regen vermischte oder der, welcher bei vorherrschender Gewitterdisposition namentlich im Februar zu fallen pflegt, mit stürmischer Witterung verbunden. Der Wind geht dann meistens, während des Schneiens, von seiner westlichen Richtung nach Norden über; das Wetter heitert sich nach dem Falle des S auf, und es tritt Frostkälte mit heiterm Himmel ein. Dauert der Wind fort, so häuft er S in den Niederungen bedeutend auf.

§. 472.

Die M des herabfallenden S ist nach den Jahren und Gegenden sehr verschieden. Auf den Berggipfeln, wo es nicht regnet, sondern blos schneit, ist die Quantität stets ziemlich gleich; in geringern Höhen über der Meeresfläche aber, wo es blos im Winter schneit, sehr verschieden. Doch äußern örtliche Bedingungen ihren Einfluß auf M.

Anmerkung. M wird auf die im §. 467, Anmerkung 2 angegebene Weise geschätzt, wenn man den im Gefäße erhaltenen S an einem mäßig warmen Orte schmelzen läßt, dann die Quantität des erhaltenen Wassers entweder dem Gewichte oder dem Volumen nach bestimmt, und angiebt, wie viel Wasser beim Versuche durch Adhäsion und Verdunstung verloren ging.

§. 473.

Das aus S erhaltene Wasser ist im Allgemeinen rein, und blos ausnahmsweise, wie das des Regens, mit heterogenen Substanzen vermischt.

S ist nach dem Fallen blendend weiß, und etwas weniges sanft in's Bläuliche spielend. In sehr seltenen Fällen ist aber S mit Substanzen gefärbt, die mit ihm zugleich herabfallen, z. B. mit Insekten, vulkanischer Asche, mechanisch fortgerissenem Staube, u. s. w.

Anmerkung. Die rothe Farbe des S rührt im Allgemeinen von Pflanzen her, welche sich entweder auf S ursprünglich aus dem Saamen entwickeln, oder von Felsen dahin geführt werden und weiter gedeihen.

§. 474.

S leistet als schlechter Wärmeleiter den Pflanzen viele

Dienste. Auch ist er das beste Mittel zur Wiederherstellung erfrorener Gliedmaßen und zur Wiederbelebung erfrorener Geschöpfe.

§. 475.

Die an steilen Bergen zuweilen entstehenden Schneefälle und Schneelawinen sind sehr bemerkenswerth. Wenn auch nur eine kleine Schneemasse sich von den übrigen losreißt und zu rollen anfängt, so nimmt sie, während des Rollens, immer mehr Schneetheile auf, erlangt eine ungeheure Größe, und stürzt mit fürchterlicher Gewalt in's Thal. Oft häufen sich auch durch Sturmwinde große Schneemassen zusammen, und fallen wegen ihres sehr großen Gewichts hinab.

§. 476.

Diejenigen Eiskörper, welche sehr häufig statt des Regens in ungleicher Menge vom Himmel herabfallen, werden Hagel genannt.

Die sogenannten Graupeln bilden eine verschiedene Species des Hagels (H). Es sind gewöhnlich ganz runde Körner, welche einen Durchmesser von 0,3 bis 2,5 Linien, oder die Größe eines Hirsekorns bis zu der einer starken Erbse besitzen. Sie sind undurchsichtig, und nähern sich mehr oder weniger der Weiße des Schnees. Die kleinsten Körner erreichen sie; die größten nähern sich aber der Beschaffenheit des H, indem sie einen dünnen Ueberzug von Eis annehmen. Sie scheinen im Ganzen aus einer Menge kleiner Eisnadeln oder aus feinen Schneetheilchen zusammengesetzt zu sein.

Der eigentliche H besteht aus verschieden gestalteten, meist rundlichen oder noch mehr paraboloidischen Körpern von der Größe einer kleinen Erbse bis zu der einer welschen Nuß *, welche in der Mitte einen den Graupeln ähnlichen Kern von 0,5 bis 1 oder 2 Linien Durchmesser, nach Außen aber durchsichtiges, fast milchig scheinendes Eis als zusammenhängende Masse besitzen.

* Man hat indeß in manchen Fällen viel größere Hagelkörner bemerkt.

Anmerkung. Arago nimmt noch eine dritte Klasse von Hagelkörnern an, bei welchen man niemals den Schneekern im Innern antrifft. Die Körner sind hier eben so klein, wie bei den meisten Graupeln, unterscheiden sich aber von diesen durch ihre Durchsichtigkeit, und entstehen durch Regentropfen, welche, aus einer Wolke herabfallend, unten in eine kältere Luftschichte kommen und gefrieren.

§. 477.

Die Graupeln gehören gewöhnlich dem Frühlinge an. Auch enthält H zuweilen fremdartige Massen in sich eingeschlossen. Die vom H getroffenen Stellen sind gewöhnlich schmal; auch werden dieselben Orte wohl nie mehrmals in einem Jahre vom H verheert. Die Hagelschauer sind an keine bestimmte Tageszeit gebunden, ereignen sich aber häufiger Nachmittags, als Vormittags, und selten bei der Nacht. Die eigentlichen Hagelschauer (mit Ausschluß des Graupelns) finden im Sommer statt, weil sie die stärksten Gewitter begleiten, welche gleichfalls in mittlern Breiten nur sehr selten im Winter beobachtet werden.

Anmerkung. Die Hagelwolken gehen gewöhnlich in keiner beträchtlichen Höhe über E, sie zeichnen sich durch ihr dunkles Ansehen aus, und man wird in ihnen nicht selten ein Geprassel gewahr.

§. 478.

Ueber die Entstehungsart des H existiren folgende Hypothesen:

1. Wenn an heißen Sommertagen die Luft in den hohen Regionen sehr trocken ist, so entsteht — nach Volta — durch die Einwirkung der Sonnenstrahlen an den obern Flächen der Wolken eine sehr starke Verdünstung. Der Dunst steigt in die Höhe, wird in einer noch höhern (also kältern) Region in Dunstbläschen verwandelt, und bildet eine Wolkenschicht, welche mit der untern parallel läuft. Der oberste, durch die Verdünstung stark erkältete, Theil der untern Wolke wird zugleich in Eisklümpchen verwandelt; und da nun überdies die untere (primäre) Wolke eine starke negative, und die obere (sekundäre) eine starke positive E durch die Verdünstung erhalten hat, so

werden jene Eis- und Schneeklümpchen von der untern Wolke zuerst abgestoßen, von der obern angezogen, und dann zwischen beiden hin und her geworfen. Diese Eisklümpchen zersetzen nun theils den zwischen beiden Wolkenschichten vorhandenen Wasserdunst, der um dieselben zu einer immer größern Eisrinde gefriert, senken sich theils in die Wolkenschichten selbst, und nehmen von diesen ebenfalls Wassertheilchen an, welche die Rinde vergrößern. Ist endlich die E erschöpft oder H für die noch stattfindende Anziehung zu groß, so fällt er auf E.

II. Nach Leopold v. Buch entsteht H dadurch, daß über stark von S. beschienenen und daher sehr erhitzten Gegenden bedeutende Strömungen von Luft und Dampf bis zu beträchtlichen Höhen aufsteigen, aus denen Wassertropfen niedergeschlagen werden, welche beim Fallen um so mehr verdünsten, je mehr sie aufsteigenden Luftströmungen begegnen, wodurch sie sehr erkalten, gefrieren und dann im Fallen durch die Aufnahme des Wasserdunstes der Wolken sich vergrößern.

Anmerkung. Munke hat eine andere Hypothese über die Bildung des H aufgestellt, und ebenfalls den aufsteigenden Luftstrom zu Hülfe genommen. Auch hat Olmsted eine etwas abweichende Ansicht über die Entstehung des H gegeben, und dabei nicht sowohl den aufsteigenden Luftstrom, als vielmehr ein Gefrieren der Dämpfe durch das Zusammentreffen von ungleich erwärmten Luftmassen der Polar- und Aequatorialgegenden berücksichtigt.

Zehnte Abtheilung.

Von den Aërometeoren.

§. 479.

Zu den Aërometeoren werden 1) die Winde*

* Man lese dasjenige, was in Bd. I, §. 501 von den Winden gesagt worden ist.

und 2) die Veränderungeu der Barometerhöhen* gezählt.

§. 480.

Die allgemeinste Ursache der Winde ist die Veränderung der Temperatur, und also der veränderte Stand der S in den verschiedenen Jahres- und Tageszeiten. Auch gehört der Verdünstungsprozeß, die Anziehung der S und des M, und die Axendrehung der E theils zu den unmittelbaren Veranlassungen der Entstehung, und theils zu den Ursachen der Veränderung der Winde.

Außer diesen Hauptursachen können auch noch andere, z. B. der verschiedene elektrische Zustand in den Wolken, jede schnelle Entwickelung ausdehnsamer Stoffe, Feuersbrünste, plötzlicher Sturz beträchtlicher Massen u. s. w. eine Bewegung der Luft veranlassen.

§. 481.

Bei jedem Winde (W)** kommt 1) die Geschwindigkeit (G) des Luftstroms, 2) seine Richtung und 3) seine Dauer in Betracht.

Die G des Luftstroms bestimmt die Stärke des W; und man unterscheidet in dieser Beziehung: sanftes Wehen der Luft; schwacher; mittelmäßiger; starker W; Sturm; und Orkan.

Die G eines mittelmäßigen W beträgt 12 — 16, und die eines Sturmes über 40. Sehr heftige Stürme heißen Orkane. Auch ist eine G von mehr als 100 etwas Außerordentliches bei W.***

Die G und Stärke des W werden nach Anemometern auf die in Bd. I, §. 501 angegebene Weise geschätzt†; auch ist die

* Man vergl. Band I, §§. 451 — 465.

** Das Wort Wind wird in dieser Abtheilung durch den lateinischen Buchstaben W ausgedrückt.

*** doch hat man Winde beobachtet, bei welchen G 123 betrug.

† Das einfachste Verfahren, die G des W zu erfahren, besteht aber darin, daß man einen leichten Körper der Luft überläßt und zusieht, wie weit er in einer gegebenen Zeit getrieben wird.

G des W entweder ziemlich gleichförmig, oder wird in kurzen Zeiträumen größer und kleiner, oder es treten kurz anhaltende schnelle Luftbewegungen oder Windstöße ein.

Die Richtung der Winde ist meist horizontal, doch finden auch mehr oder weniger auf- oder niedersteigende statt.

In Bezug auf Dauer und Periodicität theilt man die Winde in regelmäßige oder beständige, und in unregelmäßige und unbeständige ein.

Zur ersten Klasse gehören:

1) Der beständige Ostwind in den Meeren der heißen Zone;
2) die Passatwinde oder Moussons, welche sich nach den Jahreszeiten richten; und
3) die periodischen Winde, welche bestimmte Tageszeiten beobachten.

Zur zweiten Klasse werden die veränderlichen Winde gezählt.

Anmerkung 1. Eine unmerkliche Bewegung der Luft wird Windstille genannt.

Anmerkung 2. Die Richtung des W in Bezug auf die Weltgegenden wird durch Windfahnen, Anemoskope oder Plagoskope ermittelt. Eine solche um ihre senkrechte Axe drehbare Fahne (F) wird über dem Beobachtungszimmer so errichtet, daß die leicht bewegliche Axe oder Spindel bis unter die Decke des Zimmers reicht, und der an ihr befestigte horizontale Zeiger mit seiner Spitze jener Gegend genau entgegensteht, gegen welche hin F sich richtet. Ueber dem Zeiger ist an der Decke des Zimmers eine Windrose mit ihren 32 Gegenden gemalt, und um den senkrechten Stand der Axe möglichst genau zu erhalten, das Gewicht der F mit einem Gegengewicht in's Gleichgewicht gesetzt, u. s. w.

Anmerkung 3. Die Richtung des W läßt sich auch am Zuge der Wolken, an der Bewegung des Rauches u. s. w. beobachten. Oft sieht man mehrere Wolken über einander nach verschiedenen Richtungen sich bewegen, kann aber hieraus nicht immer auf verschiedene Luftströme schließen, weil die Wolken auch wohl eine elektrische Anziehung gegen einander äußern und oft von hohen waldigen Gebirgen angezogen werden.

§. 482.

Die Richtung des beständigen Ostwindes (O)

über den zwischen den Wendekreisen befindlichen Meeren ist von Osten nach Westen, indem nördlich über der Gegend, wo er weht, die Luft von Nordost, südlich darunter von Südost strömt, und beide Richtungen sich in die von Ost vereinigen. O ist übrigens sehr schwach, und wo er wirklich östlich weht, kaum bemerkbar; auch ist der eigentliche O nur zur Zeit der Nachtgleichen am Aequator selbst, zur Zeit des nördlichen Sommers in der Nachbarschaft des nördlichen Wendekreises, und zur Zeit des südlichen Sommers in der Nachbarschaft des südlichen Wendekreises befindlich.

§. 483.

Die Ursachen des O sind:

1) Die Erwärmung der Luft, welche unter den Wendekreisen am größten ist, weil dort die Sonnenstrahlen das ganze Jahr hindurch beinah senkrecht auffallen; und
2) die Achsendrehung der E, wobei jede Stelle desselben stets von Osten nach Westen bewegt wird, und zwar mit einer Geschwindigkeit, welche am Aequator am größten, und nach den Polen zu immer kleiner sich zeigt.

§. 484.

Die Entstehung des O wird nach vorigem §. auf folgende Weise erklärt:

Da die zwischen den Wendekreisen herrschende W die daselbst befindliche Luft (1) am meisten ausdehnt, und so das specifische Gewicht derselben vermindert, so steigt sie empor, verbreitet sich über die l der kältern Regionen nach Norden und Süden, während unten die kältere l aus Norden und Süden nach der heißen Zone hinströmt. In der Nähe der E können nur die untern Strömungen empfunden werden; sie sollten genau entgegen gesetzt sein, sind es aber nicht, weil, wegen der Axendrehung der E, jeder Körper eine Neigung erhält, sich von Westen nach Osten zu bewegen, und zwar mit desto größerer Geschwindigkeit, je näher der Ort am Aequator sich befindet.

Da aber nun die von Norden und Süden gegen die heiße

Zone strömende l immer fort an Orte kommt, deren Geschwindigkeit größer ist, als die derjenigen Orte, welche sie eben verlassen, so muß die ankommende l beständig etwas gegen Westen zurückbleiben; und dies Zurückbleiben gewährt das Phänomen, als wenn sie von Osten herkäme. Diese zweite Ursache giebt demnach sowohl dem Nord- als Südwinde zum Theil eine Richtung von Osten nach Westen, und bewirkt es, daß die aus Norden kommende Strömung ein Nordostwind, und die aus Süden wehende ein Südostwind wird, und daß da, wo beide Winde (nämlich Nordost und Südost) zusammenkommen und sich vereinigen, ein **Ostwind** entsteht. Diese Vereinigung geschieht aber da, wo S am höchsten steht, und also nicht immer an demselben Orte, sondern zur Zeit der Nachtgleichen am Aequator, zur Zeit des nördlichen Sommers in der Nachbarschaft des nördlichen Wendekreises und zur Zeit des südlichen Sommers in der Nähe des südlichen Wendekreises. Der wahre O wird deshalb das einemal dort, das anderemal hier; und nördlich über ihm der Nordost, und südlich unter ihm der Südost wehen.

Anmerkung. Hörte die Axendrehung der E plötzlich auf, so käme l nicht sogleich zur Ruhe, sondern es müßte ein Orkan entstehen, der am Aequator mehr als 3000 Fuß in einer Sekunde zurücklegte.

§. 485.

Die Passatwinde oder Moussons* werden in der Nähe mehrerer Küstenländer bemerkt, und hängen von dem verschiedenen Stande der S in Bezug auf jene Gegenden, von der Axendrehung der E und von der Richtung der Gebirgsketten ab.

Anmerkung 1. Im indischen Meere (M) und in den benachbarten Gegenden, weht ein W, welcher im Sommer aus Südwest und im Winter aus Nordost kommt. Denn da im Sommer die Luft (l) am festen Lande (F) wärmer als über M ist, so bewegt sich dieselbe unten von M gegen F hin, und es sollte ein Südwind entstehen, welcher aber zum Südwestwinde wird, weil

* Von dem malaiischen Worte Mussin, d. h. Jahreszeit, so genannt.

l vom Aequator kommt, und also fortwährend gegen Osten zurückbleibt. Da ferner im Winter die über M befindliche l wärmer als die über F vorhandene sich zeigt, so strömt die nahe an der Oberfläche der E befindliche l gegen M, und also von Norden nach Süden hin. Weil sie aber auf diesem Wege immer mehr dem Aequator sich nähert, und also Orte trifft, welche, wegen der Axendrehung, eine größere Geschwindigkeit von Westen nach Osten besitzen, so wird dieser Nordwind in einen Nordostwind verwandelt.

§. 486.

Die periodischen von der Tageszeit abhängenden Winde wehen auf kleinern Inseln bei Tage vom M gegen das Land hin, und bei Nacht in entgegengesetzter Richtung, weil bei Tage die Luft über der Insel eine stärkere Erwärmung als über M erfährt, also in die Höhe steigt und die kältere Luft vom M nach der Insel hin strömt; und Nachts das Gegentheil geschieht, indem M länger als die Insel die während des Tages erhaltene W zurückbehält.

Die Richtung dieser Winde wird oft durch die Gestalt und Oberfläche der Insel, und durch die Lage derselben gegen Inseln, gegen das benachbarte feste Land, und gegen andere die Vorgebirge u. s. w. abgeändert.

Anmerkung. Die periodischen Winde wehen sehr gleichförmig und gelinde, und legen in einer Sekunde nicht über 10 bis 15 Fuß zurück.

§. 487.

Die veränderlichen oder unbeständigen Winde der gemäßigten und kalten Zonen sind ebenfalls, theils durch örtliche Ursachen abgeänderte allgemeine Strömungen, und theils solche, welche durch sehr verschiedene, ebenfalls örtliche Ursachen entstehen.

§. 488.

Alle bisher betrachteten Winde haben eine bestimmte Richtung. Zuweilen kommt aber die Luft in eine drehende Bewegung, welche manchmal dadurch entsteht, daß ein Luftstrom auf ein Hinderniß stößt, oder daß entgegengesetzte Ströme einander begegnen.* Ein eigentlicher Wirbelbind setzt aber noch andere Ursachen voraus, indem bei demselben eine größere oder kleinere Luftsäule um ihre Axe gedreht wird und zugleich fortschreitend sich bewegt. Eine solche Luftsäule hängt gewöhnlich mit einer dichten Wolke zusammen, wovon der untere Theil in Gestalt eines umgekehrten Kegels sich herabgesenkt hat. Geschieht dies über dem Meere (M), so geht die Erscheinung der Wasserhose oder Wassersäule; und findet es über dem festen Lande statt, die des Sandwirbels oder der Sandhose hervor.

Anmerkung 1. Die Erscheinung der Wasserhose besteht darin, daß aus einer über M schwebenden Wolke eine Säule in Gestalt eines Kegels sich herabsenkt, daß dadurch das unter der Wolke befindliche Wasser in eine wallende Bewegung geräth, sich so emporhebt, daß das Wasser und die Wolke sich vereinigen, und eine (gewöhnlich hohle) Wassersäule bilden, die sich schnell um ihre Axe dreht, zugleich eine sehr geschwinde vorwärts schreitende Bewegung besitzt, und bisweilen Blitze ausschleudert. Die Körper, über welche sie fortschreitet, werden mit großer Gewalt von ihr ergriffen, und wie durch Schraubengänge gehoben. Sie bewegt sich bisweilen vom M gegen das feste Land hin, und die Seefahrer feuern, um ihre Kraft zu zertheilen, Kanonen auf sie ab.

Anmerkung 2. Wie über M eine Wassersäule sich bildet, so entsteht unter ähnlichen Umständen auf dem Lande eine Säule von Sand und Staub, welche sich dreht, weiter schreitet, alles mit sich fortreißt, was sie antrifft, und an Bauernhütten u. s. w. große Zerstörungen anrichtet.

Anmerkung 3. Man kann mit großer Wahrscheinlichkeit annehmen, daß der Entstehung der Wasser- und Sandhose ein Spiel elektrischer Kräfte zu Grunde liegt.

Die Wasserhosen entstehen:

1) meist blos in der Nähe des Landes, wo unbeständige Winde und Temperaturen sich zeigen.

2) Sie sind immer von örtlichen Gewittern und elektrischen Erscheinungen begleitet, und erscheinen nie bei ausgedehnten Gewittern.

3) Sie sind nie die Wirkung eines allgemeinen W, indem meist Windstille um sie herrscht.

4) Sie führen alle von ihnen ergriffenen Gegenstände wirbelnd in die Höhe.

* Vergl. §. 482.

5) Sie entstehen bald von oben aus den Wolken, und bald von unten aus dem Wasser.*

6) Ihre Masse besteht nicht aus dichtem Wasser, sondern blos aus Wasserdunst.

8) Ihre Größe ist sehr verschieden, indem sie einen Durchmesser von 2 bis 200 Fuß und eine Höhe von 30 bis 1500 Fuß besitzen.

9) Die Sandhosen haben mit den Wasserhosen einerlei Ursprung.

§. 489.

In Bezug auf die besondern Eigenschaften kann W kalt oder warm, trocken oder feucht, der Gesundheit zuträglich oder nachtheilig u. s. w. sein; und es kommt hierbei auf die Gegenden an, von welchen die Luftströme wehen. Sind dieselben mit Schnee und Eis bedeckt, so bringt W Kälte; kommt W aus einem heißen Lande, so ist er heiß; strömt er von einem Meere oder von einem See, so ist er feucht, und kommt er aus einer Sandwüste, so ist er trocken, u. s. w.

Anmerkung. Für Deutschland sind die Westwinde (wahrscheinlich wegen des atlantischen Oceans) in der Regel feucht und von mäßiger Temperatur. Anhaltende Stürme sind gewöhnlich westlich und am häufigsten mit Regen begleitet. Die Nordwinde, und besonders die Nordostwinde, bringen uns immer Kälte, die Ostwinde gewöhnlich heiteres Wetter und Trockniß, und die Südwinde Wärme und oft Regen.

§. 490.

Zu den merkwürdigsten Winden gehören:

1) Der Harmattan**, welcher an der westlichen Küste von Afrika weht, von Osten her aus der großen afrikanischen Wüste kommt und sehr heiß und trocken ist. Die Atmosphäre wird während seines Wehens getrübt; und es fällt zuweilen ein feiner Staub, der vermuthlich aus der Wüste durch den Luftstrom emporgehoben ist. Er soll nicht ungesund sein, aber

---

* jedenfalls kommt ihnen Wasser oder Wolke von der andern Seite entgegen.

** Nach Dobson ist Harmattan eine Corruption aus Aherrahmantah. Dieser letztere Ausdruck ist aber zusammengesetzt aus Aherrahman, wehen, und tah, Talg, weil die Neger um die Zeit, wo dieser W weht, ihre Körper mit Fett einreiben, damit die Haut nicht springe.

wegen seiner Trockenheit eine Sprödigkeit der Haut und ein Aufspringen der Lippen bewirken. Er beginnt gewöhnlich im April.

2) Der Samum oder Samiel*, welcher vorzüglich in den Sandflächen Arabiens und den benachbarten Ländern weht, ist sehr heiß und gefährlich. Er bringt einen feinen Staub mit, der durch alle Oeffnungen in den Körper dringt und sehr heftige Entzündungen veranlaßt. Eine Röthe am Himmel verkündet seine Ankunft; und Menschen und Thiere, welche von ihm erreicht werden, kommen um. Ein Rettungsmittel für einige Zeit ist es, sich auf E zu legen und das Gesicht zu verhüllen; auch soll sein schädlicher Einfluß über dem Wasser verschwinden.

3) Der Chamsin**, ein heißer in Aegypten wehender W, scheint in seiner Eigenschaft dem Samiel ähnlich, aber weniger heftig zu sein.

4) Der Sirocco, ebenfalls ein sehr heißer W, weht in Sicilien und Italien, und scheint eine Fortsetzung jener heißen asiatischen und afrikanischen Stürme zu sein. Er führt keine solche Staubwolken, weil er dieselben vermuthlich auf seinem Wege über das mittelländische Meer abgesetzt hat, aber eine Menge aufgenommener Wasserdämpfe mit sich fort.

§. 491.

Zu den merkwürdigsten Stürmen gehören die, welche man Travados, Tornados oder Typhon nennt, und die von folgender Erscheinung begleitet werden. Es zeigt sich eine kleine schwarze Wolke am heitern Himmel, welche etwa binnen einer Stunde einen großen Theil desselben bedeckt, und der Vorgänger heftiger Stürme ist. Man beobachtet solche Travados an der Küste

---

* Samum heißt giftiger Wind von dem arabischen Samma, Jemanden vergiften. Zuweilen führt dieser Wind den Namen Samiel, welches Wort Chardin von Yel (Wind) und dem arabischen Worte Sam (Gift) ableitet.

** Chamsin heißt funfzig, weil er sich vorzugsweise während einer Zeit von 50 Tagen, besonders vom 29. April bis zum 18. Juni zu zeigen pflegt.

von Guinea im April, Mai und Juni; in Loango (Unter-Guinea) an dem Vorgebirge der guten Hoffnung, u. s. w. Der Sturm dieser Art auf dem Tafelberge des letztgenannten Vorgebirges, oder vielmehr jene Wolke, die demselben vorangeht, wird das Ochsenauge genannt.

§. 492.

In Europa ist die Luftströmung (s) im Allgemeinen westlich oder südwestlich.

Anmerkung. Im Winter ist die Richtung der s weit südlicher als im Durchschnitte des Jahres, und die Stärke dieser s im Januar und an vielen Orten im Februar am größten.

Im Frühlinge erheben sich häufig Ostwinde, welche die Stärke der westlichen s sehr vermindern, so daß diese an allen Orten weit geringer als im jährlichen Durchschnitte ist.

Im Sommer, und namentlich im Juli, wehen die Winde vorzugsweise aus Westen, das Uebergewicht der westlichen Winde über die östlichen erreicht dann das Maximum, und zugleich werden die nördlichen Winde häufiger.

Im Herbste nimmt das Uebergewicht der westlichen Winde ab und es nehmen dagegen die südlichen, namentlich im October, schnell zu, so, daß an vielen Orten die s näher an Süden liegt, als in irgend einem andern Monate.

Die eben erwähnte Abhängigkeit der Windrichtung von den Jahreszeiten hat in den Temperaturdifferenzen der benachbarten Gegenden ihren Grund.

§. 493.

In Europa muß man zwei Winde als vorherrschend annehmen, nämlich Südwest und Nordost. Da aber (nach Dove's mehrjährigen Beobachtungen) die Drehung der Winde immer vorzugsweise in folgender Richtung: „Süd, West, Nord, Ost, Süd," und nicht in der umgekehrten stattzufinden pflegt, und der vom Meere kommende Südwestwind feucht, und der Nordostwind trocken ist, so folgt, daß 1) nach dem Vorherrschen des einen oder des andern dieser Stürme der Charakter der Witterung verschieden sein wird; und 2) daß bei regelmäßiger Drehung nach nassen Westwinden in der Regel trockenes Wetter erwartet werden darf.

§. 494.

Die Barometerhöhe (H)* oder der Barometerstand, d. h. die im Barometer (B) vorhandene und die Größe des Luftdrucks messende Quecksilbersäule, ist weder zu allen Zeiten am nämlichen Orte, noch zu derselben Zeit an verschiedenen Orten, wo B beobachtet wird, die nämliche.

H ändert sich 1) im Allgemeinen bei welchselnder Witterung, insofern Veränderungen im Drucke der Atmosphäre (A) stets Begleiter oder Ursachen von Witterungsveränderungen sind.

Sie wird 2) um so niedriger, je höher man sich auf Bergen, oder mittelst eines Luftballons in A erhebt; wächst vom Aequator gegen die Pole zu, weil die A ein an den Polen sich abplattendes Ellipsoid bildet, dessen Theilchen sowohl jedes für sich vermöge der unter dem Aequator stattfindenden größern Schwungkraft, als auch der relativ größern Entfernung der Schichten gleicher Dicke vom Mittelpunkte der E weniger schwer als unter den Polen sich zeigen.

H hat außerdem 3) noch eine tägliche Oscillation, indem er, abgesehen von zufälligen Veränderungen, täglich zwei Maxima und Minima seiner Höhe erreicht, welche vom veränderlichen Stande der S über dem Horizonte abhängen; und zeigt endlich

4) noch eine dem Gange des M folgende Oscillation, welche aber wegen ihrer Kleinheit nicht oder nur durch ein Mittel aus sehr vielen Beobachtungen bemerklich wird.

§. 495.

Die Erfahrung hat gelehrt, daß bei bevorstehendem Regen oder Schnee das B** gewöhnlich fällt, bei kommendem schönen Wetter dagegen steigt, und daß B aus diesem Grunde auch ein Wetterglas genannt worden ist.

Anmerkung. Da die Luft (l) stets eine gewisse Quantität Wasserdämpfe aufgelöst enthält, und zwar desto mehr, je wärmer sie ist; da ferner diese Dämpfe, wie l selber, eine Expansivkraft oder ein Streben ihrer Theilchen, sich nach allen Richtungen aus-

* Die Barometerhöhe wird in dieser Abtheilung durch H ausgedrückt.
** das darin befindliche Quecksilber.

zudehnen besitzen, und durch diese ihren dampfförmigen Zustand bedingende Kraft auf das Quecksilber zu drücken vermögen, so ist der Stand des B eine zusammengesetzte Wirkung von dem Drucke, welchen l und die darin befindlichen Wasserdämpfe darauf äußern. Vermindert sich aber die Expansivkraft der Dämpfe, so wird zugleich ein verminderter Druck auf das in B befindliche Quecksilber, mithin ein Sinken desselben, und eine Annäherung an das Tropfbarwerden der Dämpfe, d. h. Regen- oder Schneewetter der gleichzeitige Erfolg sein müssen. Da die Expansivkraft der Dämpfe nicht plötzlich bis zur Bewirkung ihres Tropfbarwerdens sinkt, sondern sich nur allmälig bis dahin herabstimmt, wo die Dämpfe ihren gasförmigen Zustand nicht mehr zu behaupten vermögen, so folgt, daß das Sinken des B schon vor beginnendem Regenwetter u. s. w. eintritt, und daß also B das letztere zu verkünden vermag.

§. 496.

Im vorigen §. wurde nicht erörtert, wovon in jedem besondern Falle die Spannkraft der Dünste abhängt. Die Luftströmungen tragen ohnstreitig viel dazu bei, indem durch dieselben bald wärmere mit kältern, und bald weniger feuchte mit feuchtern Luftschichten vermischt werden. Aus diesem Grunde ist die Richtung der bevorstehenden und bestehenden Winde von einem großen Einflusse auf B. So sinkt z. B. B vor eintretenden Stürmen, und erfährt während der Zeit ihrer Dauer große Oscillationen.*

Anmerkung 1. Aus gegenwärtigem §. erhellt, daß, wenn man aus Barometerbeobachtungen auf herannahendes schönes Wetter schließen will, dabei die Richtung des W zugleich berücksichtigt werden muß.

Anmerkung 2. Bei den oft sehr partiellen und auf kleine Distrikte beschränkten Luftströmungen, und den manchfaltigen Hindernissen und bedingenden Umständen, wodurch die Richtung und Stärke derselben auf dem Lande abgeändert wird; bei den oft sehr partiellen Gewittern, Regen, Schneeschauern u. s. w. kann es nicht fehlen, daß die Barometerstände an Orten, welche einen oder mehrere Grade von einander entfernt liegen, oft bedeutend verschieden sind.

Anmerkung 3. Da (nach §. 493) die Winde vorzugsweise in der Richtung: „Süd, West, Nord, Ost, Süd sich drehen,

* nur an manchen Orten unter den Wendekreisen scheinen die Winde weniger Einfluß auf B auszuüben.

so findet man im Allgemeinen, daß B mit den westlichen Winden steigt, und mit den östlichen fällt, weil jene den Uebergang zu dem Maximum der H, insofern sie von der Windesrichtung abhängt, bedingen. Auch bringt Dove mit diesen Umständen das Steigen und Fallen des B, je nach dem eintretenden Regen, in Verbindung. B fällt nämlich bei Regen mit Ostwinden, und steigt während des Regens mit Westwinden; weil die erstere Art des Regens im Allgemeinen durch Vermischung des feuchtern und das B herabdrückenden Südwindes mit dem Ostwinde, und die letztere durch Vermischung des Nordwindes, welcher B hebt, mit dem Westwinde bedingt wird.

§. 497.

Vergleicht man eine Reihe gleichzeitig angestellter Barometerbeobachtungen, so findet man in vielen Fällen eine merkwürdige Gleichzeitigkeit in den Veränderungen derselben, selbst wenn sie sehr weit auseinander liegende Orte betreffen. Doch ist diese Uebereinstimmung nicht ganz vollkommen, besonders in Bezug auf die absoluten Quantitäten, um welche das Quecksilber steigt oder fällt; und man wird öfters auch bedeutende Nichtübereinstimmungen im Gange des B an verschiedenen Orten, an einzelnen Tagen oder selbst in einzelnen Monaten und besonders dann, wenn die Orte in ungleichen Höhen liegen, gewahr.

Anmerkung. Das Sinken des B unter den mittlern Stand scheint bei starken Stürmen an einem Orte am stärksten zu sein, und von da im Umkreise in immer niederm Maße stattzufinden.

§. 498.

Der Einfluß der Witterung auf B scheint sich nach dem Aequator, wenigstens an gewissen Orten zu vermindern. So wurde z. B. nach v. Humboldt die regelmäßige Oscillation des B weder durch heftiges Gewitter, noch durch Regengüsse oder die heftigsten Winde verändert; und ebenso wurde die Regelmäßigkeit des Oscillationen während der Regenzeit weder in den dichten Wäldern von Atabapo, noch auf dem Plateau von Pasto oder in Mexico unterbrochen.

§. 499.

Die bis jetzt erörterten Veränderungen oder Schwankungen

im Barometerstande, welche mit zufälligen Veränderungen der Witterung zusammenhängen, werden **die unregelmäßigen** genannt. Sie erfolgen nicht an allen Orten in derselben Ausdehnung; sind auf der See weit geringer und minder zahlreich als auf der Küste und noch mehr landeinwärts; finden in den Tropenländern, außer bei großen Stürmen, fast gar nicht statt; und nehmen überhaupt mit der geographischen Breite und der Erhebung über die Meeresfläche ab. So betrug z. B. nach 15monatlichen Beobachtungen in Genf und auf dem Hospitium des St. Bernhard in den Jahren 1817 und 1818 die Differenz des höchsten und niedrigsten Standes dort 7,74 Linien, hier 7,14 Linien, u. s. w.

Anmerkung. Nach Cotta sind die Barometeränderungen in Thälern stärker, als auf Bergen. Auch sind die Schwankungen im Winter stärker als im Sommer, und nach einigen Beobachtern in den Nachtgleichen am zahlreichsten. Die größte mittlere Höhe fällt aber, nach Dalton, in den Sommer.

§. 500.

Ermittelt man die Größe der Barometerschwankungen* für jeden Monat, und nimmt aus den so erhaltenen zwölf Bestimmungen das Mittel, so erhält man eine Größe, welche **die mittlere Größe** oder **der mittlere Umfang der Barometerschwankungen heißt**. Diese Größe bleibt (nach Kämtz) für jeden Ort in allen Jahren beinahe gleich; entspricht sehr nahe dem Umfange der Schwankungen im April und Oktober, und noch besser dem Mittel aus beiden; und beträgt in der Nähe des Aequators blos etwa 2 Linien, im westlichen Frankreich 10 Linien, und in Schottland 15 Linien. Auch soll (nach Kämtz) die geographische Breite eines Ortes einen bedeutenden Einfluß auf diese Größe ausüben. Es ist nämlich in gleicher Breite der mittlere Umfang der Barometerschwankungen an der Ostküste von Amerika bei weitem größer als an der Westküste Europa's, und nimmt hierauf immer mehr ab, je tiefer man in das Innere des alten Continentes dringt. Verbindet man die Punkte, an welchen diese

* d. h. die Differenz zwischen dem höchsten und tiefsten Stande des B.

Größe gleich ist, durch Linien, so steigen dieselben von der Küste Amerika's an hoch nach Norden bis in's Innere von Asien, worauf sie sich an der Ostküste des alten Continentes wieder nach Süden zu senken scheinen. Die erhaltenen Linien werden aber die isabarometrischen genannt.

§. 501.

Die täglichen periodischen oder regelmäßigen Veränderungen oder Schwankungen der II sind in den Tropen so regelmäßig, daß man sogar die Tageszeit danach mit ziemlicher Zuverlässigkeit zu bestimmen vermag. Sie sind auch in den Tropen, absolut genommen, größer als nach den Polen zu*, und scheinen an diesen oder in deren Gegend gar nicht mehr stattzufinden.

Anmerkung. Bouvard fand aus den arithmethischen Mitteln der Barometerstände um 9 Uhr Morgens, 3 Uhr Nachmittags und 9 Uhr Abends, von 1816 bis 1826 zu Paris, die tägliche Variation von 9 Uhr Morgens bis 3 Uhr Nachmittags = 0,756 Mill., und die von 3 Uhr Nachmittags bis 9 Uhr Abends = 0,373 Mill., beides bei 0° C.

§. 502.

Die täglichen Schwankungen des B zeigen allenthalben zwei Maxima und zwei Minima an demselben Tage. So fällt z. B. in Paris (nach Arago's Beobachtungen) das erste Minimum des Barometerstandes Morgens etwas nach halb 4 Uhr, worauf B bis nach 10 Uhr, der Zeit seines ersten Maximums, steigt, dann wieder bis nach 4 Uhr Nachmittags sinkt, wo es sein zweites Minimum erreicht, von da bis ziemlich halb 11 Uhr, wo sein zweites Maximum eintritt, steigt, und dann wieder bis zum ersten Minimum am andern Morgen fällt.

§. 503.

Die Maxima und Minima der täglichen Barometerschwankungen scheinen keineswegs an allen Orten um die nämliche Zeit zu fallen.** Dies mag

---

* Lese die im Anhange enthaltene Tabelle I.

** Man lese die im Anhange enthaltene Tabelle II.

zum Theil daher rühren, daß (nach mehreren Beobachtungen) die Zeiten der Maxima und Minima nicht zu allen Jahreszeiten dieselben sind, vielmehr vom Winter zum Sommer sich um 1 bis 2 Stunden, wenigstens in den gemäßigten Zonen und auch in den höhern Breiten verändern. Die Aenderung geschieht so, daß das erste Minimum (Morgens) ohngefähr 1 bis 2 Stunden früher im Sommer als im Winter fällt; das zweite Minimum (Nachmittags) aber 1 bis 2 Stunden später, mithin im Winter beide Minima ohngefähr 1 bis 2 Stunden näher am Mittage liegen; und daß dasselbe auch für die Maxima gilt, so daß **im Grunde die Wendestunden wenigstens in höhern Breiten eine beständige Veränderung mit der Jahreszeit erfahren.**

Anmerkung. In der heißen Zone sind (nach v. Humboldt) die Zeiten der Maxima und Minima oder die Wendestunden im Niveau des Meeres und auf den Hochebenen von 1300 bis 1400 Toisen Höhe ganz gleich. Auch ist das Maximum der H zwischen den Wendekreisen am Abend gewöhnlich etwas niedriger als das Maximum am Morgen, und die am Mittage beobachteten Barometerhöhen sind zwischen den Wendekreisen im Allgemeinen um einige 10tel Millimeter höher als die Mittel aus den um 9 Uhr Morgens (Maximum) und 4 Uhr Abends (Minimum) gesammelten Barometerständen. Man findet endlich allenthalben, daß die Aenderungen langsamer werden, wenn B nahe den höchsten oder tiefsten Stand erreicht hat; und an einigen Orten der E scheint die Dauer dieses stationären Zustandes ziemlich groß zu sein. Die Zeit desselben schwankt zwischen 15 Minuten und 2 Stunden.

§. 504.

In Bezug auf die Ursache der täglichen Barometerschwankungen und ihre Verschiedenheiten nach den verschiedenen Orten bemerke man Folgendes.

Da der periodische Wechsel der täglichen Oscillationen der Höhe der S über dem Horizonte folgt, so muß S durch einen directen oder indirekten Einfluß diese Schwankungen bedingen.

Anmerkung 1. Laplace hat nachgewiesen, daß zwar S und M, theils wegen der von denselben bewirkten Fluth des Weltmeeres, wodurch die Basis und also auch die Atmosphäre etwas geändert wird, theils durch ihre direkten Anziehungen Strömungen in der Atmosphäre hervorbringen, daß diese aber viel zu gering sind, um daraus die größern täglichen Oscillationen zu erklären.

Anmerkung 2. Die wahrscheinlichste Meinung über die Ursache der regelmäßigen täglichen Schwankungen besteht darin, daß die vom Stande der ☉ abhängige Temperatur, und die dadurch hervorgebrachten Luftströmungen das Ursächliche derselben sind.

§. 505.

Die mittlere H eines Ortes wird gefunden, wenn man längere Zeit hindurch täglich zu bestimmten Zeiten die Barometerstände aufzeichnet und aus sämmtlichen Resultaten das Mittel zieht. Die Zeit der Beobachtung ist (wegen der erwähnten täglichen Oscillation des B) keineswegs gleichgültig; und man nimmt fast allgemein die Mittagszeit als die schicklichste für Barometerbeobachtungen an, um die mittlere H eines Ortes dadurch zu finden. Dies Verfahren ist nicht völlig genau, bringt aber auch keine bedeutenden Fehler hervor.

§. 506.

Hat man die mittlere H eines Ortes durch eine hinlängliche Anzahl von Beobachtungen auf eine richtige Weise bestimmt, so erhält man sowohl ein von allen Zufälligkeiten der unregelmäßigen, als auch von den Verschiedenheiten der regelmäßigen Schwankungen, in deren Mitte das Mittel sich befindet, entkleidetes fixes Resultat, welches für jeden Ort so lange unwandelbar das nämliche bleibt, als sein Verhältniß zur Atmosphäre sich nicht ändert, wozu man bis jetzt noch keine Veranlassung kennt.

§. 507.

Die mittlere H ist im Niveau des Meeres fast allenthalben ganz gleich. Biot giebt sie zu 0,7629 Meter, d. h. 28 Pariser Zoll 2,2 Linien bei 12°,8 C an. Die Franzosen setzen sie aber schlechthin 0,76 Meter oder 28,0753 Par. Zoll; die Deutschen 28 Par. Zoll; und die Engländer 30 englische Zoll oder 28,15 Par. Zoll.

Anmerkung. Die in diesem §. angegebenen Bestimmungen sind sämmtlich richtig, wenn man die mittlere H im Niveau des Meeres unter verschiedenen Breiten nimmt, weil sowohl nach theoretischen Gründen als auch nach der Erfahrung die H im Niveau des Meeres am Aequator etwas niedriger als unter höhern Breiten sich zeigt.

§. 508.

Ein jedes Jahr hat seinen eigenthümlichen Witterungs-Charakter; und es giebt nasse, trockene, kalte, gelinde, gewitterreiche Jahre und solche, in denen keine dieser Witterungsarten hervortritt. Im Ganzen hat sich aber die Witterung in Europa seit 100 und mehreren Jahren nicht merklich geändert.

§. 509.

Man hat sich von je her bemüht Regeln aufzustellen, aus denen sich die Witterung mit Sicherheit vorausbestimmen ließe; doch hat man es bis jetzt nicht weit hierin gebracht. Auf eine kurze Zeit läßt sie sich mit Wahrscheinlichkeit voraus vermuthen, nicht aber auf längere Zeit; und am wenigsten sind die Bemühungen, sie aus dem Stande der Gestirne vorauszusagen, gelungen.

Anhang zum zweiten Kapitel.

Tabelle I.

Beobachtungsort.	Nördliche Breite.	Mittlerer Umfang der täglichen Barometerschwankung. Engl. Zoll.
St. Thomas	0° 24′	0,074
Sierra Leone	8° 29′	0,073
Trinidad	10° 39′	0,063
Jamaica	17° 56′	0,058
Clermont Ferrand	45° 50′	0,039
Paris	48° 50′	0,028
London	51° 31′	0,015

Tabelle II.

Beobachter	Orte	Breite	Meeres-Höhe. Toif.	Barometerstand Min. Vorm.	Max. Vorm.	Min. Nachm.	Max. Nachm.
				Uhr.	Uhr.	Uhr.	Uhr.
Lamanon	Südsee	0	0	3,714	9,746	3,783	9,752
Humboldt	Südamerika	0		3,476	9,694	4,586	10,588
Horner	Südsee	0	0	3,570	9,449	3,793	9,942
Humboldt	Quito	0° 13′ S.	1492	3,745	10,885	5,438	9,838
Caldas	Popayan	2° 26′ N.	911	4,002	9,352	4,009	10,665
Humboldt	Ibagué	4° 28′ N.	703	3,645	9,570	4,341	10,598
Boussing	Bogota	4° 36′ N.	1366	3,228	9,298	3,922	9,983
Duperrey	Payta	5° 6′ S.	0	4,304	8,773	4,489	12,172
Sabine	Sierra Leone	8° 30′ N.	0?	5,980	11,872	4,954	11,233
Humboldt	Cúmana	10° 28′ N.	15	3,115	8,907	4,005	10,603
Humboldt	Caracas	10° 31′ N.	480	3,645	9,177	4,093	10,745
Boussing	Guayra	10° 36′ N.	5	3,024	8,582	3,600	10,302
Humboldt	Lima	12° 3′ S.	85	3,079	8,341	3,027	9,746

Beobachter	Ort	Breite	Meeres-Höhe Tois	Barometerstand			
				Min. Vorm.	Max. Vorm.	Min. Nachm.	Max. Nachm.
				Uhr	Uhr,	Uhr.	Uhr.
Humboldt	Callao	12° 3′ S.	0	2,857	8,763	3,392	9,595
Kater	Chittledroog	14° 11′ N.	400	4,662	10,459	4,052	10,279
Simonoff	Otaheiti	17° 29′ S.	0	2,961	9,222	3,723	9,548
Horner	Südsee	18° 0′ S.	0	3,947	9,636	4,125	10,475
Humboldt	Mexico	19° 26′ N.	1168	4,063	9,380	4,001	10,648
Balfour	Calcutta	22° 35′ N.	0?	3,424	9,839	4,669	10,452
Freycinet	Rio Janeiro	22° 54′ S.	0	4,164	9,514	4,254	10,985
Chiminello	Padua	45° 21′ N.	10	4,152	10,102	4,720	10,887
Yelin	München	48° 8′ N.	240	4,805	10,459	4,043	10,400
Arago	Paris	48° 50′ N.	40	3,649	9,735	4,380	10,468
Winkler	Halle	51° 29′ N.	96	4,774	10,267	4,179	10,633
Hallström	Abo	60° 27′ N.	4,6	5,381	11,866	4,046	10,151
Parry	Melville	74° 56′ N.	0	3,171	6,718	1,317	8,789

Anmerkung. Die Tabelle I. wurde von Daniell, und die Tabelle II. von Hallström entworfen.

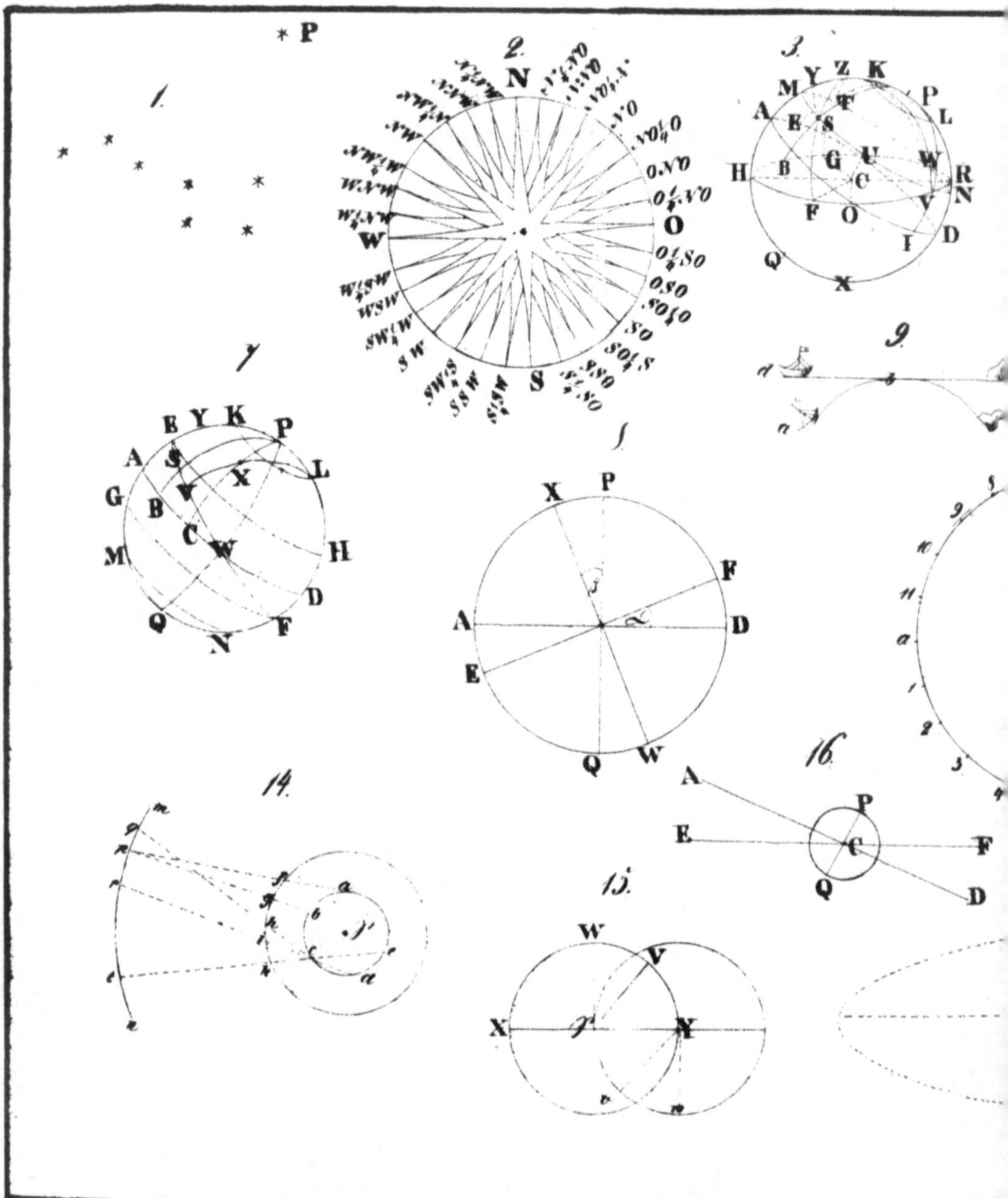

St. u. L. Sporon in Dessau.

Götz Physik Band III Tafel I.

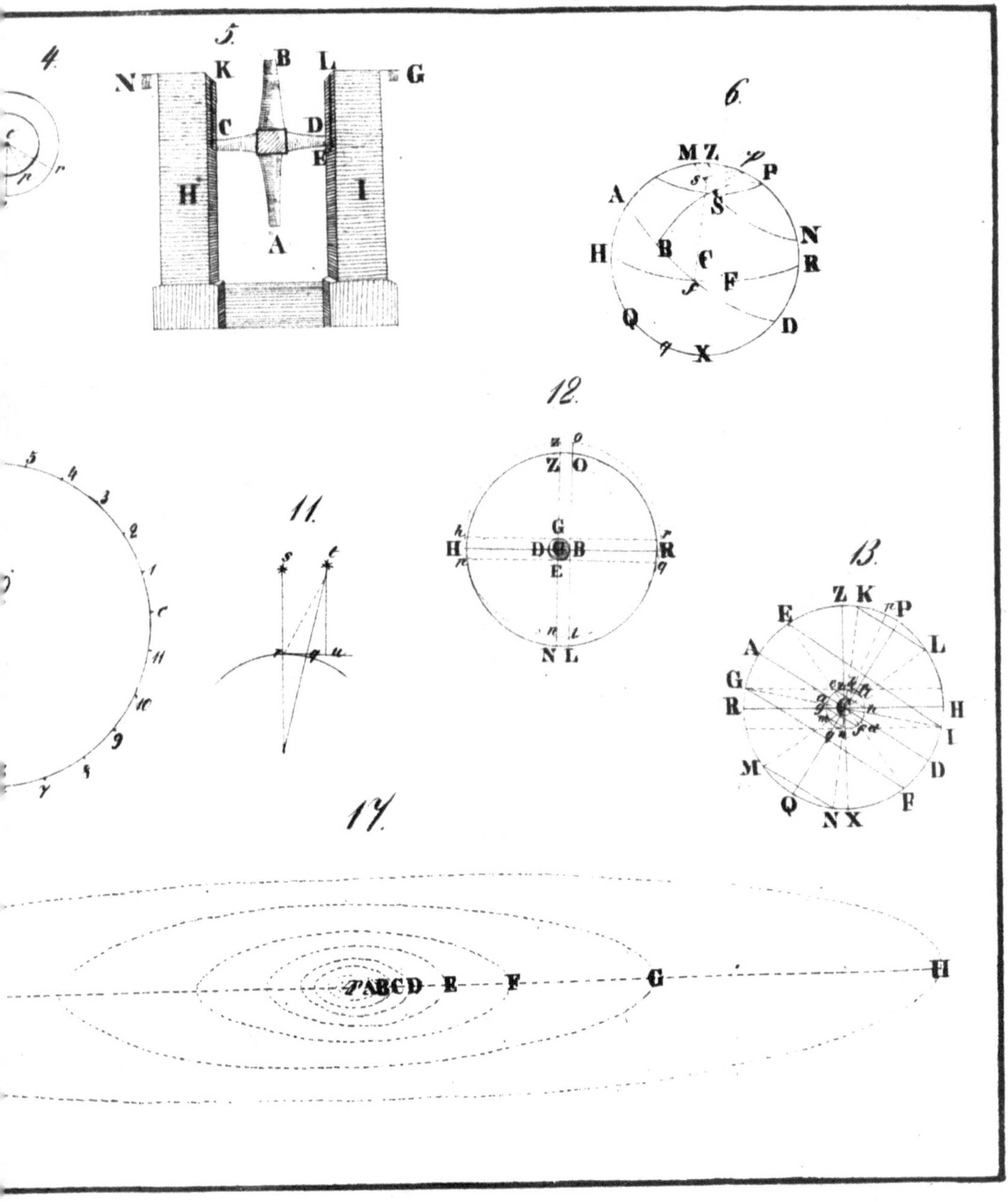

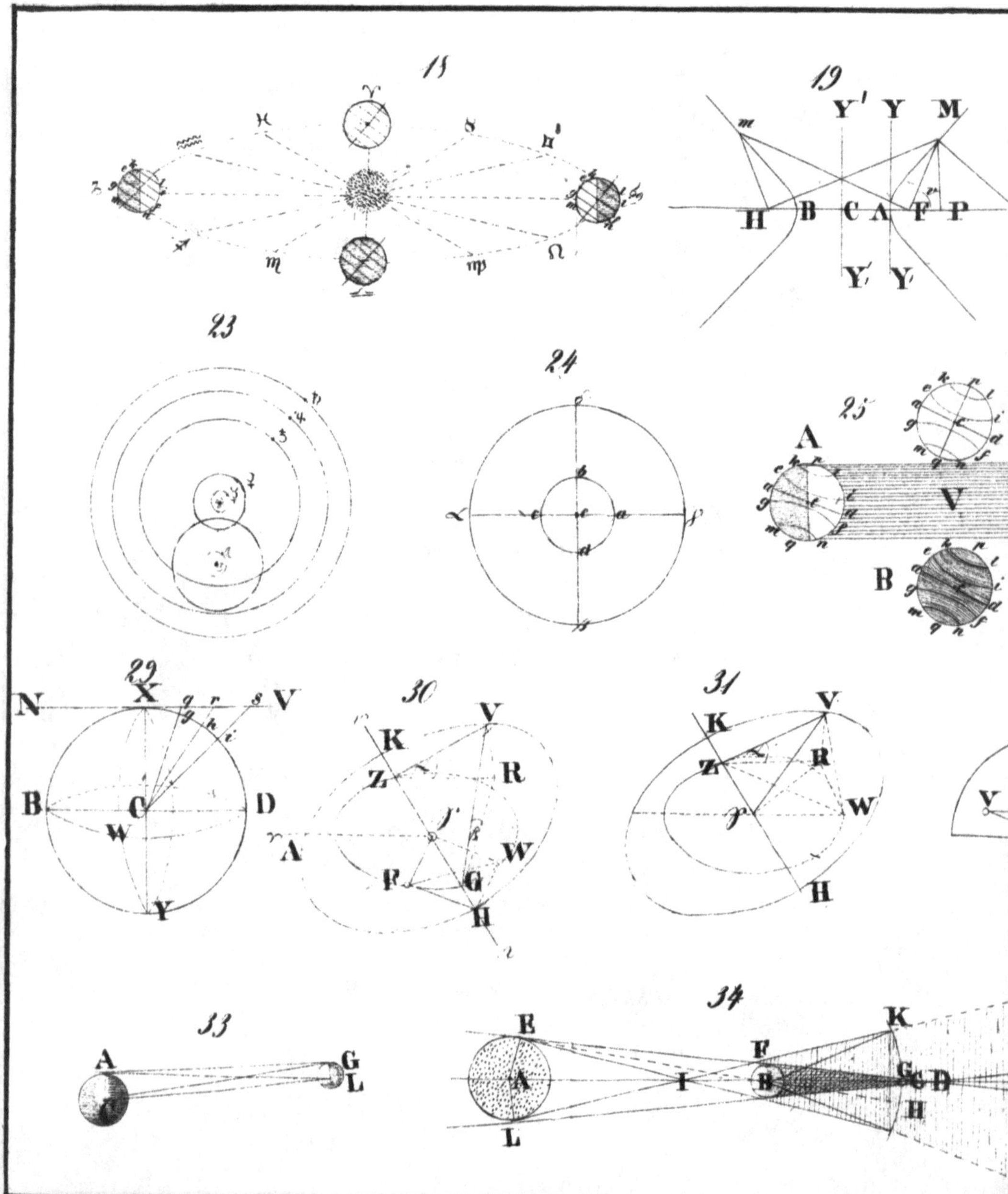

St. v. L. Sporon in Dessau

Götz Physik Band III. Tafel II.

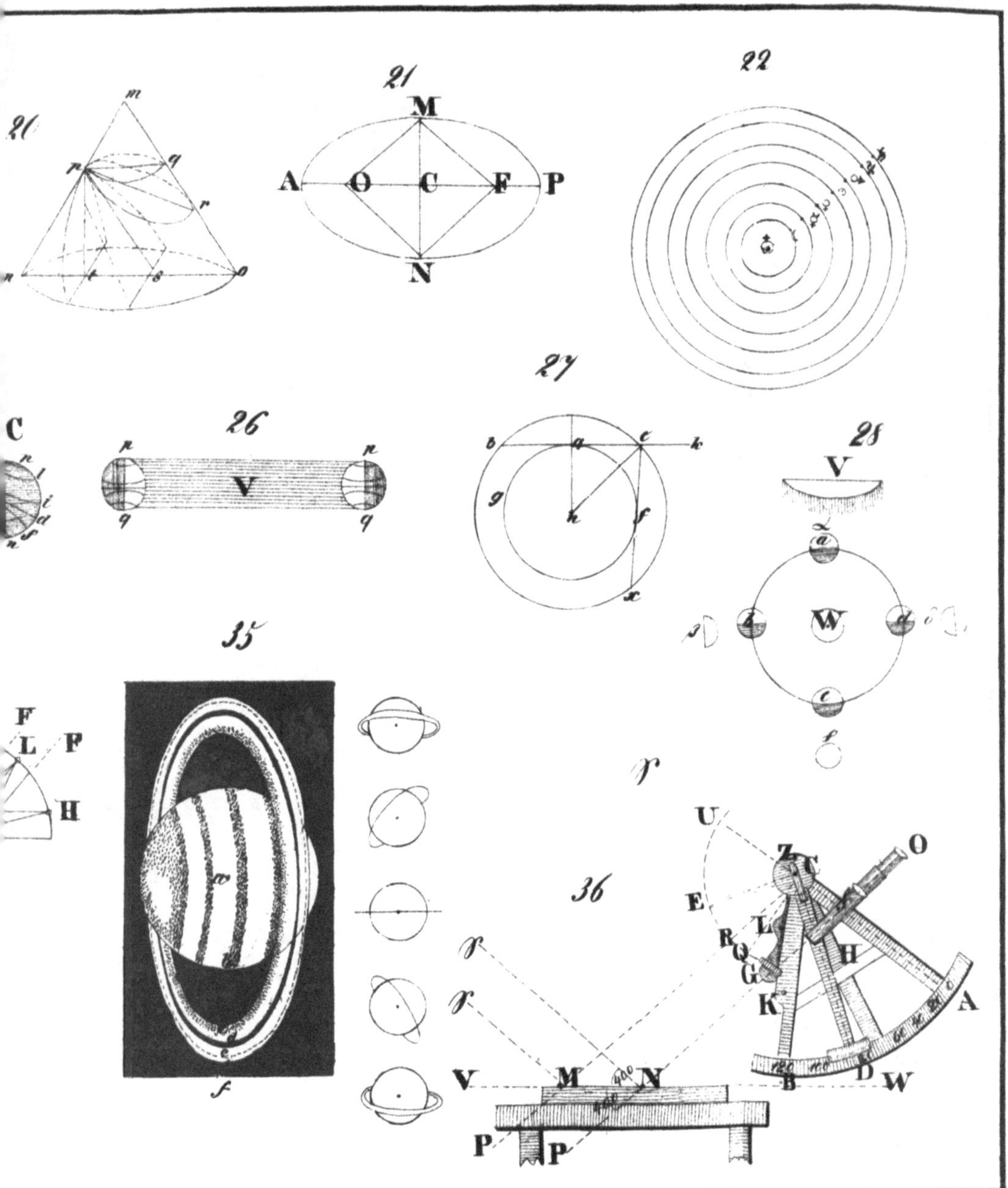

37.

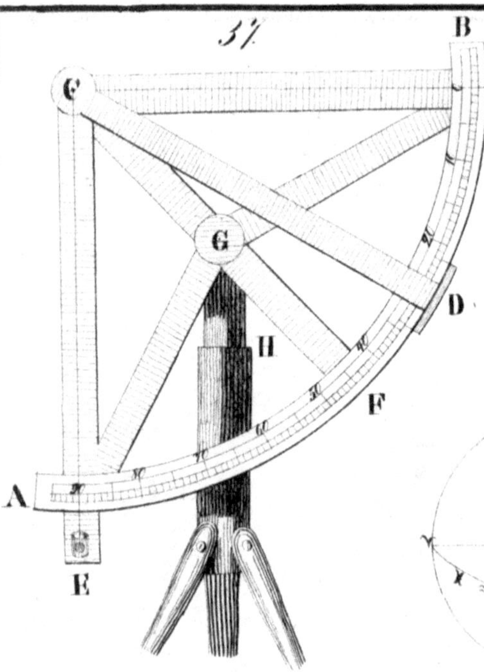

38.

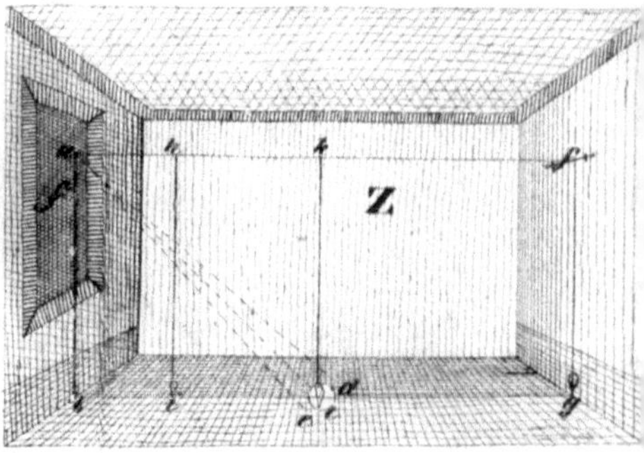

41.

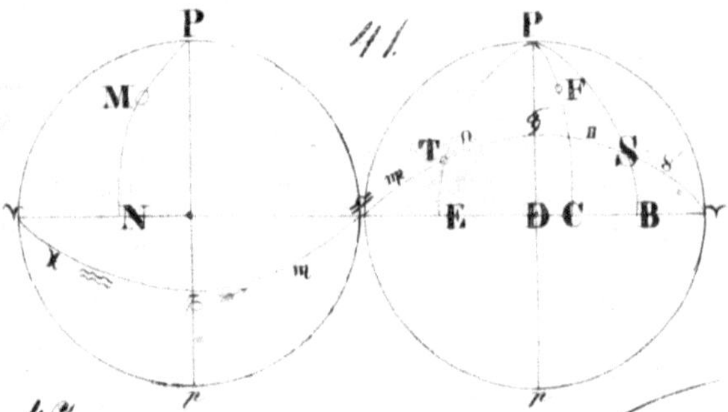

47.

46.

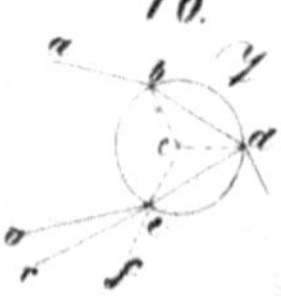

48.

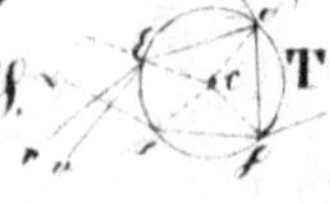

49.

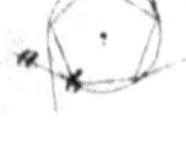

57.

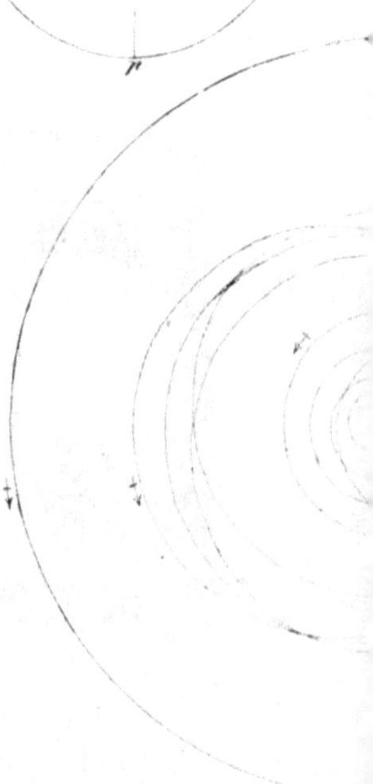

St. v. L. Sporon in Dessau.

39.
40.
43.
45.
50.
51.
52.
53.
54.
55.
56.
Juno
Jupiter
Saturn
Uranus
Mars
Pallas
Ceres
Komet von 1759

FSC
www.fsc.org
MIX
Papier | Fördert gute Waldnutzung
FSC® C083411

Zeitfracht Medien GmbH
Ferdinand-Jühlke-Straße 7
99095 Erfurt, Deutschland
produktsicherheit@kolibri360.de